高等教育“十四五”部委级规划教材

工程实验平台构建

陈　铮　陈广锋　主编

東華大學出版社·上海

内容提要

本书共分4篇12章。全书以实例篇中的两个纺织实验平台的构建为主线展开机械知识点讲述。基础篇内容包括机械制图、常用工程材料和测量技术。执行元件选用篇内容包括夹紧机构、运动机构、液压和气动、电机、传感器等的选用。加工篇提供了钳工和各类机加工操作简介。本书为读者提供专业实验平台构建的设计思路以及制造所需要的机械基础知识。

本书是机械制造、机械设计、机电一体化专业课程以及“工程训练”的补充和拓展，也适合高等工科院校非机械类理工专业的机械基础知识通识教育课程教学使用，还可作为理工科学生参与科技创新项目时的自学参考书。

图书在版编目（CIP）数据

工程实验平台构建 / 陈铮, 陈广锋主编. 一上海 : 东华大学出版社, 2022.3

ISBN 978-7-5669-2033-1

I. ①工… II. ①陈… ②陈… III. ①机械工程—实验—研究 IV. ①TH-33

中国版本图书馆CIP数据核字（2022）第024207号

工程实验平台构建

陈 铮 陈广锋 主编

责任编辑：竺海娟

封面设计：魏依东

出　　版：东华大学出版社（上海市延安西路1882号 邮政编码：200051）

本社网址：dhupress.dhu.edu.cn

天猫旗舰店：http://dhdx.tmall.com

营销中心：021-62193056　62373056　62379558

印　　刷：常熟大宏印刷有限公司

开　　本：787 mm×1092 mm　1/16

印　　张：16.75

字　　数：420千字

版　　次：2022年3月第1版

印　　次：2022年3月第1次印刷

书　　号：ISBN 978-7-5669-2033-1

定　　价：68.00元

前言
preface

理工类人员在开展专业实验时，如无现成的实验仪器设备，则需设计和制造相关实验装置或者实验平台。本书作为指导教材，可提供其可行性方案设计以及设计制造所需要的机械基础知识。

本书共分4篇12章，以实例为主线展开机械知识点讲述。在实例篇中，列举纺织实验平台构建的两个例子，讲述工程实验平台的组成与设计选用思路。基础篇包括机械制图、常用工程材料和测量技术等知识，这是机械设计制造的基础。执行元件选用篇中包括夹紧机构、运动机构、液压和气动、电机、传感器等知识，不详述其工作原理，而是着重于应用实践。加工篇分为钳工和机床（器）加工。通过钳工部分的学习，读者可以掌握制作简单零件的方法。通过机床（器）加工部分的学习，读者可以初步了解机床（器）加工零件的适用性和工艺选择。

本书是一本解决物体的运动（包括静止状态）、力的传递以及进行机械能转换或机械能利用的工程实验平台构建指导教材。至于不同专业如果需要实现特定的温度、湿度、磁场强度等物理量测试，则可直接购买相应的发生装置，再与本指导教材配合使用。

本书编写的初衷并不奢望读者通过本教材的学习，能独立设计或者制造本专业的实验装置或者实验平台，而是学成后具备与机械专业技术人员交流本专业的实验构想时的机械工程素养，提供构建实验平台的设计思路，提高学习和工作效率。

读者可以从任一章节开始阅读本书，但是在第一次阅读某章节时，请先阅读此章节所在篇的前言。对于读者来说，其有着提纲挈领指导作用。如果读者想进一步学习机械相关知识，可选读本书参考文献所列书籍。制造部分可首先参阅本书作者主编的《工程训练教程》，该教程为制造加工入门指导教材。

本书以拓宽知识面，培养应用型人才为目标，强调“贴近实际，重在应用”，既注重读者获取知识、分析问题与解决问题的实践能力培养，又注重实践素质和创新思维能力的培养。本书是机械制造、机械设计、机电一体化专业课程以及“工程训练”的补充和拓展，也适合高等工科院校非机械类理工专业的机械基础知识通识教育课程教学使用，也可作为理工科学生参与科技创新项目时的自学参考书。

本书由陈铮和陈广锋担任主编。陈铮编写了第1、2、6～8和11、12章，陈广锋编写了第2～5和9、10章，全书由陈铮统稿。写过程中，参考了大量相关文献，在此对参考文献的作者、出版单位以及相关网站表示衷心的感谢。书中的两个纺织实验平台制造得到了东华大学工程训练中心的教师和师傅的热心帮助。本书在编写过程中，得到了东华大学教务处和机械工程学院教师的热情支持和帮助，在此一并感谢。

实验与试验，本书统一以实验进行表述。

由于编者知识水平与实践经验有限，书中欠妥之处在所难免，敬请读者和同仁提出意见与建议，以便再版时修正。联系邮箱:chenzheng@dhu.edu.cn。

编者

2021年8月

目　录
contents

第一篇　实例篇

工程实验平台是用于开展各类专业实验以及对待测信号进行计量统计，用于测试相关现象的变化规律或检验试样合格或验证实验假设的一类专门仪器设备。

第一章为工程实验平台的组成与设计选用思路。本章的作用是搭建读者专业实验平台的设想与实际构建的工程实验平台之间的桥梁，介绍该专业实验平台的机械结构组成以及应满足的条件。本章不涉及具体的机械设计计算、安全校核等知识，相关内容可参阅本书所列参考文献。

对于缺乏机械专业背景的读者，为了更好地表述知识点，便于读者理解，本书把工程实验平台分为夹紧机构、运动机构、液压和气动、电机、传感器等五个部分展开论述。

第二章给出了金属针布耐磨性实验平台构建的两个实例。阅读时，读者会感同身受地体会到笔者在构建实验平台时所面临的问题以及解决问题的过程。这对读者构建其专业实验平台是很有帮助的。

第一个实例金属针布耐磨性实验平台的构建几乎是从零开始的，除了交流电机、步进电机、接近开关、限位开关等外购器件之外，其他零部件都是课题组自行设计、加工、装配而成的，其工作量是巨大的。然而，用这个实验平台做出的实验数据精度不如第二个金属针布耐磨性实验平台。在第二个金属针布耐磨性实验平台中，包卷金属针布、金属针布焊接夹具和电机用金属针布夹具等也是自行设计加工和装配的，但我们借用一台 CAK6150Di 型数控机床，模拟棉纤维运动的麻抛盘自身旋转运动和金属针布圈向麻抛盘的进给运动。数控机床刚性好、精度高，用这个实验平台进行金属针布耐磨试验既快又精确。

虽然本书主要介绍工程实验平台的构建，内容既有设计选用又有机械加工，但本书编写的原则是尽可能选用现成的设备与仪器构建工程实验平台，以减少设计与制造工作量。

因为利用现成的设备与仪器不但节约成本，缩短设计与制造周期，而且现成的设备与仪器出厂时都符合相关标准，并得到了实践的检验。它们的刚度、精度及可靠性都较高，实验结果自然较理想。此外当实验数据出现问题时，实验人员可减小排查范围，及时发现问题。当读者遇到像笔者构建第一个金属针布耐磨性实验平台那样的条件，不得不自力更生、白手起家时，本书的第二、三、四篇内容能给予很好的帮助。

还有一类设备是专机试验机。GB/T 36416—2018《试验机词汇》分为以下3个部分：

GB/T 36416.1—2018《试验机词汇 第1部分：材料试验机》。材料试验机是在各种条件、环境下测定金属材料、非金属材料、机械零件、工程结构等的力学性能、工艺性能、内部缺陷和校验旋转零部件动态不平衡量的精密测试仪器。在研究探索新材料、新工艺、新技术和新结构的过程中，材料试验机是一种不可缺少的重要检测仪器。多用于金属及非金属（含复合材料）的拉伸、压缩、弯曲、剪切、剥离、撕裂、保载、松弛、往复等项的静力学性能测试分析研究。

GB/T 36416.2—2018《试验机词汇 第2部分：无损检测仪器》。无损检测仪器是在不损害或不影响被检测对象使用性能的前提下，采用射线、超声、红外、电磁等原理技术对材料、零件、设备进行缺陷、化学、物理参数检测的仪器。目前广泛使用的有磁粉探伤机、涡流检测仪、超声检测仪、超声测厚仪、射线探伤机、红外检测仪、泄漏检测仪、中子检测仪、声发射检测仪以及电磁和声学综合检测仪器等。

GB/T 36416.3—2018《试验机词汇 第3部分：振动试验系统与冲击试验机》。振动试验是模拟产品在运输、安装及使用环境下所遭遇到的各种振动环境影响，用来评定元器件、零部件及整机在预期的运输及使用环境中的抵抗能力，包括响应测量、动态特性参量测定、载荷识别以及振动环境试验等内容。冲击试验机是对试件施加可控的和可复现的机械冲击的试验设备。

像这类专用试验机，根据需要直接购买相应型号即可。但当这些试验机无法满足读者专业实验平台的需求，需对此试验机进行改进时，可参考本书的相关内容。

实验与试验，本书统一以实验进行表述。

第一章
工程实验平台的组成与设计选用思路

工程实验是利用一些专门的仪器设备测试本专业实验中所需的物理量，如运动、力、压强、温度、湿度、耐磨性等。

工程实验平台的构建首先要根据本专业实验的工作原理，设计搭建实验平台，以便于开展实验以及对待测信号进行计量统计，用于测试相关现象的变化规律、检验试样合格或验证实验假设。

1.1　工程实验平台的组成

如果从系统内各子系统能够完成的功能来区分，工程实验平台主要由动力系统、执行系统、传动系统、支承系统、控制系统等部分组成。只有对这些系统的要求有充分的理解，才能制定合理的设计方案，从而得到理想的实验数据。

（1）动力系统

动力系统是实验平台的动力源部分，它为实验平台的工作提供所需要的运动和动力。动力系统包括动力部件和配套装置。常见的动力部件包括各类电机、液压马达、液压缸、气动马达、气缸、内燃机和汽轮机等，其中电机的应用最为广泛。动力系统输出的运动通常为转动，而且转速较高。

选择动力部件时，应全面考虑实验平台的工作特性，现场的能源条件和使用环境等因素，实验平台对启动、过载、调速及运行平稳性等的要求，力求既能够满足系统的工作要求，又具有良好的经济性。

（2）传动系统

传动系统是联系动力系统与执行系统的中间环节，其作用是为执行系统传递所需要的运动和动力。传动系统经常用来完成升速或降速、变速、改变运动形式、改变运动规律等。传动系统可分为机械式、液压式、气功式等多种类型。传动系统有下列主要功能：

① 减速或增速。降低或提高动力部件的速度，以适应执行系统的工作要求。

② 变速。当动力部件进行变速不经济、不可能或不能满足要求时，可通过传动系统实现变速（有级或无级），以满足执行系统多种速度的要求。

③ 改变运动规律或形式。把动力部件输出的均匀连续旋转运动转变为按某种规律变化的旋转或非旋转、连续或间歇的运动，或改变运动方向，以满足执行系统的运动要求。

④ 传递动力。把动力机输出的动力传递给执行系统，供给执行系统完成预定功能所需的功率、转矩或力。

传动系统在满足执行系统上述要求的同时，应能协调好动力系统和执行系统机械特性的匹配关系，尽可能简化。如果动力系统的工作性能完全符合执行系统工作的要求，则传动系统也可省略，而将动力系统与执行系统直接连接。

（3）执行系统

执行系统是在实验平台中能够直接完成预期工作任务的子系统，其作用是实现系统预期的功能。由于各机械系统要实现的功能不同，所以执行系统的种类很多，通常有转动、移动、夹持、搬运、输送、分度、转位、检测、度量等。

执行系统通常处在实验平台的末端，直接与作业对象接触，其输出是实验平台的主要输出，其功能是实验平台的主要功能。因此，执行系统的功能和性能直接影响和决定实验平台的整体功能及性能。功能有多解性，为实现实验平台的特定功能，可有多种执行系统方案，但各方案的其他功能及性能指标，如可靠性、经济性、动力学特性等往往不尽相同。因此，对执行系统应进行多方案的技术、经济分析比较，以便择优选用。

（4）支承系统

支承系统是在实验平台中起支承作用的各机械零部件的统称，用来保证各零部件和装置之间的相互位置关系。支承系统由各种支承件组成，常见的支承件有机身、底座、立柱、横梁、箱体、工作台、升降台和尾座等。

支承系统是机械系统的重要组成部分，它联系着各个子系统，保证了机械系统工作时各子系统的正确空间位置。支承系统的强度、刚度、质量分布、阻尼比、动态性能和热性能等，都将对机械系统的整体性能和功能的可靠性产生重要影响。

（5）控制系统

控制系统是使动力系统、传动系统和执行系统各部分彼此协调运行，并准确可靠地保证实验平台整体功能实现的子系统。控制系统包含通常所说的控制系统和操纵机构两部分。操纵机构多指以人工操作完成控制功能的装置，通常包括启动、停止、变速、换向、离合和制动等装置。

控制系统协调着各子系统的动作顺序和运动规律，使实验平台整体功能的实现得到保证。良好的控制系统可以使机械系统处于最佳运行状态，提高其运行的稳定性和可靠性，改善操作条件，获得良好的经济效益。

此外，根据实验平台的不同要求，还可以有润滑、冷却、密封等系统。

1.2 工程实验平台的设计选用思路

要实现专业实验中所需的物理量测试，首先要根据专业实验的工作原理构建工程实验平台。这对于非机械类专业的科研工作者来说，具有一定的难度。

传统的机械设计流程是先出总装图，再拆分若干零件图。这对没有机械专业背景的读者来说，存在困难。如已阅读上一节“工程实验平台的组成”，则读者对专业实验平台各部分的设计要求有了初步了解。

在工程实验平台构建中，设计的指导思想是把复杂问题简单化，再逐一解决。首先，读者要考虑本专业的实验平台中是否有需要“固定”（“不动”）的工件，要解决“固定”的问题可参阅夹紧机构章节。其次，本专业实验平台中是否有“动”的机构装置，要解决“动”的问题可参阅运动机构章节。至于液压和气动，是用另一种方法解决物体运动问题。本专业实验平台运动机构的驱动、动力源的选用可参阅电机、液压和气动章节。本专业实验平台运转起来了，如何信号的处理以及实验数据的采集，可参阅传感器章节。

这样工程实验平台就像搭积木一样初步构建起来了。主要矛盾解决了，再回过头处理局部问题。读者还需考虑工程实验平台的总体尺寸，平台运行所需要的功或功率，传动效率，机械构件上的载荷、应力及应变，静刚度和动刚度，许用应力与安全系数，平台调试及安全注意事项等。这些知识点不在本书讨论范围，读者可参阅本书所列参考文献。

为了更好地表述知识点，本书把工程实验平台设计以及第三篇执行元件选用篇分为夹紧机构、运动机构、液压和气动、电机、传感器等五章节展开论述。这样划分有助于读者更加方便地构建其专业的工程实验平台。动力系统可参阅电机、液压和气动等相关章节，传动系统可参阅运动机构、液压和气动等相关章节，执行系统和支承系统可参阅夹紧机构、运动机构、液压和气动等相关章节，控制系统可参阅电机、传感器等相关章节。

第二章
金属针布耐磨性实验平台的构建与改进

2.1 金属针布概述

金属针布是对纺织纤维进行分梳、除杂、均匀、混合等加工的工件，是梳棉机的重要组成部分。金属针布的形状如图2-1所示，为一锯齿状齿条，总高度为 2~7 mm，针齿高度根据棉纺工艺要求为 0~3 mm，材质多以亚共析钢为主。

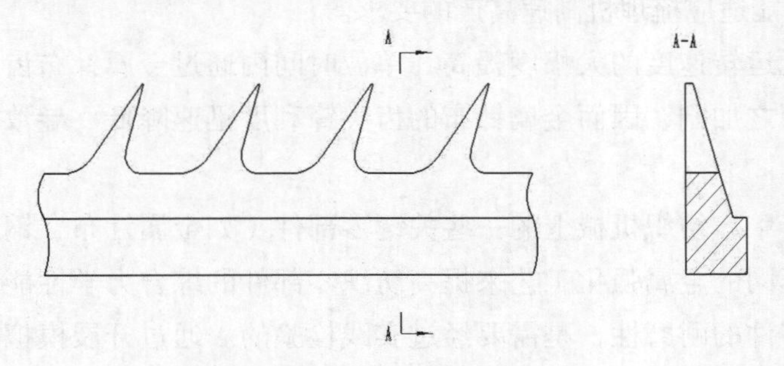

图2-1 金属针布齿条结构

在棉纺工艺中，经过开清棉机加工形成的棉纤维素，基本上还保留着块状或较大的纤维团，为了使纤维和原棉得到充分的开松，形成单纤维和较小的纤维束，增加混合均匀程度，并且进一步清除原棉中的破籽、籽屑和棉结杂质以及纤维中的并丝、粘连等有害疵点，必须充分发挥梳棉机的作用。梳棉机在纺纱加工中占有极其重要的地位。它主要是通过锡林、道夫、刺辊、盖板（它们都由不同型号的金属针布组成）等对纤维进行梳理加工，如图 2-2、图 2-3 所示。锡林和盖板对从刺辊剥取过来的纤维进行充分而细致的分梳，将纤维束分梳成单纤维状态，并在分梳过程中除去短绒和杂质，同时使纤维伸直，并产生均匀和混合作用，然后再转移给道夫，由道夫输出均匀、清晰的棉网。

在以上整个工艺过程中，金属针布起着至关重要的作用：（1）分梳、转移作用和使纤维伸直平行，再把纤维从锡林转移到道夫或其他元件上；（2）除杂作用；（3）均匀混合作用，使各种物理性能不同的纤维充分混和，均匀分布，减少产品的质量差异。

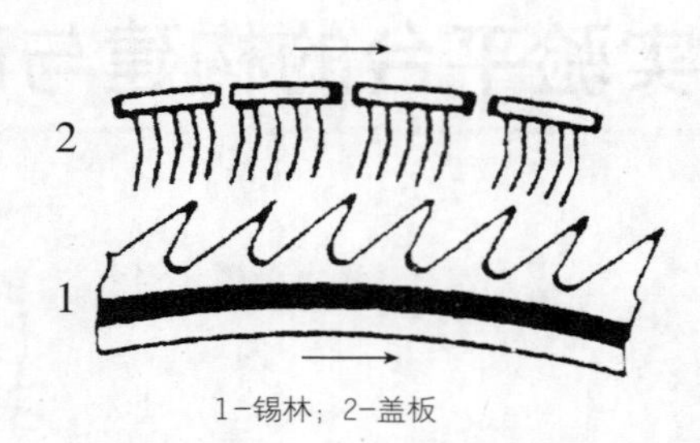

1-锡林；2-盖板

图2-2　锡林与盖板构成的梳理区

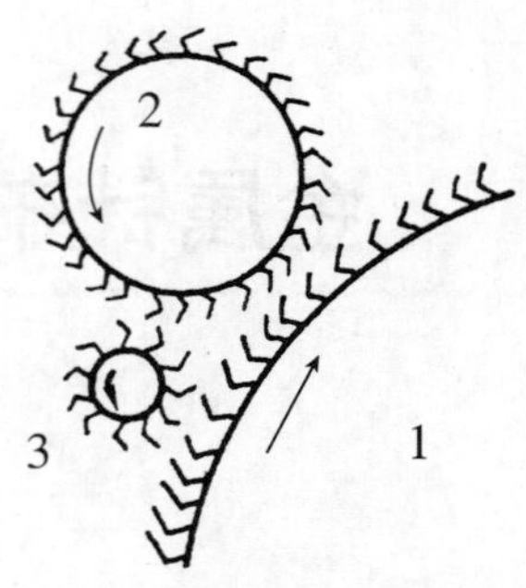

1-锡林；2-工作辊；3-剥取辊

图2-3　锡林、工作辊及剥取辊构成的梳理区

金属针布的齿尖（针尖）对纤维要有良好的穿刺能力，能有效地抓取纤维进行分梳；当齿尖或针尖作用于纤维时，两种相对运动的齿尖或针尖之一必须具有握持纤维的能力；否则，就不能进行良好的分梳。

齿尖（针尖）要求锐利度好、表面粗糙度小、耐磨性好，齿尖平面度及尺寸精度符合技术要求，才能适应梳理机高速高产的要求。

随着梳棉机运转速度的大幅度提高，单位时间内通过金属针布齿尖的纤维量增加，针布的磨损也随之加剧，因而金属针布的齿尖锋利度迅速降低，导致梳理效果下降、棉网质量恶化。

在实际生产中，纺织机械上的一些关键零部件（如金属针布、钢领等）容易磨损，所以采用各种不同的金属强化工艺来提高纺织零部件的综合力学性能。而这些工艺方法能否有效提高零件的耐磨性，是需要经过实践检验的。通过开展模拟实际工况下的磨损实验，可快速获得反映磨损情况的数据。

2.2 金属针布耐磨性实验平台的构建

2.2.1 金属针布磨损机理

在梳理纤维过程中，金属针布和纤维构成了纤维–金属摩擦副。虽两者的硬度相差很大，但不论是针布还是纤维都会产生磨损。纤维对针布的磨损应看作低应力软磨料接触疲劳磨损，其磨损是由针布上的微凸体不断受到纤维反复作用的脉冲梳理力后产生的疲劳脱落形成。而粘着磨损只是在轧伤针布时发生，氧化磨损和腐蚀磨损与主体磨料磨损相比是轻微的。纤维是非均匀的，可看作由许多质量轻微的“质点”连接而成，金属针布的磨损主要是由于这些硬质点对金属针布齿条表面的刮、擦作用形成的。

若纤维和金属部件之间相对滑动速度很高，纤维–金属摩擦产生的热作用而造成的纤维–金属磨损也不可忽略,也就是说实际的磨损往往不只是一种磨损机理在起作用。梳理纤维时，纤维和金属针布表面之间的相对滑动速度很高，可达 20 m/s 以上。

2.2.2 金属针布耐磨性实验平台构思

工况下金属针布的梳理可参见图 2–2、图 2–3。如果实验中也采用这种梳理运动来检验金属针布的力学性能（耐磨性），会导致实验时间过长，金属针布整体拆下检测后无法再安装复位继续实验，实验成本高，需重新设计梳理金属针布运动实验。

考虑工况下需梳理的棉纤维，在实验中棉纤维和总量无法控制，主要是无法控制进给输送，因此需要重新设计送料装置，这将增加实验平台的成本。本实验平台设想用图2–4所示的布抛盘代替棉纤维。这样，每次实验时布抛盘（相当于要梳理的棉纤维）的质量相同，保证每次实验条件相同。此外布抛盘中心有孔，可由电机带动进行高速旋转，大大提高了磨损效率。这样金属针布只要相对高速旋转的布抛盘作直线运动就可以模拟梳理运动，构成纤维–金属摩擦副，从而进行金属针布耐磨性试验。

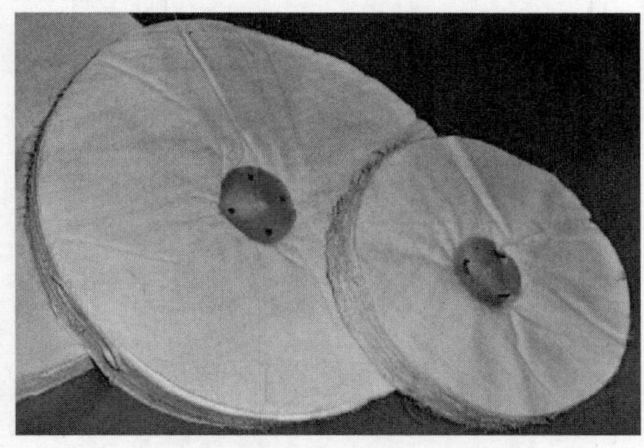

图2–4 布抛盘

金属针布相对高速旋转的布抛盘作直线运动模拟梳理运动，随着磨损的增加，布抛盘直径逐渐减小。在实验过程中，要保证被测金属针布所受的（梳理）力保持一致，这是保证在相同条件下进行耐磨性实验的关键。首先，需要安装测力传感器。金属针布可用专门的针布夹持器夹持，夹持器设计成弹性悬臂结构，其上可安装两组传感器（应变片），用以感应悬臂的变形量，进而监测针布受力（梳理力）。其次，为了实现被测金属针布充分高效地梳理，金属针布和布抛盘之间需有横向匀速往复直线运动，这有两种形式：一种是布抛盘固定，金属针布作直线运动，另一种是金属针布固定，布抛盘作直线运动。由于布抛盘由电机带动作高速旋转，所以使金属针布作直线运动较方便。

2.2.3 金属针布耐磨性实验平台工作原理

金属针布耐磨性实验平台的工作原理如图 2–5 所示：模拟工况下输送棉纤维的布抛盘作旋转运动；金属针布作横向匀速往复运动，保证被测针布充分梳理棉纤维；金属针布作纵向运动，保持针布和布抛盘之间恒定的梳理力。即在实验过程中，单位时间内金属针布所受到的纤维对其的梳理力始终保持相同。由梳理力测定装置的读数和针布夹持器向布抛盘的纵向移动实现。这是保证每批次的金属针布都在相同实验条件下进行耐磨性实验的关键。

根据以上原理，模拟实际工况对金属针布进行磨损，并在磨损完成后通过称重检测针布的重量损失，从而间接测得针布的耐磨性。

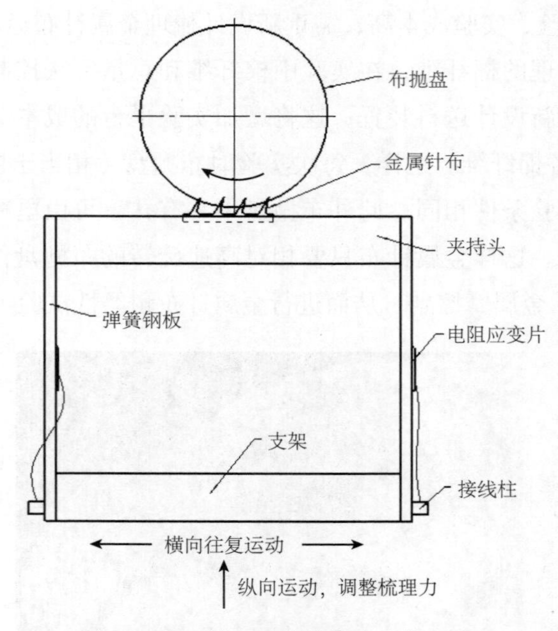

图2-5　金属针布耐磨性实验工作原理

2.2.4 金属针布耐磨性实验平台搭建

根据实验平台工作原理，初步设计平台有三个运动：模拟工况下输送棉纤维的布抛盘置于旋转机构上；金属针布夹紧机构固定于纵向运动机构（小拖板）上，小拖板置于横向运动机构（大拖板）上；通过大拖板横向运动以及小拖板纵向运动实现金属针布相对布抛盘的进给运动（在此过程中可根据梳理力的变化控制小拖板纵向进给运动）。图 2-6 为金属针布耐磨性实验平台初步搭建组成。

（1）布抛盘旋转机构

布抛盘自身旋转运动比较简单，在实验过程中只要保持匀速转动，模拟工况下输送棉纤维装置的运动，不需要调速。因此，可选用转速为 1440 r/min 的三相交流电机，能满足实验要求且成本低。用双螺母和盖板将布抛盘固定在电机上，可参见 11.7.4 螺纹连接装配中的双螺母防松方法。

讨论：如果读者提出来的实验要求是单位时间送棉量恒定，则可选用角速度能够恒定控制的电机。

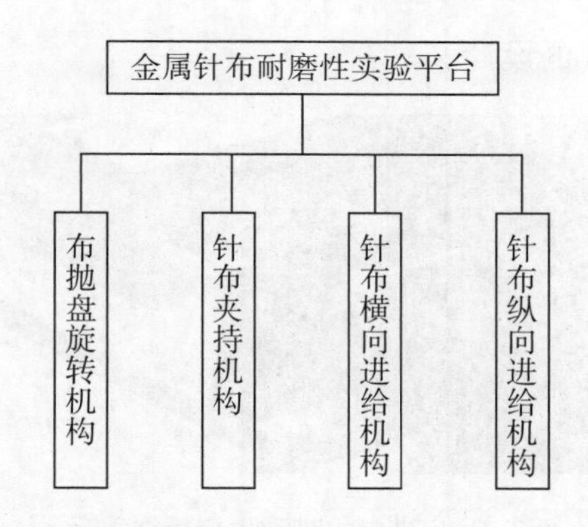

图2-6　金属针布耐磨性实验平台初步搭建组成

（2）针布夹持机构

针布夹持器由支架和夹持头两部分组成，如图 2-5 所示。支架装于进给小拖板，为夹持器固定部分，夹持头用于夹持针布。支架两侧与夹持头之间用弹簧钢板连接。弹簧钢板可作左右微弯曲变形，但不能上下变形，以支持夹持头的全部重量。针布试样的基部被夹持于各压板之间，受抛磨的齿尖露在夹持头外面，夹持头和各压板用固紧螺丝拧紧，牢固地夹持住针布试样，且装卸试样方便。考虑到布抛盘有一定厚度，每次实验，自下而上夹持 3 ~ 5 根金属针布为宜。

（3）针布进给机构

金属针布有两个方向运动：针布横向运动以及针布向布抛盘的纵向进给运动。横向运动要求低速，纵向运动要求小位移精确可调。针布的运动机构可以自行设计，也可以购买成套滚珠丝杠滑台。图 2-7 为针布进给机构初步搭建设计效果图。

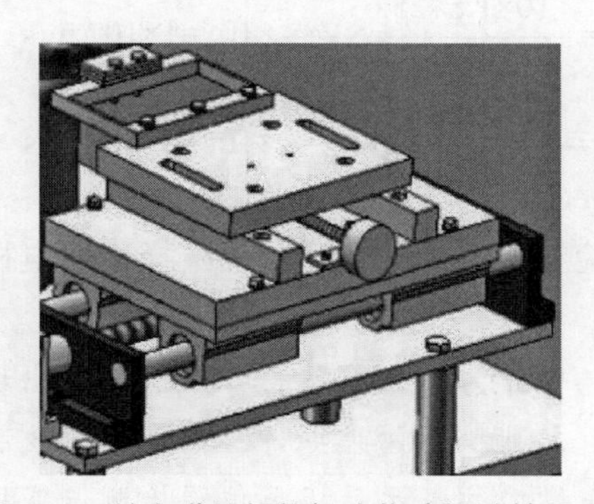

图2-7　针布进给机构初步搭建设计效果图

① 针布横向进给机构

针布横向运动时速度要慢（保证金属针布充分梳理布抛盘）且平稳，因此优先选用步进或者伺服电机+丝杠导轨方式。如果选用步进电机则采用小步距角和带细分驱动器，必要时可以引入减速机。

本实验平台选用滚珠丝杠带动大拖板运动和步进角为 1.8° 的步进电机配细分驱动器

的变速驱动，可参见图 2–8 的设计。

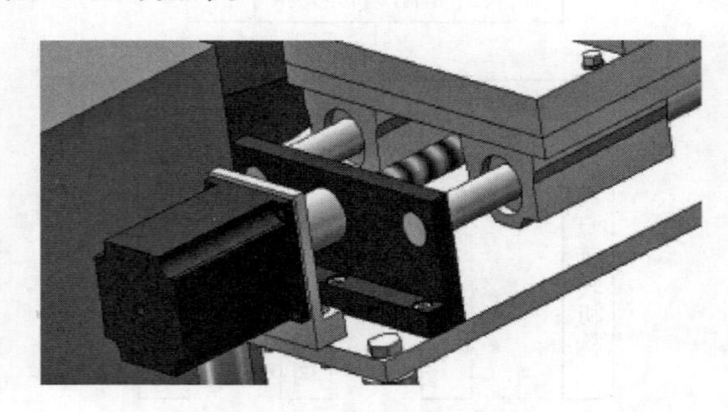

图2–8 步进电机带动大拖板往复运动

机床的工作台和刀架的移动一般由进给轴来驱动。通用机床的进给轴由梯形丝杠构成（整体螺母传动），梯形丝杠与螺母接触面上的摩擦力很大。此外，丝杠与螺母之间存在间隙，这对加工精度有一定的影响。而滚珠丝杠与螺母之间装有连续排列的滚珠，形成点接触滚动摩擦副，其摩擦力很小。由于滚珠丝杠副利用滚珠运动，所以启动力矩极小，不会出现爬行现象，能保证实现精确的微进给。

针布横向往复运动极限位置检测：针布横向往复运动的两个极限位置可以通过安装两个传感器完成检测。接近开关、限位开关都可以用来进行位置检测，由于限位开关是接触式的，所以容易磨损。此处可选用接近开关检测换向位置、限位开关检测极限位置。

若控制器每秒钟可发出 25.6 ~ 12 800 个脉冲，步进驱动器选择 128 细分，则步进电机在驱动 10 mm 导程的滚珠丝杠时，大拖板速度范围为

$$v_{\min}=\frac{10\times1.8\times25.6}{260\times128}\times10^{-3}=1\times10^{-5}\ \mathrm{m/s} \quad (2\text{–}1)$$

$$v_{\max}=\frac{10\times1.8\times12\ 800}{360\times128}\times10^{-3}=5\times10^{-3}\ \mathrm{m/s} \quad (2\text{–}2)$$

这个速度完全满足实验要求。根据调速范围选择步进电机、步进驱动器、丝杠等，以获得所需的驱动效果。

讨论：此处选用步进电机作为动力装置。如果低速时出现爬行现象，可以搭配使用减速机；如果选用伺服电机，则执行效果更好，但是成本较高；如果采用绝对编码伺服电机，那么就不必使用针布横向往复运动极限位置检测传感器，通过绝对编码器可以自动判定当前位置。

② 针布纵向进给机构

由于针布和布抛盘之间的摩擦，布抛盘磨损后直径逐渐变小，为了保持针布和布抛盘之间的梳理力恒定，针布需要纵向运动，且要求运动位移精确可调。如果采用自动调节方式则可以选用步进电机或伺服电机并配合使用丝杠导轨结构；如果采用人工调节方式，则可采用手动旋转螺杆，如图 2–9 所示。

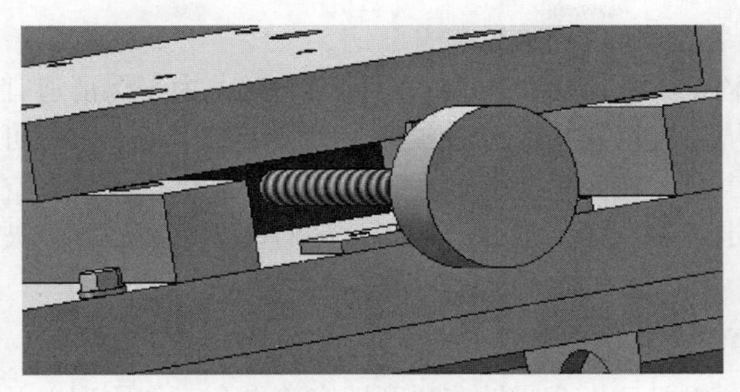

图2-9 小拖板进给运动机构

③梳理力监测装置

方案1：为方便检测梳理力，在针布夹持机构和纵向移动装置之间设有弹性悬臂，并安装有两组传感器（应变片），用以感应悬臂的变形量，进而检测梳理力。通过控制器读取传感器数据或直接通过万用表实时监测电流变化，动态调整丝杠来驱动进给小拖板，使针布受到的梳理力在实验设定范围内。

梳理力测定装置的工作流程如图 2-10 所示。

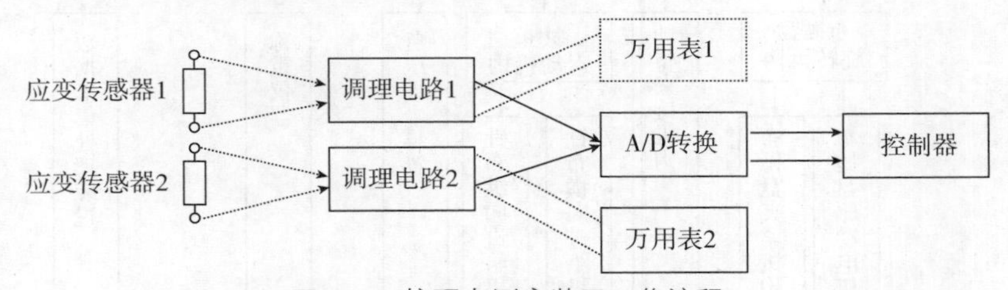

图2-10 梳理力测定装置工作流程

金属针布夹持器两侧的连接钢板上粘贴电阻应变片，应变片两端接入调理电路（通常为惠斯通电桥），调理电路输出接入A/D转换模块，输出信号传给控制器。本实验平台采用调理电路输出电压接入万用表来读数，从而得到针布模拟实际工况下所受梳理力的大小。实验前，首先通过测力计标定梳理力和电压之间的关系。

方案2：纵向驱动装置直接采用伺服电机的恒扭矩驱动模式。

由于方案2不需要检测梳理力，其实施比方案1更简单，但需要采用伺服电机。具体可参考伺服电机部分。

根据金属针布耐磨性实验平台工作原理，还需要称重机构、负压吸尘装置等实验装置的搭建。

（4）称重机构

磨损量常用的测量方法有：几何尺寸法、投影称重求积法、低电阻测量法、菱形标记法、光电测量法和称重法。考虑到针布齿条针齿的磨损范围具有很大的随机性，而称重法能较全面地反映针齿的磨损量，其且测量精度高，最终选用称重法。本实验称重采用分析天平，该天平称重范围为 0 ~ 100 g，精度为 1×10^{-5} g。

（5）负压吸尘装置

耐磨性实验过程中不可避免产生大量的纤维飞絮，为了保证适宜实验环境，需将实验平台置于负压环境中，以便在实验过程中及时吸走产生的飞絮。可采用密闭带窗户的箱子，在其上开两个孔，将实验装置放在其中，利用鼓风机或者真空装置在产生飞絮的位置附近吸气，吸走飞絮。如果预算经费不允许的话，可制作有机玻璃罩置于金属针布耐磨性实验平台上，既环保也便于观察实验进展。

2.2.5　金属针布耐磨性实验平台组成

根据金属针布磨损机理、金属针布耐磨性实验平台工作原理以及实验平台构思、搭建，设计金属针布耐磨性实验平台组成如图 2–11 所示。

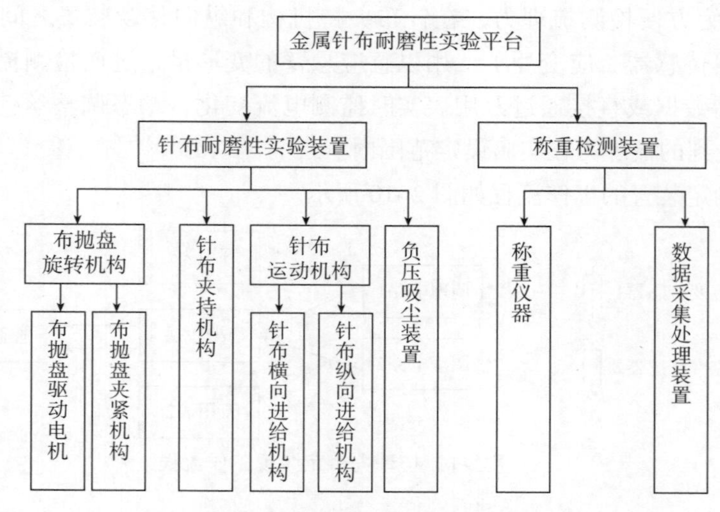

图2–11　金属针布耐磨性实验平台组成

图2–12为构建完成的金属针布耐磨性实验机。

图2–12　金属针布耐磨性实验机

100 mm 长的一组金属针布试样（3 ~ 5根）装于特制的针布试样夹持器中，针布夹持器装夹于小拖板，可随小拖板向布抛盘方向纵向进给运动，使梳理过程中针布针齿始终与布抛盘接触，不受布抛盘磨损而直径减小的影响；同时通过梳理力测定装置的指示，可以准确控制针布所受梳理力大小，使之恒定。小拖板置于大拖板上，随大拖板相对布抛盘往复横向运动。

布抛盘尺寸为直径 300 mm，宽 50 mm，转速为 1 440 r/min，最大工作直径为 300 mm，最小工作直径为 280 mm。其抛磨线速度为 21.1 ~ 22.6 m/s，略高于常规梳棉机锡林表面线速度（20 m/s）。针布夹持器完成一个 100 mm 行程需要 20 min。

布抛盘边缘抛磨针齿时，针布撕扯布抛盘边缘的纬纱，使经纱蓬松，继而经纱头端松散呈单纤维状，在布抛盘周围形成 10 ~ 15 mm 的纤维丛，针齿预期的作用类似梳棉机锡林锯齿握持、分梳棉层的作用。

2.2.6 实验方法和结果

本实验保证每组金属针布在梳理时间内所受的力相同。每一针布齿条试样在进行快速模拟磨损实验之前，表面附有各种污物，为保证实验的精确性，必须先对针布齿条试样进行严格的清洗。在实验中夹持头每次夹持针布齿条 3 条，每条长约 100 mm；试样每磨损 3 小时后进行清洗，再进行 3 次称重，取 3 次所测重量的平均值作为每次磨损的重量；总共抛磨 6 次，即每组试样的总磨损实验周期为 18 小时。按照前述清洗和称重方法得到的金属针布齿条原始重量为 W_0，每次抛磨后清洗干净的重量为 W_j，j=1，2，3，…，6为抛磨次数，则每次磨损量$\triangle W_j$为

$$\triangle W_j = W_0 - W_j \quad (\mathrm{mg}) \tag{2-3}$$

针布试样磨损率为单位原始重量W_0上的磨损量ΔW_j：

$$\gamma = \frac{\Delta W}{W_0} = \frac{W_0 - W_j}{W_0} \quad (\mathrm{mg/g}) \tag{2-4}$$

针布磨损速度 v 为单位时间上（h）的磨损率（γ）：

$$v = \frac{\gamma}{T} = \frac{\Delta W_j / W_0}{T} = \frac{W_0 - W_j}{W_0 \cdot T} \ (\mathrm{mg \cdot g^{-1} \cdot h^{-1}}) \tag{2-5}$$

式中：T——抛磨时间（h）。

取试样 1 为各阶段磨损率作为基准，其余各试样相应阶段的磨损率与之相比较，得到相对耐磨性，这样可以最大限度反映出各试样磨损变化趋势：

$$\varepsilon = \frac{\gamma_{oj}}{\gamma_{ij}} \tag{2-6}$$

式中：γ_{ij}——其余针布齿条相对应的各次磨损率，i=1，2，…，分别表示试样 1，2…，j 为抛磨次数；

γ_{oj}——针布齿条试样 1 的各次磨损率，j 为抛磨次数。

在实验时对经过不同金属强化处理的针布齿条的磨损率、磨损速度和相对耐磨性的实验数据[1]可以看出，本实验平台能很好地评判通过各种不同的金属强化工艺提高金属针布的耐磨性，完全满足科研和教学要求。

2.3 金属针布耐磨性实验平台的改进

2.3.1 原金属针布耐磨性实验平台构建存在的问题

首先，原金属针布耐磨性实验的设计略欠严谨。如图 2-1 所示，实际生产过程中针布针齿正角是梳理纤维的，做正功，背角不梳理纤维，不做功。但原实验平台设计中，安装于夹持器中的金属针布齿条长约 100 mm，相对于布抛盘作往复直线运动，这样针齿的正、背值的均梳理纤维。虽然金属针布的整体都进行了强化处理，但耐磨性实验采用称重法评判针布耐磨性，磨损质量中包含了针齿正角和背角两部分的磨损，这与实际工况略有出入，所以实验设计不太完善。

其次，针布夹持器完成一个行程需要近 20 min，相对于直径 300 mm、转 速1 440 r/min 的布抛盘来说，可看作一个静态物体与一个动态物体形成的纤维-金属摩擦副。这与实际工况相比已大幅提高了磨损效率，但效率还是偏低。

2.3.2 改进后的金属针布耐磨性实验平台构思

原金属针布耐磨性实验平台的工作原理可看作是一个静态物体（金属针布）和一个动态物体（布抛盘）构成的纤维-金属摩擦副的磨损。如果金属针布试样也能做成圆形作高速旋转运动，则两个动态物体相对旋转组成的摩擦副比原先设计的一个静态物体和一个旋转物体构成的摩擦副的磨损量大幅增加，从而提高实验效率。

此外，在原实验平台测试中，发现布抛盘的棉布在针布梳理时容易退让，不容易和金属针布持续构成纤维-金属摩擦副，影响实验效率。所以改用麻抛盘结构，麻纤维可以持续和金属针布构成纤维-金属摩擦副。

2.3.3 改进后的金属针布耐磨性实验平台工作原理

改进后的金属针布耐磨性实验工作原理如图 2-13 所示：麻抛盘作旋转运动，模拟工况下输送棉纤维；金属针布以圆形夹具夹持也作旋转运动，高速对麻抛盘进行梳理；金属针布向麻抛盘作进给运动，保证麻抛盘直径变小后，金属针布能持续梳理。

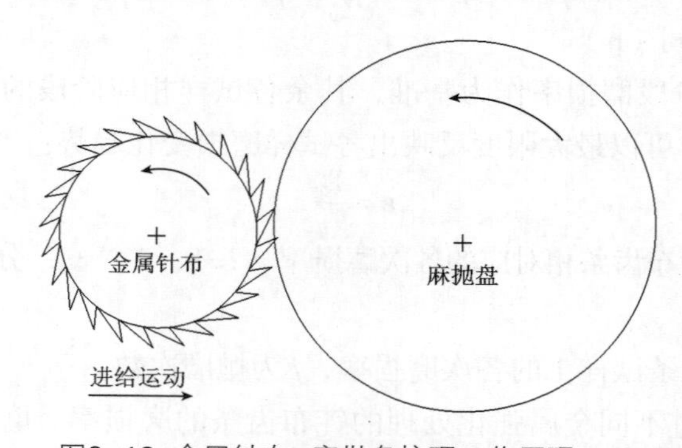

图2-13　金属针布-麻抛盘梳理工作原理

金属针布被包卷成圆圈，与麻抛盘同方向旋转，构成纤维-金属摩擦副。金属针布与麻抛盘的旋转方向相同，而在梳理点两者的线速度方向相反，针齿正角持续梳理纤维，针齿背角不做功，与实际工况一致。

金属针布的质量比麻抛盘小得多，设计金属针布向麻抛盘作进给运动的机构较为合适。当麻抛盘直径变小后，金属针布向麻抛盘作进给运动，以保持纤维–金属摩擦副持续磨损。

为了保证实验条件相同，每组金属针布单位实验时间内的吃麻量（梳理麻纤维的质量）应相同。

根据以上原理，进行模拟实际工况的试验，金属针布磨损，试验并在磨损完成后通过称重检测针布的重量损失，从而间接分析针布的耐磨性。

2.3.4 改进后的金属针布耐磨性实验平台搭建

根据改进后的实验平台工作原理，实验平台初步设计有三个运动：模拟棉纤维运动的麻抛盘旋转运动；金属针布的旋转运动；金属针布向麻抛盘的进给运动。图 2–14 为金属针布耐磨性实验平台的初步搭建。

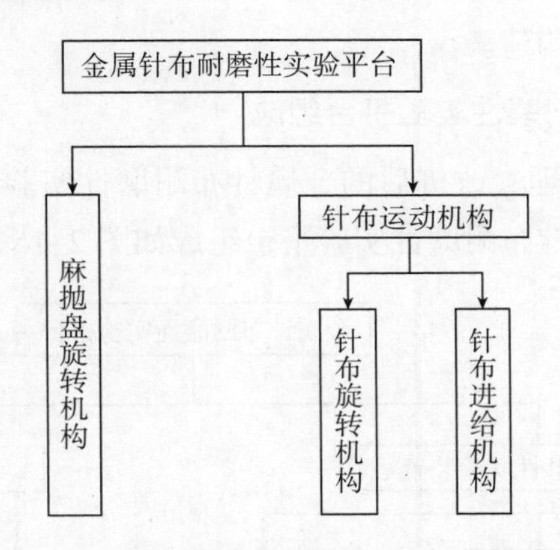

图2–14　金属针布耐磨性实验平台的初步搭建

（1）麻抛盘旋转机构

参考原实验平台设计，麻抛盘的旋转运动比较简单，在实验过程中只要保持高速匀速旋转，不需要调速。因此可选用三相交流电机，其转速为 1 440 r/min，满足实验要求且成本低。用双螺母和盖板将麻抛盘锁紧在电机上，可参见 11.7.4 螺纹连接的装配中的双螺母防松方法。

（2）针布旋转机构

金属针布旋转需要将针布包卷于专用夹具后，再固定在旋转装置上。强化处理过的金属针布一般都是长齿条，先将针布绕成螺旋形，然后裁断并焊接成圆形，采用专用夹具夹持，并固定在电机上。

如果需要增加一个实验变量——电机要求方便调速，可选用变频电机。其转速大范围可调，满足实验要求。电机调速控制可参考 9.3.3 交流电机的选用与控制部分。

（3）针布进给机构

如图 2–13 所示，由于麻抛盘磨损后直径逐渐变小，针布需要径向移动，保持和麻抛盘构成纤维–金属摩擦副持续梳理做功。针布径向运动机构要求运动位移精确可控，如果采用自动方式，可以选用步进或伺服电机配合丝杠导轨结构。

搭建到这里，我们忽略了一个在构思阶段没有考虑的问题：麻抛盘和布抛盘一样，有一定厚度，而金属针布夹具只夹持一圈针布，相对于麻抛盘的厚度来说太薄了，无法完整梳理麻抛盘，影响实验效果。因此需要 3 ~ 5 个金属针布圈并排梳理麻抛盘，但实际操作时，无法同时保证几个金属针布圈的平整度，较难叠加并排实验。

可设计增加一个带动金属针布夹具轴向移动的运动机构，工作行程为麻抛盘的厚度。

所以针布进给机构不仅包括相对于麻抛盘的径向运动，还有轴向运动。这时一维直线传动机构无法满足实验要求，需要选用二维直线传动机构，可参见实验平台一和 7.5.3 二维直线传动机构的典型类型。

根据改进后的金属针布耐磨性实验平台工作原理，还需要称重机构、负压吸尘装置等，可参见实验平台一的构建。

2.3.5 改进后的金属针布耐磨性实验平台组成

根据金属针布磨损机理、改进后的金属针布耐磨性实验平台工作原理以及实验平台构思、搭建讨论后，金属针布耐磨性实验平台组成如图 2–15 所示。

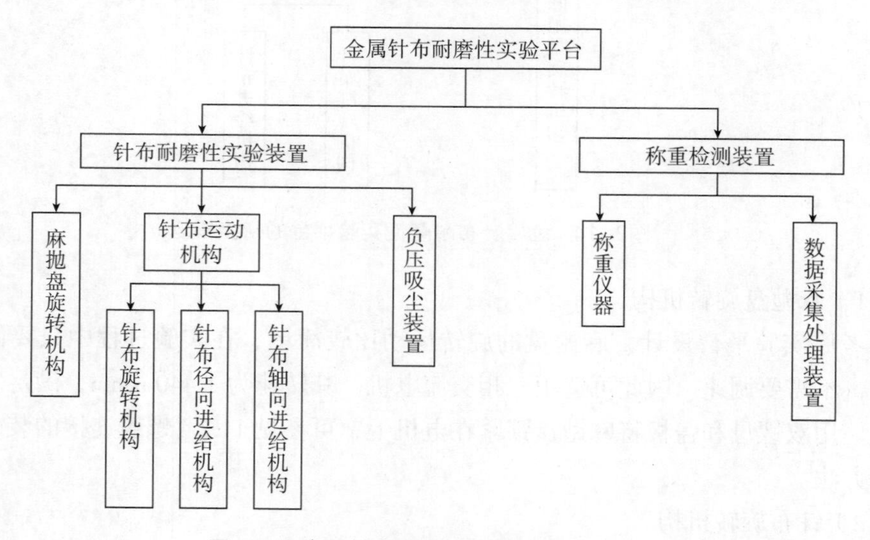

图2–15 金属针布耐磨性实验平台组成

（1）包卷金属针布

为了评判经过不同处理的金属针布的耐磨性，针布旋转机构中的包卷金属针布是本实验的关键。参考青岛纺织机械厂FU281A型金属针布包卷机包卷梳棉机用锡林及道夫金属针布的方法，改装重庆第二机床厂生产的 C616–1 型普通车床，如图 2–16 所示。通过小拖板的移动，保证包卷金属针布具有一定的张力。转动三爪卡盘，包卷金属针布。

图2-16 在C616-1型普通车床上包卷金属针布

包卷好的金属针布如同弹簧一样，但实验用的金属针布只需一个圈即可。自制金属针布焊接夹具，其直径与电机所带动的夹具直径相当，如图 2-17 所示。

图2-17 金属针布焊接夹具

在金属针布焊接夹具上剪断金属针布后，采用青岛纺织机械厂生产的金属针布焊接器焊接成完整圈。实验用金属针布圈如图 2-18 所示。

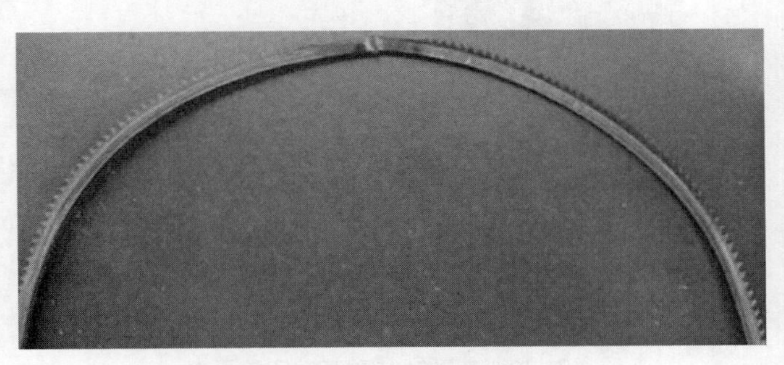

图2-18 实验用金属针布圈

由于金属针布焊接部分的针齿相当于经过了退火处理，与其他部分金属针布相比偏软，如遇到纤维摩擦，较易磨损，影响实验数据的准确性。所以采用研轮机将焊接好的金属针布圈焊接部分的针齿磨平，并用油石把这部分磨光。实验时，电机用金属针布夹具在金属针布圈的焊接部分安装一个小盖板，如图 2-19 所示。其作用是在金属针布梳理纤维时避免焊接部分接触纤维造成磨损，从而影响实验数据的准确性。

（2）运转实验平台

构建的实验平台如图 2-20 所示。本实验平台借助东华大学工程训练中心教学使用的沈阳第一机床厂生产的CAK6150Di型数控机床。之所以选择此机床，因为该机床的床身最大回转直径为 500 mm，加工工件长度可达 1 390 mm，完全满足实验平台要求。机床主轴三爪卡盘带动麻抛盘作旋转运动，主轴转速范围为 40 ~ 1 800 r/min。麻抛盘直径为 300 mm，厚为 25 mm，线速度可达 28.3 m/s。

模拟工况下输送棉纤维的麻抛盘旋转运动由数控车床三爪卡盘夹紧麻抛盘旋转实现。这里需要用一根带台阶和螺纹的轴作为夹具，有台阶的一端固定于三爪卡盘，有螺纹的一端锁紧麻抛盘。用双螺母和盖板锁紧麻抛盘，可参见 11.7.4 螺纹连接的装配中的双螺母防松方法。

图2-19　电机用金属针布夹具

图2-20　金属针布耐磨性实验平台

金属针布圈的转动可由变频电机带动金属针布夹具所实现，变频电机固定在刀架上。

金属针布圈径向和轴向相对于麻抛盘的直线运动可由数控车床编程实现（实际控制刀架的位移），数控车床编程见表 2-1。有关数控车床编程知识，可参阅本书作者所编写的《工程训练教程》以及本书参考文献。

机床具有全封闭防护罩壳，在做耐磨性实验时，为了防止纤维散出而污染环境，实验操作人员可以通过机床防护罩的窗口观察实验情况。这里可以省略负压吸尘装置。

表2-1　金属针布向麻抛盘的进给运动数控车床参考程序

程序内容	程序说明
O0001；	主程序
N10 T0101；	
N20 G98 M03 S600；	
N30 G00 X300.0 Z300.0；	
N40 G00 X300.0Z2.0;	
N50 M98 P0002 L8；	调用子程序0002，8次
N60 G00 X300.0 Z300.0；	
N70 M05；	主轴停止
N80 M30;	主程序结束
O0002；	子程序
N90 M03 S600 ；	
N100 G01 U-1.0 F100；	
N110 W-30.0；	
N120 U-1.0；	
N130 W30.0；	
N140 M99；	子程序调用结束并返回主程序

讨论：大多数情况下，读者没有条件借用数控机床这类通用机床，怎么办？麻抛盘的转动可选用三相交流电机，但是电机需水平放置，参看图 2-20 中CAK6150Di 型数控机床三爪卡盘夹紧麻抛盘。金属针布圈的转动可选用变频电机。金属针布圈向麻抛盘的进给运动的构建设计可参考实验平台一的进给运动（大拖板+小拖板的运动）和 7.5.3 二维直线传动机构的典型类型。

2.3.6 实验方法和结果

保证相同实验条件为每组金属针布单位实验时间内吃麻量（梳理麻纤维的质量）相同。每一组金属针布在进行快速模拟磨损实验之前，必须放在装有丙酮的烧杯内进行超声波清洗，以保证实验准确性。每磨损 3 个小时后进行试样清洗，再进行 3 次称重，取 3 次所测重量的平均值作为每次磨损的重量。为了与前一平台测得的磨损进行对比，总共抛磨了 6 组试样。结果表明，单位时间的磨损量比前一平台显著增大。虽然实验条件略有不同，抛盘材质由麻代替棉布，但显而易见，改进后实验平台的效率大幅提高。

第二篇　基础篇

本篇包括机械制图、工程材料和测量技术等 3 章，如果读者有相关机械基础，可以跳过本篇。在构建工程实验平台时，需要哪部分知识点，再回看即可。

第三章如何读懂一张零件图。本章讲述了零件图的基本知识、三视图、剖视图、尺寸标注、技术要求等知识点。由于篇幅限制，本章未涉及的装配图可参阅本书参考文献。表达机器或部件的图样称为装配图。装配图主要表达机器或部件的工作原理、装配关系、结构形状及技术要求等。零件图和装配图的关系是：在设计过程中，首先要画出装配图，然后按照装配图设计并拆画出零件图；在加工制造过程中，则先按零件图制造零件，再根据装配图装配成部件或机器；在使用产品过程中，装配图又是了解产品结构和进行调试、维修的主要依据。

零件的技术要求包括尺寸精度、形状精度、位置精度、表面粗糙度等知识点，所涉及的内容不仅包含画法几何，还包括机械的设计基准、制造工艺等知识点。初学者可能比较困惑，这些知识点交给机械技术人员处理即可。初学者只要把握零件图中零件几何体的正确投影关系以及一般尺寸标注即可。

机械制图是机械设计工程师和机械制造工程师之间交流的“语言”——拿图纸说话。一般非机械专业人员未接受过工程制图训练，近机械专业人员最多也只接受过一个学期的工程制图训练。所以对于工程制图零基础或者基础薄弱的读者来说，一般情况下不可能学习完本章节，就能设计并绘制出实验平台所需要的图纸。因为工程制图需要一定时间的严格训练及实践。

本章的目的在于如何让读者“读懂”零件图，而不是“设计、绘制”零件图。所以，通过本章学习，使读者能初步读懂机械制图中的技术要求，并尽可能按制图要求绘制出本人设计的实验平台草图；根据本人实验平台设计要求和图纸技术要求，可以与机械工程师及相关技术人员交流沟通。

第四章常用工程材料。用于生产制造工程零件、构件和工具的材料统称为工程材料。常用的工程材料包括金属材料、无机非金属材料、有机高分子材料和复合材料四大类，其中金属材料的应用最为广泛。本章主要内容包括金属材料的力学性能和工艺性能，钢铁、有色金属材料的主要牌号和用途，以及常用的非金属材料等。读者可以通过材料的力学性能和工艺性能选择合适的钢铁、有色金属材料和非金属材料，构建工程实验平台。工程材料是学习机械设计、切削加工、材料成形和特种加工等知识的基础。

第五章测量技术。这一章包括测量原理、测量误差和常用量具等知识点，所讲述的主要是几何量测量，即长度测量。

机械制图、工程材料和测量技术等知识是机械设计、机械制造以及机电一体化的基础，十分重要。

第三章
如何读懂一张零件图

零件图是生产中指导制造和检验该零件的主要图样。它不仅要把零件的内、外结构及形状和大小表达清楚，还需要对零件的材料、加工、检验、测量提出必要的技术要求。零件图必须包含制造和检验零件的全部技术资料。因此，一张完整的零件图一般应包括以下几项内容，如图3–1所示。

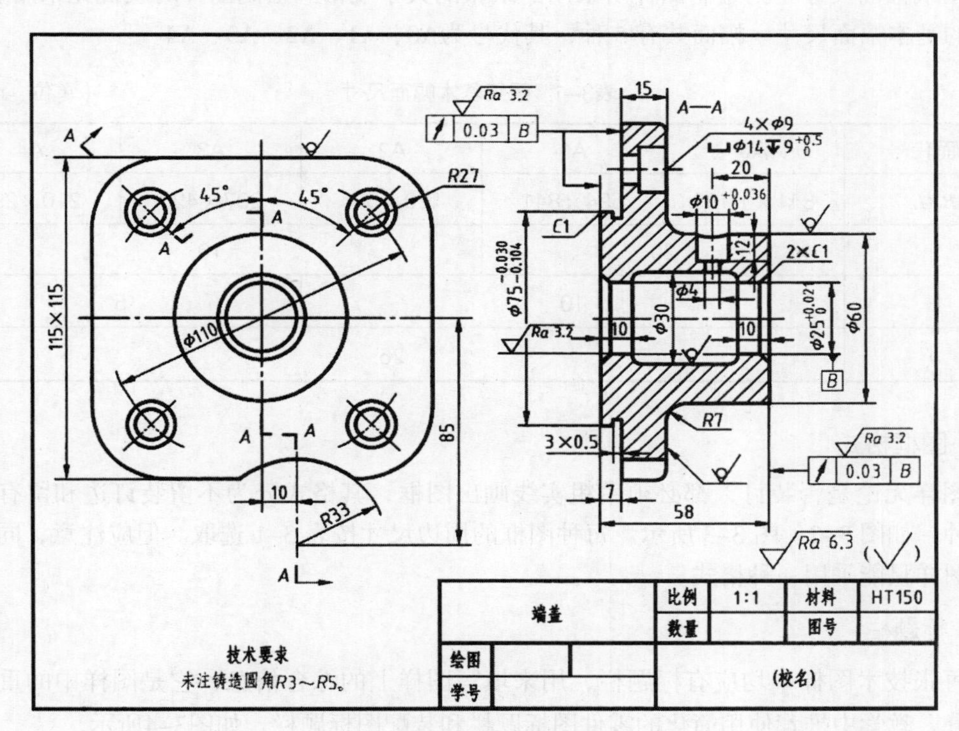

图3–1 零件图

（1）标题栏。标题栏应配置在图框的右下角。填写的内容主要有零件的名称、材料、数量、比例、图样代号以及设计、审核、批准者的姓名、日期等。

（2）一组图形。用于正确、完整、清晰和简便地表达出零件内外形状的图形，其中包括各种表达方法，如视图、剖视图、断面图、局部放大图和简化画法等。

（3）尺寸。零件图中应正确、完整、清晰、合理地标注零件在制造和检验时所需要的全部尺寸。

（4）技术要求。零件图中必须用规定的代号、数字、字母和文字注解说明制造和检验零件时在技术指标上应达到的要求。如表面结构要求、尺寸精度要求、几何公差要求、材料和热处理、检验方法以及其他特殊要求等。

表达机器或部件的图样称为装配图。装配图主要表达机器或部件的工作原理、装配关系、结构形状及技术要求等。零件图和装配图的关系是：在设计过程中，首先要画出装配图，然后按照装配图设计并拆画出零件图；在加工制造过程中，则先按零件图制造零件，然后再根据装配图装配成部件或机器；在使用过程中，装配图又是了解产品结构和进行调试、维修的主要依据。

3.1　零件图的基本知识

3.1.1　图纸幅面

图纸幅面尺寸是指绘制图样所采用的纸张的大小规格。绘制图样时应优先采用表3-1规定的基本幅面尺寸。幅面共有 5 种，其代号为A0、A1、A2、A3、A4。

表3-1　图纸基本幅面尺寸　（单位：mm）

<table>
<tr><th>幅面代号</th><th>A0</th><th>A1</th><th>A2</th><th>A3</th><th>A4</th></tr>
<tr><td>$B \times L$</td><td>841×1 189</td><td>594×841</td><td>420×594</td><td>297×420</td><td>210×297</td></tr>
<tr><td>e</td><td colspan="2">20</td><td colspan="3">10</td></tr>
<tr><td>c</td><td colspan="3">10</td><td colspan="2">5</td></tr>
<tr><td>a</td><td colspan="5">25</td></tr>
</table>

3.1.2　图框格式

图样无论是否装订，都必须用粗实线画出图框，其格式分为不留装订边和留有装订边两种，如图 3-2、图 3-3 所示。每种图框的周边尺寸按表 3-1 选取。但应注意，同一产品的图样只能采用一种格式。

3.1.3　标题栏

每张技术图样中均应有标题栏，用来填写图样上的综合信息，它是图样中的重要组成部分。教学中推荐使用简化的零件图标题栏和装配图标题栏，如图3-4所示。

图样中图形与相应实物的线性尺寸之比称为比例。比例分为原值比例、放大比例和缩小比例。

原值比例：比值为 1 的比例，即 1∶1。

放大比例：比值大于 1 的比例，如 2∶1、5∶1 等。

缩小比例：比值小于1的比例，如 1∶2、1∶5 等。

选用比例时应注意以下几点。

（1）画图时应尽量采用 1∶1 的原值比例，以便直接获得机件实际大小的概念。

（2）同一图样中的各视图应采用相同比例，并填写在标题栏中。

（3）无论图样放大或缩小，图样上标注的尺寸都为机件的实际大小，而与采用的比例无关，如图 3-5 所示。

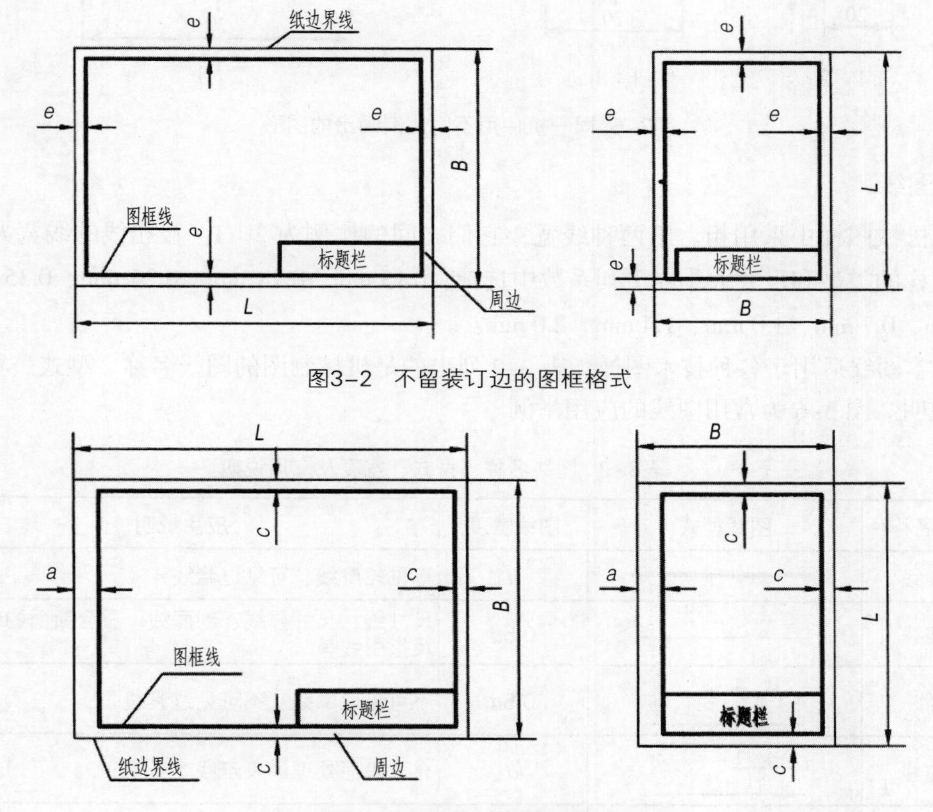

图3-2　不留装订边的图框格式

图3-3　留装订边的图框格式

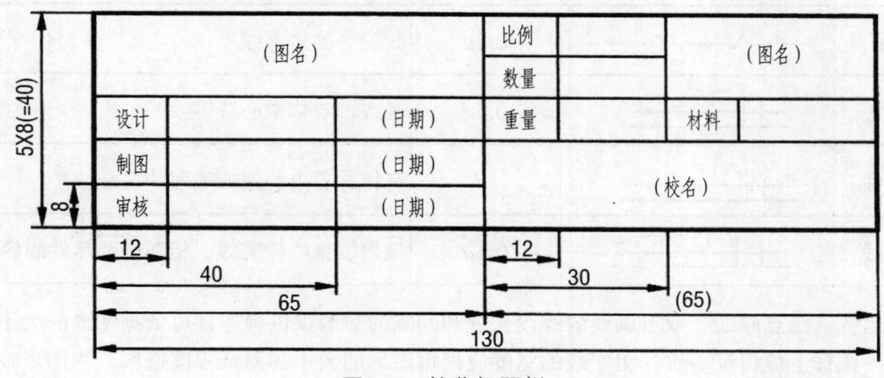

图3-4　简化标题栏

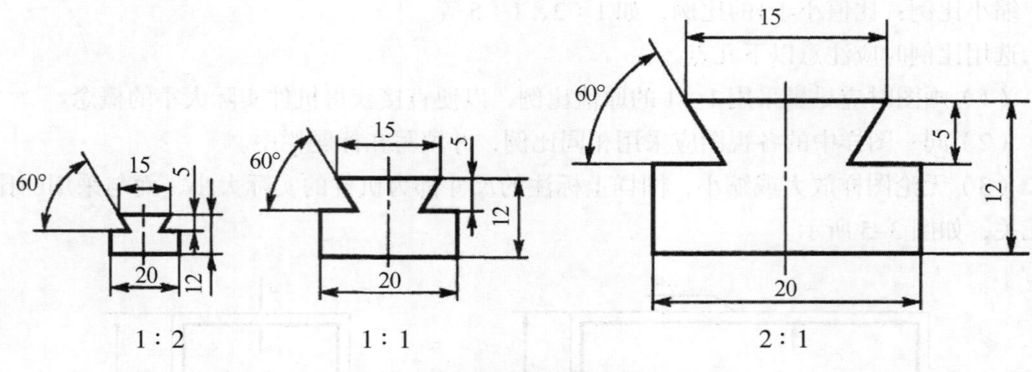

图3-5　同一机件用不同比例画出的图形

3.1.4　图线

在机械图样中采用粗、细两种线宽，它们之间的比例为 2∶1。设粗线的线宽为 d，d 应按图样的类型和尺寸大小在下列系数中选择：0.13 mm、0.18 mm、0.25 mm、0.35 mm、0.5 mm、0.7 mm、1.0 mm、1.4 mm、2.0 mm。

基本图线适用于各种技术图样。表 3-2 列出的是机械制图的图线名称、型式、宽度及应用说明。图 3-6 为常用图线的应用举例。

表3-2　图线名称、型式、宽度及应用说明

图线名称	图线型式	图线宽度	应用说明
粗实线		*d*	可见轮廓线、可见过渡线
细实线		0.5*d*	尺寸线、尺寸界线、剖面线、重合断面的轮廓线及指引线等
虚线	4　1	0.5*d*	不可见轮廓线、不可见过渡线
粗虚线	4　1	*d*	允许表面处理的表示线
波浪线		0.5*d*	断裂处的边界线等
双折线		0.5*d*	断裂处的边界线
细点画线	3　15	0.5*d*	轴线、对称中心线等
粗点画线	3　15	*d*	有特殊要求的线或表面的表示线
双点画线	5　15	0.5*d*	极限位置的轮廓线、相邻辅助零件的轮廓线等

注：表中虚线、细点画线、双点画线的线段长度和间隔的数值仅供参考，可依据图形的大小作适当调整，但同一图样上应保证一致；粗实线的宽度应根据图形的大小和复杂程度选取，当图形较大且简单时，*d* 取较大值，当图形较小且复杂时，*d* 取较小值。

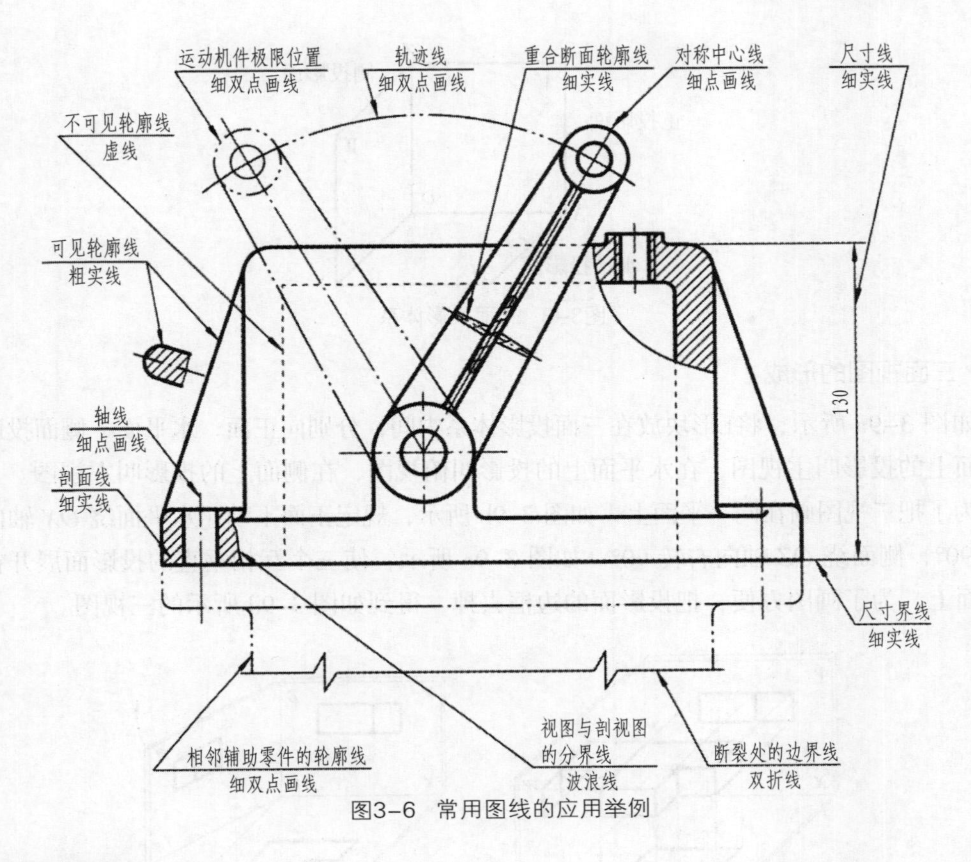

图3–6　常用图线的应用举例

3.2　三视图

一般只用一个方向的投影来表达形体是不确定的，通常需将形体向几个方向投影，才能完整清晰地表达出形体的形状和结构，如图 3–7 所示。

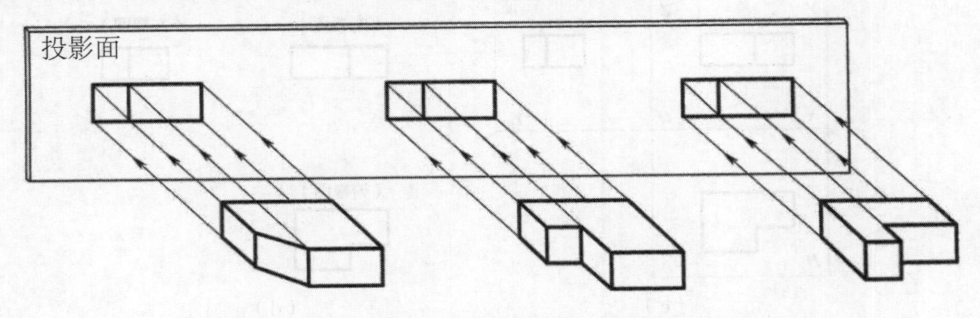

图3–7　一个方向的投影不能确定空间物体的形状

3.2.1　三面投影体系

选用三个互相垂直的投影面，建立三面投影体系，如图 3–8 所示。在三面投影体系中，三个投影面分别用V（正面）、H（水平面）、W（侧面）表示。三个投影面的交线OX、OY、OZ称为投影轴，三个投影轴的交点称为原点。

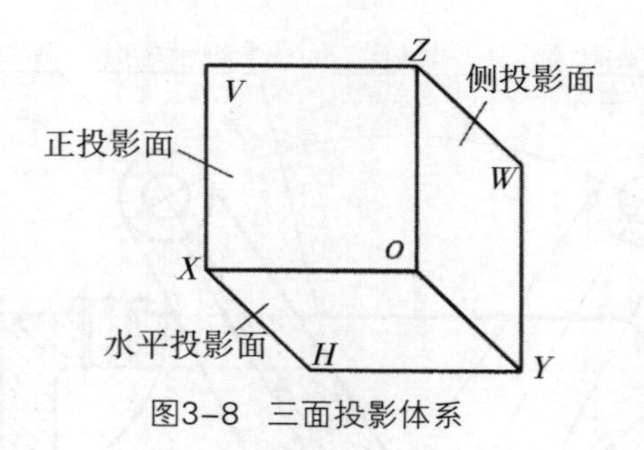

图3-8　三面投影体系

3.2.2　三面视图的形成

如图 3-9a 所示，将L形块放在三面投影体系中间，分别向正面、水平面、侧面投影。在正面上的投影叫主视图，在水平面上的投影叫俯视图，在侧面上的投影叫左视图。

为了把三视图画在同一平面上，如图 3-9b 所示，规定正面不动，水平面绕 *OX* 轴向下转动 90°，侧面绕 *OZ* 轴向右转 90°。如图 3-9c 所示，使三个互相垂直的投影面展开在一个平面上。为了画图方便，把投影面的边框去掉，得到如图 3-9d 所示的三视图。

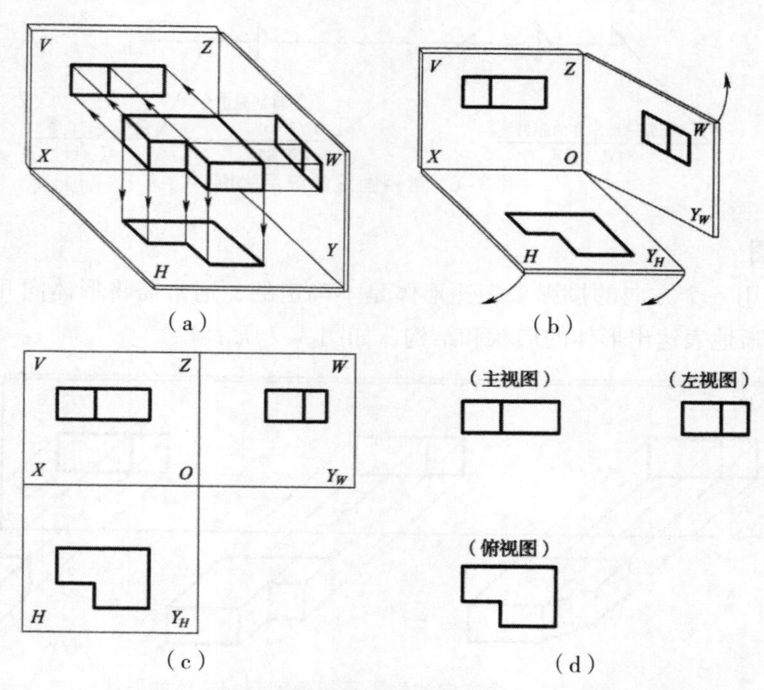

图3-9　三面视图的形成

3.2.3　三视图的投影关系

如图 3-10 所示，三视图的投影关系为

V 面、*H* 面（主、俯视图）—— 长对正；

V 面、*W* 面（主、左视图）—— 高平齐；

H 面、*W* 面（俯、左视图）—— 宽相等。

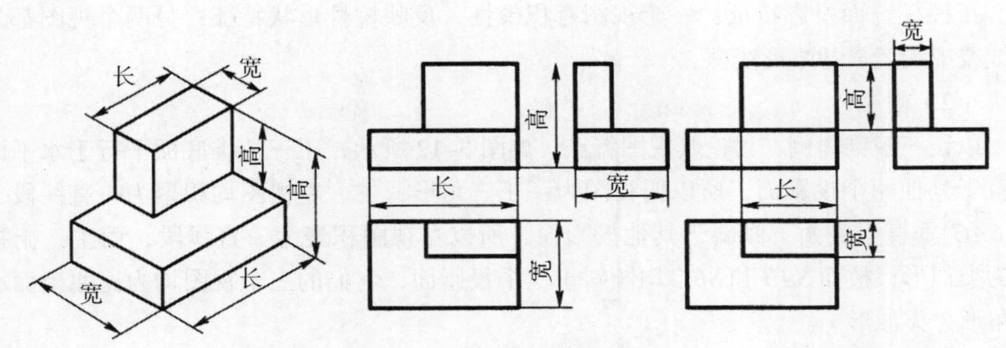

图3-10　三视图的投影关系

这是三视图间的投影规律，是画图和看图的依据。

（1）机械制图主要采用正投影法，它的优点是能准确反映形体的真实形状，便于度量，能满足生产上的要求。

（2）三个视图都表示同一形体，它们之间是有联系的，具体表现为视图之间的位置关系、尺寸之间的"三等"关系以及方位关系。

（3）三视图中，除了整体保持"三等"关系外，每一局部也保持"三等"关系，其中特别要注意的是俯视图、左视图的对应，在度量宽相等时，度量基准必须一致，度量方向必须一致。

3.2.4　基本体的三视图

基本体可分为平面基本体和回转基本体。平面基本体主要有棱柱、棱锥等；回转基本体主要有圆柱、圆锥、球体等。

（1）棱柱

以正六棱柱为例，讨论其视图特点。图3-11为水平放置六棱柱，其两底面为水平面，H 面投影具有全等性；前后两侧面为正平面，其余四个侧面是铅垂面，它们的水平投影都积聚成直线，与六边形的边重合。

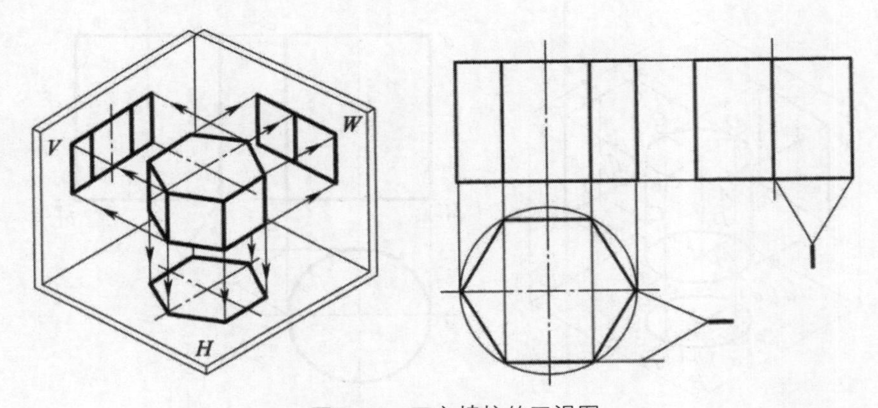

图3-11　正六棱柱的三视图

正棱柱三面投影特征：一个视图有积聚性，反映棱柱形状特征；另两个视图都是由实线或虚线组成的矩形线框。

（2）棱锥

以正三棱锥为例，讨论其视图特点。如图 3-12 所示，正三棱锥底面平行于水平面而垂直于其他两个投影面，所以俯视图为一正三角形，主、左视图均积聚为一直线段，棱面 *SAC* 垂直于侧面，倾斜于其他投影面，所以左视图积聚为一直线段，而主、俯视图均为类似形；棱面 *SAB* 和 *SBC* 均倾斜于三个投影面，它们的三个视图均为比原棱面小的三角形（类似形）。

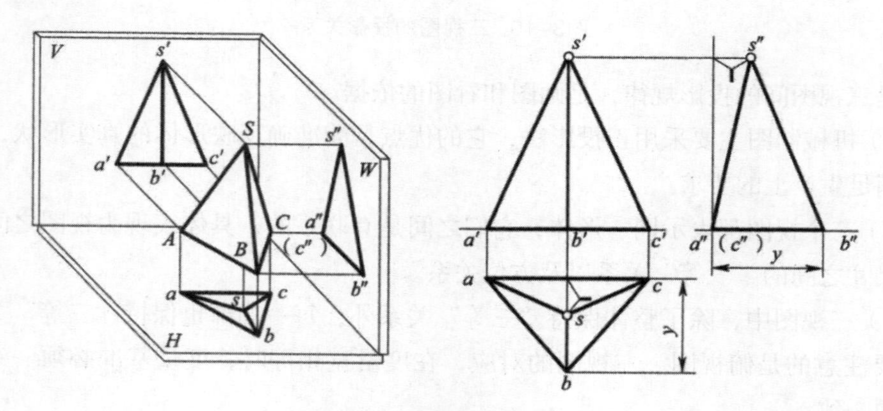

图3-12　正三棱锥的三视图

正棱锥的视图特点：一个视图为多边形，另两个视图为三角形线框。

（3）圆柱

圆柱体的三视图如图 3-13 所示。圆柱轴线垂直于水平面，则上下两圆平面平行于水平面，俯视图反映实形，主、左视图各积聚为一直线段，其长度等于圆的直径。圆柱侧面垂直于水平面，俯视图积聚为一个圆，与上、下圆平面的投影重合。圆柱侧面的另外两个视图，要画出决定投影范围的转向轮廓线（即圆柱侧面对该投影面可见与不可见的分界线）。

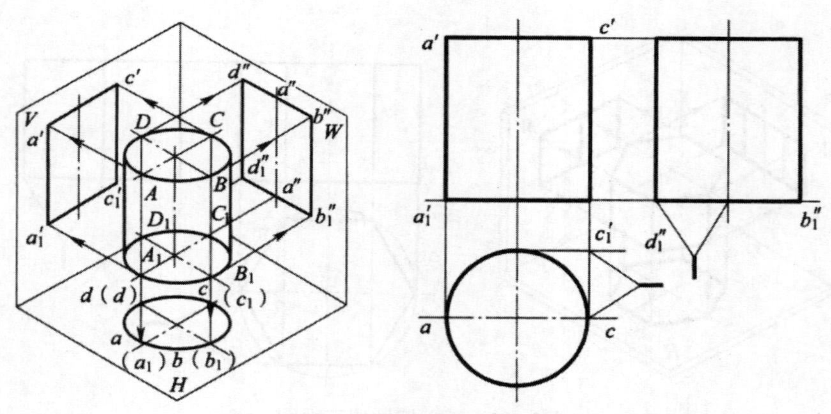

图3-13　圆柱体的三视图

圆柱的视图特点：一个视图为圆，另两个视图为矩形线框。

（4）圆锥

圆锥体的三视图如图 3–14 所示。直立圆锥的轴线为铅垂线，底面平行于水平面，所以底面的俯视图反映实形（圆），其余两个视图均为直线段，长度等于圆的直径。圆锥侧面在俯视图上的投影重合在底面投影的圆形内，其他两个视图均为等腰三角形。

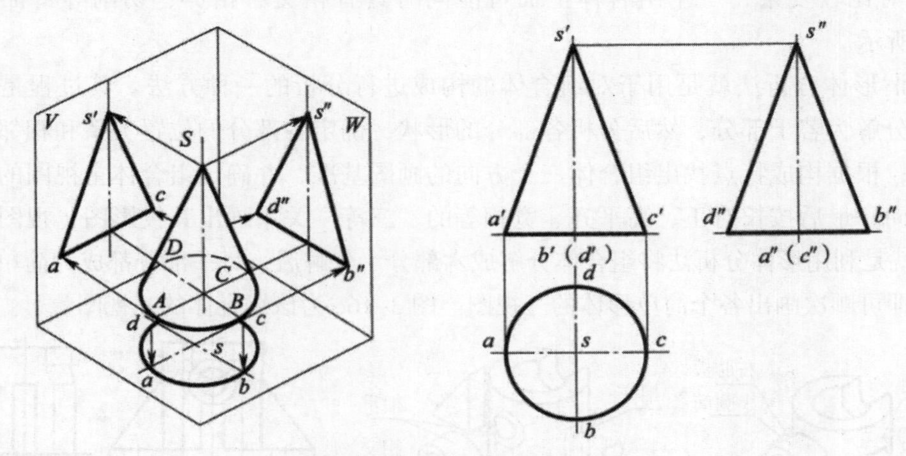

图3–14　圆锥体的三视图

圆锥的视图特点：一个视图为圆，另两个视图为三角形线框。

（5）球

如图 3–15 所示，圆球的三个视图均为圆，圆的直径等于球的直径。球的主视图表示前、后半球的转向轮廓线（即 *A* 圆的投影），俯视图表示上、下半球的转向轮廓线（即 *B* 圆的投影），左视图表示左、右半球的转向轮廓线（即 *C* 圆的投影）。

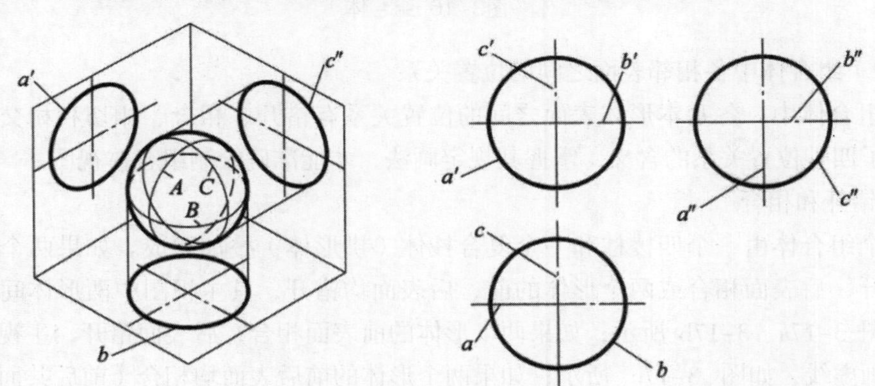

图3–15　球的三视图

球的视图特点：三个视图均为圆。

小结：

①对于基本平面体，画出所有棱线（或表面）的投影，并根据它们的可见与否，分别采用粗实线或虚线表示。

②对于回转基本体，要进行轮廓素线的投影与曲面的可见性判断。

3.2.5 组合体的三视图

（1）组合体的构成及形体分析法

将前面介绍过的几种立体按一定的形式叠加起来所构成的物体叫作组合体。组合体相对比较复杂，一个组合体上面可能同时具有相交、相贯、切割等特征，如图 3–16a 所示。

所谓形体分析法就是用于对组合体的构成进行分析的一种方法。其过程是假想把组合体分解为若干部分，然后分析各部分的形状，确定各部分的位置关系和相邻表面间的关系；根据构成特点找出组合体三个方向的画图基准，并确定组合体主视图的位置和投射方向，最后按长对正、高平齐、宽相等的“三等”关系画出其投影图（视图）。图 3–16b 就是利用形体分析法将组合体分解成六部分。分解后，每一部分都成为简单形体，画图时即可顺次画出各个简单形体的三视图。图 3–16c 为该组合体的三视图。

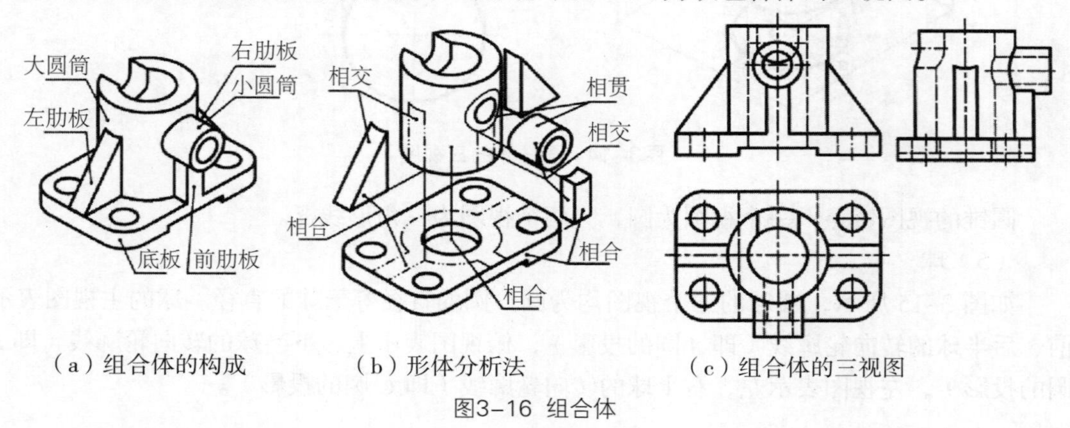

（a）组合体的构成　（b）形体分析法　（c）组合体的三视图

图3–16 组合体

（2）组合体中各相邻表面之间的位置关系

在组合体中，各基本形体表面之间的位置关系有错开、相合、相切和相交四种。只有理解了四种位置关系的含义，掌握其规定画法，才能准确绘制组合体视图。

① 错开和相合

一个组合体由一个四棱柱和一个复合柱体（拱形体）叠加而成。如果两个形体的前表面错开，后表面相合或两个形体的前、后表面均错开，其主视图中两形体间应画粗实线，如图 3–17a、3–17b 所示；如果两个形体的前表面相合，后表面错开，主视图中两形体间应画虚线，如图 3–17c 所示；如果两个形体的前后表面均相合（前后共面），两个形体合成一个复合柱体，则其主视图中不能画线，如图 3–17d 所示。

② 相切和相交

这里主要讨论平面和圆柱面相切和相交时的画法。

组合体中的平面与圆柱面相切时，由于相切的关系使平面和柱面光滑过渡，因此在光滑过渡处不画切线，但应在视图中找到切线的位置（如图 3–18a 所示，在俯视图中，过圆心作与圆相切直线的垂线），以保证有关结构投影的正确。

组合体中的平面与圆柱面相交，其交线应按投影关系准确画出，如图 3-18b 所示。

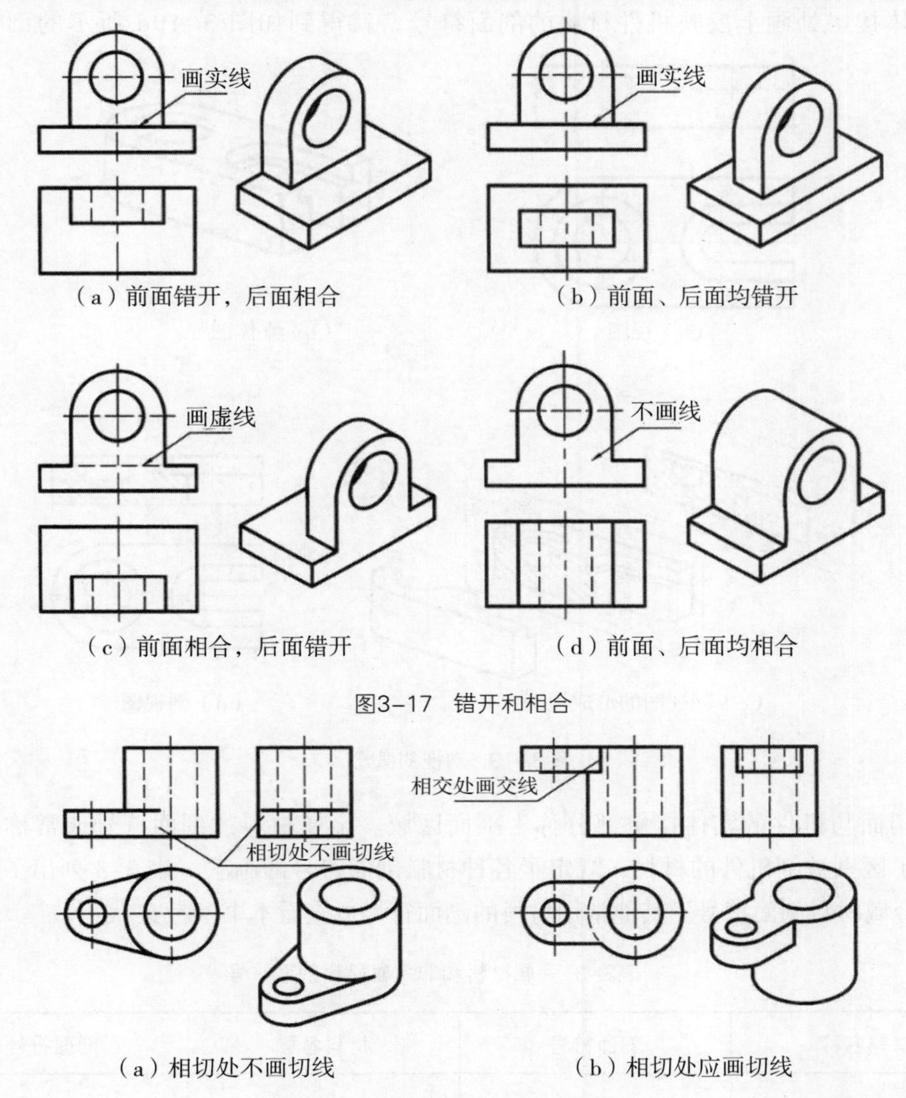

（a）前面错开，后面相合 （b）前面、后面均错开

（c）前面相合，后面错开 （d）前面、后面均相合

图3-17 错开和相合

（a）相切处不画切线 （b）相切处应画切线

图3-18 相切和相交

3.3 剖视图概述

有些机件内、外形结构都很复杂，在视图中，内腔与外形的细虚线、实线交错、重叠，很难分清层次，影响图样的清晰度，给读图造成困难，且不利于标注尺寸。为了清晰地表达机件内部的结构形状，常采用剖视的画法。

图3-19a、图3-19b为机件的视图和立体图，主视图上出现了多条表达内部结构的细虚线。为了清楚地表达机件的内部结构，假想用剖切面剖开机件，移去观察者与剖切面之间的部分，将留下的部分向投影面投影，这样得到的图形就称为剖视

图，简称剖视。如图 3-19c 所示，假想用正平面在机件的前后对称面处剖开机件，移去机件的前半部分，将余下的部分向与剖切面平行的投影面投影，并在剖切平面与机件实体接触处画上反映机件材质的剖面符号，就得到如图 3-19d 所示的剖视图。

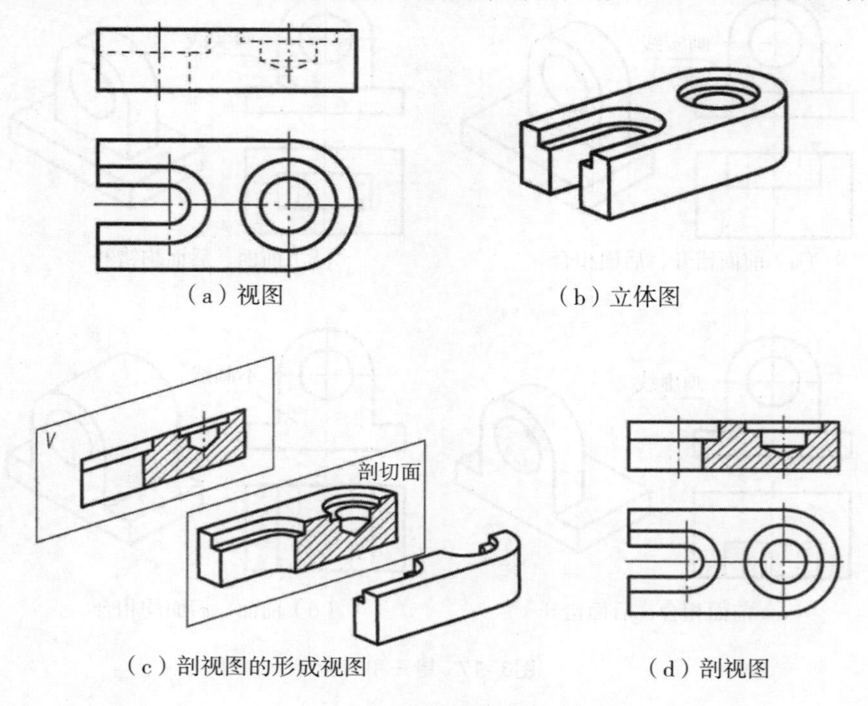

图3-19　剖视的概念

剖切面与机件的实体接触部分称为剖面区域。金属材料的剖面符号通常称为剖面线。为了区别被剖机件的材料，规定了各种材料剖面符号的画法。表 3-3 列出了金属材料和非金属材料剖面符号。其他常用材料的剖面符号可查看本书参考文献。

表3-3　金属材料和非金属材料剖面符号

材料名称	剖面符号	材料名称	剖面符号
金属材料（已有规定剖面符号者除外）	（斜线剖面线）	非金属材料（已有规定剖面符号者除外）	（网格剖面线）

3.4 尺寸标注

图纸上的标注尺寸原则上以mm为单位，单位符号不填写。角度的单位采用度。

尺寸线不能将标注的尺寸数字中间隔断，且应尽量避免与其他尺寸线相交。在尺寸线的两端要标箭头符号。

3.4.1 基本体尺寸标注

基本体的尺寸标注是将确定立体形状大小的尺寸（称为定形尺寸）标注在反映形体特征最明显的视图中。平面立体应标注长、宽、高尺寸，如图 3–20 所示；曲面立体应标注轴向尺寸、径向尺寸。注意，直径推荐标在非圆视图中，半径要求标在圆弧视图中。标注球面尺寸时加注 $S\phi$ 或 SR，如图 3–21 所示。

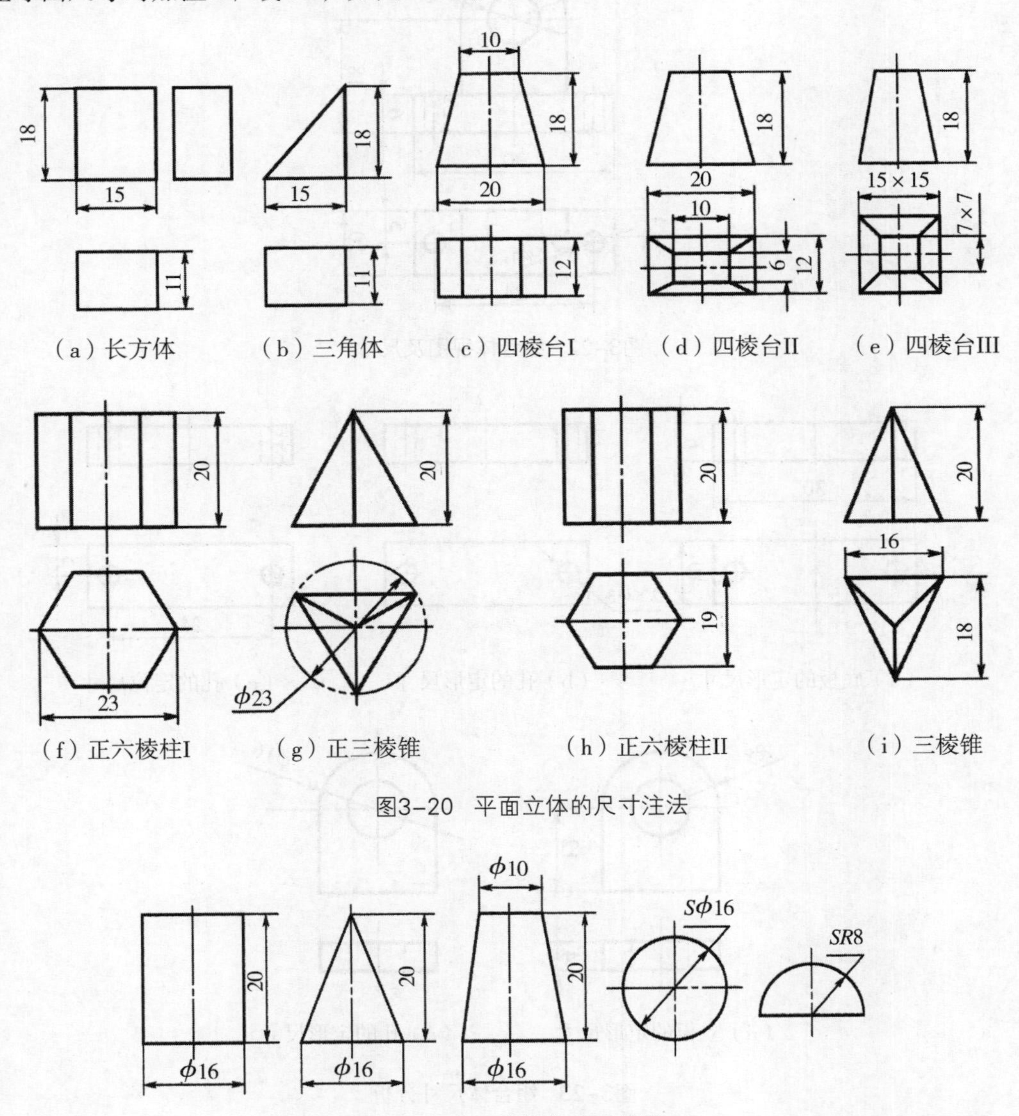

（a）长方体　（b）三角体　（c）四棱台I　（d）四棱台II　（e）四棱台III

（f）正六棱柱I　（g）正三棱锥　（h）正六棱柱II　（i）三棱锥

图3–20　平面立体的尺寸注法

图3–21　曲面立体的尺寸注法

3.4.2 组合体尺寸分析

图 3–22 为由底板和立板组成的组合体，其各组成部分的尺寸分析如图 3–23 所示。由此可见，为了确定组合体的形状和大小，应注出以下三种类型的尺寸：

（1）定形尺寸。确定组合体各部分形状大小的尺寸，称为定形尺寸。

（2）定位尺寸。确定组合体各部分之间相对位置的尺寸，称为定位尺寸。

（3）总体尺寸。确定组合体外形的总长、总宽、总高的尺寸，称为总体尺寸。

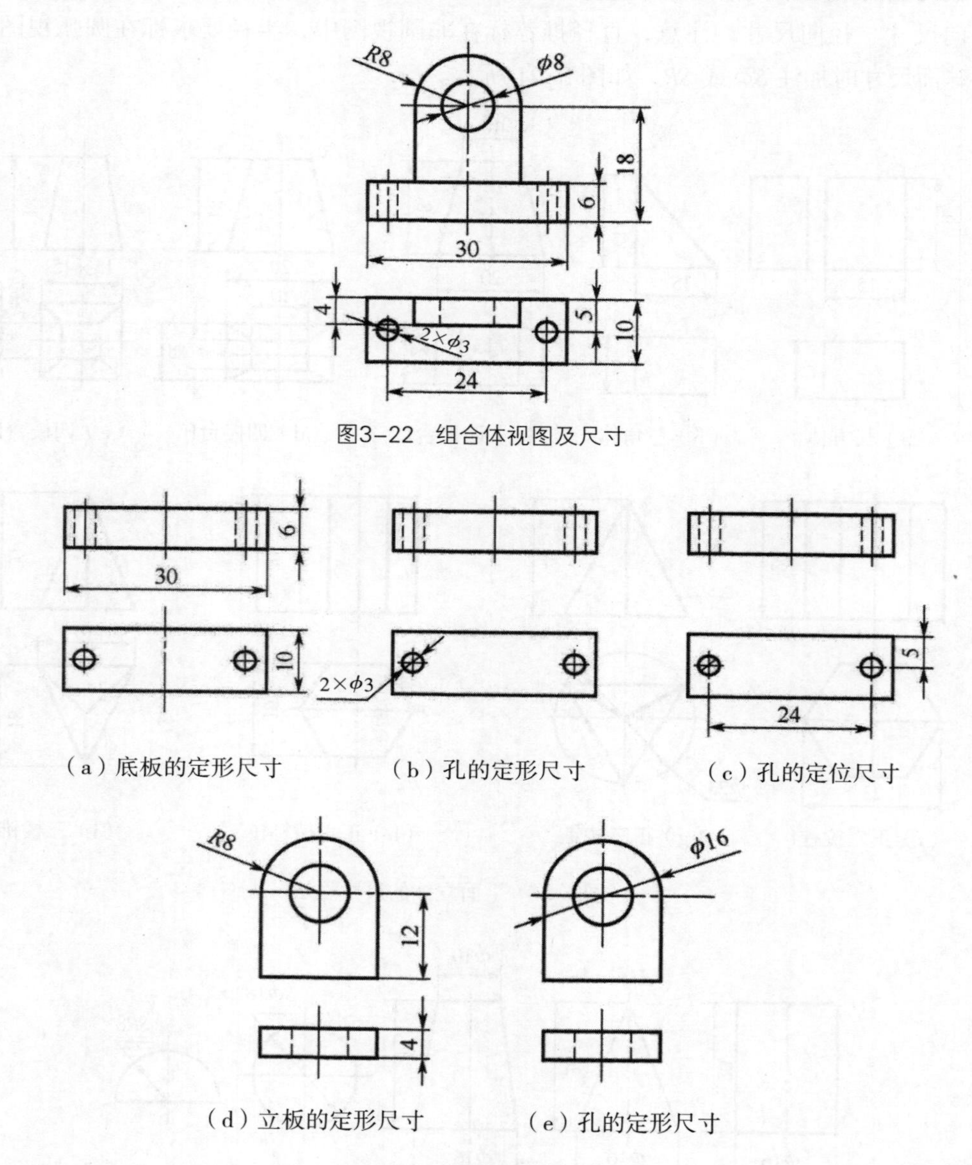

图3-22 组合体视图及尺寸

图3-23 组合体尺寸分析

3.4.3 尺寸基准

标注尺寸的起点称为尺寸基准。组合体有长、宽、高三个方向，要求每个方向至少有一个尺寸基准。基准的确定应根据组合体的结构特点，一般选择对称平面、底面、重要端面及回转体的轴线等，同时还应考虑测量的方便和准确，如图 3-24 所示。

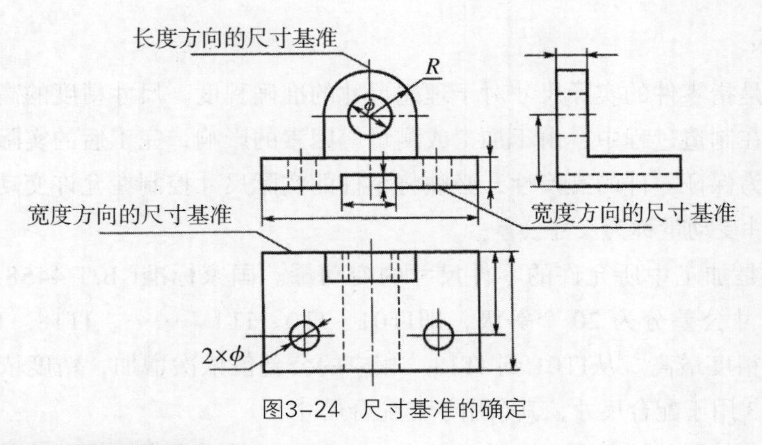

图3–24　尺寸基准的确定

3.5　零件图的技术要求概述

为使加工的零件达到设计要求，以保证装配后产品的工作精度和使用寿命，必须按零件的不同作用提出合理的要求，这些要求统称为零件的技术要求。零件的技术要求包括尺寸精度、几何精度、表面粗糙度以及零件热处理与表面处理（如电镀、发黑）等几个方面，如图 3–25 所示，前三项均由切削加工保证。

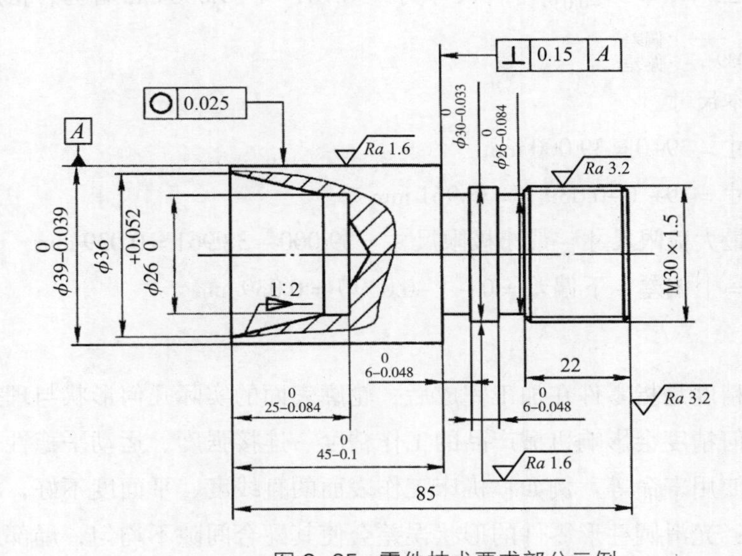

图 3–25　零件技术要求部分示例

在介绍尺寸精度、几何精度前，首先引入互换性和公差概念。机械制造中的互换性是指按规定的几何、物理及其他质量参数的公差分别制造机械的各个组成部分，使其在装配与更换时不需辅助加工及修配便能很好地满足使用和生产上的要求。要使零件具有互换性，不仅要求决定零件特性的那些技术参数的公称值相同，而且要求将其实际值的变动限制在一定范围内，以保证零件充分近似，即应按公差来制造。公差即允许实际参数值的最大变动范围。

3.5.1 尺寸精度

尺寸精度是指零件的实际尺寸对于理想尺寸的准确程度。尺寸精度的高低由尺寸公差控制。零件在制造过程中，由于加工或测量等因素的影响，完工后的实际尺寸总存在一定的误差。为保证零件的互换性，必须将零件的实际尺寸控制在允许变动的范围内，这个允许的尺寸变动量称为尺寸公差。

尺寸公差是加工中所允许的零件尺寸的变动量。国家标准GB/T 4458.5—2003 规定，标准的尺寸公差分为 20 个等级，即IT01、IT0、IT1、……、IT18。IT01 的公差值最小，尺寸精度最高。从IT01 到 IT18，相应的公差值依次增加，精度依次降低。其中，IT01 ~ IT13 用于配合尺寸，其余用于非配合尺寸。

在基本尺寸相同的情况下，尺寸公差愈小，则尺寸精度愈高，尺寸公差等于最大极限尺寸与最小极限尺寸之差，或等于上偏差与下偏差之差。切削加工所获得的尺寸精度一般与使用的设备、刀具和切削条件等密切相关。尺寸精度愈高，零件的工艺过程愈复杂，加工成本也愈高。因此，在设计零件时，应在保证零件使用性能的前提下，尽量选用较低的尺寸精度。零件的尺寸误差在所允许的误差范围（即公差范围）之内就是合格产品。例如图 3–25 中，$\phi 39_{-0.039}^{\ 0}$ 零件尺寸为 ϕ 38.961 ~ ϕ 39.000 mm 皆为合格产品。

例：$\phi 39$ 　0 —上偏差
　　　　−0.039—下偏差
　基本尺寸

最大极限尺寸 = 39+0 = 39.000 mm

最小极限尺寸 = 39+（−0.039）= 38.961 mm

尺寸公差 = 最大极限尺寸 − 最小极限尺寸 = 39.000 − 38.961 = 0.039 mm

或尺寸公差 = 上偏差 − 下偏差 = 0 −（−0.039）= 0.039 mm

3.5.2 几何精度

零件的几何精度是指零件在加工完成后，轮廓表面的实际几何形状与理想形状之间的符合程度。几何精度会影响机械产品的工作精度、连接强度、运动平稳性、密封性、耐磨性、噪声和使用寿命等。例如：机床工作表面的直线度、平面度不好，将影响机床刀架的运动精度；光滑圆柱形零件的形状误差会使其配合间隙不均匀，局部磨损加快，降低工作寿命和运动精度。为保证机械产品的质量和零件的互换性，应规定几何公差以保证其几何精度。零件轮廓表面几何精度的高低用几何公差来表示。公差数值越大，几何精度越低。

几何公差是指被测要素对图样上给定的理想形状、理想方向和位置的允许变动量。国家标准GB/T 1182—2018 规定的几何公差的特征项目分为形状公差、位置公差、方向公差和跳动公差四大类，共有 19 项，用 14 种特征符号表示。

不论注有公差的被测要素的局部尺寸如何，被测要素均应位于给定的几何公差带之内，并且其几何误差可以达到允许的最大值。没有基准要求的线、面轮廓度公差属于形状公差，而有基准要求的线、面轮廓度公差则属于方向、位置公差。

（1）形状公差

形状公差是单一提取要素的形状所允许的变动量。零件的形状公差是指零件在加工完成后，轮廓表面的实际几何形状与理想形状之间的符合程度，如圆柱面的圆柱度、圆度以及平面的平面度等。

形状公差主要与机床本身的精度有关，如车床主轴在高速旋转时，旋转轴线有跳动就会使工件产生圆度误差；又如车床纵、横拖板导轨不直或磨损，则会造成圆柱度和直线度误差。因此，对于形状精度要求高的零件，一定要在高精度的机床上加工。当然，操作方法不当也会影响形状精度，如在车外圆时用锉刀修饰外表面后，容易使圆度或圆柱度变差。

形状公差有 6 项，它们没有基准要求，见表 3–4。如图 3–25 中的圆度为 ○ 0.025，表示 ϕ39 的外圆柱面的实际轮廓必须位于半径差为公差值 0.025 mm 的两同轴圆柱面之间。

表3–4 形状公差及符号

项目	直线度	平面度	圆度	圆柱度	线轮廓度	面轮廓度
符号	—	▱	○	⌭	⌒	⌓
有无基准要求	无	无	无	无	无	无

（2）位置公差

位置公差是指关联提取（实际）要素对基准在位置上所允许的变动全量。零件的位置公差是指零件上的点、线、面的实际位置相对于理想位置所允许的变动量。位置公差主要与工件装夹、加工顺序安排及操作人员技术水平有关。如车外圆时多次装夹可能造成被加工外圆表面之间的同轴度误差值增大。位置公差有 6 项，见表 3–5。

表3–5 位置公差及符号

项目	位置度	同心度（用于中心点）	同轴度（用于轴线）	对称度	线轮廓度	面轮廓度
符号	⌖	◎	◎	⌯	⌒	⌓
有无基准要求	有或无	有	有	有	有	有

（3）方向公差

方向公差是关联提取要素对基准（具有确定方向的理想被测要素）在规定方向上允许的变动全量。理想、提取要素的方向由基准及理论正确角度确定。当理论正确角度为 0° 时，称为平行度；理论正确角度为 90° 时称为垂直度；为其他任意角度时，称为倾斜度。

方向公差有 5 项，见表 3-6。图 3-25 中的垂直度为 ⊥ 0.15 A ，表示实际表面应限定于在间距等于 0.15 mm 并垂直于基准轴线 *A*（ϕ39 的圆柱轴线）的两平行平面之间。

表3-6　方向公差及符号

项目	平行度	垂直度	倾斜度	线轮廓度	面轮廓度
符号	//	⊥	∠	⌒	⌓
有无基准要求	有	有	有	有	有

（4）跳动公差

跳动公差是以测量方法为依据规定的一种几何公差，即当要素绕基准轴线旋转时，以指示器测量提取要素（表面）来反映其几何误差。所以，跳动公差是综合限制提取要素误差的一种几何公差。跳动公差根据被测要素是线要素或面要素分为圆跳动度和全跳动度，见表 3-7。

表3-7　跳动公差及符号

项目	圆跳动度	全跳动度
符号	↗	⌰
有无基准要求	有	有

3.5.3　表面粗糙度

在切削加工中，由于切削用量、振动、刀痕以及刀具与工件间的摩擦，总会在加工表面上产生微小的峰谷，当波距和波高之比小于 50 时，这种表面的微观几何形状误差称为表面粗糙度。表面粗糙度一般是由所采用的加工方法和其他因素形成的。例如，加工过程中刀具与零件表面间的摩擦、切屑分离时表面层金属的塑性变形以及工艺系统中的高频振动等。由于加工方法和工件材料的不同，被加工表面留下痕迹的深浅、疏密、形状和纹理都有差别。

常用轮廓算术平均偏差 *Ra* 值表示表面粗糙度，单位为 μm。表面粗糙度是评定零件表面质量的一项重要指标，它对零件的配合、疲劳强度、耐磨性、抗腐蚀性、密封性和外观均有影响。*Ra* 值愈小，表面愈光滑。有些旧手册上也用光洁度来衡量表面粗糙度。根据GB/T 1031—2009及GB/T 131—2006 规定，常用的表面粗糙度 *Ra* 值与光洁度的对应关系见表3-8。

表3–8 常用*Ra*值与光洁度的对应关系

Ra /μm≤	50	25	12.5	6.3	3.2	1.6	0.8	0.4	0.2	0.1
光洁度级别	▽1	▽2	▽3	▽4	▽5	▽6	▽7	▽8	▽9	▽10

常用表面粗糙度符号的含义如下：

（1）√基本符号，表示表面可用任何方法获得。当不加粗糙度值或有关说明时，仅适用于简化代号标注。

（2）斜线与水平线为60° 表示非加工表面，如通过铸造、锻压、冲压、拉拔、粉末冶金等不去除材料的方法获得的表面或保持毛坯（包括上道工序）原状况的表面。

（3）斜线与水平线为60° 表示加工表面，如通过车、铣、刨、磨、钻、电火花加工等去除材料的方法获得的表面。上面的数字表示 *Ra* 的上限值，如图 3–25 中的$\sqrt{Ra\ 1.6}$，表示实际表面粗糙度 *Ra* 的上限值为 1.6 μm。

第四章
常用工程材料

材料是人类社会生产和生活的物质基础，是人类文明发展史的重要标志。用于生产制造工程零件、构件和工具的材料统称为工程材料。常用的工程材料可以分为金属材料、无机非金属材料、有机高分子材料和复合材料四大类，如图 4–1 所示。其中金属材料的应用最为广泛，主要是由于它具有制造零部件所需要的力学等使用性能，并且可用较简便的工艺方法加工成形，亦即具有良好的工艺性能。

- 工程材料
  - 金属材料
    - 黑色（铁基）金属
      - 钢：碳钢、合金钢等
      - 铸铁：灰铸铁、球墨铸铁等
    - 有色（非铁）金属：铝、铜、镁、钛等及其合金
  - 无机非金属材料：陶瓷、水泥、玻璃等
  - 有机高分子材料：塑料、橡胶、纤维等
  - 复合材料：树脂基复合材料、金属基复合材料、陶瓷基复合材料等

图4–1 工程材料的分类

4.1 金属材料的性能

金属材料的性能一般分为使用性能和工艺性能两大类。金属材料的使用性能主要是指材料的力学性能、物理性能和化学性能；金属材料的工艺性能则是指材料的铸造性能、锻压性能、焊接性能及切削加工性能等。金属材料的这些性能不仅是设计工程零件选用材料的重要依据，而且还是控制、评定产品质量优劣的标准。图 4–2 为组成驱动电机的部分零件所需金属材料及其性能的实例。

4.1.1 金属材料的力学性能

金属材料在外力作用下所表现出的行为称为力学行为，通常表现为弹性变形、塑性变形及断裂。外力作用下抵抗力学行为的能力称为力学性能，如强度、硬度、弹性、塑性、刚度和韧性等，它们反映了金属材料受力后力学行为的规律。力学性能一般是设计机械工程结构选择材料的主要依据，它们通常通过标准试验来测定。

为了研究金属材料受力变形特性，一般都利用单向静拉伸试验测得的“载荷变形曲

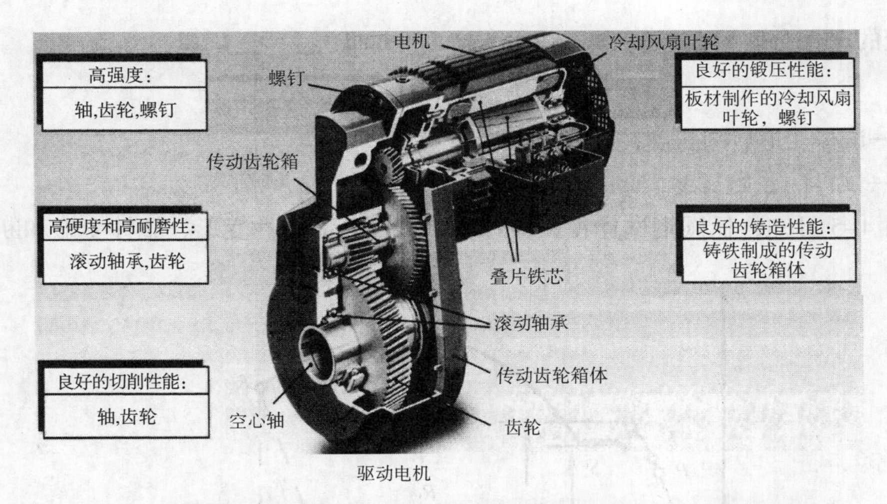

图4–2 组成驱动电机的部分零件所需金属材料及其性能的实例

线”或“应力应变曲线”。单向静拉伸试验是最重要和应用最广泛的金属力学性能试验方法之一，如图 4–3 所示。试验时将拉伸试样（图4–4a）的两端装夹在材料拉伸试验机的两个夹头上，缓慢加载，试样逐渐变形并伸长，直至被拉断为止，如图 4–4b、图4–4c 所示。

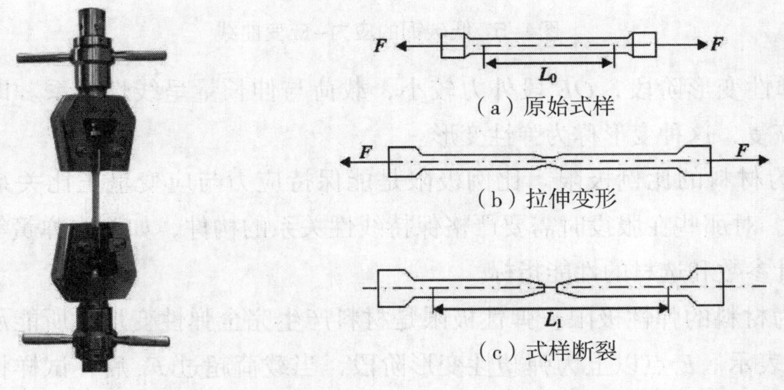

图4–3　拉伸试验机夹持部分　　图4–4　拉伸试样

应力–应变（R–e）曲线的形状与载荷–变形（F–ΔL）曲线的形状相似，差别仅是坐标轴单位不同。以下关于拉伸性能的测定，采用应力–应变（R–e）曲线来说明，如图 4–5 所示，为低碳钢试样在单向静拉伸时的应力–应变曲线。

应力的定义为

$$R=\frac{F}{S_0} \tag{4–1}$$

式中：F—试样所承受的载荷，N；

S_0—试样原始截面积，mm²。

R 的单位为MPa，即10^6 N · m^{-2}。

应变的定义为

$$e=\frac{L-L_0}{L_0} \tag{4-2}$$

式中：L—试样变形后的长度，mm；

L_0—试样的原始长度，mm。

由图 4-5 可知，低碳钢试样在拉伸过程中可以分为弹性变形、塑性变形和断裂三个阶段。

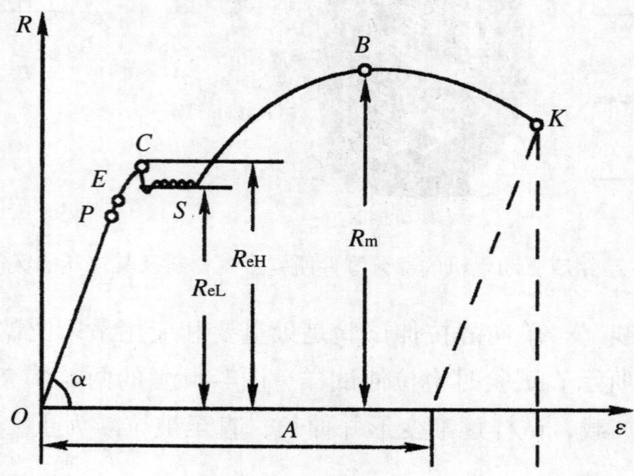

图4-5　低碳钢的应力-应变曲线

OE 段为弹性变形阶段，OE 段外力较小，载荷与伸长量呈线性关系。即去掉外力后，变形立即恢复，这种变形称为弹性变形。

P 点应力为材料的比例极限。比例极限是能保持应力与应变呈正比关系的最大应力，用 σ_p 表示。对那些在服役时需要严格保持线性关系的构件，如测力弹簧等，比例极限是重要的设计参数和选材的性能指标。

E 点应力为材料的弹性极限。弹性极限是材料产生完全弹性变形时所能承受的最大应力值，用 σ_E 表示。E 点以上为弹塑性变形阶段，当载荷超过 F_E 后，试样将进一步伸长，但此时若去除载荷，弹性变形消失，而另一部分变形被保留，即试样不能恢复到原来的尺寸，这种不能恢复的变形称为塑性变形。弹性极限是工作中不允许有微量塑性变形的零件设计与选材的重要依据。

σ_p、σ_E 很接近，在工程实际应用时，两者常取同一数值。

当载荷达到 F_S 时，拉伸曲线出现了水平的或锯齿形的线段，这表明在载荷基本不变的情况下，试样却继续变形，这种现象称为“屈服”，引起试样屈服的载荷称为屈服载荷。

当载荷超过 F_S 后，外力增加不多，试样明显伸长，这表明试样开始产生大量塑性变形，SB 段为大量塑性变形阶段；当载荷继续增加到某一最大值 F_B 时，试样的局部截面积缩小，即产生颈缩现象，如图4-4b所示。BK 段称为颈缩阶段，而试样承载能力也逐渐降低，当达到拉伸曲线上 K 点时，试样随即断裂，如图 4–4c 所示。

（1）弹性与刚度

弹性是指金属材料在外力作用下产生弹性变形，去掉外力后材料恢复原状、不产生永久变形的能力。弹性是金属的一种重要特性，弹性变形是塑性变形的先行阶段，而且在塑性变形阶段中还伴生着一定的弹性变形。金属弹性变形的实质是金属晶格在外力作用下产生的弹性畸变。

材料受力时抵抗弹性变形的能力称为刚度，它表示材料产生弹性变形的难易程度。材料刚度的大小通常用弹性模量等来评价。

弹性模量是指材料在弹性状态下的应力与应变的比值，用 E 表示，单位为 MPa。在应力–应变曲线上，弹性模量就是试样在弹性变形阶段线段的斜率，即引起单位弹性变形时所需的应力，如图 4–5 所示 OE 段：

$$E=\tan\alpha=\frac{R}{\mathrm{e}} \tag{4-3}$$

它表示材料抵抗弹性变形的能力，用以表示材料的刚度。弹性模量E值越大，材料的刚度越大，材料抵抗弹性变形的能力就越强。

多数机械零件都是在弹性状态下工作的，一般不允许有过多的弹性变形，更不允许有微小的塑性变形。因此，在设计机械零件时，要求刚度大的零件应选用具有高弹性模量的材料，如钢铁材料。提高零件刚度的方法除了增加零件横截面或改变横截面形状外，从材料性能上来考虑，就必须增加其弹性模量 E。弹性模量 E 值的大小主要取决于金属材料本身的性质，热处理、微合金化及塑性变形等对其影响很小。

（2）强度

强度是指金属材料在外力作用下抵抗塑性变形和断裂的能力。它是衡量零件本身承载能力的重要指标。强度是机械零部件首先应满足的基本要求。工程上常用的强度指标有屈服强度和抗拉强度，这两个强度指标可通过静拉伸试验来测定。屈服强度和抗拉强度是零件设计和选材的重要依据。

①屈服强度。在图 4–5 中，当应力超过 C 点进入 CS 段后，材料达到屈服后继续拉伸，载荷常有上下波动现象。其中，试样发生屈服而力首次下降前的最大应力称为上屈服强度，用 R_{eH} 表示；在屈服期间，不计初始瞬时效应时的最小应力称为下屈服强度，用 R_{eL} 表示，单位为 MPa。屈服强度是材料开始产生明显塑性变形时的最低应力值，它反映了材料抵抗永久变形的能力。

有些金属材料，如高碳钢、铸铁等，在拉伸试验中没有明显的屈服现象，国家标准则规定，试样拉伸时产生 0.2% 残余延伸率所对应的应力规定为残余延伸强度，记为 $R_{r0.2}$，即所谓的条件屈服强度。

机械零部件或构件在使用过程中一般不允许发生塑性变形，否则会引起零件精度降低或影响与其他零件的相对配合而造成失效，所以屈服强度是零件设计时的主要依据，也是评定材料强度的重要指标之一。

②抗拉强度。图 4–5 中的 *SB* 段为均匀塑性变形阶段。在此阶段应力随应变增加而增加，产生变形强化（也称加工硬化）。变形超过 *B* 点后，试样开始发生局部塑性变形，即出现缩颈，随着应变的增加，应力明显下降，并迅速在 *K* 点断裂。*B* 点对应的载荷是试样断裂前所承受的最大应力，称为抗拉强度，用 R_m 表示，单位为 MPa。抗拉强度是材料的极限承载能力，反映材料抵抗断裂破坏的能力，是零件设计时的重要依据，同时也是评定材料强度的重要力学性能指标之一。

在工程上，把屈服强度与抗拉强度之比称为屈强比。比值越大，越能发挥材料的潜力，减小结构的自重。但为了使用安全，屈强比亦不宜过大，一般取值为 0.65 ~ 0.75。

（3）塑性

塑性是指金属材料在外力作用下产生永久变形而不断裂的能力。工程中常的用塑性指标有断后伸长率和断面收缩率。

断后伸长率是指试样拉断后的伸长量与原来长度之比的百分率，用符号*A*表示；断面收缩率是指试样拉断后，断面缩小的横截面积与原来横截面积之比的百分率，用符号*Z*表示。它们在标准试样的拉伸试验中可以同时测出。

$$A=\frac{L_1-L_0}{L_0}\times 100\% \qquad (4\text{–}4)$$

$$Z=\frac{S_0-S_1}{S_0}\times 100\% \qquad (4\text{–}5)$$

式中：L_1—试样拉断后的长度，mm；

L_0—试样原始长度，mm；

S_1—试样拉断处的横截面积，mm^2；

S_0—试样原始截面积，mm^2。

断后伸长率和断面收缩率是工程材料的重要性能指标。材料的断后伸长率和断面收缩率愈大，材料的塑性越好；反之，塑性越差。良好的塑性是金属材料进行压力加工的必要条件，也是保证机械零件工作安全、不发生突然脆断的必要条件。零件在工作过程中难免偶然过载或局部产生应力集中，而塑性材料具有一定的塑性变形能力，可以局部塑性变形松弛或缓冲集中应力，避免突然断裂，提高了零件的安全可靠性。一般断后伸长率达到5%或断面收缩率达到10%即能满足大多数零件的使用要求。因此，大多数机械零件除要求具有较高的强度外，还必须有一定的塑性。

目前，金属材料室温拉伸实验方法采用的最新标准为 GB/T 228.1—2010，但是由于之前原有各有关手册和有关工厂企业所使用的金属力学性能数据均是按照国家标准 GB/T 228—1987《金属拉伸试验方法》的规定测定和标注的，因此，为方便读者阅读相关文献，本书列出了新、旧标准关于金属材料强度与塑性有关指标的名词术语及符号对照表，见表 4–1。

表4-1 新、旧标准金属材料强度与塑性有关指标的名词术语及符号对照

GB/T 228.1—2010		GB/T 228—1987	
名词术语	符号	名词术语	符号
屈服强度	—	屈服点	σ_s
上屈服强度	R_{eH}	上屈服点	σ_{sU}
下屈服强度	R_{eL}	下屈服点	σ_{sL}
规定残余伸长强度	R_r，如 $R_{r0.2}$	规定残余伸长应力	σ_r，如 $\sigma_{0.2}$
抗拉强度	R_m	抗拉强度	σ_b
断后伸长率	A	断后伸长率	δ
断面收缩率	Z	断面收缩率	Ψ

（4）硬度

硬度是指金属材料表面抵抗硬物压入的能力，或者说是指金属表面对局部塑性变形的抗力。硬度越高，表示材料抵抗局部塑性变形的能力越大。一般情况下，硬度高耐磨性就好；工程上还可以用硬度高的材料切削加工硬度低的材料。根据测量方法不同，常用的硬度指标有布氏硬度、洛氏硬度和维氏硬度等。

①布氏硬度。布氏硬度的测定原理如图 4-6 所示。用一定直径 D（mm）的硬质合金球，在一定载荷 F（N）的作用下压入试样表面，按规定保持一定时间后卸除载荷，测出压痕平均直径 d（mm），所施加的载荷与压痕球形表面积的比值即为布氏硬度，单位为 N/mm^2。布氏硬度值可通过测量压痕平均直径 d 查表得到。布氏硬度用符号 HBW 表示，适用于布氏硬度值在 650 以下的材料。实际应用中，布氏硬度只写明硬度的数值而不标出单位，也不用于计算。

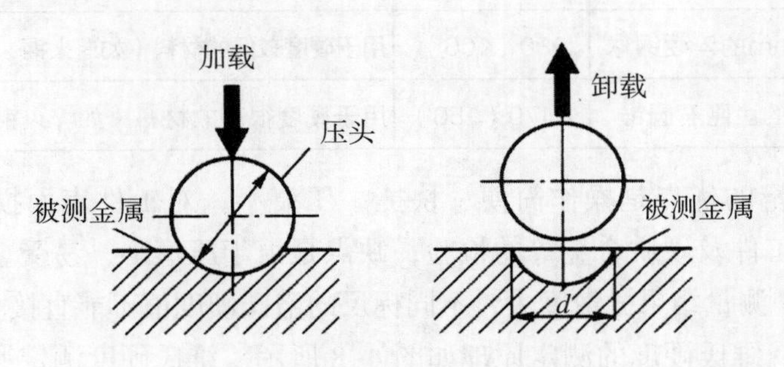

图4-6 布氏硬度的测定原理

布氏硬度表示方法是硬度数值位于符号前面，符号后面的数值依次是球体直径、载荷大小和载荷保持时间。例如，600 HBW 1/30/20 表示直径为 1 mm 的球在 30 kgf (294.2 N）载荷作用下保持 20 s 测得的布氏硬度值为 600。一般来说，布氏硬度值越小，材料越软，其压痕直径越大；反之，布氏硬度值越大，材料越硬，压痕直径越小。

布氏硬度测量的优点是具有较高的测量精度，压痕面积大，能在较大范围内反映材料的平均硬度，测得的硬度值比较准确，数据重复性好。缺点是测量费时，压痕大，不适于太薄、太硬、成品件或 HBW 值大于 650 的材料。常用于测定退火钢、正火钢、调质钢、铸铁及有色金属的硬度。

②洛氏硬度。洛氏硬度的测定原理如图 4–7 所示。洛氏硬度的测定是用一个顶角为 120° 的金刚石圆锥体或直径为 1.588 mm 的淬硬钢球，在一定载荷下压入被测材料表面，由压痕深度求出材料的硬度。洛氏硬度用符号 HR 表示，根据压头类型和主载荷不同，分为 15 种标尺，用于测定不同硬度的材料。常用的标尺为 A、B、C，见表 4–2，其中 HRC 是机械制造业中应用最多的硬度试验方法。压痕愈浅，硬度愈高。洛氏硬度可从硬度计上直接读出，由于其压痕小，可用于成品的检验。国家标准规定，洛氏硬度的硬度值标在硬度符号前，如 55 ~ 60HRC。数值越大硬度越高。

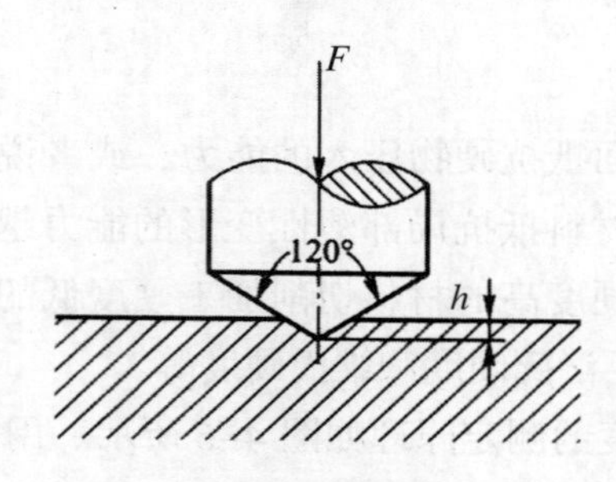

图4–7 洛氏硬度的测定原理

表4–2 三种洛氏硬度的符号、试验条件和应用举例

类别	压头	载荷/N（kgf）	应用举例
HRA	顶角120° 的金刚石圆锥	588（60）	用于硬度极高的材料（如硬质合金等）
HRB	直径1.588 mm的淬硬钢球	980（100）	用于硬度较低的材料（如退火钢、铸铁、有色金属等）
HRC	顶角120° 的金刚石圆锥	1 470（150）	用于硬度很高的材料（如淬火钢、调质钢等）

洛氏硬度测量的优点是操作简便、快捷，压痕小，对工件表面损伤小，适于成品件、表面热处理工件及硬质合金等的检验；缺点是由于压痕小，易受金属表面或内部组织不均匀的影响，测量结果分散度大，不同标尺的洛氏硬度值不能直接相互比较。

③维氏硬度。维氏硬度的测定原理如图 4–8 所示。维氏硬度测定原理与布氏硬度基本相同，但使用的压头是锥面夹角为 136° 的金刚石正四棱锥体。测量出试样表面压痕对角线长度的平均值 d，计算出压痕的面积 S，F/S 即为维氏硬度值，记作 HV。维氏硬度数值越大，硬度越高。

维氏硬度保留了布氏硬度和洛氏硬度的优点，既可测量由极软到极硬材料的硬度，又能互相比较；既可测量大块材料、表面硬化层的硬度，还可测量金相组织中不同相的硬度。由于维氏硬度用的载荷小、压痕浅，特别适合测量软、硬金属及陶瓷等，还可测量显微组织的硬度。

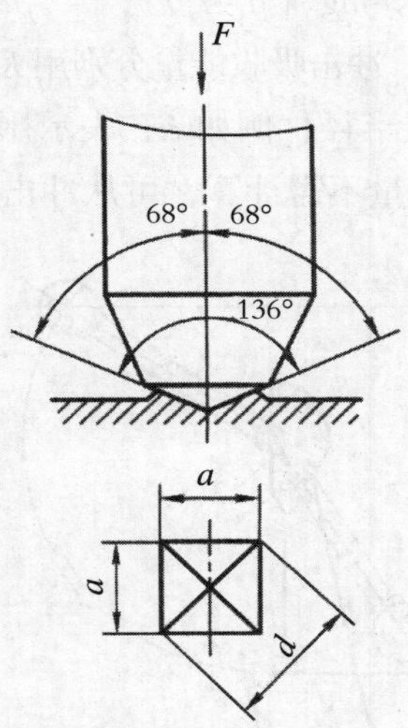

图4–8　维氏硬度的测定原理

其中的显微维氏硬度在材料科学与工程研究中得到了广泛应用，成为金属学、金相学最常用的试验方法之一。显微维氏硬度测量具有试验力极小、压痕极小，对试样几乎无损伤的特点。可用于工艺检验，测定小件、薄件、硬化层、镀层的硬度，可以检测工艺处理效果，研究加工硬化、摩擦等材料表面性质的变化等，也可用于金相及金属物理学研究，用来测量材料的单晶体及金相组织。此外，通过对压痕形状的观察，还可以研究金属各组成相的塑性和脆性。

（5）冲击韧性

前面所述均是在静载荷作用下的力学性能指标，但许多机械零件服役过程中还经常受到各种冲击动载荷的作用，如蒸汽锤的锤杆、柴油机的连杆和曲轴等在工作时都受到冲击载荷的作用。承受冲击载荷的工件不仅要求具有高的硬度和强度，还必须具有抵抗冲击载荷的能力。金属材料在冲击载荷作用下抵抗断裂的能力称为冲击韧性。冲击韧性的测定在冲击试验机上进行。

材料的韧性是指材料在塑性变形和断裂的全过程中吸收能量的能力，它是材料塑性和强度的综合表现。材料的韧性与脆性是两个意义上完全相反的概念，根据材料的断裂形式可分为韧性断裂和脆性断裂。一般将冲击韧性值低的材料称为脆性材料，冲击韧性值高的材料称为韧性材料。脆性材料在断裂前无明显的塑性变形，断口较平整，呈结晶状或瓷状，有光泽；韧性材料在断裂前有明显的塑性变形，断口呈纤维状，无光泽。

冲击试验是将规定几何形状的缺口试样（U型缺口或V型缺口）置于试验机两支座之间，缺口背向打击面放置，用摆锤一次打击试样，测定试样的吸收能量。试验时将冲击试样放在试验机两固定支座 1 处，使质量为 m 的摆锤自高度 h_1 自由落下，冲断试样后摆锤升高到 h_2 高度（见图 4–9）。摆锤在冲断试样过程中所消耗的能量即为试样在一次冲

击力作用下折断时所吸收的能量，称为冲击吸收能量，用符号 K 表示，即

$$K=mg\ (h_1-h_2) \tag{4-6}$$

根据两种试样缺口形状不同，冲击吸收能量分别用 KU 或 KV 表示，单位为焦耳（J）。用下标数字 2 或 8 表示摆锤刀刃半径，例如 KV_2 表示用刀刃半径为 2 mm 的摆锤冲击 V型缺口试样的冲击功。冲击吸收能量不需计算，可从冲击试验机直接读出。

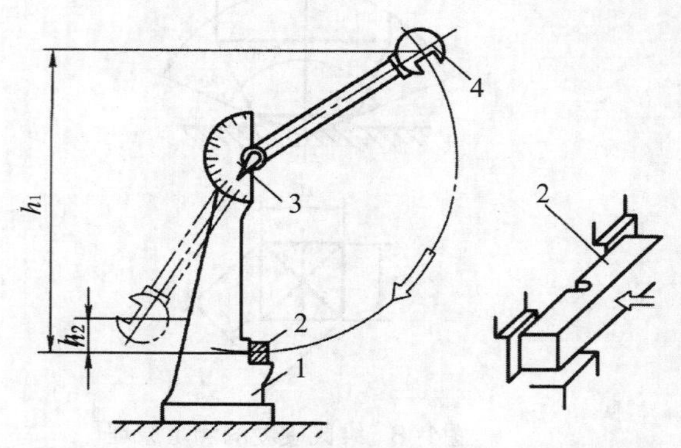

1–固定支座；2–带缺口的试样；3–指针；4–摆锤

图4–9　冲击试验原理图

冲击吸收能量越大，则材料的韧性越好。在冲击载荷下工作的零件，要求材料具有一定的冲击韧性。

冲击吸收能量的大小与试验温度有关。有些材料在室温（20℃）左右试验时不显示脆性，而在较低温度下可能发生脆性断裂，在某一温度处，冲击吸收能量会急剧下降，金属材料由韧性断裂转变为脆性断裂，这一温度区域称为韧脆转变温度。材料的韧脆转变温度越低，材料的低温抗冲击性能越好。

冲击吸收能量的高低还与试样形状、尺寸、表面粗糙度、内部组织和缺陷有关。因此，冲击吸收能量一般作为选材的参考，不能直接用于强度计算。

4.1.2 金属材料的工艺性能

零件的选材不仅要考虑金属材料的力学性能，也要考虑金属材料的工艺性能。金属材料的工艺性能是指金属材料的铸造性能、锻压性能、焊接性能及切削性能等，如图 4–10 所示。

（1）铸造性能

一般来讲，所有的金属材料都可以通过铸造方法成形。如果一种金属材料熔化后具有良好的流动性，容易充满铸型，冷却凝固后，材料内部不易形成缩孔等铸造缺陷，称这种材料铸造性能好。各种铸铁、铸造铝硅合金等具有良好的铸造性能。

（2）锻压性能

锻压性能是金属材料在外力的作用下通过塑性变形成形为工件的能力。热成形方法有热轧和锻造等，冷成形方法有冷轧和冲压等。最常用的具有良好锻压性能的材料是低

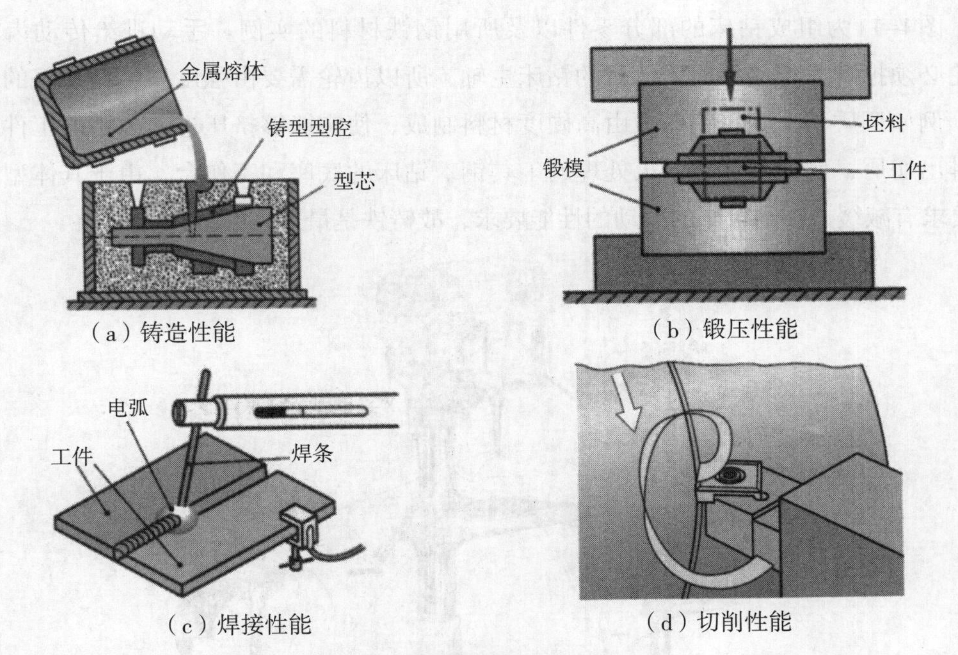

（a）铸造性能

（b）锻压性能

（c）焊接性能

（d）切削性能

图4–10　金属材料的工艺性能

碳钢和变形铝合金，铸铁不可锻压。

（3）焊接性能

焊接性能指金属材料在规定的施焊条件下，焊接成设计要求所规定的构件并满足预定服役要求的能力。焊接性能好的金属，焊接接头不易产生裂纹、气孔和夹渣等缺陷，而且具有较高的力学性能。具有良好焊接性能的材料是低碳钢和低合金钢。

（4）切削性能

切削性能是指金属材料被刀具切削加工而成为合格工件的难易程度。例如车削、铣削、磨削等。切削性能的评价标准是切削面的表面质量、切削条件和切削刀具的耐用度。金属材料大部分都具有良好的切削性能，尤其是碳钢、低合金钢和铸铁以及铝合金。

4.2 常用金属材料

在机械制造和工程上应用最广泛的是金属材料，主要是钢铁材料和铝、铜、镁、钛等有色金属材料。

4.2.1　钢铁材料

钢铁是以铁、碳为主要成分的合金，是应用最广泛的金属材料，包括碳素钢、合金钢和铸铁。钢和铸铁都可以通过冶炼、合金和热处理等方法获得完全不同的材料特性，由于它们的制造成本低廉，使它们成为应用最多的金属材料。

图4-11为组成钻床的部分零件以及所用钢铁材料的实例。手动进给传动齿轮箱的齿轮必须把动力传递到向下运行的钻床主轴，所以齿轮需要由强度高、韧性好的材料制成，例如调质钢。麻花钻必须由高硬度材料制成，使它能够挤压进入被钻的工件并顺利地排出切屑，例如由经过淬火处理的工具钢。钻床的底座和工作台，由于其体型笨重，又要求有减缓、吸纳机床的振动的性能要求，故铸铁是最适宜的材料。

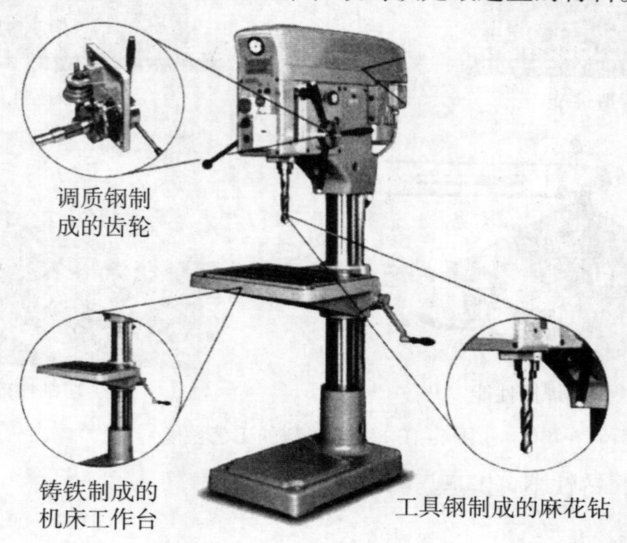

图4-11　组成钻床的部分零件及其所用钢铁材料

（1）碳钢

碳钢又称为碳素钢，是含碳量小于2.11%的铁碳合金，并含有少量Si、Mn、S、P等元素。碳钢具有较好的力学性能和工艺性能，且价格较为低廉，因而应用很广。对碳钢性能影响最大的是钢中碳的质量分数（w_C）。

① 碳钢的分类。碳钢的常用分类方法有以下三种：

（a）按碳钢中碳的质量分数不同可分为低碳钢（$w_C \leqslant 0.25\%$），中碳钢（$0.25\% < w_C \leqslant 0.60\%$）和高碳钢（$w_C > 0.60\%$）。

（b）按碳钢的质量分类，主要以钢中有害元素S、P等含量不同来划分，可分为普通碳素钢（$w_S \leqslant 0.050\%$、$w_P \leqslant 0.045\%$），优质碳素钢（$w_S \leqslant 0.035\%$、$w_P \leqslant 0.035\%$）和高级优质碳素钢（$w_S \leqslant 0.025\%$、$w_P \leqslant 0.030\%$）。

（c）按钢的用途不同可分为碳素结构钢（用于制造轴、齿轮等机器零件和桥梁、船舶等工程构件，一般属于中、低碳钢），碳素工具钢（用于制造刃具、模具、量具等各种工具，一般属于高碳钢）。

② 碳钢的牌号及用途。碳钢的牌号及用途见表4-3。

表4-3 碳钢的牌号及用途

类别	常用牌号	牌号说明	用途举例
普通碳素结构钢	Q235、Q275	牌号用“Q”(屈服强度的“屈”汉语拼音首字母)和屈服强度的数值等组成。如Q235表示 R_{eH} ≥235 MPa的碳素结构钢	强度低的用于制造承受载荷不大的金属结构件，如铆钉、垫圈等；强度高的用于制造钢板、钢筋、螺母等；强度更高的用于制造承受中等载荷的普通零件，如键、销、传动轴等
优质碳素结构钢	20、45、65	牌号用两位数表示，数字为钢的平均含碳的质量分数的万分之几。含S、P量合乎优质钢的要求，如45表示平均含碳的质量分数为0.45%的优质碳素结构钢	低碳的常用来制造受力不大、韧性要求较高的零件，如螺栓、螺钉、螺母等；中碳的主要用来制造齿轮、连杆、轴类等零件，其中以45钢在生产中的应用最为广泛；高碳的主要用来制作弹性元件和易磨损零件，如弹簧、弹簧垫圈等
碳素工具钢	T8、T10A、T12	牌号为“T”(“碳”的汉语拼音首字母)和数字表示，数字表示钢中平均含碳的质量分数的千分之几；若牌号末尾加“A”，则表示高级优质碳素工具钢。如T8表示平均含碳的质量分数为0.8%的优质碳素工具钢；T10A表示平均含碳的质量分数为1.0%的高级优质碳素工具钢	主要用于制造低速切削刀具以及量具、模具和其他工具。T7～T9常用于制造振动、冲击较大的零件，如冲头、錾子等；T10～T11常用于制造冲击较小、要求硬度高、耐磨的工具，如刨刀、车刀、钻头、丝锥、手工锯条等；T12用于制造不受冲击、高硬度、高耐磨的工具，如锉刀、丝锥、量具等
铸造碳钢	ZG230-450、ZG310-570	牌号用“ZG”(“铸钢”两字汉语拼音首字母)和两组数字表示，第一组数字表示屈服强度的最低值(MPa)，第二组数字表示抗拉强度的最低值(MPa)。如ZG310-570，表示屈服强度的最低值为310 MPa、抗拉强度的最低值为570 MPa的铸钢	常用来铸造形状复杂而需要一定强度、塑性和韧性的零件

（2）合金钢

在碳钢中有意识地加入一种或几种合金元素，以改善和提高其性能，这种钢称为合金钢。合金钢具有优良的力学性能，多用于制造重要的机械零件、工具、模具和工程构件以及特殊性能的工件，但其价格较高。

①合金钢的分类。按合金元素含量的不同，合金钢可分为低合金钢：合金元素总含量＜5%；中合金钢：合金元素总含量为5%~10%；高合金钢：合金元素总含量＞10%。

按用途不同，合金钢可分为以下三种：

（a）合金结构钢。用于制造机械零件和工程构件，包括低合金高强度结构钢、渗碳钢、调质钢、弹簧钢、滚动轴承钢等。

（b）合金工具钢。用于制造各种刃具、模具、量具等，包括低合金刃具钢、高合金刃具钢、热作模具钢、冷作模具钢等。

（c）特殊性能钢。用于制造耐蚀、耐热、耐磨等某些特殊性能的工件，如不锈钢、耐热钢、耐磨钢等。

②合金钢的牌号及用途。合金钢的牌号及用途见表4-4。

表4-4　合金钢的牌号及用途

类别	常用牌号	牌号说明	用途举例
合金结构钢	低合金高强度结构钢(Q355)、渗碳钢(20CrMnTi)、调质钢(40Cr)、弹簧钢(60Si2Mn)、滚动轴承钢(GCr15)	不同合金结构钢的牌号表示方法有所不同，主要是以下三种情况： (1)低合金高强度结构钢的牌号表示方法与碳素结构钢相同，即以字母“Q”开始，后面以三位数字表示其屈服强度的数值，如Q355表示R_{eH}≥355 MPa。 (2)渗碳钢、调质钢、弹簧钢牌号表示方法是二位数字+元素符号及数字。前面的二位数字表示钢中平均含碳量的万分之几；元素符号表示所加入的主要合金元素，其后面的数字为该合金元素平均含量的百分之几，当合金元素的平均质量小于1.5%时，此数字省略，只标合金元素符号。如合金弹簧钢60Si2Mn，表示w_C为0.60%，w_{Si}为2%，w_{Mn}＜1.5%。若为高级优质钢，则在钢号后面加“A”。 (3)滚动轴承钢的牌号表示方法是在牌号前面加“G”（“滚”字汉语拼音首字母），钢中碳的质量分数不标出，合金元素Cr后面的数字表示Cr平均含量为千分之几。如GCr15中Cr的平均含量为1.5 %	(1)低合金高强度结构钢主要用于制造承载较大、力学性能要求较高的机械零件和工程构件，特别在桥梁、船舶、高压容器、车辆、石油化工设备、农业机械中广泛应用。 (2)渗碳钢主要用于汽车、拖拉机等受冲击载荷较大且有较高耐磨性的零件，如重要的齿轮、传动轴、螺栓等。 (3)调质钢主要用于制造承受较大变动载荷且要求具有良好综合力学性能的零件，如各类传动轴、连杆、螺栓及齿轮等。 (4)弹簧钢主要用于制造各种弹性元件，如铁路机车、汽车、拖拉机上的板弹簧、螺旋弹簧及其他承受高应力作用的重要弹簧。 (5)滚动轴承钢主要用于制造各种滚动轴承内外套圈及滚珠
合金工具钢	低合金刃具钢(9SiCr)、高速钢(W18Cr4V)、热作模具钢(5CrMnMo)、冷作模具钢(Cr12MoV)	一般是一位数字+元素符号及数字。前面的一位数字表示钢中的平均含碳的质量分数的千分之几。当平均含碳的质量分数大于等于1.0%时，不标注平均含碳的质量分数。元素符号及数字的含义与合金结构钢相同。9SiCr，w_C=0.9%，w_{Si}、w_{Cr}＜1.5%(Si和Cr的含碳的质量分数都小于1.5%)；Cr12MoV表示w_C≥1.0%、w_{Cr}=12.0%、Mo和V的含碳的质量分数小于1.5%的冷作模具钢。高速钢的含碳的质量分数小于1.0%也不标出	主要用于制造形状复杂、尺寸较大的模具以及高速切削的刀具和量具等
特殊性能钢	主要是不锈钢，其中有铁素体不锈钢(1Cr17)、马氏体不锈钢(3Cr13)和奥氏体不锈钢(如0Cr18Ni9)；另外还有耐磨钢(ZGMn13)	不锈钢的牌号表示方法一般与合金工具钢相同，当0.03%＜w_C≤0.08%时，在钢号前以“0”表示；当w_C≤0.03%时，在钢号前面以“00”表示。如0Cr18Ni9，表示0.03＜w_C≤0.08%，w_{Cr}为18%，w_{Ni}为9%的不锈钢；耐磨钢ZGMn13，“ZG”表示“铸钢”汉语拼音首字母，表示w_{Mn}为13%	不锈钢主要用于制造医疗、食品、化工、化肥等工业设备零件； 耐磨钢主要用于制造破碎机齿板、坦克和拖拉机履带板等

（3）铸铁

铸铁是含碳量大于2.11%，并含有比钢较多的硅、锰、硫、磷等的铁碳合金。按碳的存在形式不同，铸铁可分为灰口铸铁、白口铸铁和麻口铸铁。

①灰口铸铁 。铸铁中的碳全部或大部分以游离石墨形式存在，断口呈暗灰色。与钢相比，铸铁的抗拉强度、塑性和韧性较差，但具有良好的铸造性、减摩性、减振性、切削加工性和对缺口的低敏感性，而且价格低廉，因而应用广泛。

②白口铸铁。铸铁中的碳全部以化合物形式存在，断口呈银白色，性能硬而脆，工程中很少应用。

③麻口铸铁。组织介于白口铸铁和灰口铸铁之间，具有较大的脆性，工业上也很少使用。

灰口铸铁的组织相当于由钢的基体和石墨组成，石墨的力学性能很低（强度R_m=20 MPa，硬度3~5 HBW，塑性几乎为零），对铸铁的性能影响很大。按石墨形态不同，灰口铸铁又分为灰铸铁、球墨铸铁、可锻铸铁等，它们的牌号、性能及用途见表4-5。

表4-5 灰口铸铁的牌号、性能及用途

类别	常用牌号	牌号说明	用途举例
灰铸铁	HT200、HT250、HT300	HT为“灰铁”的汉语拼音首字母，其后的数字表示最低抗拉强度（MPa），如HT200表示R_m≥200 MPa的灰铸铁	石墨呈片状，对基体的割裂破坏作用较大，但对抗压性能影响不大。生产工艺简单，价格低廉，工业中应用最为广泛。主要用于制造结构复杂的零件，如机床床身、机座、导轨、箱体等
可锻铸铁	KTH350-10、KTH370-12、KTZ550-04、TZ650-02	KT为“可铁”的汉语拼音首字母，H表示“黑心”可锻铸铁，Z表示“珠光体”可锻铸铁。其后前一组数字表示最低抗拉强度(MPa)，后一组数字表示断后伸长率(%)，如KTH350-10表示R_m≥350 MPa，A=10%的黑心可锻铸铁	石墨呈团絮状，对基体的割裂作用比片状石墨要小，因而力学性能比灰铸铁好，具有一定的强度和塑性，但不能锻造。主要用于制造形状复杂、工作时承受冲击、振动、扭转等载荷的薄壁零件，如汽车、拖拉机后桥壳以及转向器壳、管子接头和扳手等
球墨铸铁	QT400-15、QT600-3、QT700-2、QT900-2	QT为“球铁”的汉语拼音首字母。其后前一组数字表示最低抗拉强度(MPa)，后一组数字表示断后伸长率(%)，如QT400-15表示R_m≥400 Mpa，A=15%的球墨铸铁	石墨呈球状，对基体的割裂破坏作用最小，故强度和塑性都较好，主要用于制造一些受力复杂、承受载荷较大的零件，如曲轴、连杆、凸轮轴、齿轮等

4.2.2 有色金属

通常把钢铁材料之外的金属材料，如Cu、Al、Mg、Ti、Zn等非铁金属及其合金称为有色金属。有色金属的产量远低于钢铁材料，但是其作用却是钢铁材料无法代替的。

（1）铜及铜合金

纯铜又称紫铜，密度为8.9 g/cm³，熔点为1 083 ℃。纯铜具有良好的导电、导热性能（仅次于银），有较高的塑性和耐腐蚀性，但强度、硬度低，不能通过热处理强化，故工业上常通过添加合金元素来改善其性能。纯铜广泛用于制造电线、电缆、电刷、铜管、铜棒以及作为配制铜合金的原料。

铜合金按化学成分可分为黄铜、青铜和白铜三类。

黄铜是指以 Cu–Zn 为主的铜合金。按其化学成分的不同，分为普通黄铜和特殊黄铜两类。黄铜主要用于制造弹簧、垫圈、螺钉、衬套及各种小五金。普通黄铜的牌号以“H＋数字”表示。“H”为“黄”字汉语拼音首字母，数字表示铜的百分含量，如 H80 即 80%铜和20%锌的普通黄铜。

特殊黄铜又称为复杂黄铜，是在铜锌合金中再加入其他合金元素，除主加元素锌外，常加入的其他合金元素有铅、铝、锰、锡、铁、镍、硅等，又分别称为铅黄铜、铝黄铜、锰黄铜等。特殊黄铜的牌号用“H＋主加元素的化学符号＋铜含量＋主加元素含量”表示，如 HPb59–1 表示含 59% 铜，1% 铅，其余为锌。特殊黄铜的强度、耐腐蚀性比普通黄铜好，铸造性能也有所改善，主要用于制造船舶及化工零件，如冷凝管、齿轮、螺旋桨、轴承、衬套及阀体等。

白铜是指以 Cu–Ni 为主的铜合金。它可分为简单白铜和特殊白铜两类。简单白铜为 Cu–Ni 合金，代号用“B + Ni的平均质量分数”表示。典型代号有 B5、B19 等，它具有较高的耐蚀性和抗腐蚀疲劳性能，工业上主要用于耐蚀结构和电工仪表。

除了以 Zn 或 Ni 为主加元素的铜合金外，其余铜合金统称为青铜。青铜的牌号以“Q”（“青”字汉语拼音首字母）为首，其后标注主要的合金元素及其含量。青铜分为普通青铜（锡青铜）与特殊青铜（如铝青铜、铅青铜、铍青铜、硅青铜等无锡青铜）两类。锡青铜以Sn为主加元素，工业用锡青铜的锡含量为 3% ~ 14%，另外还含有少量的 Zn、Pb、P、Ni 等元素。锡青铜具有良好的减磨性、抗磁性及低温韧性，但其耐酸腐蚀能力较差。

（2）铝及铝合金

纯铝呈银白色，密度为 2.7 g/cm^3，熔点为 660 ℃。纯铝的导电、导热性仅次于银和铜，塑性好，但强度不高，不宜用来制作承力结构件。主要用来制造电线、电缆以及强度要求不高的器皿、用具（如 1060，旧牌号为L2）和配制各种铝合金等。

铝合金按其加工方法可分为变形铝合金和铸造铝合金。

变形铝合金通常经不同的变形加工方式生产成各种半成品，如板、棒、管、线、型材及锻件等。根据合金特性，可分为防锈铝合金、硬铝合金、超硬铝合金、锻铝合金四类。

防锈铝合金主要是 Al–Mg 和 Al–Mn 合金，其特点是抗蚀性好，易于加工成形和焊接（如5A05，旧牌号为LF5），但其强度较低，不能通过热处理强化；硬铝合金主要有 Al–Cu–Mg 和 Al–Cu–Mn 合金，其特点是具有极强的时效硬化能力，强度高，抗蚀性和焊接性能较差（如2A11，旧牌号为LY11）；超硬铝合金主要是 Al–Cu–Mg–Zn 合金，是在硬铝的基础上再加 Zn 而成，强度高于硬铝，故称为超硬铝合金（如 7A04，旧牌号为 LC4）；锻铝合金主要是 Al–Mg–Si–Cu 和 Al–Cu–Mg–Ni–Fe 合金，其特性是具有良好的锻造性能和较高的力学性能（如 2A70，旧牌号为 LD7）。

铸造铝合金的优点是密度小，比强度（强度/密度）较高，且具有良好的抗蚀性和铸造性能。铸造铝合金按成分不同可分为 Al–Si 系合金、Al–Cu 系合金、Al–Mg 系合金、Al–Zn 系合金。铸造铝合金的牌号用 ZL 表示“铸铝”，其后标注合金元素及其百分含量。一般用于制造形状复杂及有一定力学性能要求的零件，如仪表壳体、内燃机气缸、活塞、泵体等。

（3）镁及镁合金

纯镁为银白色，密度为 1.74 g/cm³，其熔点为 650 ℃。镁是地壳中第三位丰富的金属元素，仅次于铝和铁。纯镁的强度和室温塑性较低，耐腐蚀性很差，在空气中极易被氧化。纯镁不能用于制造零件，主要用作合金原料和脱氧剂。

目前工业中应用的镁合金主要集中于 Mg–Al–Zn、Mg–Zn–Zr、Mg–Mn 和 Mg–Re–Zr 等几个合金系。根据生产工艺、合金的成分和性能特点，镁合金分为变形镁合金和铸造镁合金两大类。镁合金的优异性能使其在汽车、航空、家电、计算机、通信等领域具有良好的应用前景。在很多情况下，镁合金已经或正在取代工程塑料和其他金属材料。

变形镁合金主要分为 Mg–Mn 系变形镁合金（如 M2M，旧牌号为 MB1），具有良好的耐腐蚀性和焊接性能，用于制造外形复杂、要求耐腐蚀的零件；Mg–Al–Zn 系变形镁合金（如 AZ61M，旧牌号为 MB5），焊接性能良好，可制造形状复杂的锻件和模锻件；Mg–Zn–Zr 系变形镁合金（如 ZK61M，旧牌号为 MB15），切削加工性能良好，但焊接性能差，主要用于生产挤压制品和锻件。近年来，国内外发展了一些新型变形镁合金，其中引起普遍关注的是 Mg–Li 系列合金，该类合金因 Li 的加入，密度较原有镁合金降低 15%～30%，同时弹性模量增大，使镁合金的比强度和比模量（弹性模量/密度）进一步提高。Mg–Li 合金还具有良好的工艺性能，可进行冷加工和焊接，多元合金可进行热处理强化，因此在航空和航天领域具有良好的应用前景。

铸造镁合金可分为高强度铸造镁合金（如 ZK51A，旧牌号为 ZMgZn5Zr，旧代号为 ZM1）和耐热铸造镁合金（如 EZ33A，旧牌号为 ZMgRE3Zn2Zr，旧代号为 ZM4）两大类。其发展趋势表现为稀土铸造镁合金、铸造高纯耐蚀镁合金、快速凝固镁合金及铸造镁基复合材料等几个方面。

（4）钛及钛合金

纯钛的密度为 4.5 g/cm³，熔点为 1 668 ℃。纯钛的比强度高，塑性、低温韧性和耐腐蚀性好，具有良好的加工工艺性能。纯钛的性能受杂质影响很大，少量杂质即可显著提高其强度。

钛合金具有两大优异的特性：比强度高和抗蚀性优异。这也是航空航天工业、化学工业、医药工程和休闲行业优先选用钛合金的原因。在较高的温度下，钛合金的比强度特别优异。然而，钛的最高使用温度受其氧化特性的限制，因此传统的高温钛合金只能在略高于 500 ℃ 的温度下使用。钛合金的常用牌号有 TA4、TB2、TC1 等。

4.3 常用非金属材料

金属材料由于具有强度高、热稳定性好、导电导热性好等优良的特性，在机械制造中广泛使用，但金属材料也存在着密度大、耐蚀性差、电绝缘性差的缺点。非金属材料是指无机非金属材料、有机高分子材料和复合材料。无机非金属材料主要指的是陶瓷材料，其具有硬度高、耐高温、抗腐蚀的优点；有机高分子材料具有耐腐蚀性好、电绝缘性好、减振效果好、密度小的特点；复合材料不仅克服了单一材料的缺点，而且产生了单一材料通常不具备的新功能，同时由于这些材料在自然界中来源丰富，生产工艺简单，成本较低，所以在某些生产领域中已成为不可替代的工程材料。

4.3.1 无机非金属材料

陶瓷是指以天然硅酸盐或人工合成化合物为原料，经过制粉、配料、成形和高温烧结而制成的无机非金属材料。

陶瓷材料具有以下性能特点：

（1）力学性能。陶瓷的硬度高于其他材料，一般为 1 000 ~ 5 000HV（淬火钢的硬度只有500 ~ 800HV），因而具有优良的耐磨性。由于陶瓷内部存在许多气孔等缺陷，因此其抗拉强度很低，抗弯性能差，但抗压强度很高。

（2）热学性能。陶瓷的熔点一般高于金属材料，大多在 2 000 ℃以上，因此具有很高的耐热性能，故可用作耐高温材料；陶瓷的线膨胀系数小，导热性和抗热震性都较差，受热冲击时容易破裂。

（3）化学性能。陶瓷的化学稳定性高，对酸、碱、盐具有良好的耐腐蚀性；抗氧化性优良，1 000 ℃以上也不会被氧化。

（4）电学性能。大多数陶瓷具有高的电阻率，可直接作为传统的绝缘材料使用，但也有少数陶瓷材料具有半导体性质。

（5）磁性能。以氧化铁为主要成分的磁性氧化物可制作磁性陶瓷材料，在录音磁带、唱片、电子束偏转线圈、变压器铁芯等方面应用广泛。

按原料不同，陶瓷材料可分为普通陶瓷（传统陶瓷）及特种陶瓷（近代陶瓷）两大类。

普通陶瓷是以黏土、石英、长石等天然硅酸盐为原料，经粉碎、成形、烧制而成的产品，包括日用陶瓷、建筑陶瓷、卫生陶瓷、化工陶瓷、电器绝缘陶器等。

特种陶瓷是采用纯度较高的金属氧化物、氮化物、碳化物、硅化物、硼化物等化工原料，沿用普通陶瓷的成形方法烧制而成的陶瓷产品。特种陶瓷具有一些独特的力学性能、物理及化学性能，可满足工程结构的特殊需要。根据性能特点的不同可分为电容器陶瓷、压电陶瓷、磁性陶瓷、电光陶器、高温陶瓷、耐酸陶瓷等。

表 4-6 为常用陶瓷材料的名称、性能及应用。

表4–6 常用陶瓷材料的名称、性能及应用

名称	性能特点	应用举例
普通陶瓷	良好的耐腐蚀性、电绝缘性、加工成形性，硬度高，不氧化，生产成本低。但强度、耐高温性能低于其他陶瓷，使用温度一般在1 200 ℃以下	石墨呈片状，对基体的割裂破坏作用较大，主要用于制作电器的绝缘件，化工、建筑中的容器、反应塔、管道等以及生活中的装饰板、卫生间器具等
碳化硅陶瓷（SiC）	具有高的硬度、高温强度、热传导能力，在1 400 ℃时仍能保持相当高的抗弯强度以及较好的抗热振性、抗蠕变性、热稳定性和耐酸性，但不耐碱	制作高温材料，如火箭喷烧管的喷嘴、热电偶保护套管等以及砂轮、磨料等
氧化铝陶瓷（Al_2O_3）	耐高温，能在1 600 ℃温度下长期使用，具有很高的硬度，仅次于金刚石、立方氮化棚、碳化硼和碳化硅，居第五位，并具有较高的强度、高温强度和耐磨性，以及良好的电绝缘性和化学稳定性，能抵抗金属或玻璃熔体的浸蚀	广泛应用于冶金、机械、化工、纺织等行业，制造高速切削工具、量规、拉丝模、高温炉零件、内燃机火花塞等
氮化硅陶瓷（Si_3N_4）	优良的抗氧化性、化学稳定性，除氢氟酸外，能耐所有无机酸和某些碱、熔融碱和盐的腐蚀，硬度高，抗热振性好，绝缘性好	制作泵的密封环、高温轴承、热电偶保护管和炼钢生产上的铁液流量计等
氮化硼陶瓷（BN）	导热性好，热膨胀系数小，抗热振性高，具有高温电绝缘性；硬度低，有自润滑性，可进行机械加工，化学稳定性好，能抵抗许多熔融金属和玻璃的浸蚀	常用作高温轴衬、高温模具、耐热涂料和坩埚等

4.3.2 有机高分子材料

高分子材料是以高分子化合物为主要成分与各种添加剂配合而形成的材料，也称为聚合物或高聚物。高分子化合物是相对分子质量大于5 000的有机化合物的总称。常用的高分子材料有塑料和橡胶。

（1）塑料

塑料是目前机械工业中应用最广泛的高分子材料。它是以合成树脂为基本原料，再加入一些用来改善使用性能和工艺性能的添加剂（如填充剂、增塑剂等）后在一定温度、压力下制成的高分子材料。

塑料具有以下性能：

①轻：塑料的密度均较小，一般为0.9～2.2 g/cm³，相当于钢密度的1/7～1/4，泡沫塑料的密度更低，为0.01 g/cm³。

②比强度高：塑料的强度没有金属高，但由于其密度很小，因此比强度相当高。

③化学稳定性好：塑料对于一般的酸、碱和有机溶剂均具有良好的耐蚀性，尤其是聚四氟乙烯更为突出，能抵抗王水的腐蚀。因此，塑料广泛应用于在腐蚀条件下工作的零件和设备。

④优异的电绝缘性：一般塑料均具有良好的电绝缘性，可与陶瓷、橡胶等绝缘材料相媲美。因此，塑料是电机、电器、无线电、电子设备器件生产中不可缺少的绝缘材料。

⑤工艺性能好：所有塑料的成形加工都比较容易，且方法简单，生产效率高，同时有多种成形方法。

此外，塑料还具有良好的减摩、耐磨性以及优良的消声吸振性能和良好的绝热性，但耐热性不高，一般塑料只能在 100 ℃左右的工作条件下使用，且在室温下会发生蠕变，容易燃烧及老化。

按使用范围不同，可分为通用塑料和工程塑料两大类。

①通用塑料。通用塑料是指产量大、用途广、通用性强、价格低的一类塑料。通用塑料是一种非结构材料。典型的品种有聚乙烯、聚丙烯、聚氯乙烯、聚苯乙烯、酚醛塑料和氨基塑料等，这类塑料的产量占塑料总产量的75%以上。它们可用于制作日常生活用品、包装材料以及一般机械零件。

②工程塑料。工程塑料是指塑料中力学性能良好的各种塑料。工程塑料在各种环境（如高温、低温、腐蚀、应力等条件）下均能保持良好的力学性能、电性能、化学性能以及耐热性、耐磨性和尺寸稳定性等。和通用塑料相比，它们产量较小，价格较高。常见的品种有聚甲醛、聚酰胺、聚碳酸脂、聚苯醚、ABS、聚砜、聚四氟乙烯、有机玻璃、环氧树脂等。

表4–7为常用工程塑料的性能和应用。

表4–7　常用工程塑料的性能和应用

名称	性能特点	应用举例
聚甲醛（POM）	优良的综合力学性能、耐磨性、着色性、减摩性、抗老化性、电绝缘性和化学稳定性，吸水性小，尺寸稳定性高，可在 –40～100 ℃内长时间工作，但加热易分解，成形收缩率大	制作耐磨、减摩及传动件，如轴承、滚轮、齿轮、电器绝缘件、耐蚀件等
聚甲基丙烯酸甲脂（有机玻璃）（PMMA）	透光性好，可透过 99% 以上的太阳光，着色性好，耐紫外线，具有一定的强度、耐腐蚀性和优异的电绝缘性能，易溶于有机溶剂，可在 –40～100 ℃内使用，但表面硬度不高，易擦伤	制作仪器、仪表及汽车等行业中的透明件、装饰件，如灯罩、油标、油杯、设备标牌、仪表零件等
丙烯腈–丁二烯–苯乙烯共聚物（ABS）	高的冲击韧性和较高的强度，优良的耐油、耐水性、耐低温性和化学稳定性，良好的电绝缘性，高的尺寸稳定性和较高的耐磨性，但长期使用易起层	制作电话机、扩音机、电视机、仪表壳体、齿轮、轴承、仪表盘等
环氧树脂（EP）	较高的强度、韧性，较好的电绝缘性，防水、防潮、防霉、耐热、耐寒，化学稳定性好，固化成形后收缩率小，粘接力强，可在 –100～155 ℃内长期使用，成型工艺简单，成本较低	制作塑料模具、精密量具、机械仪表和电气结构零件、电子元件及线圈等
聚酰胺（PA）	减摩性、耐磨性、耐蚀性及韧性好，但耐热性不高（<100 ℃），吸水性高，成形收缩率大	耐磨及耐蚀的承载和传动件，如齿轮、蜗轮、密封圈、轴承、螺钉螺母、尼龙纤维布等

（续表）

聚四氟乙烯（PTTE或F-4）	优良的耐蚀性能，几乎能耐包括王水等所有化学药品的腐蚀，良好的耐老化性及电绝缘性，优异的耐高、低温性能，摩擦因数小，有自润滑性。在－195～250 ℃内可长期使用，但在高温下不流动，不能用热塑性塑料成的一般方法成形，只能用类似粉末冶金的冷压、烧结成形工艺，高温时会分解出对人体有害的气体，价格较高	制作耐蚀件、减摩耐磨件、密封件、绝缘件，如高频电缆、电容线圈架以及化工用的反应器、管道等
酚醛塑料（电木）（PF）	高的强度、硬度及耐热性，在水润滑条件下具有极小的摩擦因数，优异的电绝缘性、耐蚀性（除强碱外），尺寸稳定性好，工作温度一般在 100 ℃以上，但质地较脆，耐光性及加工性差	制作一般机械零件、水润滑轴承、电绝缘件、耐化学腐蚀的结构材料，如仪表壳体、电器绝缘板、绝缘齿轮、整流罩、耐酸泵等
有机硅塑料	良好的电绝缘性、高频绝缘性和防潮性，具有一定的耐化学腐蚀性，耐热性较高，可在 180 ℃长期使用，但价格较高	高频绝缘件，湿热带地区电机、电器绝缘件，电气、电子元件及线圈的浇注与固定

（2）橡胶

橡胶是以生胶为主要原料，并添加适量的配合剂制成的高分子材料。

橡胶是一种在-50～150 ℃内具有高弹性的高分子材料。橡胶弹性很大，其最高伸长率可达 800%～1 200%，具有优良的伸缩性和积储能量的能力，同时具有良好的耐磨性、隔声性、绝缘性和足够的强度。但一般橡胶的耐蚀性较差，易老化。

根据橡胶原料来源的不同，可分为天然橡胶和合成橡胶两类；根据其应用范围的不同，可分为通用橡胶和特种橡胶两类。

天然橡胶属于通用橡胶，广泛用于制造轮胎、胶带、胶管等产品。合成橡胶是以石油、天然气、煤等为起始原料，经聚合制得类似天然橡胶的高分子材料。合成橡胶种类很多，常用的合成橡胶有丁苯橡胶、顺丁橡胶、氯丁橡胶、丁腈橡胶、硅橡胶、氟橡胶、聚氨酯橡胶等。其中，前三种属于应用广泛的通用橡胶，后四种是具有特殊性能的特种橡胶。

表 4-8 为常用橡胶的种类、性能及应用。

表4-8 常用橡胶的种类、性能及应用

类别	名称	性能特点	应用举例
通用橡胶	天然橡胶（NR）	弹性和力学性能较高，电绝缘性、耐碱性良好，但耐油、耐溶胶、耐臭氧老化性差，不耐高温及强酸	轮胎、胶带、胶管等
	顺丁橡胶（BR）	弹性及耐磨性好，但强度较低，加工性能、抗撕性差	轮胎、胶带、减振器、电绝缘制品
	氯丁橡胶（CR）	弹性、绝缘性、强度、耐碱性较好，耐油、耐溶性、耐氧化、耐酸、耐碱、耐热、耐燃烧，但耐寒性差，密度大，生胶稳定性差	运输带、胶管、电缆、传动带及各种垫圈
	丁苯橡胶（SBR）	较好的耐磨性、耐热性、耐油性和抗老化性能，价格低，但生胶的强度、弹性低，粘接性差	轮胎、胶带、胶管、电绝缘件及密封件

（续表）

特种橡胶	丁腈橡胶（NBR）	耐油、耐水性好，但耐低温性、耐酸性和绝缘性较差	油箱、储油槽、输油管道
	硅橡胶	良好的耐老化和绝缘性，较高的耐热性和耐低温性能，在 –100 ~ 350 ℃ 内具有良好的弹性，但强度低，耐酸性、耐磨性差，价格较高	高温下工作的密封件、薄膜、胶管、电线、电缆
	氟橡胶（FPM）	优异的耐腐蚀、耐油能力，可在 300 ℃ 以下使用，但耐低温性能差，加工性能不好，价格高	要求性能较高的密封件、密封垫

4.3.3　复合材料

由两种或两种以上物理、化学性质不同的物质，经人工合成获得的多相材料称为复合材料。复合材料的组成包括基体相和增强相两大类。基体相是连续相，起粘结、保护、传递外加载荷的作用，基体相可由金属、树脂、陶瓷等构成；增强相是分散相，起着承受载荷、提高强度、韧性的作用，增强相的形态有颗粒状、短纤维、连续纤维、片状等。两相在复合材 料中保留各自的优点，从而使复合材料具有更优良的综合性能。

常用复合材料有玻璃纤维复合材料、碳纤维树脂复合材料、颗粒增强复合材料等。

（1）玻璃纤维复合材料

玻璃钢是用玻璃纤维增强工程塑料制成的复合材料。其性能特点是强度高、弹性模量低、易老化。玻璃钢作为一种新型的工程材料已在建筑、造船等工业中得到广泛应用。根据玻璃钢基体的类型不同，可将玻璃钢分为热塑性玻璃钢和热固性玻璃钢两种。

①热塑性玻璃钢。热塑性玻璃钢的基体为热塑性树脂，增强材料为玻璃纤维。热塑性树脂有尼龙、聚碳酸酯、聚烯烃类、聚苯乙烯等，它们都具有较高的力学性能、介电性能、耐热性、抗老化性以及良好的工艺性能。

在热塑性玻璃钢中，玻璃纤维增强尼龙的刚度、强度和减摩性好，可代替有色金属制造轴承、轴承架、齿轮等精密机械的零部件；玻璃纤维增强苯乙烯类树脂在汽车内装饰品、收音机壳体、磁带录音机底盘、照相机壳、空气调节器叶片等部件上得到广泛应用；玻璃纤维增强聚丙烯的强度、耐热性和抗蠕变性能好，耐水性优良，可用于转矩变换器、干燥器壳体等零部件的制作。

②热固性玻璃钢。热固性玻璃钢的基体为热固性树脂，增强材料为玻璃纤维。常用的热固性树脂有环氧树脂、酚醛树脂、不饱和聚酯树脂、氨基树脂及有机硅树脂。热固性玻璃钢集中了玻璃纤维和树脂的优点，质轻、密度小（为 1.5 ~ 2.0 g/cm³）、比强度高，不但高于铜合金、铝合金，也超过合金钢。主要缺点是弹性模量仅为结构钢的 1/10 ~ 1/5，故制品刚性较差，易老化，只能在 300 ℃ 下使用。

热固性玻璃钢主要用于要求自重轻的受力结构件，如汽车、机车、拖拉机上的车顶、车身、车门、窗框、蓄电池壳、油箱等构件，也可用作耐海水腐蚀的结构件，以及轻型船的船体、石油化工上的管道、阀门等。

（2）碳纤维树脂复合材料

由碳纤维和环氧树脂、酚醛树脂、聚四氟乙烯树脂等结合可制成碳纤维树脂复合材料，其强度和弹性模量均超过铝合金，甚至接近高强度钢，密度比玻璃钢小，是目前比强度和比模量最高的复合材料之一。同时具有较高的抗冲击、抗疲劳性能以及减摩性耐磨性能、润滑性能、耐腐蚀和耐热性等。其主要缺点是比较脆，碳纤维比玻璃纤维更光滑，因此与树脂粘结力更差。

碳纤维树脂复合材料可制作耐磨零件，如齿轮、轴承、活塞、密封圈；化工耐蚀件，如容器、管道、泵等；在航空、航天工业中也广泛使用，如导弹头部的防热层、飞机涡轮风扇发动机的叶片、直升机的桨叶和导弹的零部件等。

（3）颗粒增强复合材料

颗粒增强复合材料是由一种或多种颗粒均匀分布在基体材料内组成的复合材料。颗粒增强复合材料的颗粒在复合材料中的作用随颗粒的尺寸不同而有明显的差别，一般来说，颗粒越小，增强效果越好。颗粒直径小于 0.01 ~ 0.10 μm 的复合材料称为弥散强化材料，颗粒直径为 1 ~ 50 μm 的称为颗粒增强材料。

按化学成分不同，颗粒分为金属颗粒和陶瓷颗粒。

不同金属颗粒起着不同的功能，如需要导电、导热性能时，可以加银粉、铜粉；需要导磁性时，可加入 Fe_2O_3 磁粉；需要提高材料的减摩性时，可加入 MoS_2 等。

陶瓷颗粒增强金属基复合材料是用韧性金属把耐热性好、硬度高但不耐冲击的陶瓷相粘接在一起，复合效果良好。

金属陶瓷复合材料具有高强度、耐热、耐磨、耐腐蚀和热胀系数小等特性，可用来制作高速切削的刀具、重载轴承及火焰喷管的喷嘴等在高温下工作的零件。

第五章 测量技术

5.1 测量及测量误差

5.1.1 测量

在机械制造中，加工后的零件，其几何量需要测量，以确定它们是否符合技术要求和实现其互换性。测量是通过实验获得并可合理赋予某量一个或多个量值的过程。具体地讲，测量是指为确定被测量的量值而进行的实验过程，其实质是将被测几何量 L 与计量单位 E 的标准量进行比较，从而确定比值 q 的过程，即 $L/E=q$ 或 $L=qE$。

由此可见，被测几何量的量值都应包括测量数值和计量单位两部分。例如，用分度值为 0.02 mm 的游标卡尺测量某轴的直径 d，就是通过游标卡尺实现被测几何量 d 与计量单位 mm 进行比较，若得到的比值，也就是测量数值为 10.04，则该轴径的量值为 d=10.04 mm。

一个完整的测量过程应包括以下四个要素：

（1）被测对象。在机械制造中的被测对象是几何量，包括长度、角度、几何误差、表面粗糙度等。

（2）计量单位。在机械制造中常用的长度单位为毫米（mm）。

（3）测量方法。指测量时所采用的测量原理、计量器具以及测量条件的总和。

（4）测量精度。指测量结果与真值的一致程度。

由上述例子不难看出，测量过程中，轴直径 d 是被测对象，毫米（mm）是计量单位，通过游标卡尺实现被测几何量 d 与计量单位 mm 的比较是测量方法，游标卡尺分度值 0.02 mm是测量精度。

5.1.2 测量误差

测量误差按其性质可分为系统误差、随机误差和粗大误差三大类。

（1）系统误差。系统误差是指在一定的测量条件下，对同一被测几何量进行连续多次测量时，误差的大小和符号保持不变或按一定规律变化的测量误差。因而是可以把握的一种误差，例如在车削或磨削加工的自动测量中所产生的温度误差总是一个恒定值。这样一种误差可以通过计算从测量结果中消除掉。

（2）随机误差。随机误差是指在一定测量条件下，连续多次测量同一被测几何量时，误差的大小和符号以不可预定的方式变化的测量误差。随机误差主要是由测量过程中一些无法预料的偶然因素或不稳定因素引起的。例如，测量过程中温度的波动、测量力的变动、突然的振动、计量器具中机构的间隙等引起的测量误差都是随机误差。它始终作为误差存在于测量结果之内，重复测量（例如一批测量 20 次）可求得误差的平均值，并作为经常存在的误差在测量结果中加以考虑。

（3）粗大误差。粗大误差是指超出规定条件下预计的测量误差，也称过失误差。粗大误差是由某些不正常原因造成的。例如，测量人员粗心大意造成读数错误或记录错误，测量时被测零件或计量器具受到突然振动等。粗大误差会对测量结果产生严重的歪曲，因此，在处理测量数据时，应根据判断粗大误差的准则将粗大误差剔除掉。

应当注意的是，在不同的测量过程中，同一误差来源可能属于不同的误差分类。例如，量块都存在着或大或小的制造误差，在量块的制造过程中，量块是被测对象，对于一批合格的量块，制造误差是随机变化的，属于量块制造过程的随机误差；在量块的使用过程中，量块是计量器具，对于被测工件而言，量块制造误差是确定的，属于工件测量过程的系统误差。

造成测量误差的根源有检验对象（如工件）的不完善性、量具器械（如刻度盘）、测量仪器本身（如千分尺）以及测量程序和测量动作中的问题。除以上各项外，影响测量结果的因素还有周围环境（如温度、粉末、湿度、气压）和从事测量工作的人员的个人特点（如对工作的重视程度、熟练程度、视力、判断能力、思想集中程度）等。测量中误差的主要表现有：

①温度影响。由于热胀冷缩，物体在不同温度下的长度不同，因此，测量的标准温度规定为 20℃，对钢制工件来说，大多数情况下量具与工件的温度相等即可。测量时要防止工件和量具受太阳照射、发热体加热、手接触加热等，保持温度均匀。

②由视差引起读数误差。当量具的刻线与工件不在一个平面内时，从侧向观察就会引起判读误差。当指针与刻度盘之间有一个距离时也会产生这种误差，如图 5–1 所示。

③位置误差。当量具的测量表面斜对着工件表面或工件歪放在量具内时，将产生相当大的误差，如图 5–2 所示。

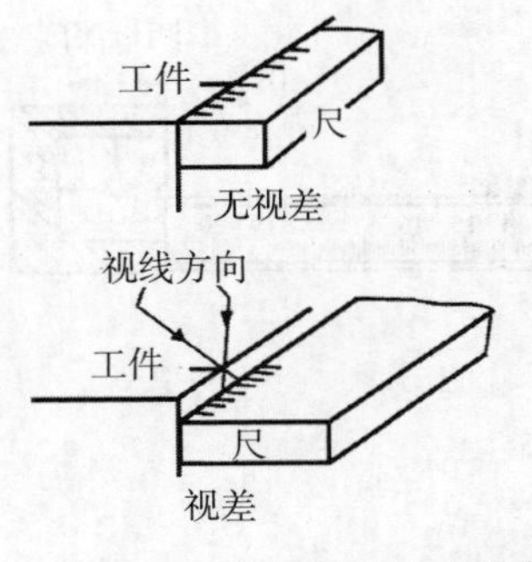

图5–1 由视差产生的误差

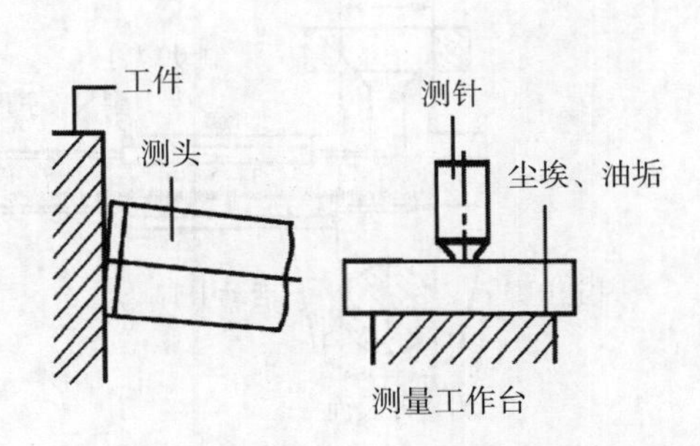

图5–2 位置误差

④由于用力不当产生的误差。量具的测量表面以一个测量力抵住工件，如果用力过大，可能导致量具弯曲或接触部位被压扁，如图 5-3 所示。在精密量仪中，测量力通常由弹簧可靠地保持为一个始终不变的值。

⑤量具误差。运动部件之间的间隙和摩擦、测头行程误差、刻度的分度误差等都会产生量具误差。误差大小可以通过一系列试验测得，例如量具误差为 0.02 mm。如图 5-4 所示，由于游标卡尺的活动卡脚倾斜，卡尺会产生一个测量误差，测量对象越靠卡口的外侧，测量误差就越大。

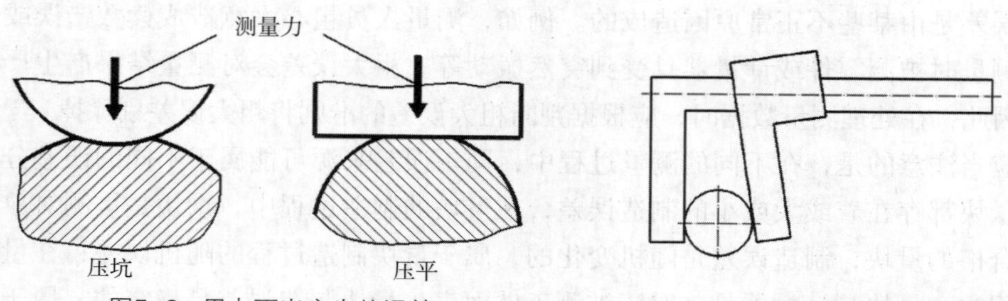

图5-3　用力不当产生的误差

图5-4　游标卡尺的活动卡脚倾斜

5.2 常用量具

为了保证机械制造的零件符合图样规定的尺寸、几何精度和表面粗糙度等要求，需要用测量器具进行检测。量具是用来测量零件线性尺寸、角度及检测零件几何误差的工具。为保证被加工零件的各项技术参数符合设计要求，在加工前后和加工过程中都必须用量具进行检测。选择使用量具时，应当适合于被测零件的形状、测量范围以及被检测量的性质。

生产加工中常用的量具有钢尺、游标卡尺、千分尺、百分表、角尺、塞尺、万能角度尺及专用量具（塞规、卡规）等，根据不同的检测要求选择不同的量具。

5.2.1 游标卡尺

游标卡尺是一种比较精密的量具，在机械制造中是最为常用的一种量具，它可以直接量出工件的内径、外径、宽度、深度等，如图 5-5 所示。常用游标卡尺的测量精度为 0.02 mm。常用游标卡尺的量程有 0 ~ 150、0 ~ 200、0 ~ 300 mm 等规格。

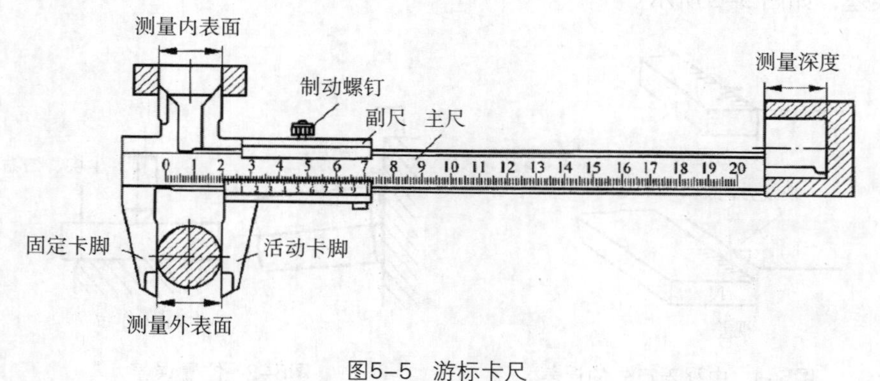

图5-5　游标卡尺

测量时，先读整数位，在主标尺上读取，由游标零线以左的最近刻度读出整毫米数；再读小数位，在游标尺上读取，由游标零线以右的且与主尺上刻度线正对的刻度决定，游标零线以右与主尺身上刻线对准的刻线数乘上 0.02 mm 读出小数；将上面整数和小数两部分尺寸加起来，即为所测工件尺寸，如图 5-6 所示。

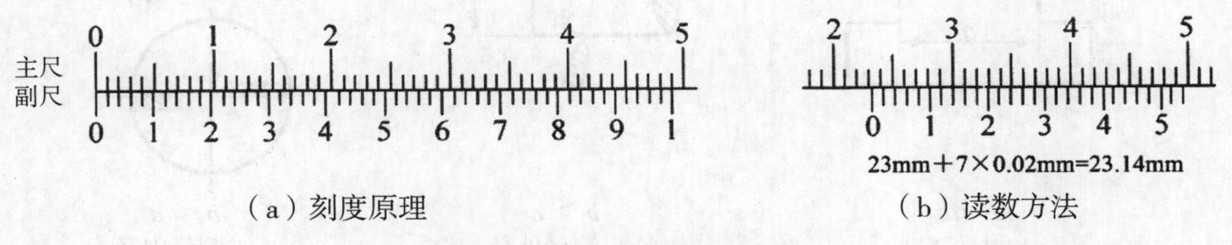

（a）刻度原理　　（b）读数方法

图5-6　游标卡尺的读数方法

游标卡尺的使用方法如图 5-7 所示。用游标卡尺测量工件时，应使内外量爪逐渐与工件表面靠近，最后达到轻微接触。在测量过程中，要注意游标卡尺必须放正，切忌歪斜，并多次测量，以免测量不准，如图 5-8 所示。

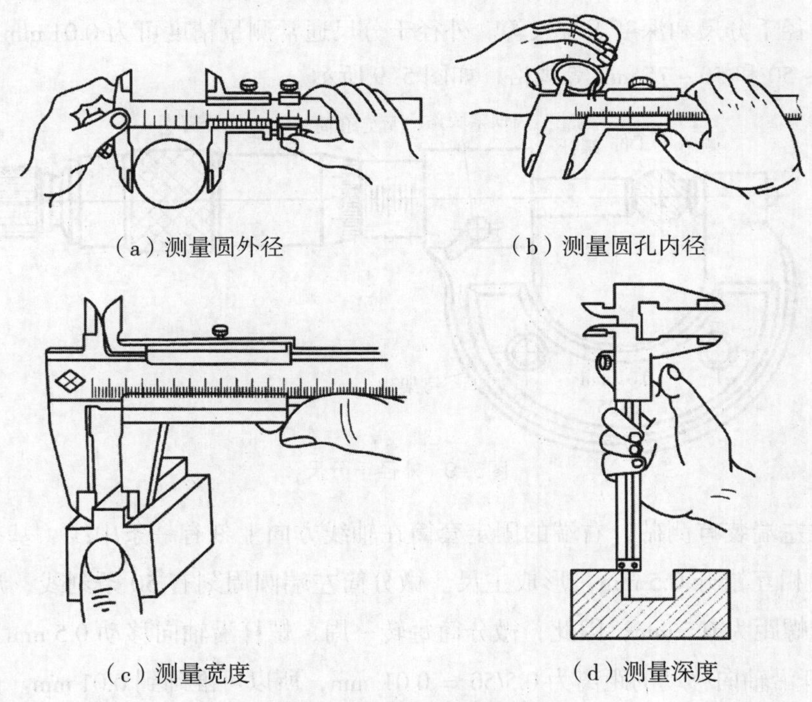

（a）测量圆外径　　（b）测量圆孔内径

（c）测量宽度　　（d）测量深度

图5-7　游标卡尺的使用方法

使用游标卡尺进行测量时应注意：校对零点时，擦净尺框与内外量爪，贴合量爪后查尺身、游标零线是否重合，如果不重合，则在测量后应修正读数；测量时，内外量爪不得用力紧压工件，以免量爪变形或磨损而降低测量的准确度；游标卡尺仅用于测量已加工的光滑表面，粗糙工件和正在运动的工件不宜测量，以免量爪过快磨损。

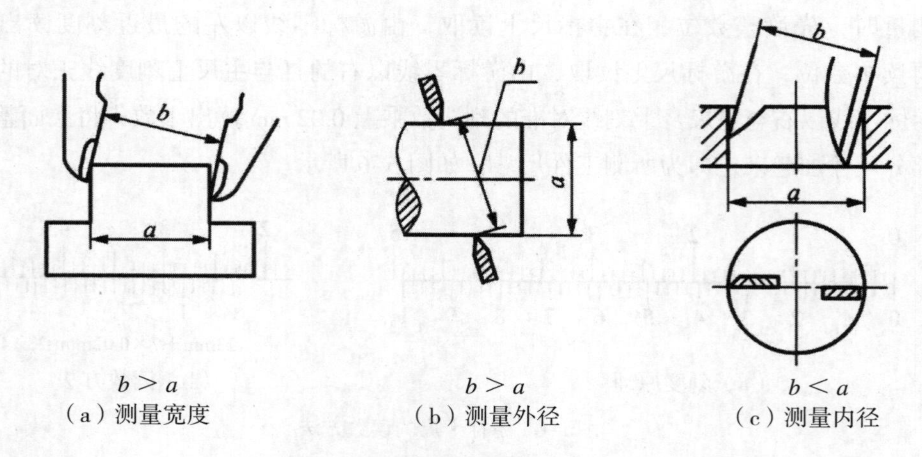

图5-8 游标卡尺测量不准确的原因

5.2.2 千分尺

千分尺又称螺旋测微器，是比游标卡尺更为精确的测量工具。按照用途可分为外径千分尺、内径千分尺和深度千分尺等。外径千分尺通常测量精度可为 0.01 mm，其量程有 0 ~ 25、25 ~ 50 和 50 ~ 75 mm 等规格，如图 5-9 所示。

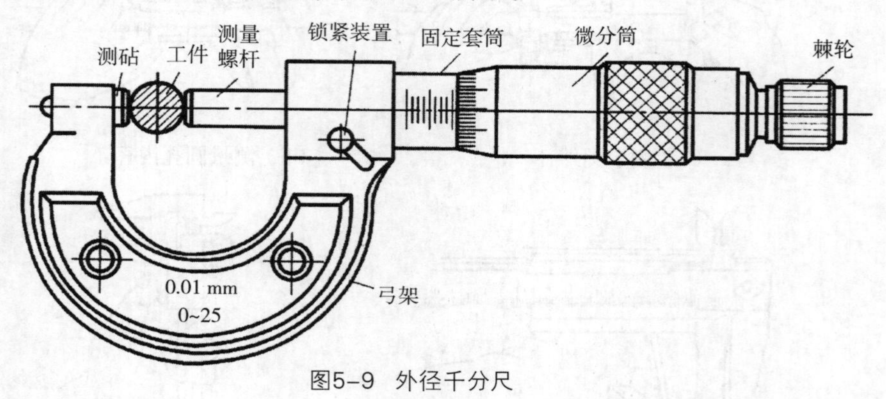

图5-9 外径千分尺

弓架的左端装有测砧，右端的固定套筒在轴线方向上刻有一条中线（基准线），上下两排刻线相互错开 0.5 mm，形成主尺。微分筒左端圆周刻有 50 条刻线，形成副尺。由于螺杆的螺距为 0.5 mm，因此，微分筒每转一周，螺杆沿轴向移动 0.5 mm。微分筒转过1格，螺杆沿轴向移动的距离为 0.5/50 = 0.01 mm，所以可准确到 0.01 mm。由于还能再估读一位，可读到毫米的千分位（微米 μm），故称千分尺。

测量时，先读整数位，从固定套筒上读取，如 0.5 mm分格露出，则在整数读数的基础上加 0.5 mm；再读小数位，直接从微分筒上读取；将上面整数位和小数位两部分尺寸加起来（如需考虑估值位，可把估值也加上），即为测量尺寸，如图 5-10 所示。千分尺的使用方法如图 5-11 所示。

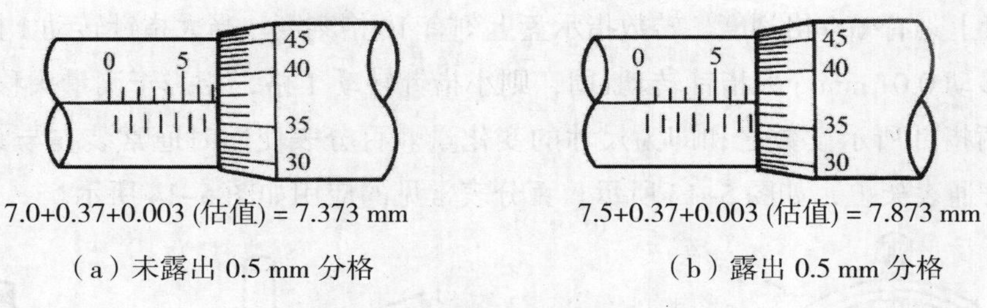

（a）未露出 0.5 mm 分格　　（b）露出 0.5 mm 分格

图5-10　千分尺读数方法

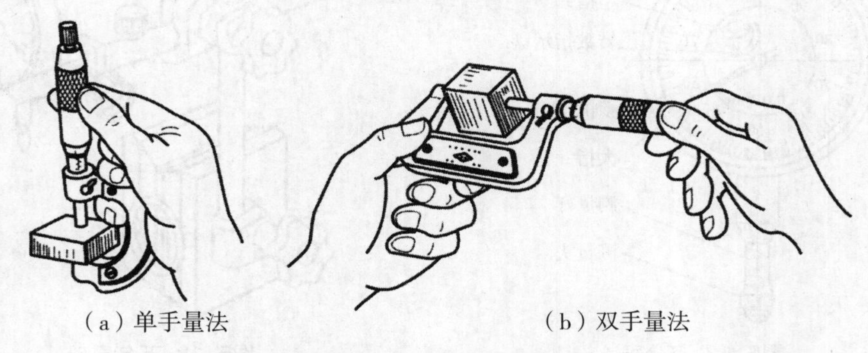

（a）单手量法　　（b）双手量法

图5-11　千分尺的使用方法

使用千分尺的注意事项：

（1）校对零点，将测砧与螺杆先擦干净后接触，观察当微分筒上的边线与固定套筒上的零刻度线重合时，微分筒上的零刻度线是否与固定套筒上的中线零点对齐。如不对齐，则在测量时根据原始误差修正读数，或送量具检修部门校对。

（2）工件的测量表面应擦干净，并准确放在千分尺的测量面间，不得偏斜。千分尺不允许测量粗糙表面。

（3）测量时可用单手或双手操作，当测量螺杆快要接触工件时，必须使用端部棘轮（此时严禁使用微分筒，以防用力过度测量不准）。当棘轮发出“嘎吱”的打滑声时，表示表面压力适当，应停止拧动，进行读数。读数时尽量不要从工件上拿下千分尺，以减少测量面的磨损。如必须取下来读数，应先用锁紧装置锁紧测量螺杆，以免螺杆移动而读数不准。

（4）测量时不能先锁紧测量螺杆，后用力卡过工件，这样会导致测量螺杆弯曲或测量面磨损，从而降低测量准确度。

（5）读数时要注意 0.5 mm 分格，以免漏读或错读。

5.2.3 百分表

百分表是一种指示式比较量具，常用测量精度为 0.01 mm，量程为 10 mm，如图 5-12 所示。百分表只能测出尺寸的相对数值，不能测出绝对数值，常用于测量零件的几何形状和表面相互位置误差，在机床上安装工件时，也常用于精密找正。

刻度盘上刻有100格刻度，转数指示盘上刻有10格刻度。当大指针转动1格时，相当于测量头移动0.01 mm。大指针转动1周，则小指针转动1格，相当于测量头移动1 mm。测量时，两指针所示读数之和即为尺寸的变化量。百分表使用时通常装在与其配套的磁性表座或普通表架上，如图5–13所示。百分表常见的应用如图5–14所示。

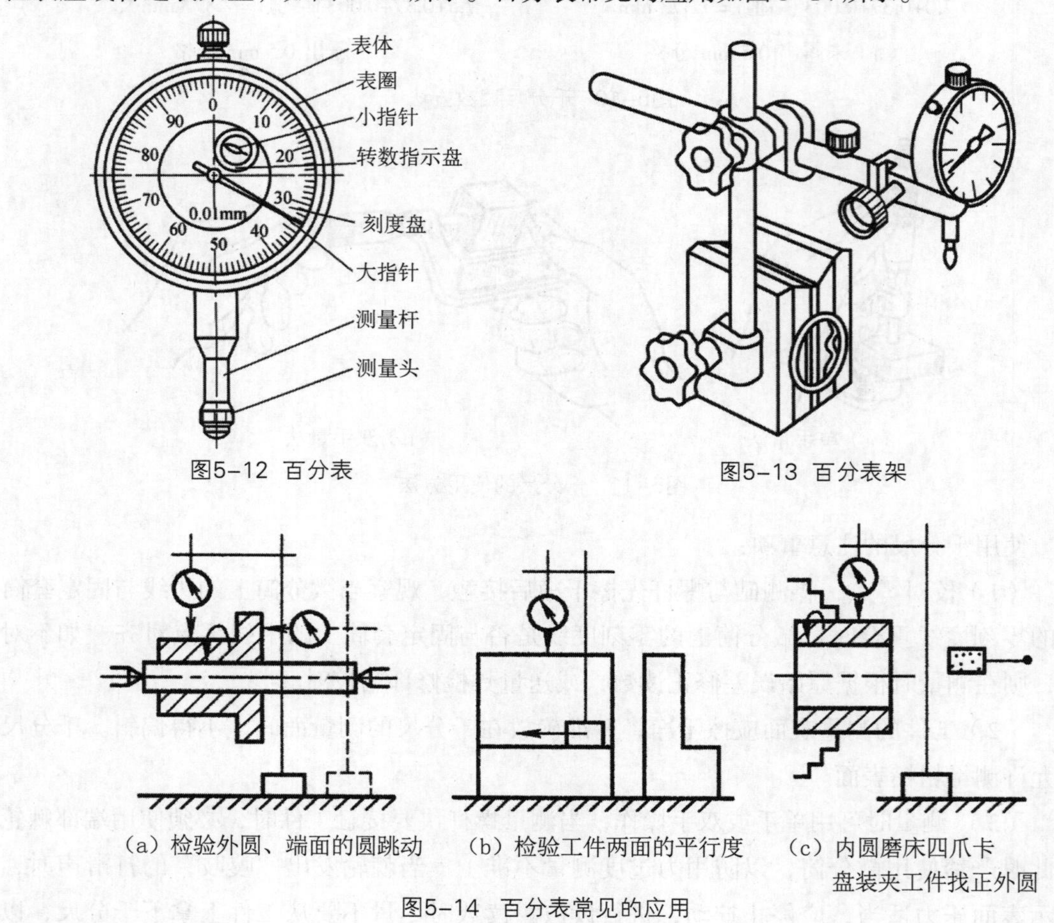

图5–12 百分表

图5–13 百分表架

（a）检验外圆、端面的圆跳动 （b）检验工件两面的平行度 （c）内圆磨床四爪卡盘装夹工件找正外圆

图5–14 百分表常见的应用

第三篇　执行元件选用篇

本篇包含夹紧机构、运动机构、液压和气动、电机、传感器的选用等五章。动力系统可参阅电机、液压和气动等相关章节；传动系统可参阅运动机构、液压和气动等相关章节；执行系统和支承系统可参阅夹紧机构、运动机构、液压和气动等相关章节；控制系统可参阅电机、传感器等相关章节。

第六章夹紧机构的选用，夹紧机构不仅属于执行系统，也部分属于支承系统，这两个系统不易区分，也不必区别对待，只要把握住定位与夹紧之间的关系即可。具体的夹紧计算可参阅本书参考文献。

第七章运动机构的选用。运动机构不仅属于执行系统和传动系统，有的也属于支承系统。在选择运动机构时，首先可以参考机床上常用的机械传动，包括带传动、齿轮传动、齿条传动、蜗轮蜗杆传动和丝杠螺母传动等；再根据运动形式的三种基本类型，即直线运动、回转运动和摆动运动进行选用。如果输入只考虑人力（手动），那么输入的运动形式可以不用考虑，直接考虑输出运动形式，选择相应的直线运动、回转运动和摆动运动即可。如果输入是机械传动（包括电气传动、液压和气动传动等），那么输入、输出的运动形式都要考虑选用。*XYZ* 三维传动一节介绍了一维、二维和三维直线传动机构的典型类型，方便读者设计时选用。

第八章液压和气动的选用。液压和气动既属于动力系统，又属于传动系统，也属于执行系统。本书的一个遗憾是在实例篇中两个金属针布耐磨性实验平台均没采用液压和气动的传动。但这并不说明液压和气动不重要，液压和气动在生产和生活中早已广泛应用。

第九章电机的选用。电机既属于动力系统，也属于执行系统。由于篇幅所限，本章仅简要介绍常用的直流电机、交流电机、步进电机、伺服电机、直线电机以及减速机等，供读者在选用时参考。

第十章传感器的选用。传感器属于控制系统。本章以力传感器、位置传感器、位移传感器、速度传感器、加速度传感器、温度传感器、湿度传感器等为例，简要介绍一些典型的传感器原理，并简述典型传感器输出信号处理方法。在章末列出了 4 个传感器信号处理实例，方便读者在构建工程实验平台时选用合适的传感器。

本篇所涉及的夹紧机构、运动机构、液压和气动、电机、传感器等是工程实验平台的重要组成部分。在构建实验平台时并不是各章节所述的机构装置都需要选用，应该具体问题具体分析。

第六章
夹紧机构的选用

夹紧机构是对物体施加某种形式的作用力，使之夹紧固定、夹持移位或夹紧制动的机构。工件的装夹是将工件在机床夹具中定位和夹紧的过程。定位是工件在机床或夹具中占有正确位置的过程。夹紧是工件定位后将其固定，使其在加工过程中保持定位位置不变的过程。

6.1 六点定位原理

在机械加工中，必须使工件相对于夹具、刀具和机床之间保持正确的位置，才能加工出合格的零件。夹具中的定位元件就是用来确定工件相对于夹具的位置的。如图 6–1 所示，任何一个工件在夹具中未定位前，都可看成为在空间直角坐标系中的自由物体，即都有六个自由度：沿三个坐标轴的移动自由度，分别用 $\vec{X}$、$\vec{Y}$、$\vec{Z}$ 表示，和绕三个坐标轴转动的转动自由度，分别用 $\overset{\frown}{X}$、$\overset{\frown}{Y}$、$\overset{\frown}{Z}$ 表示。要使工件在空间处于稳定不变的位置，就必须设法消除这六个自由度。也就是说，在组装夹具时，要用六个支承点来限制工件的六个自由度，称为“六点定位”。

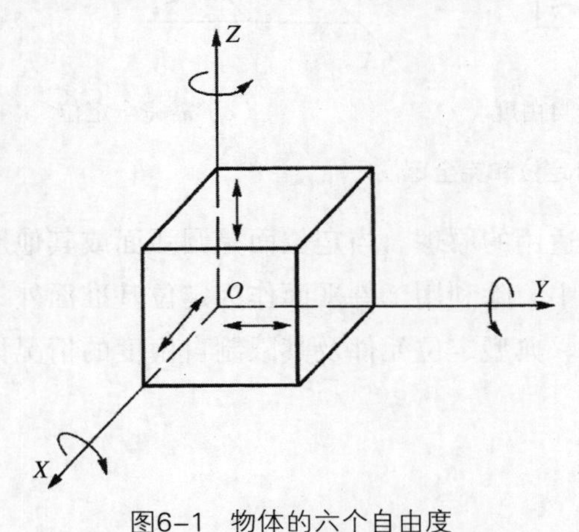

图6–1　物体的六个自由度

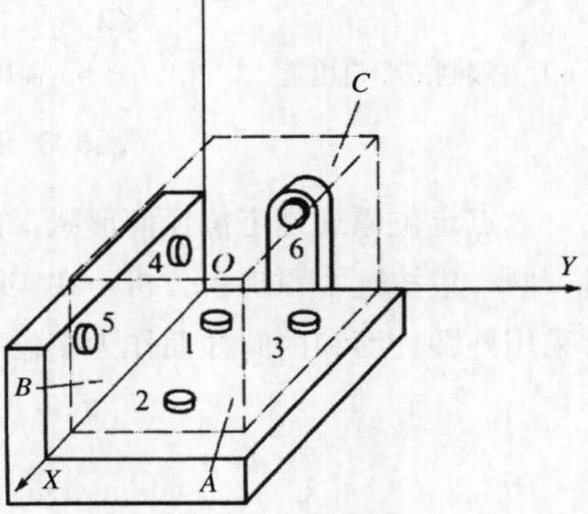

图6–2　工件的六点定位

对于要加工的工件，通常是按它的三个直角坐标平面分布六个支承点。六个支承点在工件三个直角坐标平面上的分布也是有规律的，其中一个平面叫主要基准面，分布三个支承点；第二个平面叫导向基准面，分布两个支承点；第三个平面叫支承基准面，分布一个支承点。每一个支承点限定一个自由度，六个支承点就限定了六个自由度，使工件在空间的相对位置确定下来。如图 6–2 所示，XOY 平面是主要基准面，在 XOY 平面内布置三个支承点，限制了三个 $\overset{\frown}{X}$、$\overset{\frown}{Y}$、$\vec{Z}$ 自由度；XOZ 平面是导向基准面，在 XOZ 平面内布置二个支承点，限制了 $\vec{Y}$、$\overset{\frown}{Z}$ 二个自由度；YOZ 平面是支承基准面，在 YOZ 平面内布置一个支承点，限制了 $\vec{X}$ 一个自由度。

有人可能认为，这样设置支承点虽然可以限制物体向六个方向的运动，但还有相反六个方向运动的可能性，即还有相反方向的六个自由度没有消除。这样的理解是片面的。在这里，一定要把“定位”和“夹紧”这两个概念区分开来。“定位”只是使物体得到明确而肯定的位置，而使物体的位置固定不变，还需要“夹紧”。

在具体应用中，限制了几个自由度，就叫几点定位。定位时要限制几个自由度，需根据工序要求而定。如图 6–3a 所示，在方体零件上铣（磨）顶平面，此时只需限制工件 $\overset{\frown}{X}$、$\overset{\frown}{Y}$、$\vec{Z}$ 三个自由度；如图 6–3b 所示，在顶平面上铣通槽，由于在 X 方向无工序尺寸要求，因此，只需限制工件五个自由度，而 $\vec{X}$ 自由度可不限制；如果加工图 6–3c 工件，必须限制六个自由度。在满足加工要求的条件下，六个自由度都被限制的情况称为完全定位。而六个自由度不需要全被限制的情况称为不完全定位。

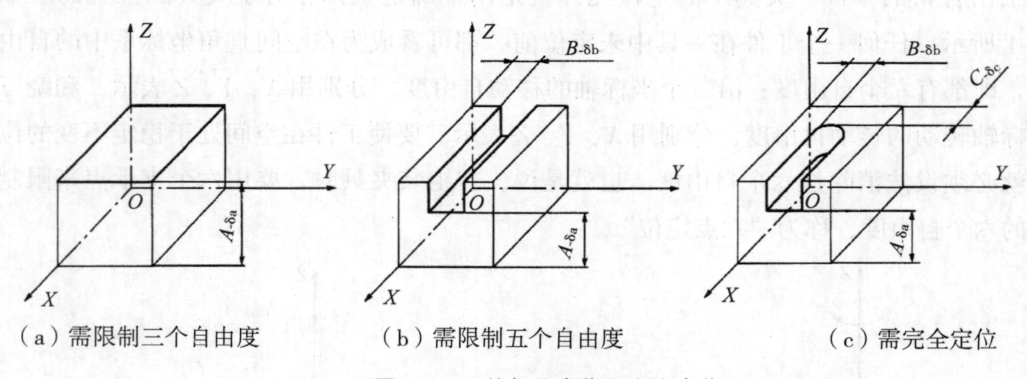

（a）需限制三个自由度　　（b）需限制五个自由度　　（c）需完全定位

图6–3　工件部分定位和完全定位

六点定位原理是定位任何形状工件普遍适用的原理。当定位面是圆弧面或其他形状时，同样应按这个原理去分析。在实际组装中，除利用工件平面作为定位基准面外，还常采用外圆柱面和内圆柱面作为定位基准面。典型定位元件及其限制自由度的情况见表 6–1。

表6–1 典型定位元件的定位分析

定位元件	定位情况	一个支承钉	两个支承钉	三个支承钉
支承钉	图示			
	限制的自由度	$\vec{Y}$	$\vec{X}$、$\overset{\frown}{Z}$	$\vec{Z}$、$\overset{\frown}{X}$、$\overset{\frown}{Y}$
	定位情况	一块条形支承板	两块条形支承板	一块矩形支承板
支承板	图示			
	限制的自由度	$\vec{X}$、$\overset{\frown}{Z}$	$\vec{Z}$、$\overset{\frown}{X}$、$\overset{\frown}{Y}$	$\vec{Z}$、$\overset{\frown}{X}$、$\overset{\frown}{Y}$
定位元件	定位情况	短圆柱销	长圆柱销	菱形销
圆柱销	图示			
	限制的自由度	$\vec{X}$、$\vec{Z}$	$\vec{X}$、$\vec{Z}$、$\overset{\frown}{X}$、$\overset{\frown}{Z}$	$\vec{Z}$
定位元件	定位情况	一块短 V 型块	两块短 V 型块	一块长 V 型块
V 型块	图示			
	限制的自由度	$\vec{Y}$、$\vec{Z}$	$\vec{Y}$、$\vec{Z}$、$\overset{\frown}{Y}$、$\overset{\frown}{Z}$	$\vec{Y}$、$\vec{Z}$、$\overset{\frown}{Y}$、$\overset{\frown}{Z}$
定位元件	定位情况	固定顶尖	浮动顶尖	锥度心轴
顶尖和锥度心轴	图示			
	限制的自由度	$\vec{X}$、$\vec{Y}$、$\vec{Z}$	$\vec{X}$、$\vec{Z}$	$\vec{X}$、$\vec{Y}$、$\vec{Z}$、$\overset{\frown}{Y}$、$\overset{\frown}{Z}$

组装夹具时，还应遵守下列一些原则：在确定工件的定位方法时，应根据工件的形状和加工要求，具体问题具体分析，减少那些不必要的定位点，或适当增加一些辅助定位点，使组装工作简化或夹具的效能提高。譬如，单工件磨平面，只要用一个与加工平面平行的基准面定位即可，把工件放在平面磨床磁力台上加工就是一例。又如，有些工件装在夹具上，除要限制其六个自由度外，为了保证工件的稳定性或防止变形，有时还要装一些辅助支承点。

在主要基准面上的三个定位点所分布的面积应尽可能大一些，以提高定位精度和保证稳定，但尽量不要使用整体的大平面，以减小定位误差和易于清除切屑；在导向基准面上的两个定位点距离应尽可能远一些，以提高工件定位的准确度。一点定位点不要使用大平面，否则容易加大定位误差。

6.2 夹紧原理

工件的夹紧是指工件定位以后（或同时），还须采用一定的装置把工件压紧、夹牢在定位元件上，使工件在加工过程中不会由于切削力、重力或惯性力等的作用而发生位置变化，以保证加工质量和生产安全。能完成夹紧功能的这一装置就是夹紧装置。在考虑夹紧方案时，首先要确定的就是夹紧力的三要素，即夹紧力的方向、作用点和大小，然后再选择适当的传力方式及夹紧机构。

（1）夹紧力的方向

夹紧力的方向对压紧力大小的影响很大，应特别注意。如果夹紧力的方向和切削力的方向完全一致，显然只需很小的夹紧力，加工中工件也不会走动，这是最好的情况。否则就要加大夹紧力才能达到要求。尤其应该避免切削力和夹紧力方向相反的夹紧型式。为此，夹紧力 F_W 的方向最好与切削力 F、工件的重力 G 的方向重合。图 6–4 为工件在夹具中常见的几种受力情况，显然，图 6–4a 最合理，图 6–4f 最差。

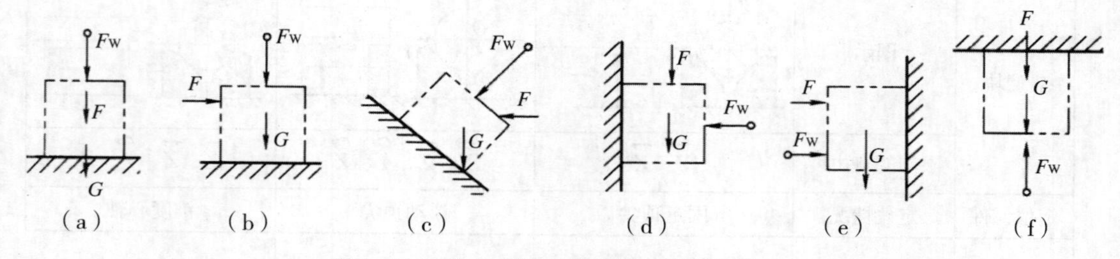

图6–4　工件在夹具中常见的几种受力情况

另外，夹紧力的方向应有助于定位稳定，且主夹紧力应朝向主要定位基面。夹紧力的方向还应是工件刚性较好的方向，尤其在夹压薄壁零件时，更需注意使夹紧力的方向指向工件刚性最好的方向。

（2）夹紧力的作用点

夹紧力的作用点对能否充分有效地使用夹紧力有很大的影响。一般地说，夹紧力的作用点应尽量距切削力作用点近一些，这对于刚性较差的工件特别重要。还要注意，通过夹紧点的夹紧力必须垂直地作用在主要基准面的支承点上，不能“压空”，以免工件变形，影响加工精度和造成事故。在用力较大的夹紧中，夹紧力的作用点、夹紧用螺栓的受力点以及压板的支承点应作用在同一元件上，以避免夹具由于夹紧变形而影响加工精度。

夹紧力的作用点应落在定位元件的支承范围内，并尽可能使夹紧点与支承点对应，使夹紧力作用在支承上。如图 6-5a 所示，夹紧力作用在支承面范围之外，会使工件倾斜或移动，夹紧时将破坏工件的定位；而图 6-5b 所示则是合理的。

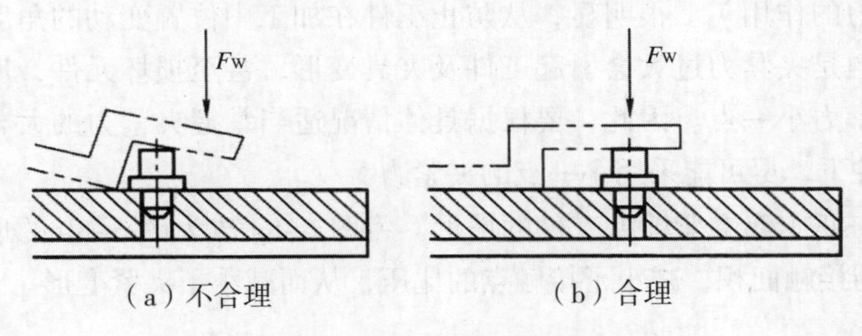

图6-5　夹紧力作用点的选择

夹紧力的作用点应选在工件刚性较好的部位，这对刚度较差的工件尤其重要。如图 6-6 所示，将夹紧力的作用点由中间的单点改成两旁的两点夹紧，可使变形大为减小，并且夹紧更加可靠。

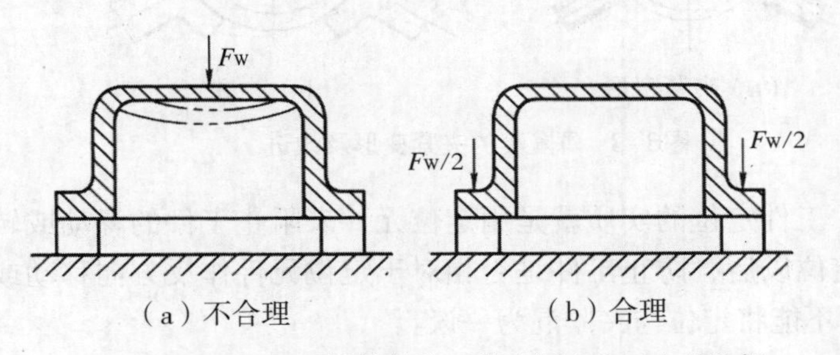

图6-6　刚性较差的工件夹紧力作用点的选择

夹紧力的作用点应尽量靠近加工表面，以防止工件产生振动和变形，提高定位的稳定性和可靠性。图 6-7 中工件的加工部位为孔，图 6-7a 的夹紧点离加工部位较远，易引起加工振动，使表面粗糙度增大；图 6-7b 的夹紧点会引起较大的夹紧变形，造成加工误差；图 6-7c 是比较好的一种夹紧点选择。

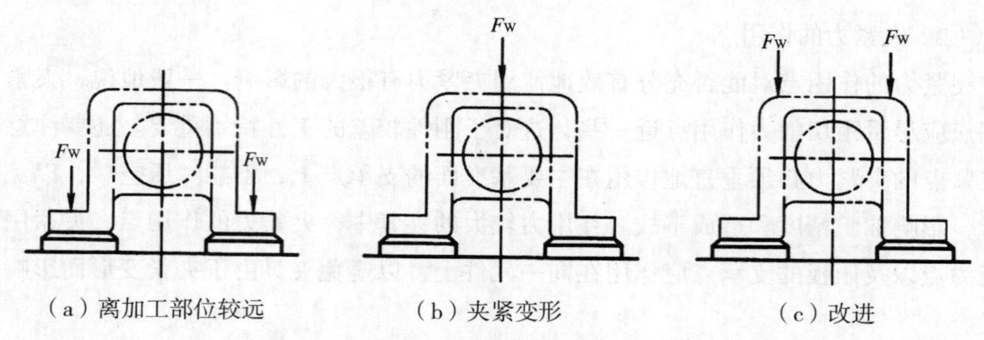

（a）离加工部位较远　（b）夹紧变形　（c）改进

图6-7　加工孔的工件夹紧力作用点的选择

（3）夹紧力的大小

夹紧力的大小主要由切削力的大小、方向和工件的重量等因素所决定（车床夹具还要考虑到离心力的作用）。很明显，从防止工件在加工中位置变动的角度考虑，希望夹紧力大一点。但是夹紧力过大会引起工件及夹具变形，甚至损坏元件，反而影响加工精度，又希望夹紧力小一点。因此，要根据具体情况适当掌握夹紧力的大小，在保证工件正常加工的条件下，尽可能采用小一点的夹紧力。

图 6-8 为三爪卡盘夹紧薄壁工件的情形。将图 6-8a 改为图 6-8b 的形式，改用宽卡爪增大与工件的接触面积，减小了接触点的比压，从而减小了夹紧变形。

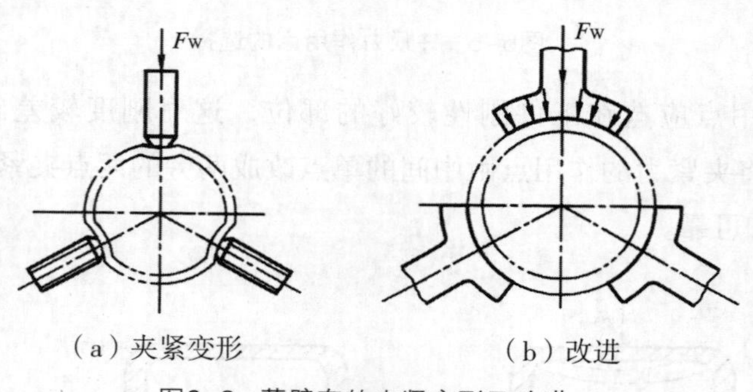

（a）夹紧变形　（b）改进

图6-8　薄壁套的夹紧变形及改进

必须强调的是，工件定位的实质就是用定位元件来阻止工件的移动或转动，从而限制工件的自由度。定位以后，防止工件是否相对于定位元件作反方向移动或转动属于夹紧所要解决的问题，不能将定位与夹紧混为一谈。

6.3　典型夹紧机构

定位夹紧机构是将物体（工件）定位夹紧后能承受一定的外力作用而不松动的机构，如机床加工夹具和各种测试夹具等，这种机构一般需有足够大的夹紧力。

夹持移位机构是将物体（工件）提取（或抓取）后转移到另一位置（工位）的机构，如传递工件的夹持机构、机械手取件机构等，这种机构的夹持力只要求能安全可靠地夹持移动即可。

6.3.1 常用夹紧机构

夹紧机构的型式很多。采用什么型式合适，主要由工件的形状、加工方法和夹具的结构等决定。图 6–9 和图 6–10 为夹紧机构的几个实例。

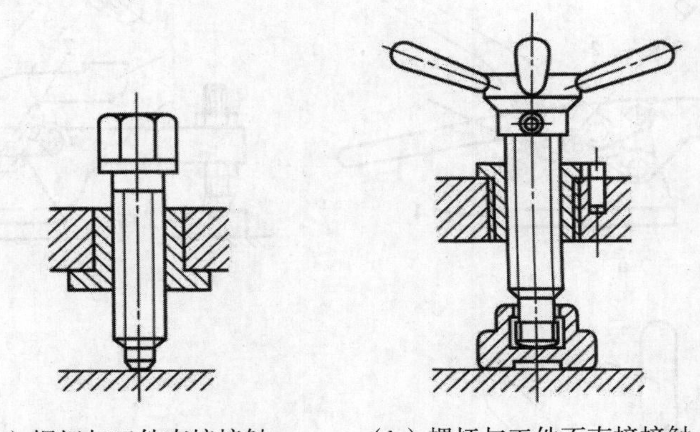

（a）螺杆与工件直接接触　（b）螺杆与工件不直接接触

图6–9 简单螺旋夹紧机构

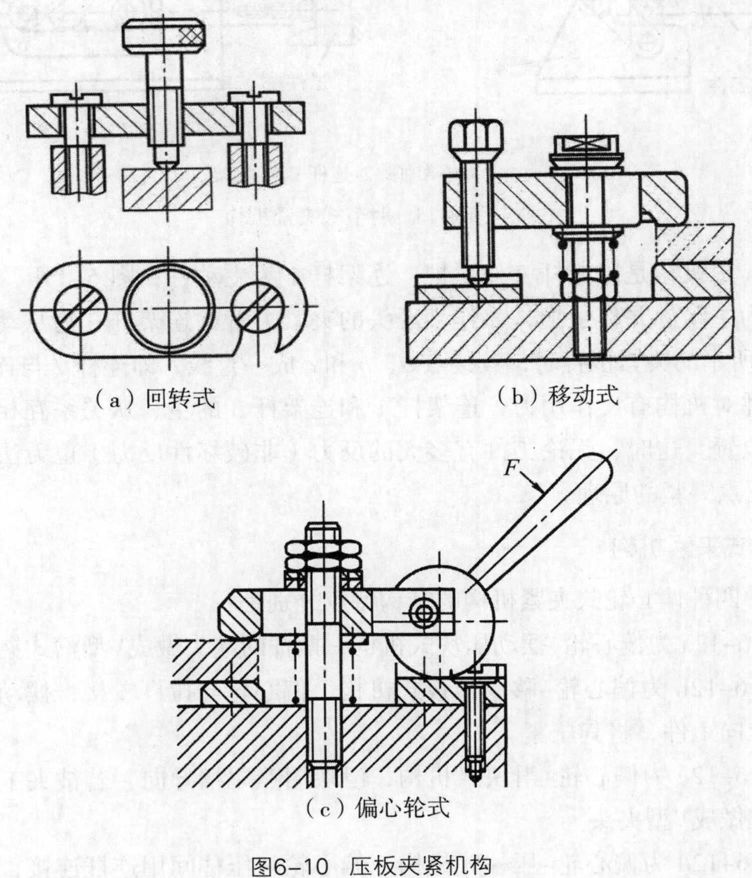

（a）回转式　（b）移动式

（c）偏心轮式

图6–10 压板夹紧机构

6.3.2 肘节式夹紧机构

图 6–11 为肘节式夹紧机构，实质上是平面四杆机构在夹具中的应用，它是根据机构死点原理设计的。

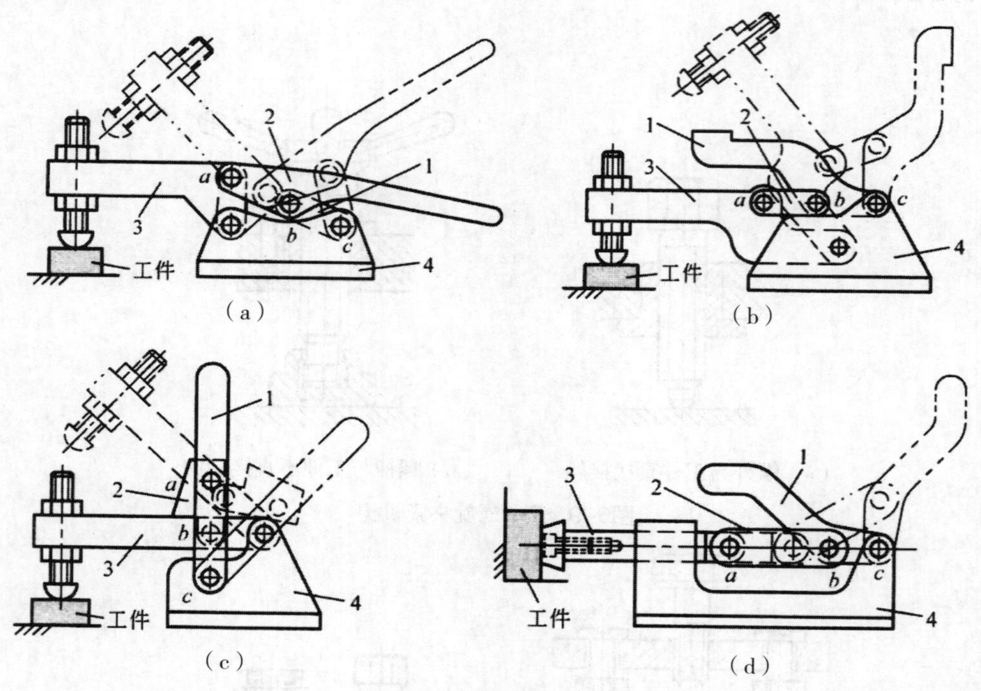

1、3–连架杆；2–连杆； 4–机架

图6–11　肘节式夹紧机构

图 6–11a 中机构是以连杆 2 作手把，连架杆 1 为主动件；图 6–11b、c、d 中机构均以连架杆 1 为主动件并作手把，兼作带压头的夹紧力臂的连架杆 3 为从动件。当机构处于如图 6–11 所示的夹紧位置时，铰接点 a、b 和 c 成一直线，即连杆 2 与连架杆 1 共线。此时，因工件对机构有反作用力，连架杆 1 和连架杆 3 的主、从关系互相交变，所以机构处于死点位置。这时，无论工件有多大的反力（非破坏性反力）也无法使压头松开。这就是利用死点夹紧的原理。

6.3.3 偏心轮式夹紧机构

图6–12中四种偏心轮式夹紧机构的结构特点分别是：

（1）图 6–12a 为偏心轮–摆动压块式机构，摆杆的端头做成V型槽式夹头。

（2）图 6–12b 为偏心轮–移动压板式机构，偏心轮与拉杆铰接，摆动偏心轮，通过拉杆把压板拉向工件，将其压紧。

（3）图 6–12c 为偏心轮–滑块式机构，滑块用燕尾槽导向，若被夹工件为圆柱形，滑块端头也宜做成V型夹头。

（4）图 6–12d 为偏心轮–压柱式机构，偏心轮与压柱间用连杆连接，当压头松开工件返回时，由连杆将其拉回。

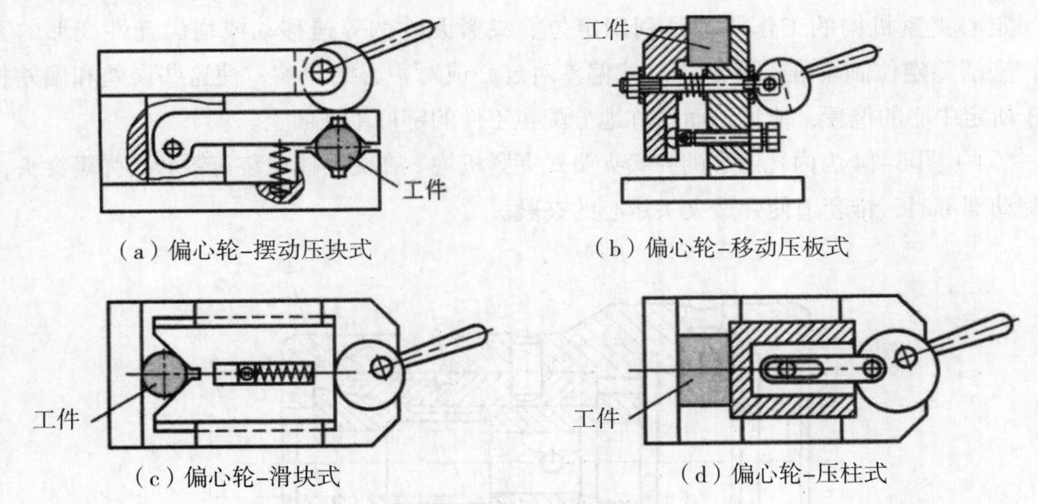

（a）偏心轮–摆动压块式　（b）偏心轮–移动压板式

（c）偏心轮–滑块式　（d）偏心轮–压柱式

图6–12　偏心轮式夹紧机构

6.3.4 杠杆式夹持机构

这种机构实质上是用双力臂夹持物料或工件异地移位或传递的机构，其常用于机械手的抓取装置。图 6–13 为利用杠杆原理制作的各种夹持机构，其主动力臂的驱动方式各异。

（1）图 6–13a 为机构用传动销驱动力臂。

（2）图 6–13b 为机构用锥体或斜块驱动力臂。

（3）图 6–13c 为机构用齿条推动对称两齿轮而驱动力臂 。

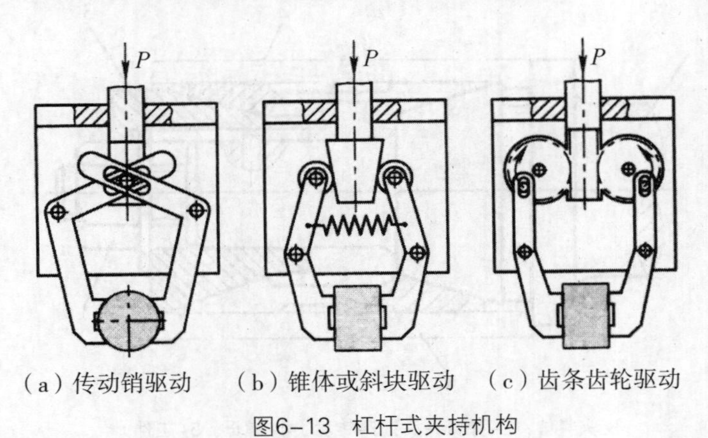

（a）传动销驱动　（b）锥体或斜块驱动　（c）齿条齿轮驱动

图6–13　杠杆式夹持机构

6.3.5 定心夹紧机构

在机械加工中，对于几何形状对称的工件，为保证定位精度，工件的定心和定位常常是和夹紧结合在一起的，这种机构称为定心夹紧机构。定心夹紧机构中与工件定位基准相接触的元件既是定位元件，又是夹紧元件。

定心夹紧机构的工作原理是利用定位、夹紧元件的等速移动或均匀弹性变形的方式，来消除定位副不准确或定位尺寸偏差对定心或对中心的影响，使这些误差和偏差相对于所定中心的位置，能均匀而对称地分配在工件的定位基准面上。

（1）图 6-14 为内孔定心的弹簧夹头式夹紧机构。在夹具体中装有锥套及弹簧夹头，当旋动螺母时，锥套迫使弹簧夹头定心的夹紧。

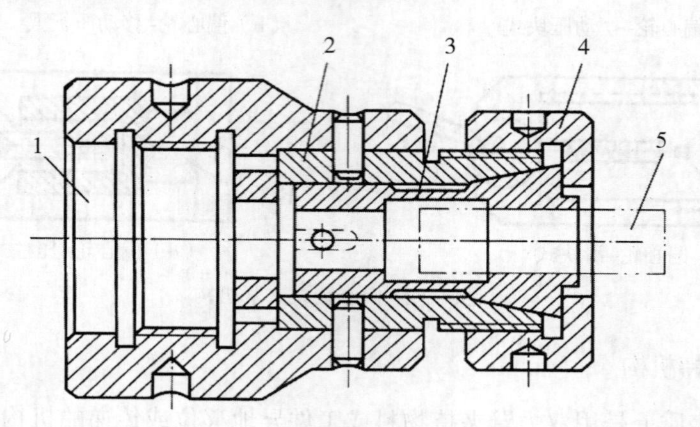

1–夹具体；2–锥套；3–弹簧夹头；4–螺母；5–工件

图6–14　内孔定心的弹簧夹头式夹紧机构

（2）图 6-15 为外圆定心的弹簧夹头式夹紧机构。弹簧夹头装在夹具体及锥套的外面，当旋动螺母时，锥套及夹具体上的锥面迫使弹簧夹头向外扩张，从而实现工件以内孔定心的夹紧。

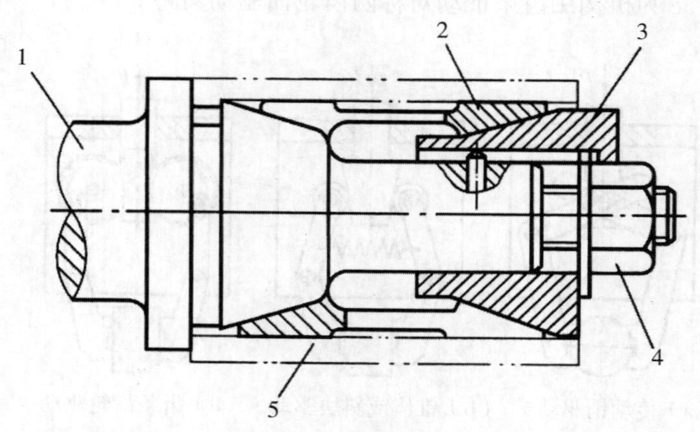

1–夹具体；2–弹簧夹头；3–锥套；4–螺母；5–工件

图6–15　外圆定心的弹簧夹头式夹紧机构

（3）图 6-16 为正锥弹簧夹头式夹紧机构。装在夹具体上的操纵筒可以将原始作用力 F 传递给弹簧夹头，使其向右运动，通过锥套和弹簧夹头锥面的作用，迫使弹簧夹头收缩变形，从而实现工件以外圆定心的夹紧。

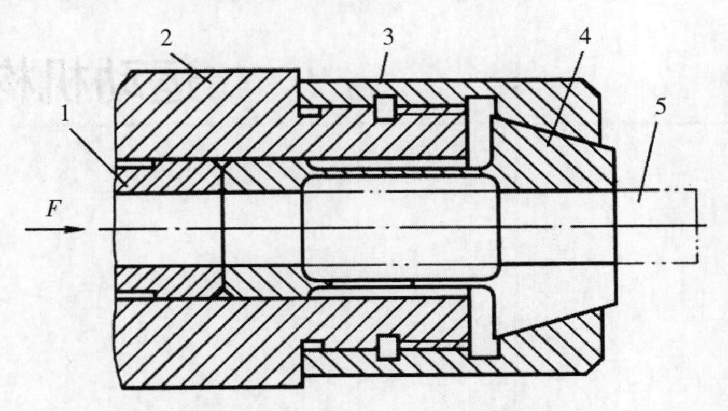

1–夹具体；2–操纵筒；3–锥套；4–弹簧夹头；5–工件

图6–16　正锥弹簧夹头式夹紧机构

第七章
运动机构的选用

运动形式有三种基本类型：直线运动、回转运动和摆动运动。这三种运动形式可以通过一定的运动变换机构相互变换，以满足不同需要。这种相互变换的关系如图 7–1 所示，分为三类，共有九种。

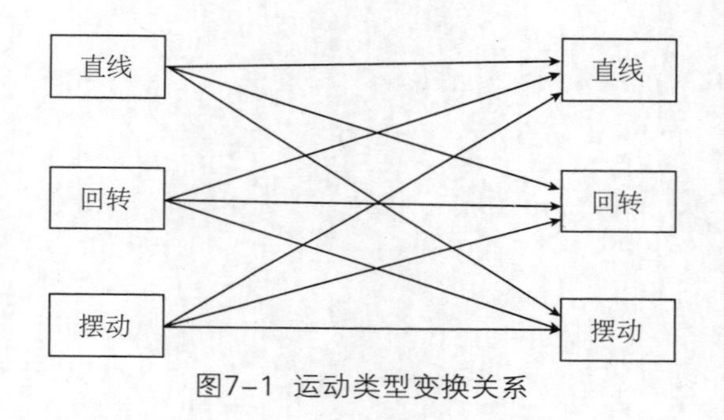

图7–1 运动类型变换关系

（1）将直线运动变换为直线运动、回转运动或摆动运动。

（2）将回转运动变换为直线运动、回转运动或摆动运动。

（3）将摆动运动变换为直线运动、回转运动或摆动运动。

上述运动变换机构属于简单运动变换机构。如果机构输出的运动规律是复合运动，那么该机构称为复合运动机构。例如，螺旋线运动和摆线运动都是由直线运动和回转运动或由直线运动和摆动运动合成的。

各种运动变换机构的主动件的动力源及其运动形式可以根据机构的使用场合和要求进行选择。例如：电机的转动；气缸的直动、转动或摆动；电磁铁的吸动；也可以是前一级机构的终端输出构件的驱动力及其运动形式。

运动机构的选用首先可以参考金属切削机床的传动。

7.1 常用的机械传动

机床的传动有机械、液压、气动和电气等多种形式，其中最常用的传动形式是机械传动和液压传动。机床上常用的机械传动包括带传动、齿轮传动、齿条传动、蜗杆传动和丝杠螺母传动等。在传动系统中常用的机械传动见表7–1。

表7–1 传动系统中常用的机械传动

名称	图形	符号	特点及用途
轴			支承旋转零件（如齿轮、蜗轮、带轮、链轮等），以旋转运动来传递动力和各种运动
普通轴承		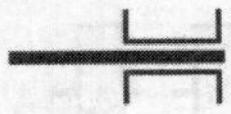	支承轴及轴上零件，并保持轴的旋转精度；减少转轴与支承之间的摩擦和磨损
向心轴承			主要用于承载径向载荷
推力轴承		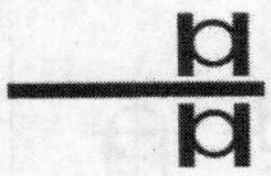	主要用于承载轴向载荷
摩擦离合器（双向式）		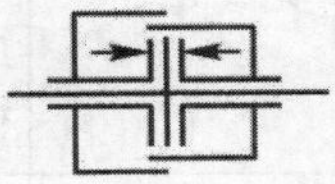	在机器运转中可将传动系统随时分离或接合，接合平稳，冲击振动较小；过载时摩擦面间将发生打滑，以保护其他零件不致损坏
双向滑移齿轮		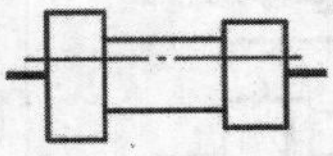	滑移齿轮在轴上可以移动，它所传递的扭矩是传到轴上的，用滑键或花键连接，齿轮啮合实现变速
整体螺母传动	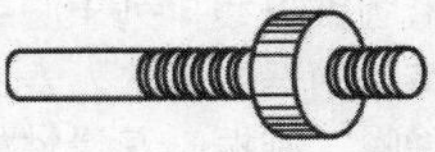		工作平稳，传动精度高，结构简单，制造方便，可实现微动、增力、定位等功能。回转力矩较小，易于自锁，但效率低，易磨损
开合螺母传动	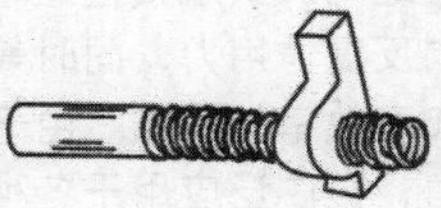		把一个螺母切成两半，固定在走刀箱上一条能上下运动的导轨上，上下开合。合时，就相当于一个紧配丝杠的螺母，车床运转时丝杠转，螺母不转（螺母固定在走刀箱上，只能上下运动），就能带动螺母左右运动
平带传动		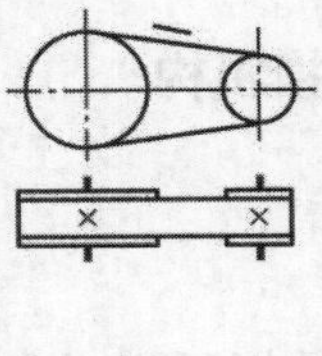	结构简单，传动平稳，能缓冲吸振，可以在大的轴间距和多轴间传递动力。过载时带在带轮上打滑，可以防止其他器件损坏。造价低廉不需润滑，维护容易，适用于中心距较大的传动

（续表）

V带传动	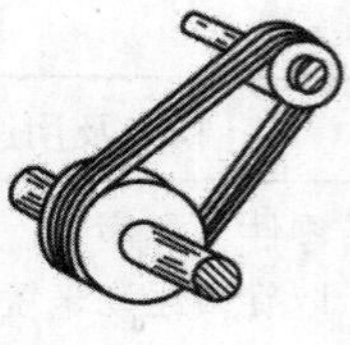	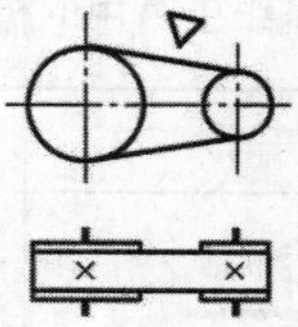	靠V带的两侧面与轮槽侧面压紧产生的摩擦力进行动力传递。与平带传动比较，V带传动的摩擦力大，因此可以传递较大功率。V带较平带结构紧凑，而且V带是无接头的传动带，所以传动较平稳，是带传动中应用最广的一种传动
齿轮传动	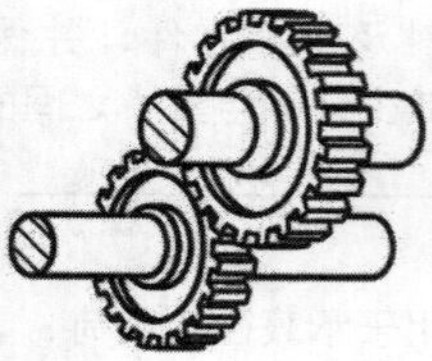	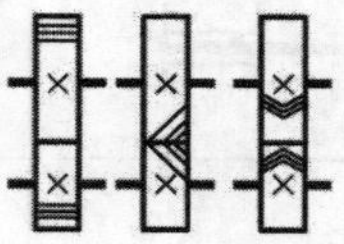	直齿轮：轮齿分布在圆柱体外表面且与其轴线平行，两轮的转动方向相反，容易产生冲击、振动和噪声 斜齿轮：轮齿与其轴线倾斜一个角度，沿螺旋线方向排列在圆柱上，两轮转向相反，传动平稳，适合高速重载传动，但有轴向力
蜗杆传动	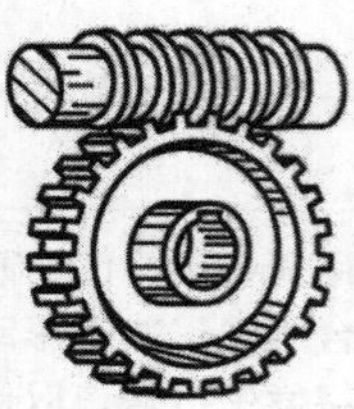	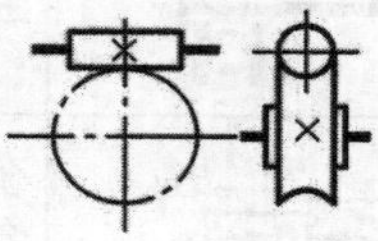	两轴垂直交错，可以得到很大的传动比，结构紧凑；两轮啮合齿面间为线接触，其承载能力高于交错轴斜齿轮机构；传动平稳、噪声小；可实现反向自锁；但传动效率较低，磨损较严重，蜗杆轴向力较大。广泛用于机床、汽车、起重设备等传统机械中
齿条传动		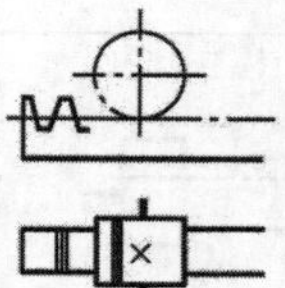	传递动力大，效率高；寿命长，工作平稳，可靠性高；能保证恒定的传动比，能传递任意夹角两轴间的运动
锥齿轮传动		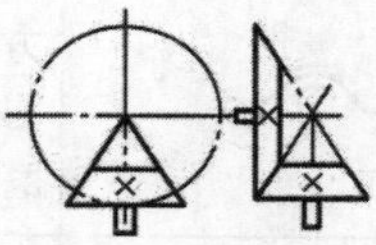	轮齿沿圆锥母线排列于圆锥表面，是相交齿轮传动的基本形式。寿命长，承载能力强，降噪、减振，润滑性好，制造较为简单
滚珠丝杠传动	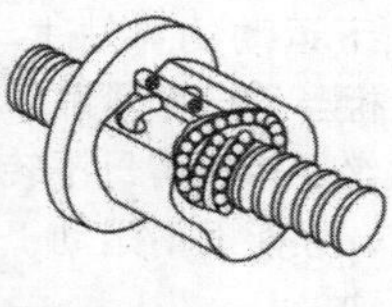	—	将旋转运动转换成线性运动或将扭矩转换成轴向反复作用力，同时兼具高精度、可逆性和高效率的特点。由于具有很小的摩擦阻力，被广泛应用于各种工业设备和精密仪器

7.2 直线→直线、回转、摆动的运动变换机构

7.2.1 直线→直线的运动变换机构

（1）斜块–导杆机构

利用斜块（斜面式或斜槽式）和导杆可组成如图 7-2 所示的直线→直线运动变换

机构。

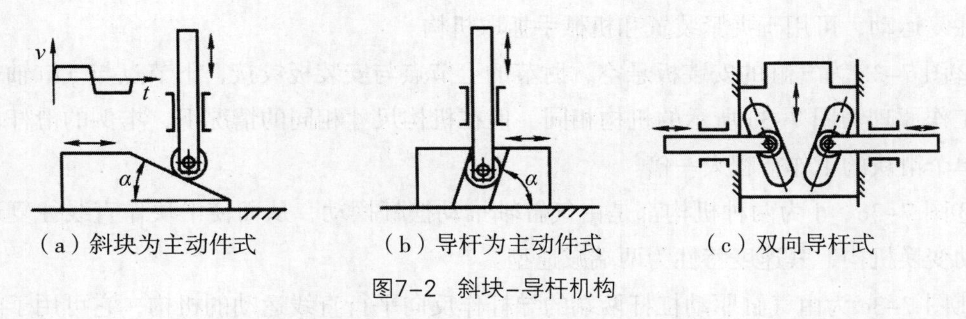

（a）斜块为主动件式　（b）导杆为主动件式　（c）双向导杆式

图7-2　斜块-导杆机构

①图 7-2a 所示的机构是将斜面滑块的往复直线运动变换为从动导杆沿垂直方向的直线运动。斜块斜角 $\alpha<30°$ ，导杆的速度特性为等速型。若将滑块的斜面做成特殊形状的曲面，可改变从动导杆的速度特性。

②图 7-2b 所示的机构是以导杆为主动件，将导杆的垂直运动变换为从动斜块的水平直线运动，斜块斜角宜取 $\alpha>45°$ 。

③图 7-2c 为开有两对称斜槽的双向导杆机构。斜槽滑块作直线往复运动，两从动导杆分别向左右作直线往复运动。此机构可用于对称反向开合的精密调节装置，速度特性可为等速型，也可以通过改变滑槽曲面形状而改变速度特性，甚至两导杆可具有不同的速度特性。

（2）气缸-肘节-导杆机构

如图 7-3 所示，此类机构的共同特点是：气缸轴作直线往复运动，通过肘节构件推动导杆作直线往复运动。

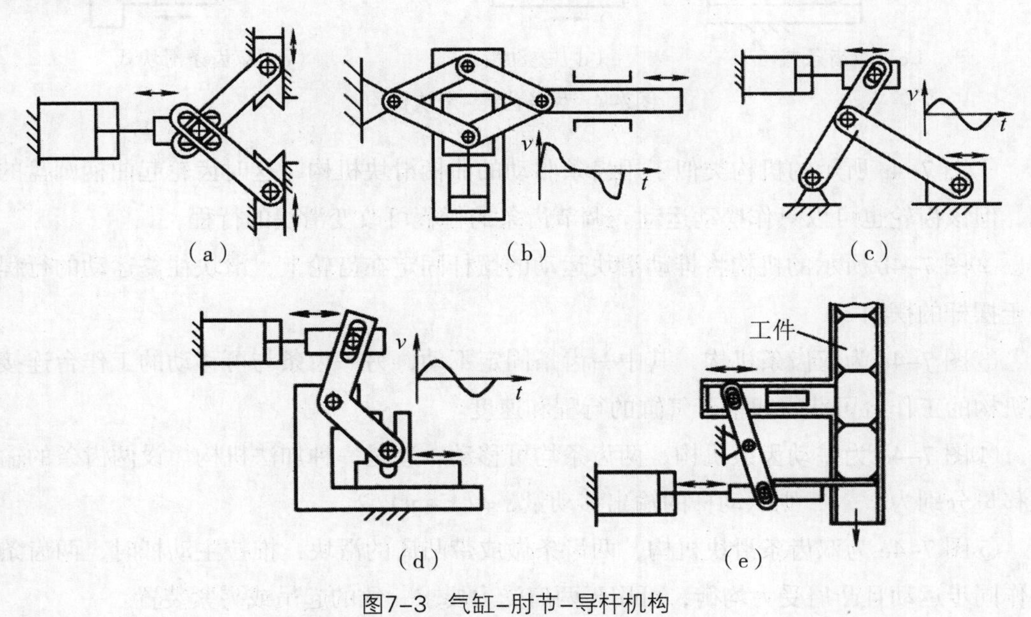

（a）　（b）　（c）

（d）　（e）

图7-3　气缸-肘节-导杆机构

①图 7-3a 为气缸轴作直线往复运动，通过肘节构件带动两钳口式滑块作方向相反的直线往复运动，可用于夹紧装置和机械手抓取机构。

②图 7-3b 为气缸的安装板悬空，肘节的上节点与安装板铰接，下节点与气缸轴端铰接，工作原理与图 7-3a 所示的机构相同，但在机构尺寸相同的情况下，本例的滑杆比上例的单个滑块的工作行程大一倍。

③图 7-3c、d 为两种机构都是由气缸轴推动摆杆摆动，从而使滑块作直线往复运动的运动变换机构，其速度特性为两端减速型。

④图 7-3e 为由气缸驱动杠杆两端的导杆作反向平行直线运动的机构，它可用于间歇送料和计件装置等。

（3）齿条齿轮-滑块机构

如图 7-4 所示，此类机构的特点是利用齿条与滑块（或导杆）相互配合进行直线运动的变换。

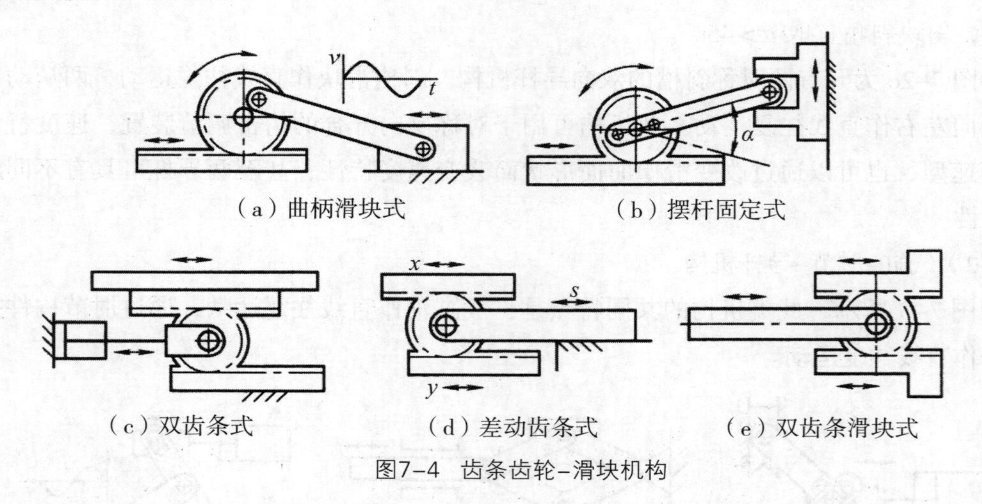

图7-4 齿条齿轮-滑块机构

①图 7-4a 所示的机构类似于用齿条驱动的曲柄滑块机构，这时齿轮起曲柄圆盘的作用，但该齿轮也可以只作摆动运动。调节齿条的行程可改变滑块的行程。

②图 7-4b 所示的机构将推动滑块运动的摆杆固定在齿轮上，滑块往复运动的行程取决于摆杆的摆角 α。

③图 7-4c 为双齿条机构，其中一齿条固定不动，另一齿条与可移动的工作台连接，该机构的工作台可获得双倍于气缸的行程和速度。

④图 7-4d 为差动齿条机构，两齿条均可移动，这是一种加法机构。设两齿条的输入位移量分别为 x、y，则从动杆的输出移动量 $s=(x+y)/2$。

⑤图 7-4e 为双齿条滑块机构，两齿条做成带凸肩的滑块，推拉主动杆时，两齿条滑块作同步运动且凸肩受力均衡，可用于两肩受力要求一致的起吊或夹紧装置。

7.2.2 直线→回转的运动变换机构

这种机构的主动构件作直线运动，从动构件作回转运动。从动构件的回转运动包括间歇转动和回转式摆动。这种机构有下述几种形式。

（1）气缸–棘爪棘轮（或滚子链）机构

如图 7–5 所示，这种机构的共同特点是利用气缸驱动棘爪去推动棘轮（见图 7–5a、b）或滚子链（见图 7–5c），从而使棘轮或链轮作间歇回转运动。

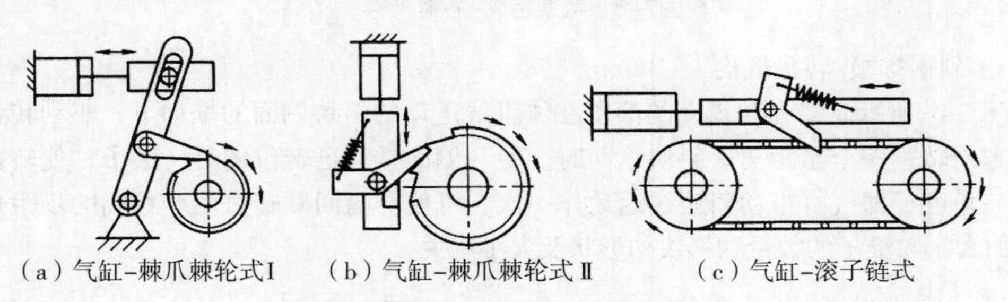

图7–5 气缸–棘爪棘轮（或滚子链）机构

（2）斜块–单向离合器机构

如图 7–6 所示，斜块通过推动垂直方向的从动杆来带动摆杆，使与摆杆相连的离合器内盘转过一个步距角。同时，滚珠（或滚柱）被摩擦力推入斜面收缩部分，楔紧于内盘和外壳之间，从而带动外壳转过相应的步距角；反之，外壳打滑不转动，有反向保护作用。

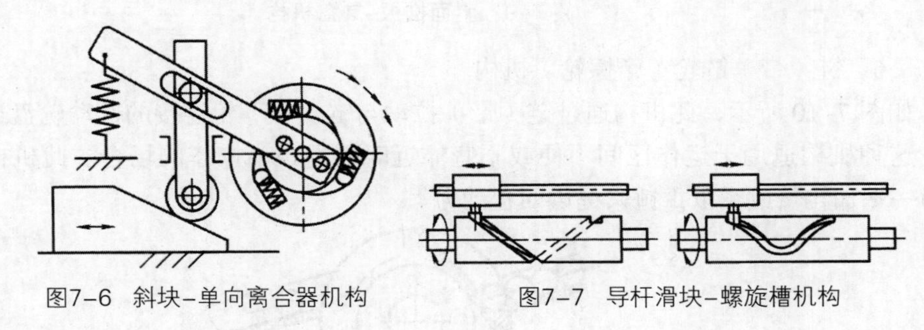

图7–6 斜块–单向离合器机构　　图7–7 导杆滑块–螺旋槽机构

（3）导杆滑块–螺旋槽机构

如图 7–7 所示，装有滚子的滑块作往复直线运动，滚子沿螺旋槽滚动，驱动圆柱作有限范围的正反转动。转动范围由螺旋槽的形状和圈数决定，螺旋升角宜大于 45°。

（4）齿条齿轮–转盘机构

如图 7–8 所示，此机构将气缸驱动齿条作的直线往复运动变换为转盘的回转摆动。此机构可用于物料的传递：开有接料口的转盘在摆角 α 范围内往复摆动，把进料槽的物料（或工件）接送至出料槽排出。

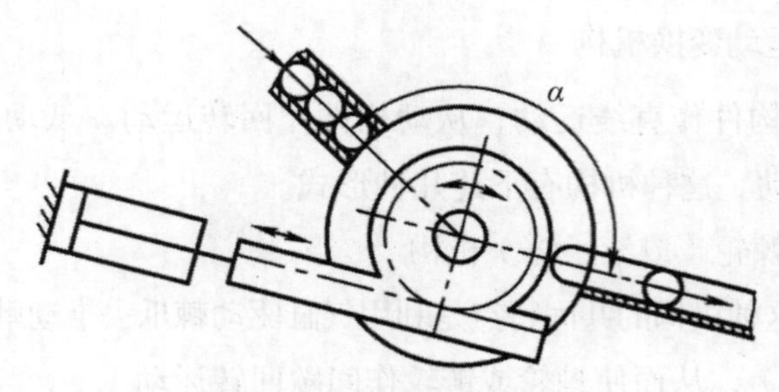

图7–8　齿条齿轮–转盘机构

（5）斜面推板–转盘机构

如图 7–9 所示，装在转盘上的滚子在作直线运动的斜块侧面的推动下，驱动转盘沿顺时针方向转过一个步距角。斜块返回时，另一侧面推动已转位的另一滚子，使转盘再转过同一角度，即气缸带动斜块往返动作一次，可使转盘间歇转过两个相同的步距角。步距角的大小与滚子的数量和斜块的形状及大小有关。

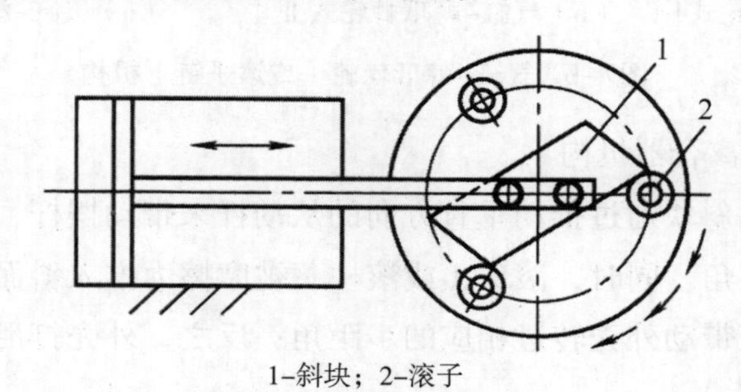

1–斜块；2–滚子

图7–9　斜面推板–转盘机构

（6）链（带）链轮（摩擦轮）机构

如图 7–10 所示，此机构通过链（带）拉动与链（带）轮连接的摆动轮盘进行物料传送。这种机构适用于运作区间不便或不宜靠近时的远距离操作的场合。此机构可通过在其另一端加拉簧或系以重锤来提供回程动力。

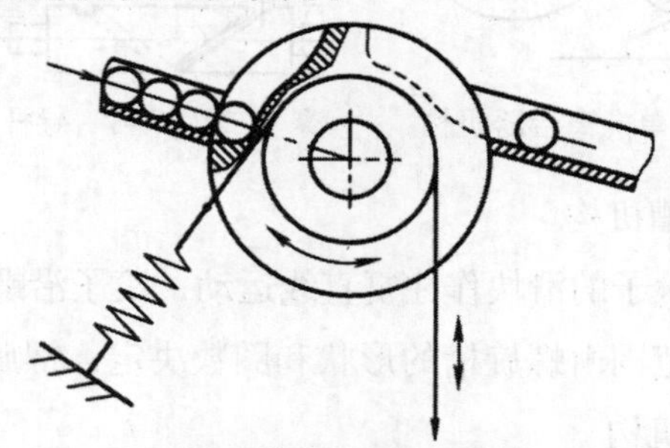

图7–10　链（带）链轮（摩擦轮）机构

7.2.3　直线→摆动的运动变换机构

（1）推拉–摆动夹紧机构

此种机构的特点是采用气缸驱动推拉杆作直线往复运动，用杠杆式摆杆作摆动，有增力的作用，所以此种机构适用于夹紧装置。

①图 7–11a 为机构的直线运动构件与摆动构件之间采用杠杆传递运动，有较大的增力作用。

②图 7–11b 为采用斜面推动杠杆，也有较大的增力作用。

③图 7–11c 为用两 L 形肘节（L 形杠杆）构件组成的机构。

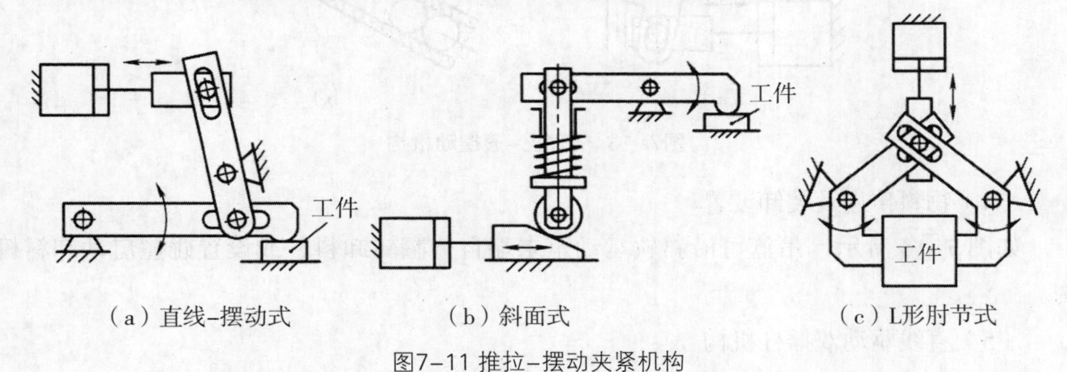

图7–11 推拉–摆动夹紧机构

（2）变速或增幅摆动机构

此种机构的特点是通过摆动齿轮来改变摆杆的摆动特性。

图 7–12a 为具有改变摆杆摆速特性功能的机构。若齿轮的转角≥360°，则可实现慢速向前、快速返回，或快速向前、慢速返回交替进行的运动。图 7–12b 为摆幅增大机构，大扇形齿轮驱动小齿轮连同摆杆（或指针）摆动，具有增幅和增速的作用。

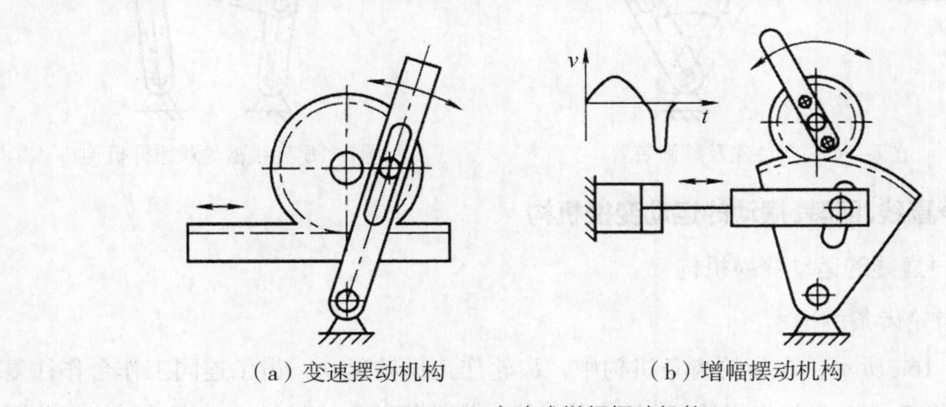

图7–12　变速或增幅摆动机构

（3）交替止–通摆动机构

如图 7–13 所示，两机构的动作过程是摆杆随推杆的驱动而摆动，摆杆两端的挡片先后交替插入或退出料槽，使得工件按固定数量依次排出。此种机构可用于定量进料或生产计件装置。

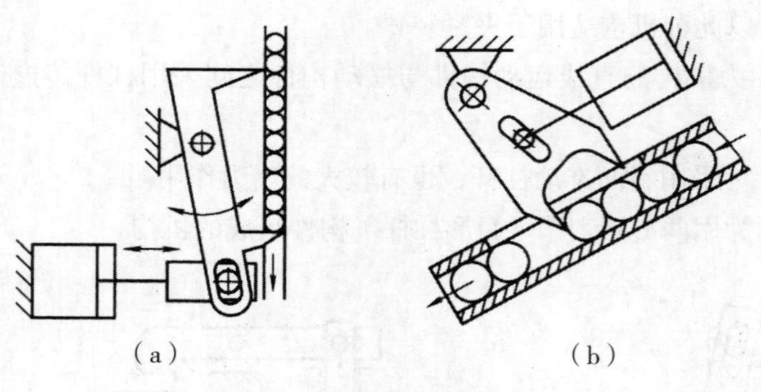

图7–13 交替止–通摆动机构

（4）物料传递及装卸装置

如图 7–14 所示，吊篮可沿斜轨运动至末端自行翻转卸料，或设置碰撞启动卸料机构。

（5）直线驱动双摇杆机构

如图 7–15 所示，此种机构可在同一直线运动驱动下，使两摇杆同时完成不同摆角（α_1和 α_2）的摆动，可用于要求两个动作既有先后顺序又要协调一致的工作场合。

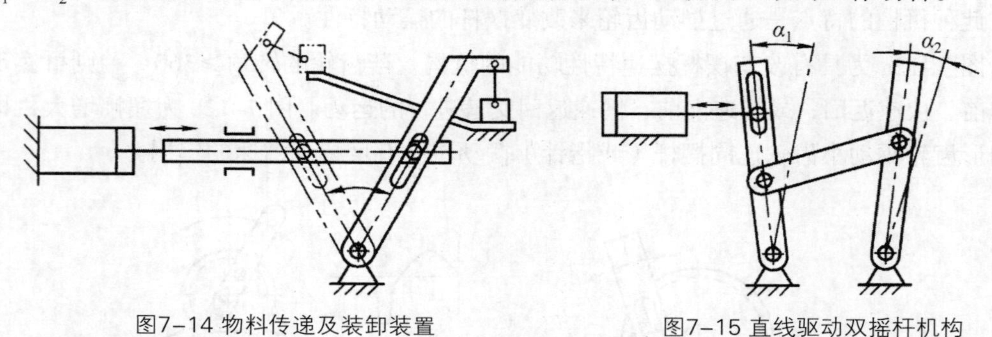

图7–14 物料传递及装卸装置　　图7–15 直线驱动双摇杆机构

7.3 回转→直线、回转、摆动的运动变换机构

7.3.1 回转→直线的运动变换机构

（1）齿轮齿条机构

如图 7–16a 所示，在齿轮齿条机构中，齿轮作正反转运动，齿条连同工作台作往复直线运动。图 7–16b 为缺齿齿轮–齿条传动机构，齿轮作单向连续转动，当转到缺齿范围时，齿条连同工作台在弹簧拉力的作用下快速返回。

（2）变速齿轮–齿条机构

如图 7–17所示，齿轮 1 和内齿轮 2 固连在一起，为主动件。变换齿轮 3 装在摆杆 5 上，由电磁铁 6 控制其速度的变换。图 7–17 为快速返回状态，此时变换齿轮 3 与内齿轮 2 啮合，通过齿轮 4 驱动工作台向左快速返回。当工作台碰到行程开关，接通电磁铁 6 并拉动摆杆时，变换齿轮 3 摆向齿轮 1，然后，工作台向右作慢速的匀速运动。

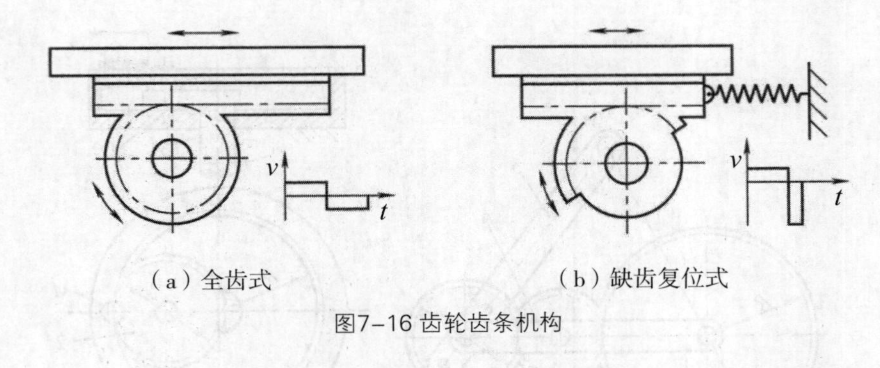

图7–16 齿轮齿条机构

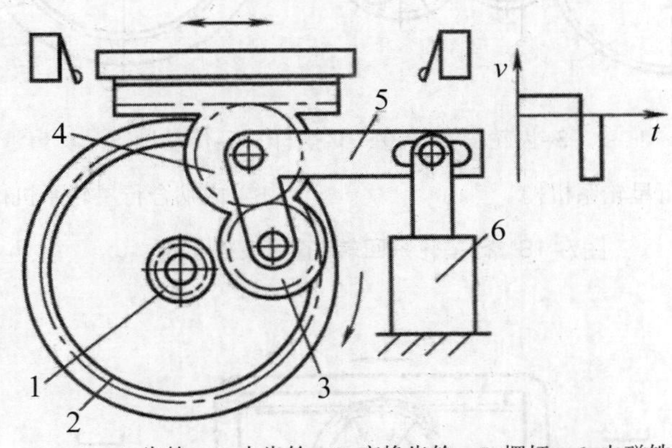

1、4–齿轮；2–内齿轮；3–变换齿轮；5–摆杆；6–电磁铁

图7–17　变速齿轮–齿条机构

（3）行星轮系回转–直线变换机构

图 7–18a 为外啮合行星轮系机构，齿轮 1 固定不动，转臂绕 O 点转动，齿轮 2、齿轮 3 与转臂铰接，齿轮 3 的节圆直径 d 等于齿轮 1 的节圆半径 R，和转臂等长的摆杆与齿轮3固连。当转臂绕 O 点转动时，摆杆的端点 M 在齿轮 1 的直径方向上作往复直线运动。

图 7–18b 为内啮合行星轮系机构，齿轮 2 的节圆直径 d 也等于固定齿轮 1 的节圆半径 R。齿轮 2 在转臂的驱动下作行星转动时，其节圆上任一点 M 的运动轨迹是通过齿轮 1 直径往复运动的直线。若在齿轮 2 的 M 点位置上装传动销，则可带动外接构件作往复直线运动。

（4）不完全齿轮–齿条运动变换机构

图 7–19 为由不完全齿轮、上齿条和下齿条组成的运动变换机构。上、下齿条装在可往复运动的框架内侧，当齿轮按顺时针转动，与上齿条啮合时，框架向右移动；与下齿条啮合时，框架向左移动。不完全齿轮连续转动，框架作左右往复直线运动。

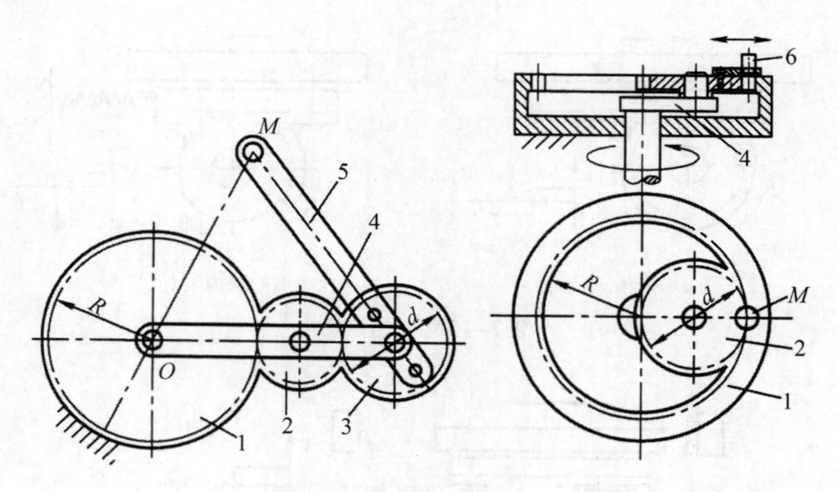

1、2、3–齿轮；4–转臂；5–摆杆；6–传动销

（a）外啮合行星轮系机构　　　　　　（b）内啮合行星轮系机构

图7–18　行星轮系回转–直线变换机构

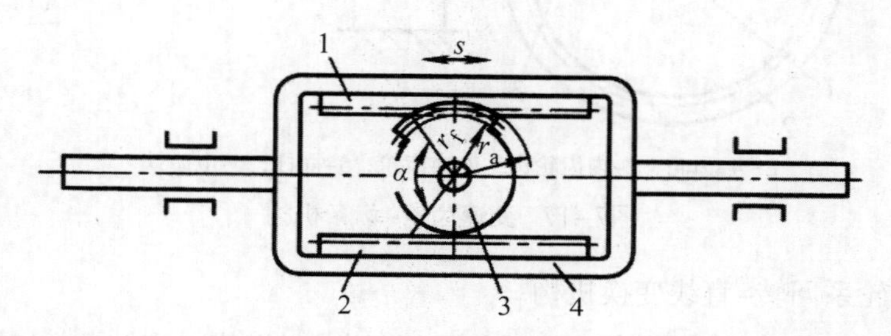

1–上齿条；2–下齿条；3–不完全齿轮；4–框架

图7–19　不完全齿轮–齿条运动变换机构

齿轮有轮齿部分的夹角不能大于 α，否则会发生干涉而卡死。α 角要符合如下条件：

$$\alpha < 2\arcsin\frac{r_f}{r_a} \qquad (7\text{–}1)$$

式中：r_a—齿轮齿顶圆半径；

r_f—齿轮齿根圆半径。

对于标准渐开线齿轮的正常齿，齿轮齿顶圆半径 r_a 和齿根圆半径 r_f 分别为

$$r_a = (z+2)\,m/2 \qquad (7\text{–}2)$$

$$r_f = (z-2.5)\,m/2 \qquad (7\text{–}3)$$

式中：z—齿轮完全齿数；

m—齿轮模数。

框架的运动行程：$s=zm\alpha/2$。这种机构的两端可以设计成有适当的停歇时间。因啮合

时有冲击，所以不宜用于高速传动。

（5）齿轮–摇杆滑块机构

如图 7–20 所示，三个齿轮装在摇杆上，主动轮连续转动，通过齿轮和摇杆机构的特殊运动变换，驱动滑块作直线往复运动。滑块的行程因摇杆机构的摆动而得到增大，其速度特性为终端减速、快速回程。

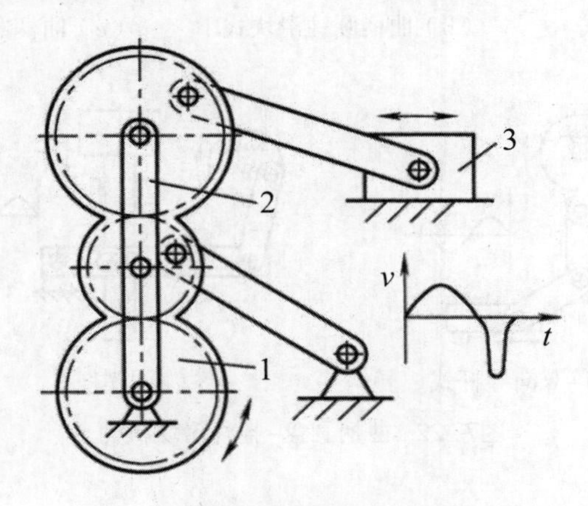

1–主动轮；2–摇杆；3–滑块

图7–20 齿轮–摇杆滑块机构

（6）曲柄圆盘–导杆（滑块）机构（导槽传动式）

图 7–2la 为曲柄圆盘导杆机构，图 7–2lb 为曲柄圆盘滑块机构，两者的共同点是曲柄圆盘的传动销通过往复平移运动的导槽向导杆或滑块传递动力。

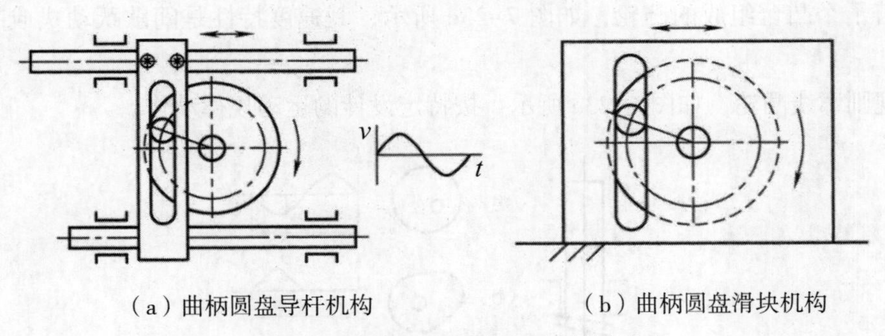

（a）曲柄圆盘导杆机构　　（b）曲柄圆盘滑块机构

图7–21 曲柄圆盘–导杆（滑块）机构

曲柄圆盘连续转动，导杆（滑块）按余弦规律作直线往复运动，所以这种机构又称余弦机构，其速度特性为两端减速。

（7）曲柄圆盘–摇杆滑块机构

图 7–22 所示机构的共同点是曲柄圆盘的传动销通过摆动连杆向滑块或导杆传递动力。图 7–22a、b 为两种曲柄圆盘滑块机构；图 7–22c 为曲柄圆盘双向导杆机构；图 7–22d 为用肘节式连杆推动的双向导杆机构；图 7–22e 为加入摆杆推动导杆作上下运动的机构。

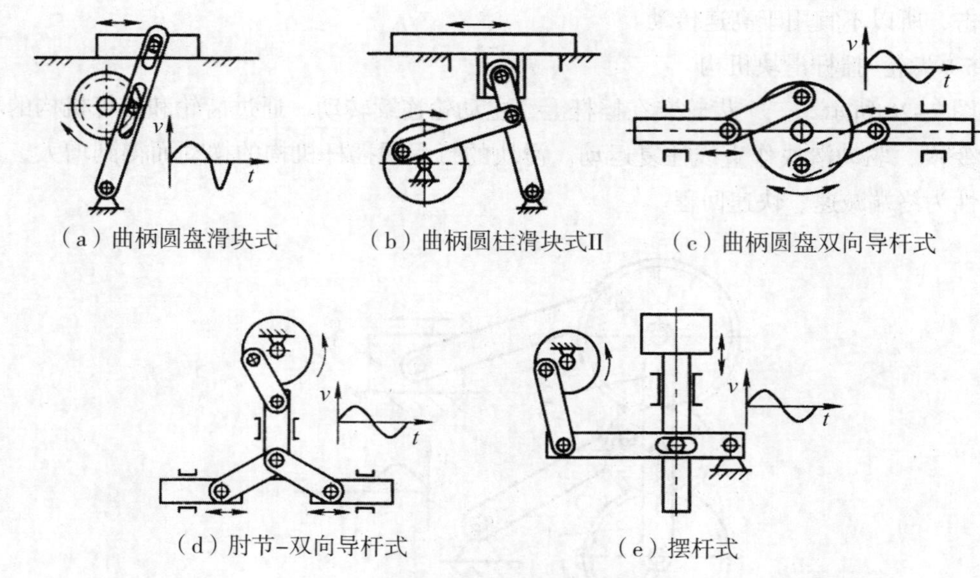

（a）曲柄圆盘滑块式　（b）曲柄圆柱滑块式II　（c）曲柄圆盘双向导杆式

（d）肘节-双向导杆式　（e）摆杆式

图7-22　曲柄圆盘-摇杆滑块机构

（8）盘形凸轮机构

如图 7-23 所示，此种机构的凸轮连续转动，从动杆作上下直线往复运动。从动杆运动的速度特性依凸轮廓线形状的不同而异。下面列出五种不同廓线凸轮的特性：

①偏心圆盘凸轮，如图 7-23a 所示，速度按余弦规律变化，其速度特性为两端减速。

②有半个圆周的卵形凸轮，如图 7-23b 所示，速度按等速-变速交替变化。

③阿基米德螺线凸轮，如图 7-23c 所示，其速度特性为等速。

④由若干个凸台组成的凸轮，如图 7-23d 所示，其速度特性是间歇跃动式或间歇变速式。

⑤不规则廓线凸轮，如图 7-23e 所示，按特定设计的运动规律动作。

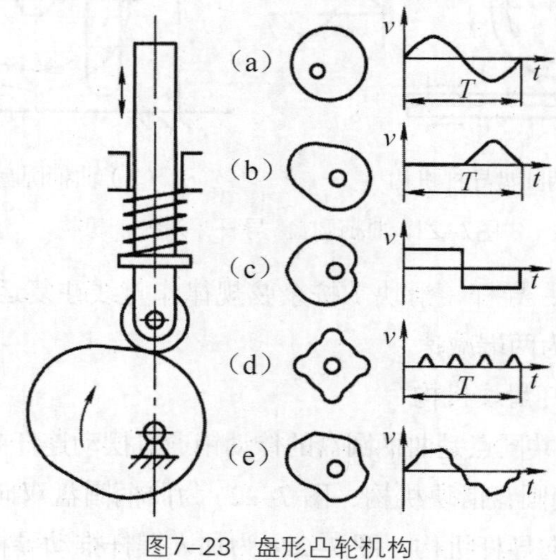

图7-23　盘形凸轮机构

（9）偏心轮（扇形轮）–滑块（导杆）机构

如图 7–24 所示，这些机构的共同点是偏心轮或扇形轮连续转动，滑块（导杆）作直线往复运动。运动的速度特性：图 7–24a ~ f 所示都是两端减速型，按余弦规律变化；图 7–24g、h 所示按近似余弦规律变化。

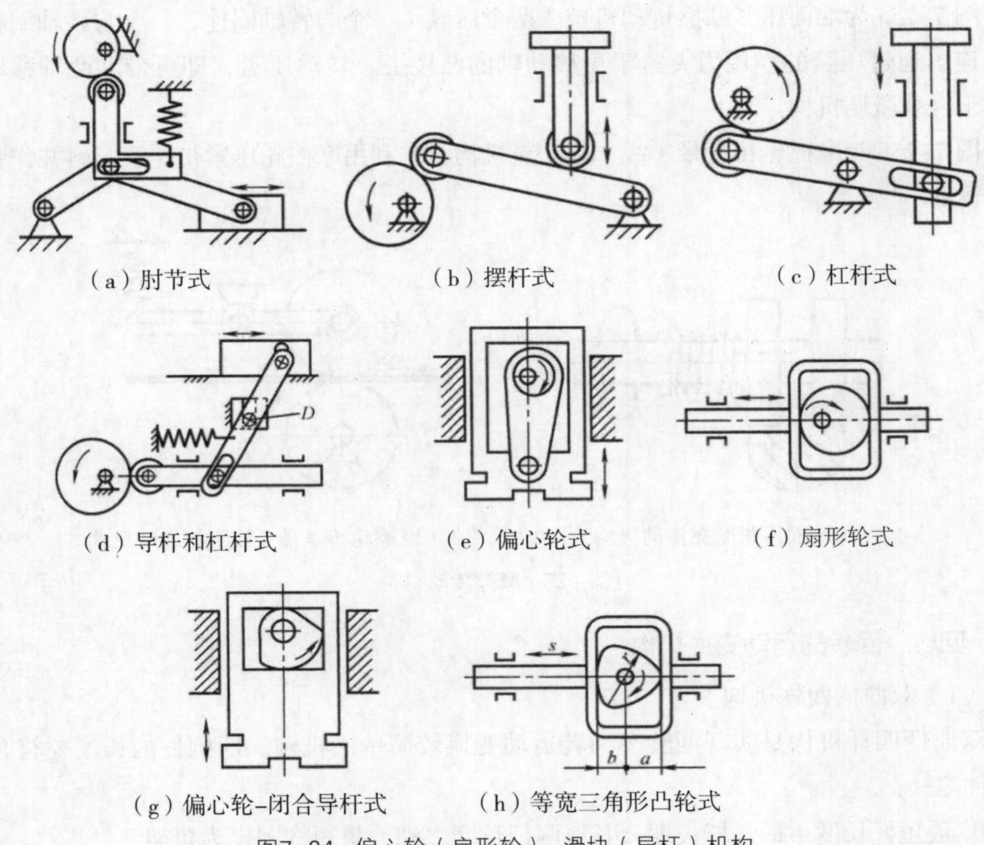

（a）肘节式　（b）摆杆式　（c）杠杆式

（d）导杆和杠杆式　（e）偏心轮式　（f）扇形轮式

（g）偏心轮–闭合导杆式　（h）等宽三角形凸轮式

图7–24　偏心轮（扇形轮）–滑块（导杆）机构

各机构简介如下：

①肘节式连杆推动滑块，如图 7–24a 所示，用拉簧作力封闭。

②摆杆推动导杆，如图 7–24b 所示，用导杆和工作台自重作力封闭。

③杠杆推动导杆，如图 7–24c 所示，用导杆和工作台自重作力封闭。

④导杆和杠杆推动滑块，如图 7–24d 所示，用拉簧作力封闭，调节 D 点的上下位置可改变工作台的行程。

⑤偏心轮与连杆上端孔滑动配合连接，如图 7–24e 所示，可用于小冲床的冲头传动机构。

⑥扇形轮–滑块机构，如图 7–24f 所示，扇形轮在滑块内的矩形孔中连续转动，推动滑块沿导路上下作间歇运动，可用于小冲床冲头的传动机构，设计时应注意扇形轮与孔壁不能发生干涉。

⑦偏心轮-闭合导杆机构，如图 7-24g 所示。

⑧等宽三角凸轮闭合导杆机构，如图 7-24h 所示，棱边半径 $r=a+b$，从动导杆行程 $s=a-b$。

（10）摩擦传动机构

图 7-25a 为端面压紧摩擦传动机构。两个压盘（一个与转轴固连，一个与转轴用移动键相连）通过压簧的作用力夹紧于可移动轴的凸棱上。转动压盘，即可带动此轴移动。可用于轻载微调机构。

图 7-25b 为摩擦轮传送带（线）状物料机构，它利用摩擦轮压紧带（线）料并作直线传输运动。

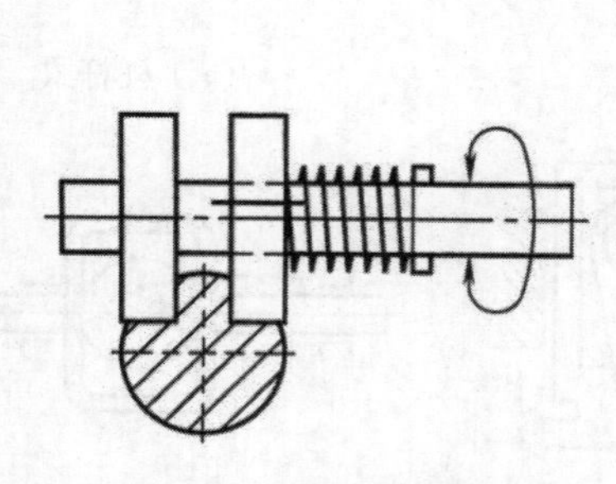

（a）端面压紧摩擦传动机构

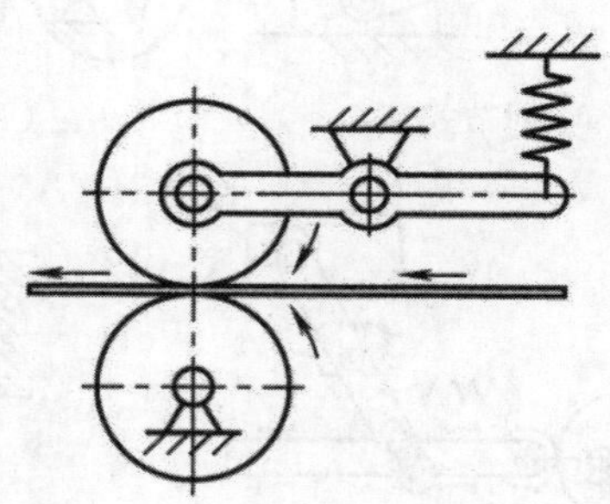

（b）摩擦轮传送带（线）状物料机构

图7-25　摩擦传动机构

7.3.2　回转→回转的运动变换机构

（1）双曲柄四杆机构

双曲柄四杆机构是实现回转→回转运动变换较简单的机构。四构件的长度要符合如下条件之一：

① 最短杆长度+最长杆长度<其他两杆长度之和，最短杆固定为机架。

② 最短杆长度+最长杆长度=其他两杆长度之和，任一杆可作为机架。

如图 7-26 所示，这些机构的区别如下：

① 任一曲柄作等速转动时，另一曲柄作变速转动的机构，如图 7-26a 所示。

②任一曲柄作等速转动时，另一曲柄的转向和转速与之相同，也称同向转动的平行四边形机构，如图 7-26b 所示。

③任一曲柄作等速转动时，另一曲柄作同向变速转动，也称同向转动的反平行四边形双曲柄机构，如图 7-26c 所示。

④任一曲柄作等速转动时，另一曲柄作反向变速转动，也称反向转动的反平行四边形双曲柄机构，如图 7-26d 所示。

⑤转动导杆机构，如图 7-26e 所示，当曲柄 a 作等速转动时，导杆 c 作变速转动，反之亦然。

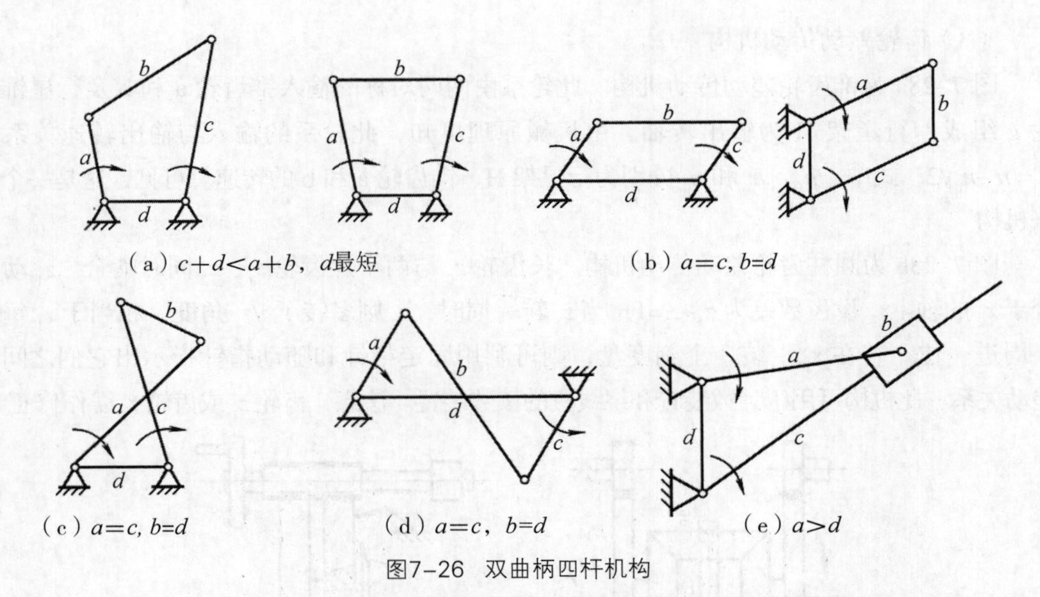

（a）$c+d<a+b$，d最短　　（b）$a=c, b=d$

（c）$a=c, b=d$　　（d）$a=c$，$b=d$　　（e）$a>d$

图7–26 双曲柄四杆机构

在图 7–26e 所示的机构中，无论是构件 a 或是构件 c 作主动件均无死点滑块对导杆的作用力的方向总是垂直于导杆，所以其传动角恒等于 90°。可见，此种机构具有良好的力传递性能。

（2）摩擦传动机构

①图 7–27a 为自动调压摩擦传动机构。介轮装在摆动板上，靠自重（也可加适当的弹簧压力）压在从动轮上。为确保机构正常工作，要选择合适的角度 α 和 β，宜取 $(\alpha+\beta)/2\leqslant \arctan\mu$，式中 μ 为摩擦因数。

②图 7–27b 为具有弹性圈的摩擦传动机构。弹性圈紧套于主动轮1和平衡轮的外面，从动轮居中。弹性圈的作用是使传动平稳，自动调压，减小轴的弯曲变形。

③图 7–27c 为具有正反转、快速返回的传动机构。主动轮固连于电机的主动轴上，介轮与主动轮1保持传动接触，主动轮、介轮及电机同装在摆动板上。图示位置为慢速传动路线 1→4→2；拨动摆动板，使主动轮 6 直接与从动轮啮合，这时机构采用快速返回传动路线 6→2。

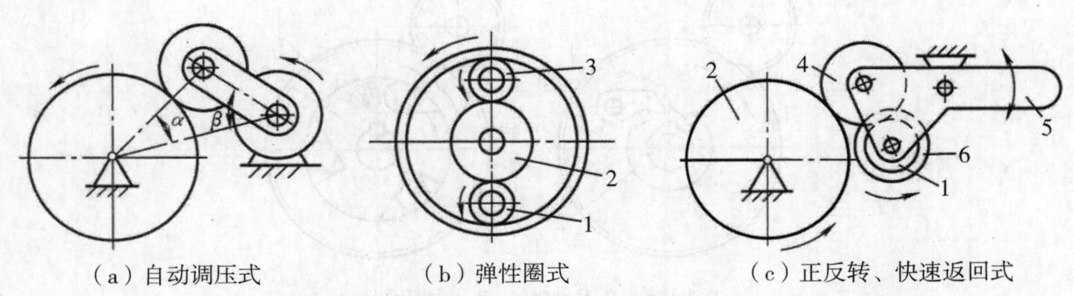

（a）自动调压式　　（b）弹性圈式　　（c）正反转、快速返回式

1、6–主动轮；2–从动轮；3–平衡轮；4–介轮；5–摆动板

图7–27 摩擦传动机构

（3）齿轮差动传动机构

图 7–28a 为锥齿轮差动传动机构。此轮系由两两对称的输入锥齿轮 a 和 b 及行星锥齿轮 g 组成，行星架 H 为输出转轴。由机械原理可知，此轮系的输入与输出转速关系为 $n_H=(n_a+n_b)/2$，式中，n_H、n_a 和 n_b 分别为行星架 H、锥齿轮 a 和 b 的转速。可见，这是一个加法机构。

图 7–28b 为圆柱齿轮差动传动机构。长齿轮 z_0 与两个片齿轮 z_1、z_2 同时啮合。z_1 动配合于 z_2 的轴上。设齿数差为 $z_1-z_2=1$，当 z_1 转一周时，z_2 则多转了 $1/z_1$ 角度，相当于 z_1 每转一周进一位。若在 z_1 上装一个刻度盘，则可利用固定指针和随动指针指示出它们之间的差动关系。此机构可用于计数装置和绕线机的读数装置。注意，齿轮 z_1 或齿轮 z_2 需作修正。

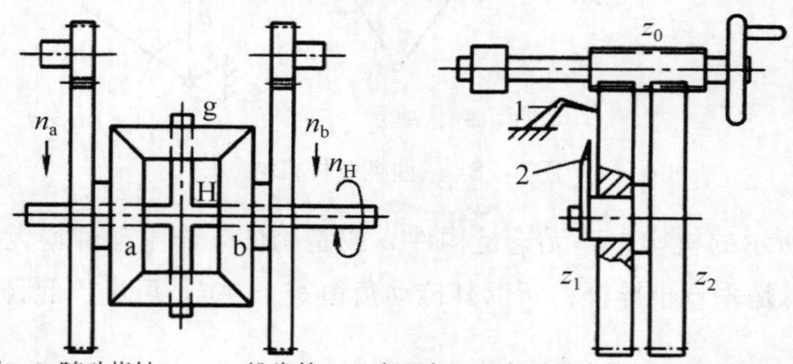

1–固定指针；2–随动指针；a、b–锥齿轮；H–行星架；g–行星锥齿轮；z_0–长齿轮；z_1、z_2–片齿轮

（a）锥齿轮差动传动机构　　（b）圆柱齿轮差动传动机构

图7–28　齿轮差动传动机构

（4）单向传动机构

这种机构常见的有棘轮棘爪式和钢球（或滚柱）斜楔式两类。

图 7–29a 为棘轮棘爪式单向传动机构，装有棘爪的主动轮与从动棘轮的转轴采用滑动配合。

图 7–29b 为钢球斜楔式单向传动机构，主动轮与带楔槽并装有钢球的从动转盘采用滑动配合。

当上述两种机构的主动轮按箭头方向转动时，可带动从动件转动；反之打滑，有反向保护作用。

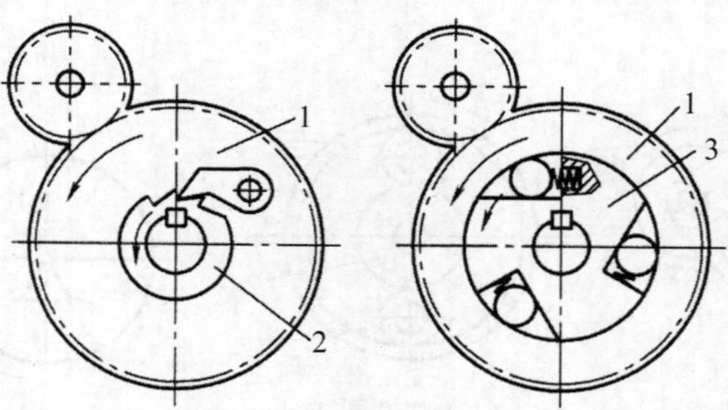

1–主动轮；2–从动棘轮；3–从动转盘

（a）棘轮棘爪式　　（b）钢球斜楔式

图7–29　单向传动机构

7.3.3　回转→摆动的运动变换机构

（1）曲柄摇杆机构

曲柄摇杆机构是回转→摆动运动变换的典型机构，其基本机构有以下三种形式：

①曲柄圆盘作连续转动、摇杆作往复变速摆动机构，如图 7–30a 所示，以机构可用于摆动擦洗或挤压工具的传动。

②曲柄圆盘摇杆机构，如图 7–30b 所示，这是图 7–30a 所示机构的演变机构。此机构可用于行程开关的控制，例如控制气缸的往复运动或电机的正反转动。

③图 7–30c 为摆动导杆机构，此类机构的滑块（或滑槽）的作用力总是垂直于导杆，所以它具有良好的力传递性能。当它用于液（气）体的吸喷时，导杆相当于活塞，转轴形的摇块随导杆摆动，依次往复接通吸口和喷口。

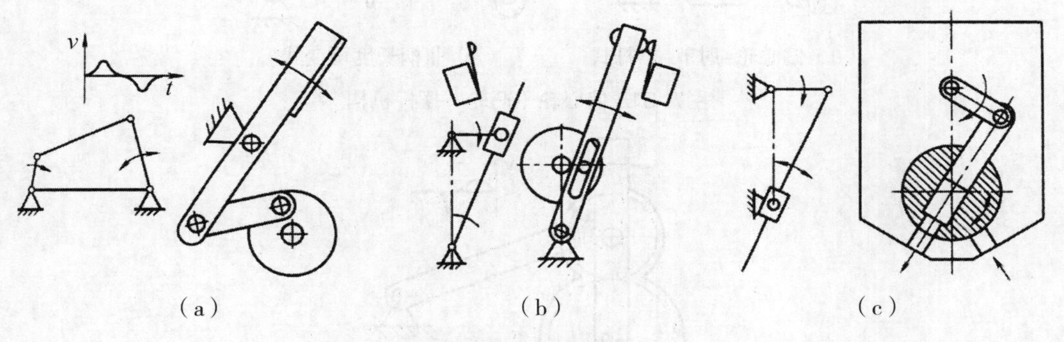

图7–30　曲柄摇杆机构

（2）偏心轮（凸轮）摆杆机构

此种机构的偏心轮或凸轮连续转动，摆杆往复变速摆动，如图 7–31 所示。

①偏心轮直接推动摆杆摆动机构，如图 7–31a 所示，用拉簧作力封闭。

②偏心轮通过垂直推杆驱动摆杆摆动机构，如图 7–31b 所示，也是用拉簧作力封闭。

③偏心轮–摇块摆动机构，如图 7–31c 所示，用摇块内槽配合作力封闭。

④偏心轮–肘节–摆杆机构，如图 7–31d 所示，可作为破碎机中的压碎机构。

⑤曲柄长度可变的曲柄摇杆机构，如图 7–31e 所示，固定的凸轮上开有变径的环形槽，曲柄上开有长条槽，曲柄与连杆的铰接点是一个可以沿曲柄槽和凸轮环形槽移动的销轴滚子。当曲柄连续转动时，其有效工作长度随滚子的移动而改变，因而摆杆的摆动速度也随之改变。

（3）齿轮副的双摇杆机构

如图 7–32 所示，小齿轮相当于双摇杆机构中的连杆，大齿轮主动，小齿轮既作自转运动，又随摆杆的摆动在有限范围内绕大齿轮作周转运动。

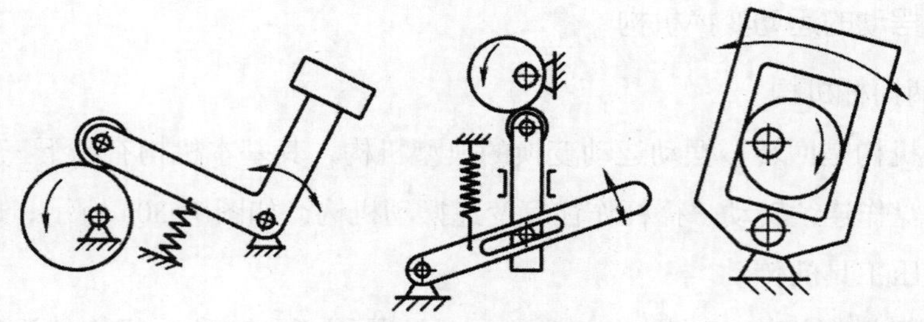

（a）偏心轮直推式　（b）偏心轮驱动推杆式　（c）偏心轮-摇块摆动式

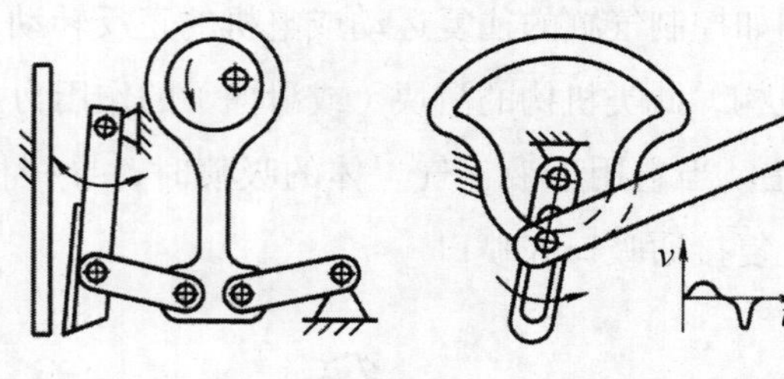

（d）偏心轮-肘节-摆杆式　（e）曲柄长度可变式

图7-31　偏心轮（凸轮）摆杆机构

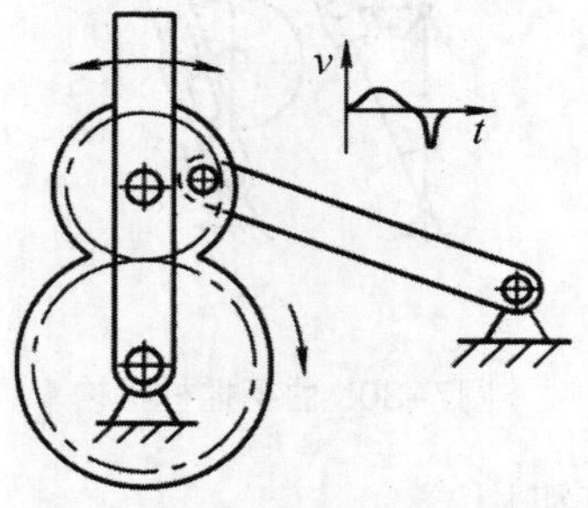

图7-32　齿轮副的双摇杆机构

（4）环形斜槽转轴-摆杆机构

如图 7-33 所示，摆杆上装有与槽配合的销轴，滚子转轴连续转动，滚子对斜槽作相对移动而使摆杆摆动。

（5）丝杠副-摆杆机构

如图 7-34 所示，丝杠作正反转运动，滑块螺母往复移动，带动摆杆摆动。

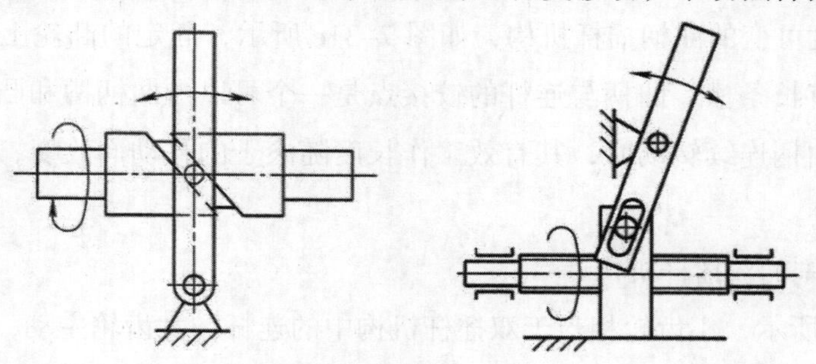

图7-33　环形斜槽转轴-摆杆机构　　图7-34　丝杠副-摆杆机构

7.4 摆动→直线、回转、摆动的运动变换机构

7.4.1 摆动→直线的运动变换机构

（1）摇杆-滑块（滑杆）机构

①图 7-35a 为用于快速夹紧装置的摇杆滑杆机构。当三铰接点摆动成一直线时，机构处于死点位置。这时，在机构强度允许范围内，被夹紧工件不管有多大的反力，也不会松脱。

②图 7-35b 为用摆动气缸推动的摇杆滑块机构。气缸推动摇杆摆动的同时，气缸也随之摆动，滑块作直线运动。

③图 7-35c 为双摇杆导杆机构。此种机构可用于手压机装置或手摇泵装置。

④图 7-35d 为摆动气缸双摇杆滑块机构。气缸体随其轴的伸缩而摆动，双摇杆机构中连杆的端点E的运动轨迹近似为一条直线，所以滑块作直线运动，其速度特性为终端减速型。当 $a<c$ 和 $b<b'$ 时，减速效果更好。

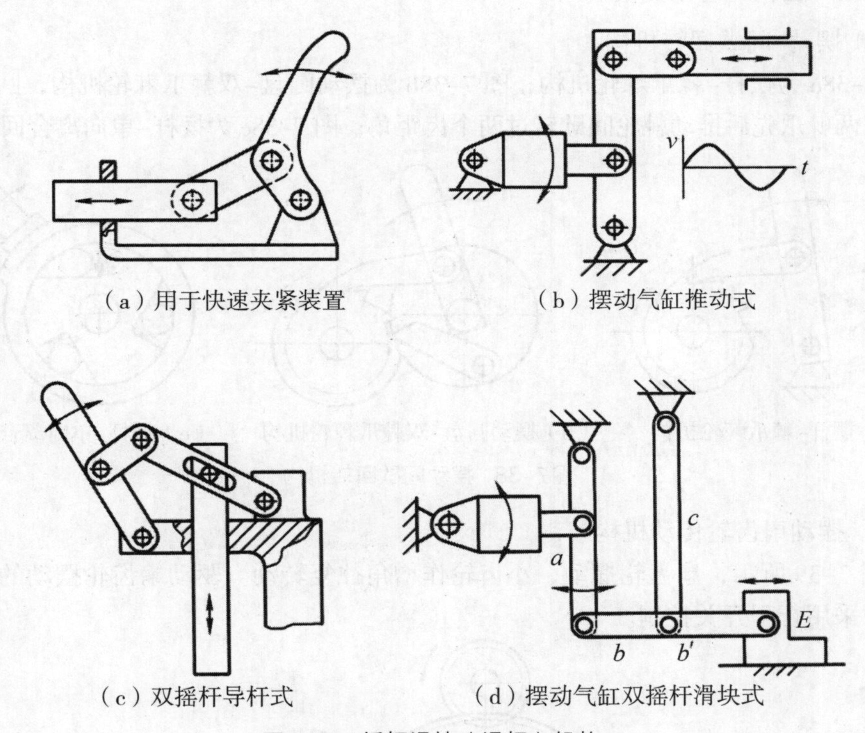

（a）用于快速夹紧装置　（b）摆动气缸推动式

（c）双摇杆导杆式　（d）摆动气缸双摇杆滑块式

图7-35　摇杆滑块（滑杆）机构

（2）摆动圆盘-双滑杆机构

如图 7-36 所示，上下滑杆随圆盘的正反转动而先后交替地作往复直线运动，可用于间歇送料装置或计件装置。摆动圆盘的往复摆动由与它固连的摆杆和左右行程开关控制电机的正反转来实现。

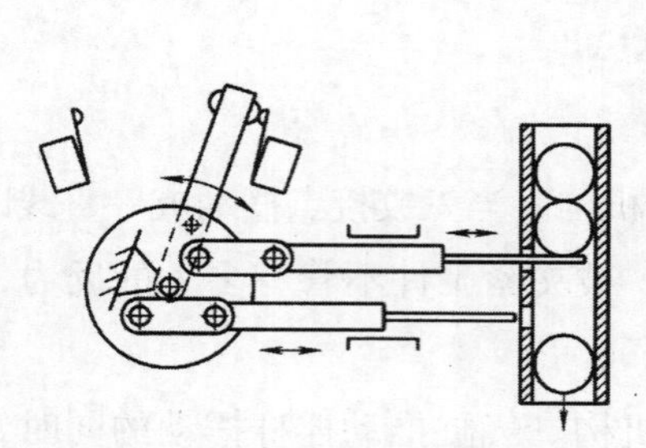

图7-36 摆动圆盘-双滑杆机构

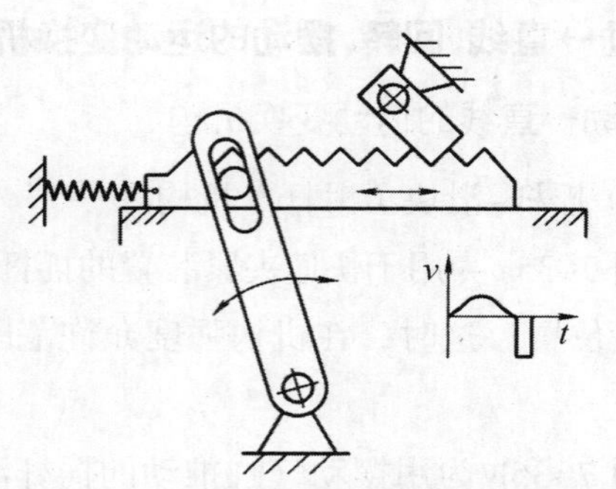

图7-37 快速回程的摇杆滑块机构

（3）快速回程的摇杆滑块机构

如图 7-37 所示，此种机构的特点是：只有在摇杆向右摆动时，才能使带齿的滑块向右移动，而且只有当滑块向右移动到使其左端最后一齿超过止动爪时，滑块才能由弹簧拉动而向左快速回程。若中途停顿，因爪的制动而不会返回，起到保护单向运动的作用。

7.4.2 摆动→回转的运动变换机构

（1）摆动-间歇回转机构

图 7-38a 为摆杆-棘爪棘轮机构；图 7-38b 为摆动圆盘-双棘爪棘轮机构，圆盘往复摆动一次，两棘爪先后推动棘轮间歇转过两个齿距角；图 7-38c 为摆杆-单向离合回转机构。

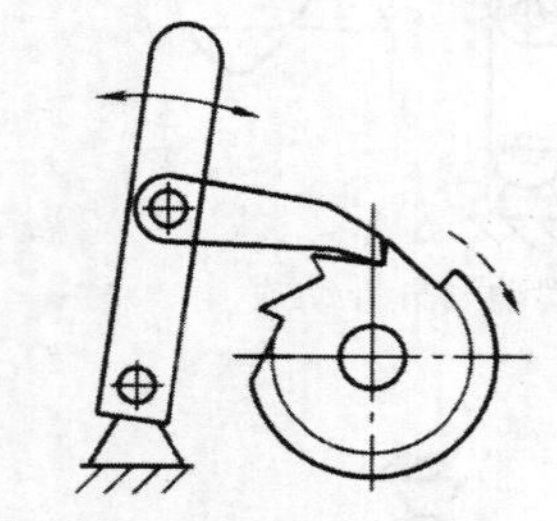

（a）摆杆-棘爪棘轮机构

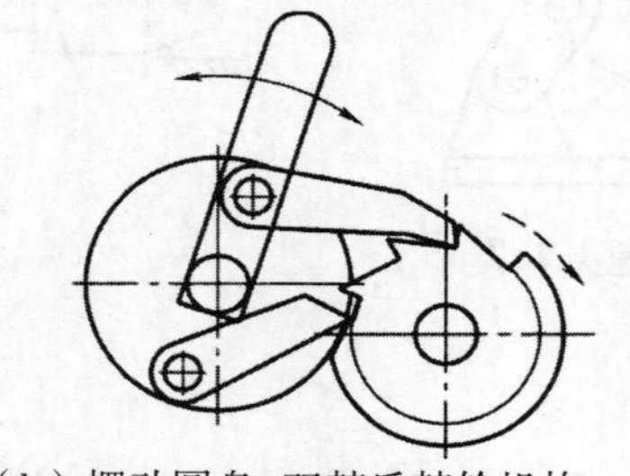

（b）摆动圆盘-双棘爪棘轮机构

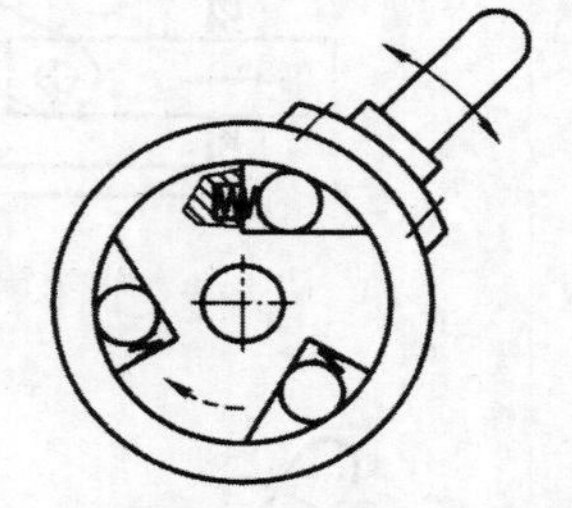

（c）摆杆-单向离合回转机构

图7-38 摆动间歇回转机构

（2）摆动扇齿轮传动机构

如图 7-39 所示，扇齿轮摆动，小齿轮作增角往复转动。驱动扇齿轮摆动的电机的正反转动可采用行程开关控制。

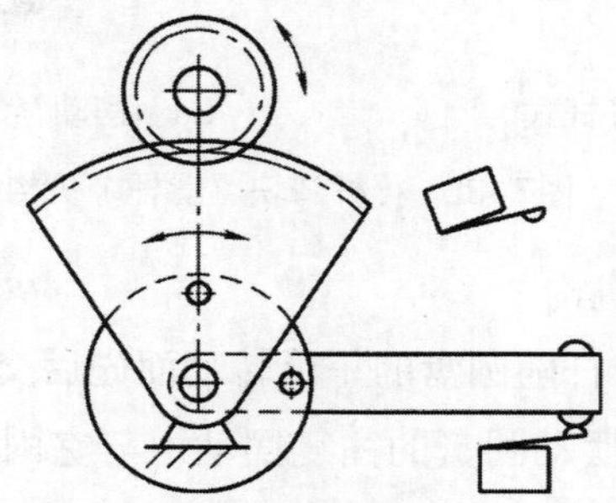

图7-39 摆动扇齿轮传动机构

7.4.3 摆动→摆动的运动变换机构

（1）双摇杆四杆机构

如图 7–40 所示，双摇杆四杆机构是实现摆动→摆动运动变换较简单的机构。其构件的长度要符合如下条件之一：

① 最短杆长度＋最长杆长度≤其他两杆长度之和，连杆必须为最短杆。

② 最短杆长度＋最长杆长度＞其他两杆长度之和，任一杆可作为机架。

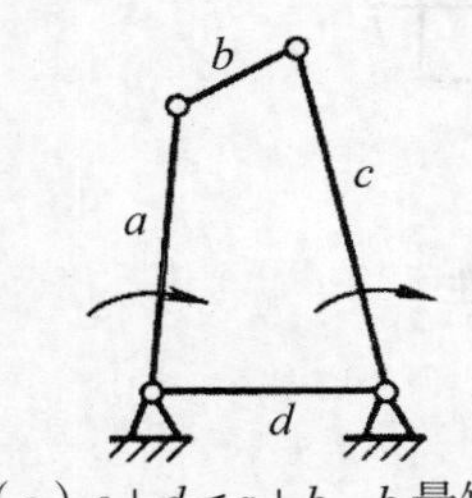

（a）$c+d<a+b$，b 最短

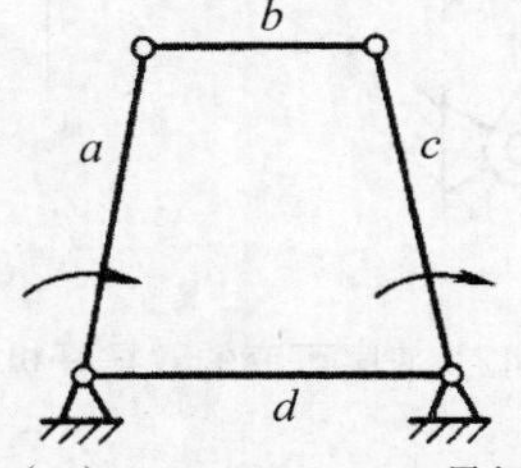

（b）$c+d=a+b$，b 最短

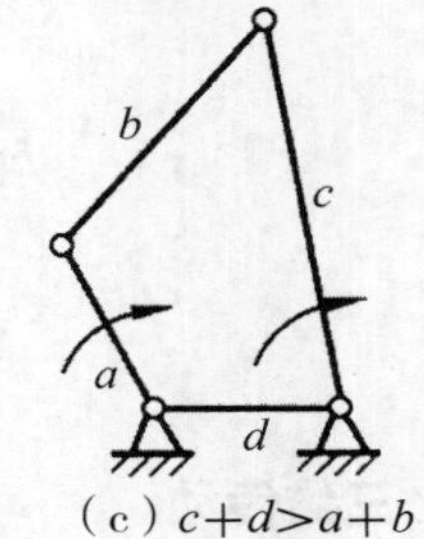

（c）$c+d>a+b$

图7–40　双摇杆四杆机构

（2）摆动气缸–摆杆机构

① 图 7–41a 为气缸轴同时作直线往复运动和摆动，从而推动摆杆摆动。此种机构可用于各种翻转装置和自动卸料装置。

② 图 7–41b 为摆动气缸–肘节–摆杆机构，气缸通过肘节推动摆杆摆动，可用于夹紧装置。

③ 图 7–41c 为摆动气缸–斜块–摆杆机构，利用斜面迫使摆杆压紧工件。

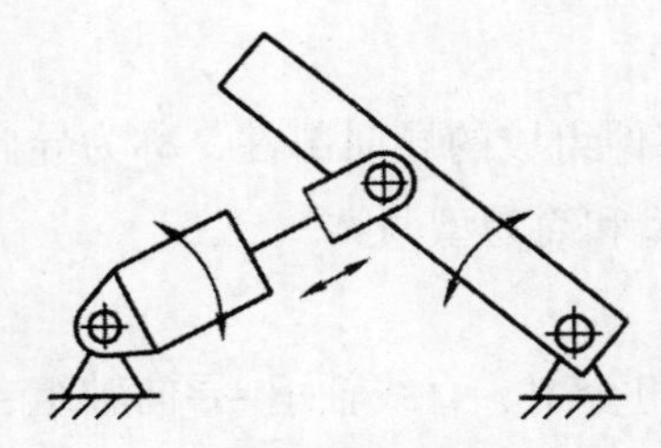

（a）气缸轴复合运动式

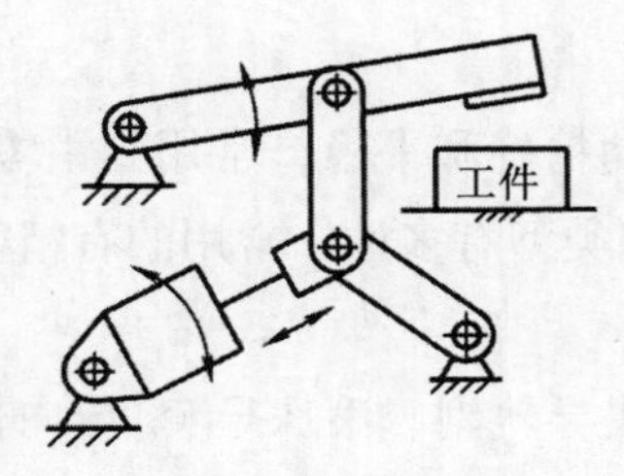

（b）肘节式

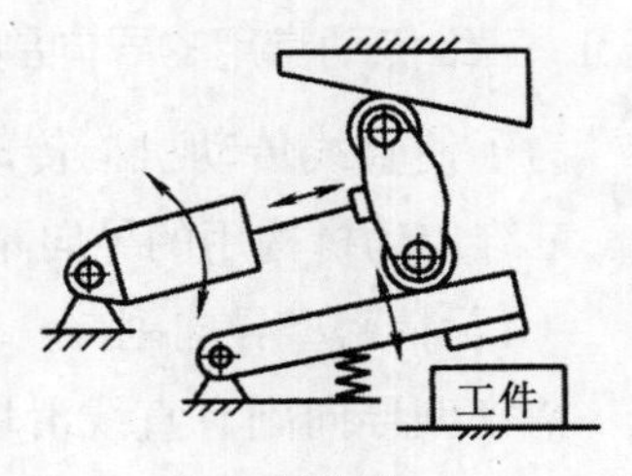

（c）斜块式

图7–41　摆动气缸–摆杆机构

（3）速度可变的双摇杆机构

如图 7–42a 所示，在主动杆向右摆动的同时，沿从动杆滑槽移动的铰接点 A 沿下方弧形槽运动，带动从动杆作变速摆动；当主动杆由右向左摆动时，铰接点 A 沿上方弧形槽运动，带动从动杆向左作等速摆动，a 和 b 为改向导块。该机构的速度特性如图 7–42b 所示。

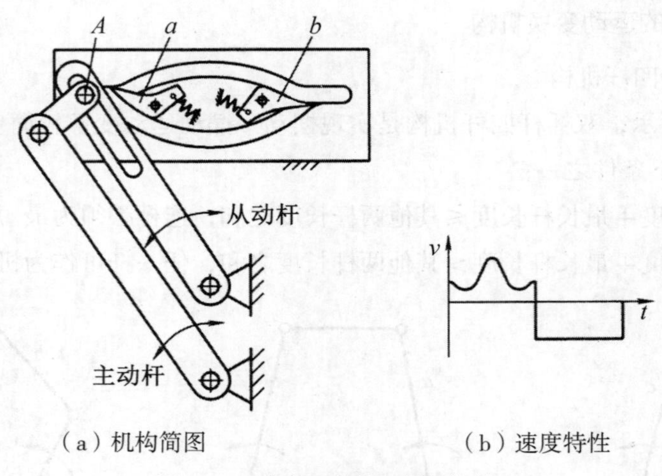

（a）机构简图　　（b）速度特性

图7-42　速度可变的双摇杆机构

7.5 *XYZ* 三维传动

XYZ 三维传动机构，实际上是平面运动和相对于平面作上下运动的空间传动机构。*XY* 是工作台或工件的平面运动轨迹，而 *Z* 则是相对于平面运动的上下运动轨迹。这种机构在自动化工作系统中应用广泛，如各种形式的机械手、CNC 设备和各种类型的铣床等都会用到这类机构。

三维传动机构实质上是由三个独立的直线运动机构组合而成的空间传动机构。将回转运动变换为直线运动的机构有丝杠或滚珠丝杠机构、齿轮齿条机构、链（带）传动机构和凸轮机构等。三维传动机构中常用的是丝杠副或滚珠丝杠副，因为它具有动作灵敏、精确和平稳的特点。

7.5.1 三维传动常用的导向副

为了使直线传动机构传动精确和平稳，常用到由零部件组成的导向部件，称为导向副。三维传动机构用的导向副类型有多种，常用的有精密型和简易型两类。

（1）精密型导向副

精密型导向副有直线滑块导轨副、滚珠导套-导向轴组合副、直线轴承-导向轴组合副、交叉滚柱导轨副和滚珠花键副等。

（2）简易型导向副

常用的简易型导向副有法兰轴套导向轴组合副和推拉式线性滑轨副等，这两类导向副在一般的传动中使用较方便且实用，应用也较广泛。

7.5.2 一维直线传动机构的典型类型

（1）典型类型

图 7-43 为 *XY* 工作台的一维直线传动的基本结构。一维直线传动的基本结构尺寸确定后，可以扩展到二维直线传动（*XY*）和三维直线传动（*XYZ*）。该工作台具有结构简

单、刚性好、成本低等特点，可用于零件的插入、装配、二维焊接和图像测试等。

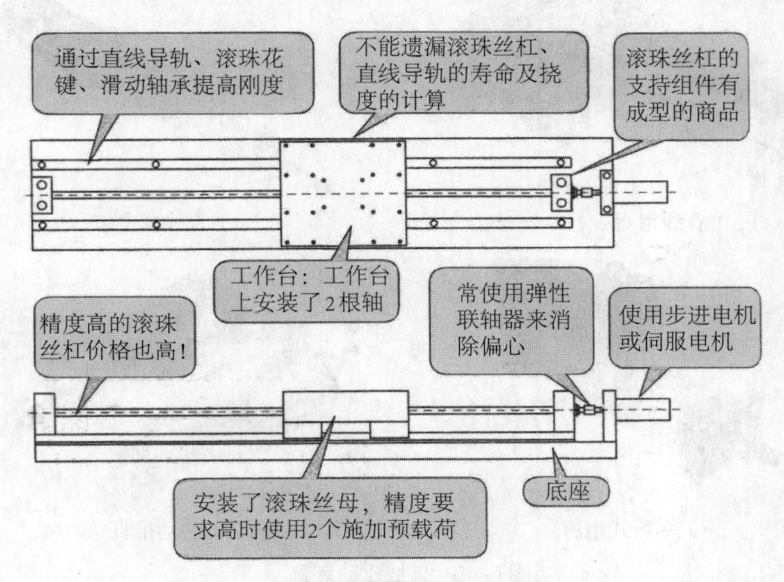

图7-43 一维直线传动运动的基本机构

一个常见的应用是滚珠丝杠驱动的单轴段，如图 7-44 所示。电机带动滚珠丝杠旋转，之后旋转运动转换成直线运动，移动滑架和负载段的螺栓螺母。这些段可以配备传感器，如用于反馈的旋转或线性编码器和光栅尺等。

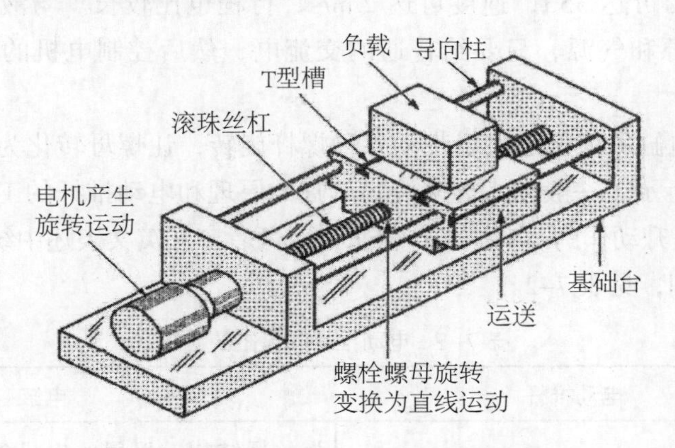

图7-44 滚珠丝杠驱动的单轴直线机构

（2）直线驱动装置

还有一类直线驱动装置，常见的有直线滑台、电动缸（简称电缸）、电动推杆等，如图 7-45 所示。

直线滑台又称线性模组、直线模组、电动滑台等，是自动化设备中的一种通用传动元件，如图 7-45a 所示。它的工作原理是通过滚珠丝杠（或同步带）与直线导轨为主要动力实现重复直线运动。按驱动方式可分为丝杠传动线性模组和同步带传动线性模组。

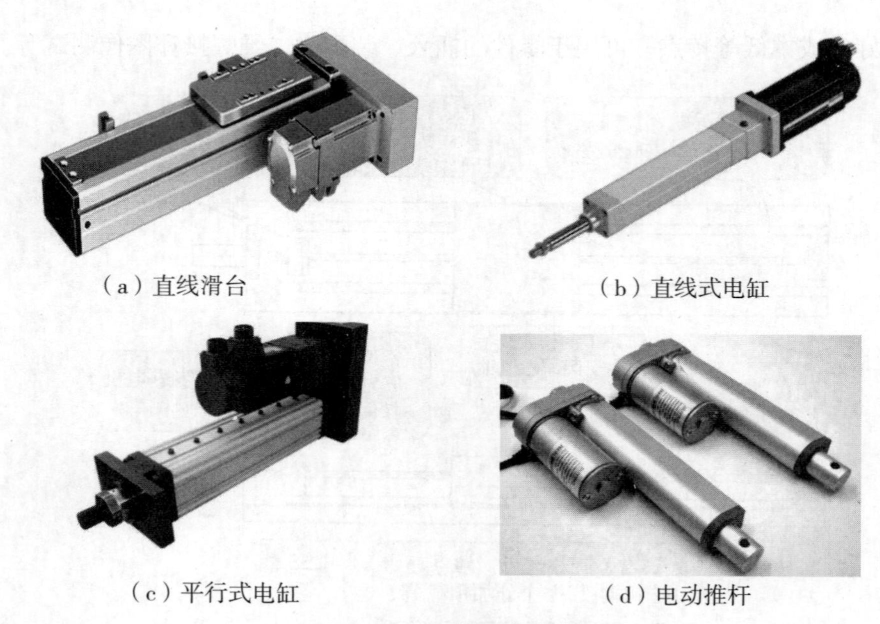

（a）直线滑台　（b）直线式电缸

（c）平行式电缸　（d）电动推杆

图7–45　直线驱动装置

目前直线滑台普遍应用于测量、激光焊接、激光切割、涂胶机、喷涂机、打孔机、点胶机、小型数控机床、雕铣机、样本绘图机、裁床、移载机、分类机、试验机等。

电缸与线性模组本质上是一样的，如图 7–45b、c 所示。电缸的各项性能都比较接近液压缸，比如推力可达 35 t，速度可达 2 m/s，行程也比较长。与液压缸和气缸相比，电缸不需要液压源和气源，只要给普通的交流电，然后控制电机的运动就能控制电缸的运动。

电动推杆与电缸一般通过电机带动各种螺杆旋转，让螺母转化为直线运动的一种装置，如图 7–45d 所示。一般意义上来说，电缸的原理和电动推杆的工作原理一样，都是进行直线推拉、提升动作的运动。但严格来讲，两者（在英文表述中统称为 electric linear actuator）有所区别，见表 7–2。

表7–2　电动推杆和电缸的比较

项目	电动推杆	电缸
结构	内部的螺母为普通螺母，内部结构间隙较大，采用的电机也多为交、直流电机，所以重复定位精度较低，并且寿命较短	为丝杆结构，采用的电机多为伺服电机或步进电机，并且其内部结间隙几乎为零，所以重复定位精度高，应用更为广泛，寿命长（总行程可达 100 000 km以上）
精度	交流：0.2 mm，直流：1～2 mm	电缸精度：0.01～0.02 mm
选材	电动推杆由普通梯形丝杠、滚珠丝杠制作，通常连接电机、蜗轮蜗杆等方式传动，效率比较低	伺服电缸通常采用研磨滚珠丝杠、行星滚珠丝杠制作，它直接与电机进行耦合，或同步连接带轮，速度效率非常高

（续表）

速度	一般小于 100 mm/s	可达 2 m/s
控制	只能控制 0 点和行程终点 2 个位置	可以在任何位置启动和停止
推力	推力一般小于 10 t	可达 35 t 或以上

相比较而言，电动推杆结构简单，推力小，控制程序简便，价格低；电缸，特别是伺服电缸，一般推力大，行程大，具有精确速度、位置控制、高速度、价格较高等特点，应用更为广泛。电动推杆和电缸的控制依据其内部采用电机类型，参照相应的电机控制方法即可。

直线驱动装置和直线电机（参见 9.6 直线电机）的对比：

① 高加速度，这是直线电机驱动相比直线模组驱动的一个显著优势。

② 直线电机比直线模组精度高，直线电机结构简单，不需要经过中间转换机构而直接产生直线运动，运动惯量小，动态响应性能和定位精度大大提高。

③ 直线电机比直线模组噪声小，因为直线电机不存在离心力的约束，运动时无机械接触，也就无摩擦和噪声。传动零部件没有磨损，可大大减少机械损耗，避免拖缆、钢索、齿轮与皮带轮等所造成的噪声，从而提高整体效率。

④ 精密直线模组的有效行程会受铝材或丝杠等的限制，而直线电机有效行程无限制。

⑤ 直线电机的价格要比直线模组的价格高出好几倍。

7.5.3 二维直线传动机构的典型类型

将二维 *XY* 工作台机构应用到数控铣床、数控加工中心上，可以实现工件在平面上的二维直线移动。在数控机床中应用时 *XY* 工作台需要很高的刚性，在控制上采用 NC 代码。

高精度的 *XY* 工作台机构也应用在三坐标测量仪中。在木工机械等需要特殊动作且批量较小的自动机床上再追加一个平行于旋转刀具轴的 *Z* 轴，利用个人计算机或程序装置进行控制就可以制成三维加工机床。

（1）*XY* 取放系统

如图 7–46 所示，*XY* 取放系统中，支撑块、枕块、滚珠丝杠组件、轨道和导轨，在两个独立的加工工位间传送工件。

（2）*XY* 检测系统

如图 7–47 所示，*XY* 检测系统由枕块和轴支撑块、滚珠丝杠组件和预装配的运动系统组成，此系统能搭载小型电子元件，精确定位检测。

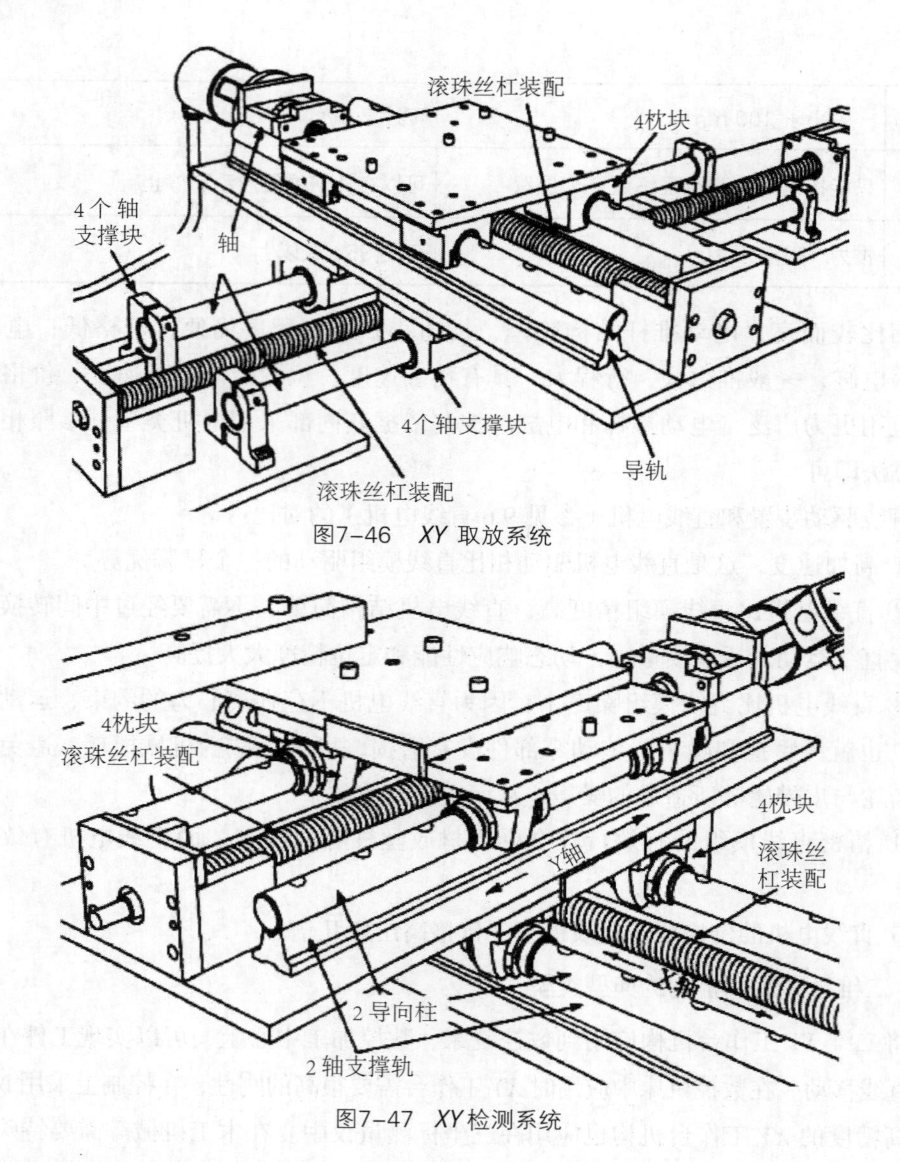

图7-46　*XY* 取放系统

图7-47　*XY* 检测系统

7.5.4 三维直线传动机构的典型类型

用伺服电机（或步进电机）作驱动源，用滚珠丝杠副作传动，用滑块导轨副作导向，是典型的 *XYZ* 三维传动机构的形式。这类机构因 *Z* 运动副的设置位置不同而有下述两种形式。

（1）*Z* 运动副沿固定立柱移动式三维传动机构

如图 7-48 所示，沿 *Z* 向作上下运动的滑块导轨副1的导轨固定在底座的立柱上。本例的滑块导轨副以每侧两副对称方式配置，若是轻载荷传递，则每侧一副对称配置即可。两侧滑块导轨副中的滑块，通过竖板 3 与承载板连接。由带减速器的电机 M_1 通过滚珠丝杠副来驱动承载板 4 连同加在其上的 *XY* 传动部件，一起在 *Z* 方向作上下往复运动。

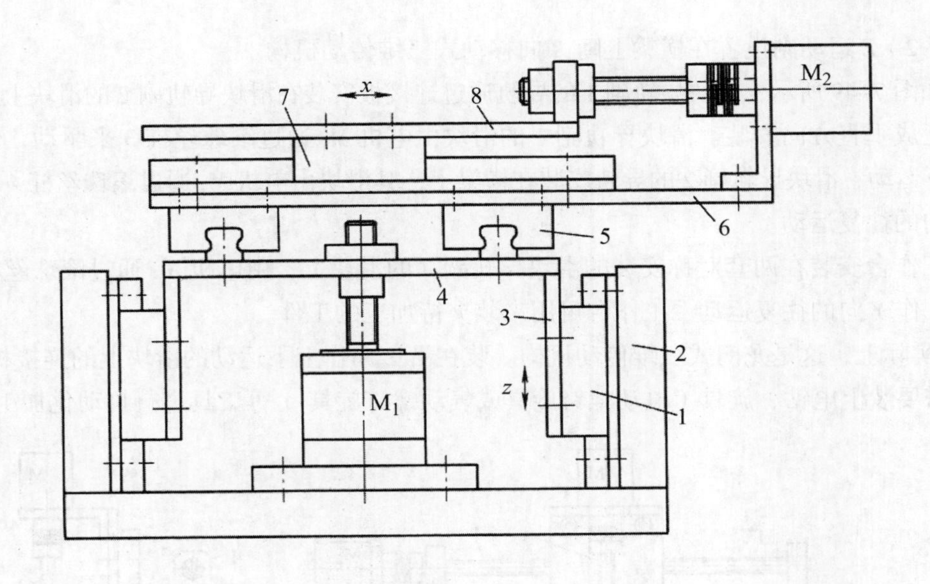

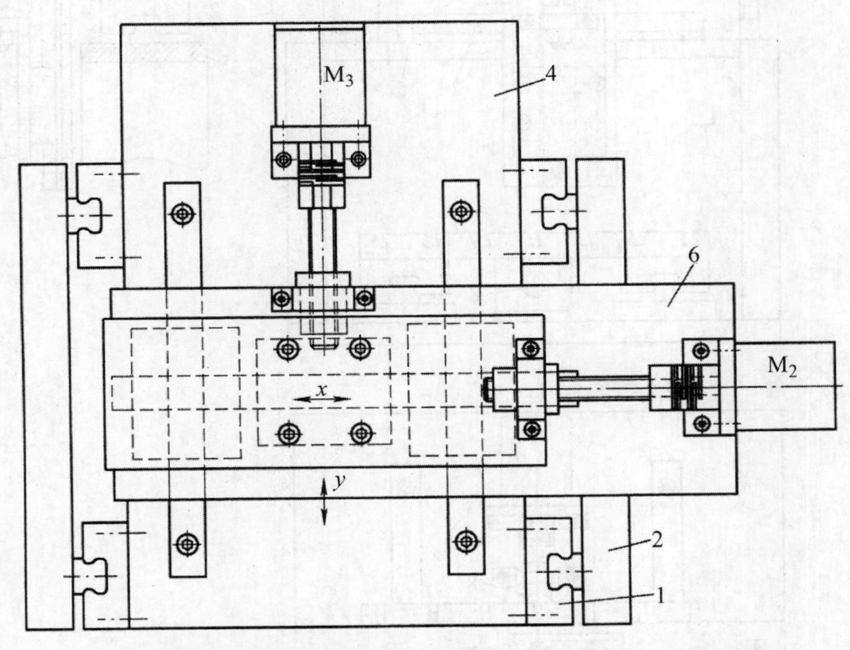

1、5、7-滑块导轨副；2-立柱；3-竖板；4-承载板；6-动板；8-工作台板

图7-48　*Z*运动副沿固定立柱移动式三维传动机构

两列滑块导轨副 5 的导轨对称安装在承载板 4 上，其滑块与在 *Y* 向作往复运动的动板连接。驱动动板 6 运行的电机 M_3 安装在承载板上。

滑块导轨副 7 的导轨安装在动板上，其滑块与在 *Z* 向作运动的工作台板连接。驱动工作台板运动的电机 M_2 安装在动板 6 上。工作台板就是按 *XYZ* 三维运动机构设定的坐标位置来传送物料的载体。

（2）Z运动副设置在横梁上随X向移动式三维传动机构

如图7-49所示，滑块导轨副1的导轨通过连接板安装在滑块导轨副2的滑块上，两传动副互成垂直方向安装。滑块导轨副1的滑块由电机M_1通过滚珠丝杠3来驱动，作Z向的上下运动；滑块导轨副2的导轨安装在横梁上，其滑块由电机M_2通过滚珠丝杠4驱动，作Z向的往复运动。

工作台安装在两套对称安装的滑块导轨副7的滑块上，由电机M_3通过滚珠丝杠8来驱动，作Y向的往复运动。工作台可用来装夹待加工的工件。

实际上，这是龙门式三维传动机构。装在沿Z向作上下运动的滑块上的连接板，可根据需要装上电钻、旋具（电动螺钉旋具或气动螺钉旋具）等工具进行自动化加工。

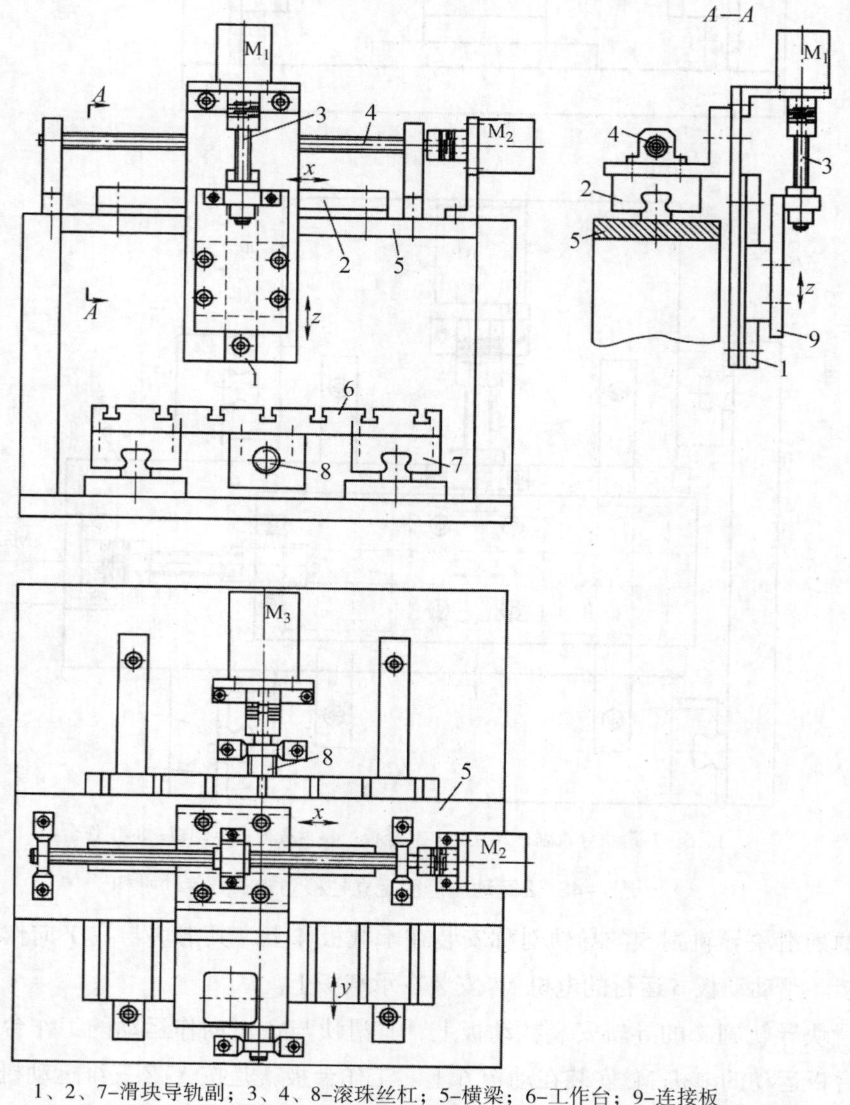

1、2、7–滑块导轨副；3、4、8–滚珠丝杠；5–横梁；6–工作台；9–连接板

图7–49　Z运动副设置在横梁上随X向移动式三维传动机构

第八章
液压和气动的选用

一般来说，完整的机器主要由三部分组成，即原动机、传动机构和工作机。原动机包括电机、内燃机等。工作机是完成该机器工作任务的直接部分，如车床的刀架、车刀、卡盘等。为适应工作机工作力和工作速度变化响应的要求以及其他操作性能（如停止、换向等）的要求，在原动机和工作机之间设置了传动装置（或称传动机构）。

传动机构通常分为机械传动、电气传动和流体传动（液压传动、气动传动），见表8–1。

表8–1 传动机构的分类

机械传动	电气传动	流体传动
通过齿轮、齿条、蜗轮、蜗杆等机件直接把动力传送到执行机构的传递方式	利用电力设备，通过调节电参数来传递或控制动力的传动方式	以流体为工作介质进行能量的转换、传递和控制的传动方式

这些传动机构各自都有优缺点。如动力元件和执行元件的距离近，且其间没有障碍物，只是进行单纯操作时，使用蜗杆副、带轮、齿条和小齿轮等机械装置能充分发挥其功能；同时，传递动力时产生的损耗也小。然而操作步骤复杂、执行元件远离动力元件或中间有障碍物等，就不能使用机械式了，应该选择其他方式。

液压、气动传动与其他传动方式相比，具有下列优缺点。

主要优点：

（1）易实现较大范围的无级调速，传动比达100：1～2 000：1。

（2）易实现复杂的顺序动作和远程控制。

（3）运动均匀、平稳，速度快，冲击小，便于频繁换向。

（4）操作简单，便于实现自动化。

（5）元件易于实现系统化、标准化和通用化。

主要缺点：

（1）传动介质易泄漏以及可压缩性无法保证严格的传动比。

（2）由于传递过程中的压力损失和泄漏会使传动效率降低。

（3）温度影响比较敏感，不宜高温操作。

（4）系统出现故障时不易找出原因。

液压传动与气动传动的比较如下：

（1）液压传动传递动力大，传功效率较气压高。

（2）因为油液的压缩性较空气压缩小，故液压传动比气动传动运动更平稳。

（3）由于油液黏性大，阻力损失大，故液压传动不如气动传动更易于远程传输与控制。

（4）液压与气动传动中都存在泄漏，但液压油液泄漏会污染环境。

（5）由于气动系统简单、安全，其更适合食品、卫生等行业。

8.1 液压系统和气动系统概述

"液压"和"气动"两个术语分别用于描述以加压油和压缩空气为能量传递媒介的机械系统。如图 8-1 所示，由压缩流体的泵或压缩机、储存压缩流体的蓄能器、引导压缩流体流动的管路、调节压力和流量的调节阀以及输出机械能量的执行元件等组成。

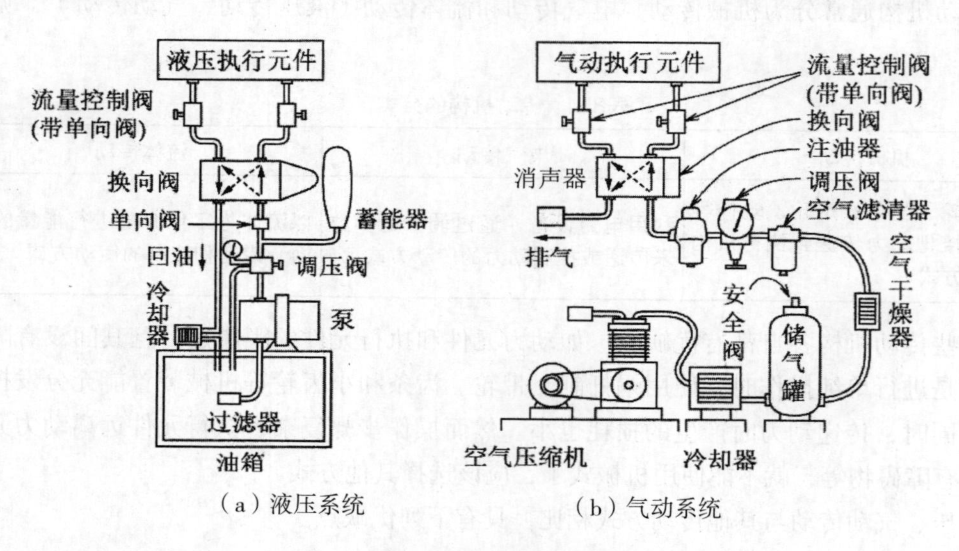

图8-1　液压系统与气动系统的组成示例

（1）液压油和空气的压缩

在液压系统中，工作油的压力最高可达 25 MPa，因此要采用齿轮泵或叶片泵。在气动系统中，压缩空气的压力最高可达到 1.5 MPa，因此一般采用往复式空气压缩机或涡旋式空气压缩机。

（2）工作流体的冷却

液压系统中的工作油要压缩到非常高的压力，在加压过程中必然产生热量而使温度升高，由于工作油要循环使用，所以可能达到很高的温度，这样就会在工作油中产生气泡等，使工作油失去正常的工作性能，因此，有必要对循环返回的工作油进行冷却。压缩空气也会产生热量，但由于压缩空气不需要循环使用，所以一般不需要进行冷却。对于一些特殊的防止高温的应用场合，也可能需要相应的冷却措施。

（3）工作流体的蓄能

在液压和气动系统中，执行装置的流体使用量增加可能导致压力的波动，为了维持压力的稳定，系统中需要装备蓄能器。

（4）控制阀

控制阀用于控制工作流体的流量、压力和方向等，如图 8-2 所示。控制阀包括利用电磁铁或电机自动操作的自动控制阀。

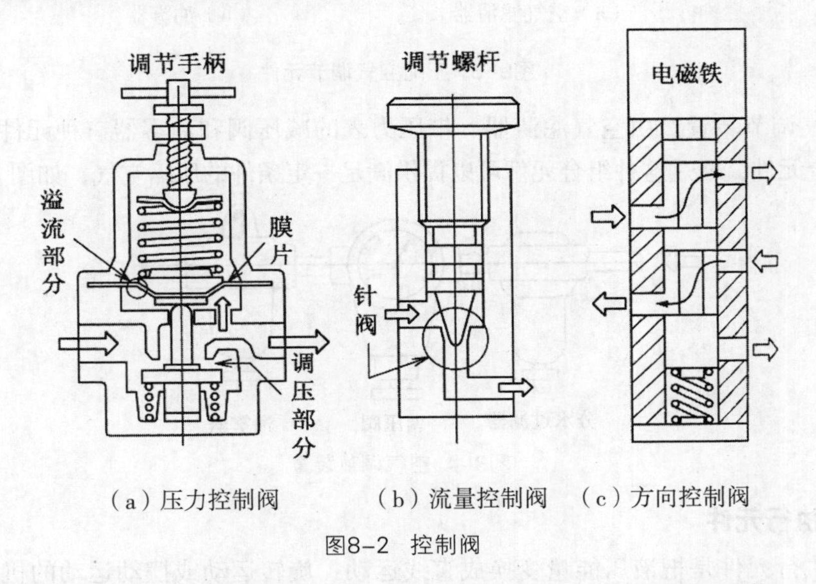

（a）压力控制阀　（b）流量控制阀　（c）方向控制阀

图8-2 控制阀

①压力控制阀。压力控制阀有使回路中的压力保持一定的溢流阀和防止回路中的压力超过允许的最高压力的安全阀等。

②流量控制阀。流量控制阀有用于调节执行装置动作速度的调速阀和在压力不变的条件下使回路的流量保持在所确定的流量值的节流阀等。

③方向控制阀。方向控制阀有通过切换流体的流动方向来控制执行装置动作方向的换向阀和只允许流体沿一个方向流动，阻止流体沿相反方向流动的单向阀等。

（5）其他装置

①滤油器。通过过滤作用从液压油中清除固态杂质。

②空气滤清器。利用过滤作用或离心力清除工作气体中的水分、油以及微小固态杂质，如图 8-3a 所示。

③油雾器。为了润滑各种阀和执行装置，将润滑油以雾状混入工作气体中的气动装置，如图 8-3b 所示。

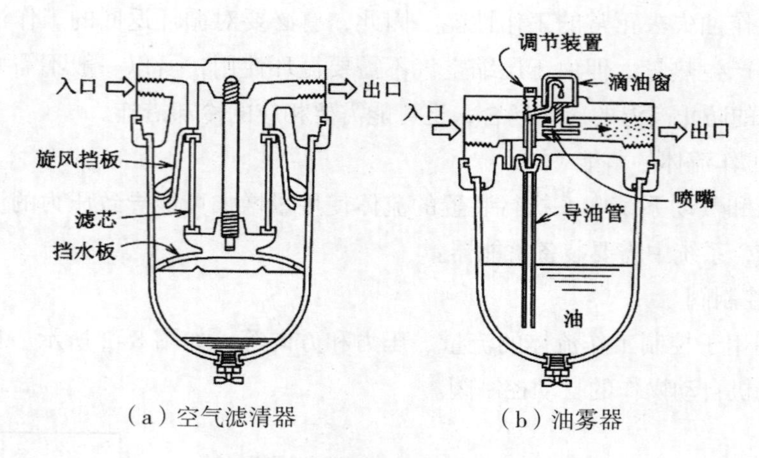

（a）空气滤清器　　（b）油雾器

图8-3　压缩空气调节元件

④空气调节装置。由空气滤清器、带压力表的减压阀和油雾器三种元件组合在一起构成的组合元件，通过这种组合元件可以提供满足一定条件的压缩空气，如图 8-4 所示。

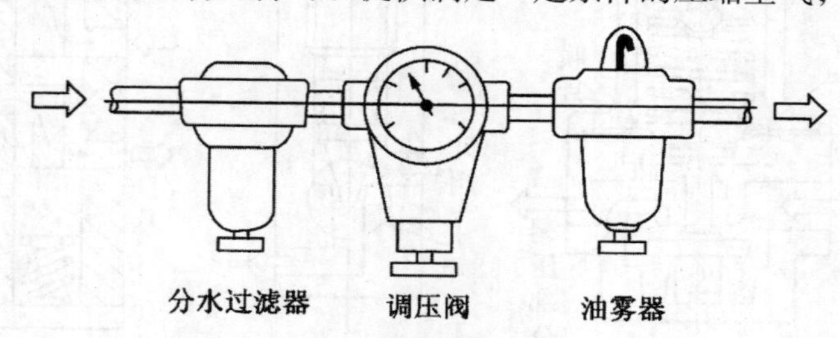

图8-4　空气调节装置

8.2 液压执行元件

液压执行元件是把液压能量变换成直线运动、旋转运动或摆动运动的机械能，从而带动机械做功的元件。液压执行元件的工作原理有两种：①向液压缸内供给压力油，使活塞作往复运动，通过活塞杆将活塞上的力传到外部，作为执行元件的输出；②向机器的油腔内供给压缩油，推动叶轮旋转而实现旋转运动的执行元件。

液压执行元件主要有以下几类：把液压能量转换成直线运动的液压缸，把液压能量转换成连续旋转运动的液压马达和把液压能量转换成摆动的摆动马达等。

液压执行元件的使用特点如下：

（1）能够将液体能量简便地转换为运动的机械能量，其输出功率大。

（2）由于工作压力高，所以装置可以实现小型化。

（3）由于以液压油为工作介质，所以装置的润滑性和防锈性能好。

（4）通过流量控制可以很容易地改变速度。

（5）利用换向控制可以很容易地变换运动方向。

（6）通过压力控制可以实现力的无级控制。

8.2.1 液压缸

液压缸是一种把表现为压力和流量的液压能量转换成直线运动能量的装置，如图 8–5 所示。液压缸由缸体及在缸体内滑动的活塞和活塞杆等构成，其工作原理如下：

（1）高压油从 A 口进入缸体内并推动活塞，排油侧的油通过 B 口排出，这样在活塞两侧产生压力差，使活塞向前移动。

（2）反之，如果从 B 口供油，从 A 口排油，则活塞将向相反方向移动。

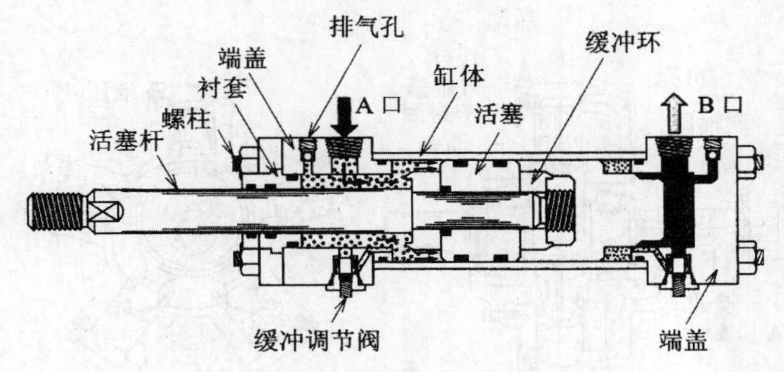

图8–5　液压缸

还有一种多级液压缸，又称伸缩式液压缸，它由两级或多级活塞缸套装而成，主要由缸盖、缸筒、套筒、活塞等零件组成。如图 8–6 所示， 当 A口供油，B 口排油时，先推动有效作用面积较大的一级活塞运动，然后推动较小的二级活塞运动。因为进入 A 口的流量不变，故有效作用面积大的活塞运动速度低而推力大；反之，运动速度高而推力小。若 B 口供油，A 口排油，则二级活塞先退回至终点，然后一级活塞才退回。

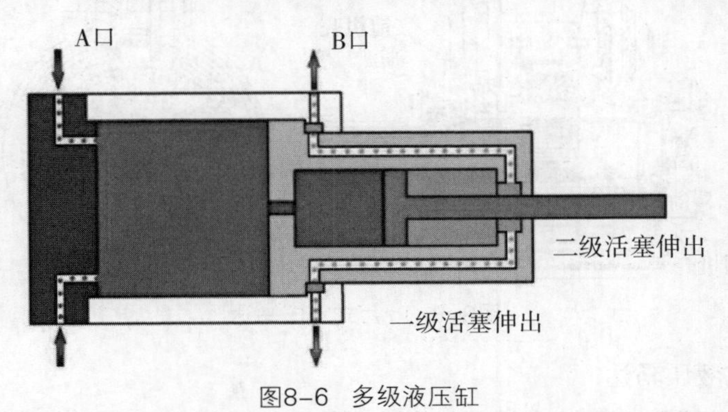

图8–6　多级液压缸

8.2.2 液压马达

液压马达是一种把表现为压力和流量的液压能量转换成表现为旋转运动和转矩的机械能量的装置。当液压马达的容量一定时，其转速由流量决定，而转矩由压力决定。液压马达有径向活塞式、叶片式和摆动式等类型。

（1）径向活塞式液压马达

径向活塞式液压马达如图 8–7 所示，工作原理如下：

①各活塞和曲轴通过连轩连接起来，与曲轴连接的旋转阀门把从 A 口进入的压力油依次供给各个活塞。

② 受液压驱动的活塞推动曲轴产生力矩。

③ 另一侧的 B 口为排油口。

④ 如果从 B 口供油，则液压马达向相反方向旋转，此时 A 口变为排油口。

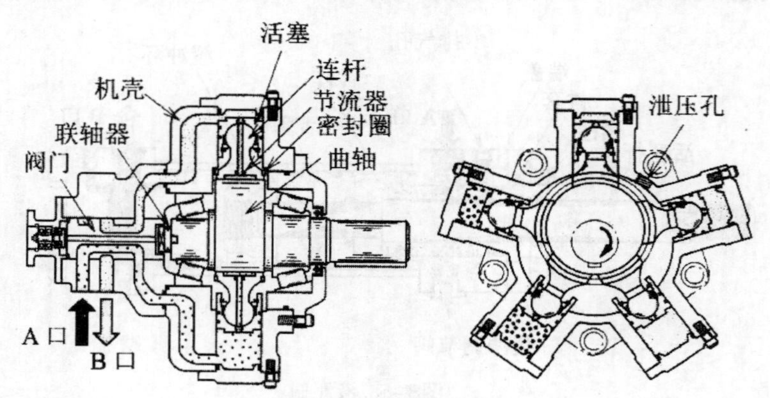

图8–7　径向活塞式液压马达

（2）叶片式液压马达

叶片式液压马达如图 8–8 所示。

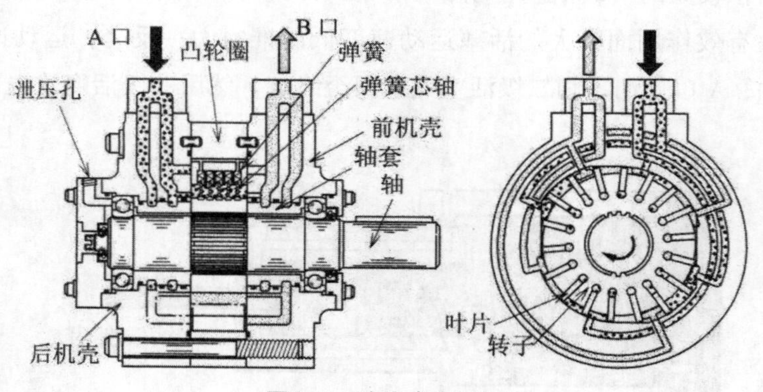

图8–8　叶片式液压马达

（3）摆动式液压马达

摆动式液压马达是一种输出轴旋转角度受到限制的液压马达，如图 8–9 所示。摆动式液压马达由两个在机壳内滑动的叶片、与叶片固联的轴及两块靴瓦等构成。其工作原理如下：

①当从 A 口供油时，通过转轴上的通路也同时向另一侧的腔内供油。

②排油腔内的油由 B 口排出，这时液压马达向顺时针方向旋转。

③当叶片碰到制动器时，液压马达停止转动。

④当从 B 口供油时，A 口为排油口，液压马达则逆时针方向旋转。

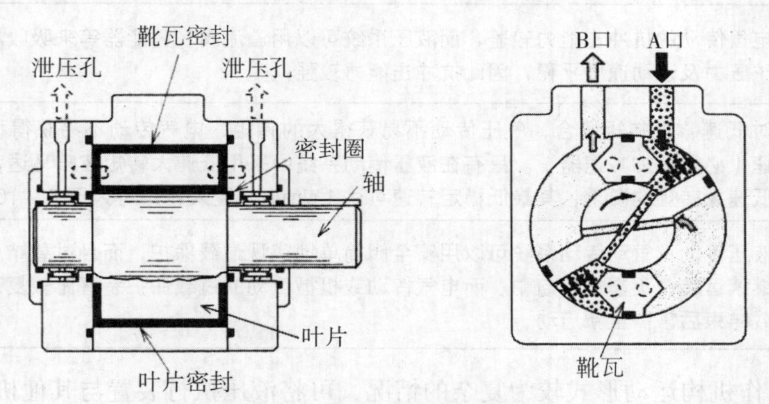

图8–9 摆动式液压马达

8.2.3 液压传动的应用

适合采用液压传动的场合见表 8–2。

表8–2 适合采用液压传动的场合

应用场合	说明
功率重量比要求大	由于液压系统的工作压力较高（例如 32 MPa 或更高），故相应的传输功率与执行机构（液压缸、液压马达）的重量之比较大。而电气传动或气动传动所能传输的功率与其执行机构（电机、气缸）的重量之比较小（例如：液压马达的重量仅为同功率电机的 10%～12%）
负载大、响应要求快	由于气动传动相较于液压传动的压力不能太高（一般常用气压不大于 1 MPa），所以其驱动的负载也不能太大。另外，由于气体有压缩性，因此其响应较慢
要求无级变速、调速范围大	液压系统只要调节流量就能达到变速的目的。一般用调速阀便可达到无级变速，调节范围也比较大，例如液压系统的调速范用可达 200：1以上，而电机的调速范围只有 20：1左右
要求低速，稳定性高的场合	气动传动由于压力不高，因此负载不能太大，摩擦力在总负载中所占的比例大于液压或电气传动的比例。而且低速时摩擦力的变化较大，特别是动摩擦力和静摩擦力相互（或反复）转换时，在低速时，气动设备容易出现爬行现象，又由于气体有压缩性，更加剧了爬行的产生。因此要求低速、稳定性高的场合不宜采用气压传动，宜用液压传动
直线往复运动（气动传动也适用）	大部分电机输出的是旋转运动，如要求负载作直线往复运动，就必须增加机械机构（如齿轮齿条机构），将电机输出的旋转运动转变为直线运动，而液压缸或气缸传动一般作直线往复运动，可直接带动负载作直线往复运动，所以结构简单
要求刚度大的系统	由于气体的压缩性大，因此气动系统的刚度比液压系统小，所以要求刚度大的系统宜用液压传动
要求定位精度高的场合	由于气体压缩性较大，因此气动系统的流量控制精度比液压系统的控制精度差。另外气动系统在低速范围容易出现爬行，而零位附近总是在低速范围运行，因此气动系统的定位精度比液压系统差，在要求定位精度高的场合不宜采用气动传动

（续表）

有冲击载荷的场合	电气传动的抗冲击能力较差，而液压系统可以用溢流阀、蓄能器等来吸收冲击，使系统压力及运动速度平稳，因此抗冲击能力较强
低速、大转矩场合	对低速、大转矩场合，气压传动不易获得大的转矩，电气传动不易获得稳定的低转速（必须另加减速器）。只有在液压传动系统中采用低速大转矩液压马达，才能实现低速大转矩的要求，其最低稳定转速可达 1 r/min，最大转矩可大于 4×10^4 N · m
有过载保护要求的场合（气动传动也适用）	液压传动及气动传动系统可以用安全阀简单地实现过载保护，而且过载结束后能自动继续运转，不需重新启动。而电气传动或机械传动的过载保护装置比较复杂，而且过载结束后常需重新启动

对于主机工作机构运动形式较为复杂的情况，可将液压执行装置与其他机构有机地配合，构成液压机械工作机构，满足动作要求。对于液压马达和摆动液压马达，可以通过齿轮机构和丝杠螺母机构等驱动工作机构运动。对于液压缸，可以在水平、垂直、倾斜方位驱动工作机构，其简图及特点见表 8–3。

表8–3 常见液压缸组合工作机构

机构名称	简图	特点	应用场合
直接驱动机构	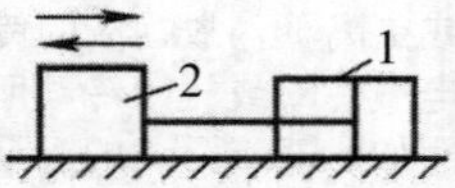 1 2	液压缸的活塞杆 1 直接与移动物 2 相连接，液压缸驱动移动物作水平往复直线运动	平面磨床工作台、组合机床动力滑台往复运动等
	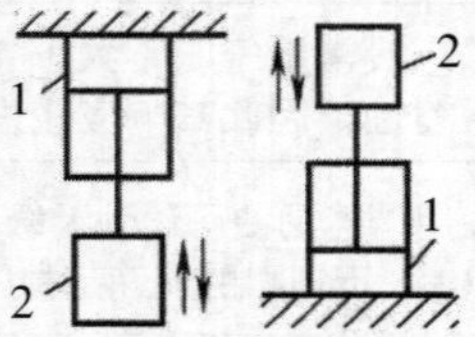 1 2 2 1	液压缸的活塞杆 1 直接与移动物 2 相连接，液压缸驱动移动物作垂直往复直线运动	压力机滑块及顶出装置、液压电梯升降装置、收割机割舍升降等
	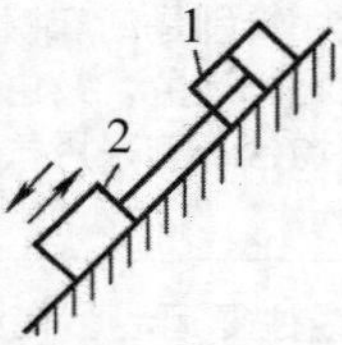 1 2	液压缸的活塞杆 1 直接与移动物 2 相连接，液压缸驱动移动物作倾斜方位的往复直线运动	矿山冶金机械等
增力夹持机构	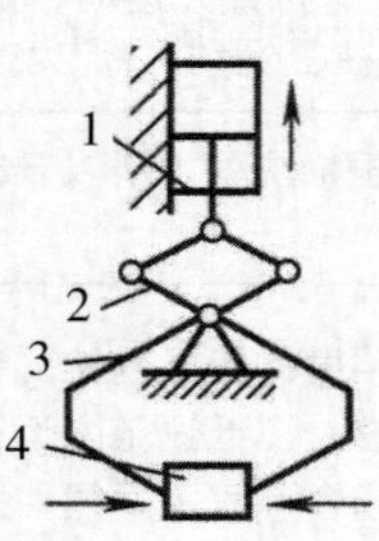 1 2 3 4	立置液压缸 1 的活塞杆与连杆机构 2 相连接，通过夹具 3 将工件 4 在水平方向夹紧，用较小推力的液压缸实现较大的夹紧力，夹紧力随被夹工件尺寸的变化而变化	机床夹具、机械手等

（续表）

伸缩扩展机构	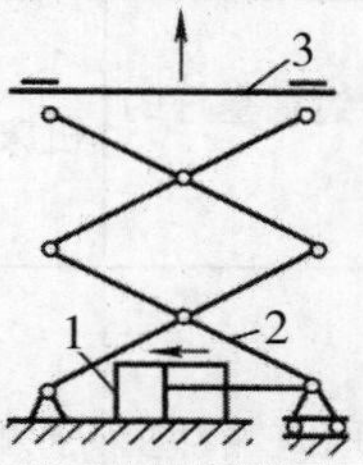	卧置液压缸 1 的活塞杆与连杆机构 2 相连接，将液压缸的水平运动转换为平台 3 的垂直升降运动，可扩程和增速	升降舞台、大行程剪式伸缩架、汽车维修升降平台等
滑轮提升机构	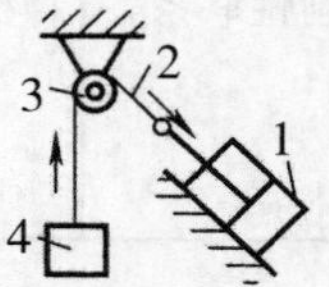	液压缸 1 倾斜安装，其活塞杆与缠绕在滑轮 3 上的钢索 2 相连接，用以实现提升物4的升降运动	提升机、高炉上料装置
摆动机构	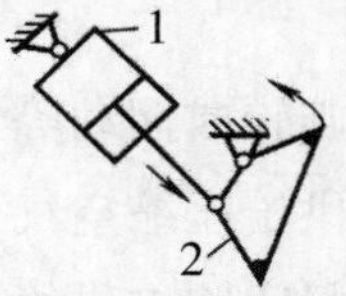	液压缸 1 的活塞杆与摇杆机 2 构相连接，将液压缸的伸缩运动转换为摇杆的摆动	工程机械、建筑机械工作机构
齿条–齿轮机构	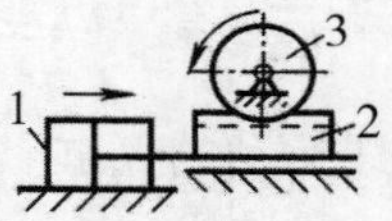	液压缸 1 的活塞杆与齿条 2 相连接，将液压缸的往复直线运动转换为齿轮 3 的回转运动	间歇进给机构、送料机构
扇形齿轮–齿条机构	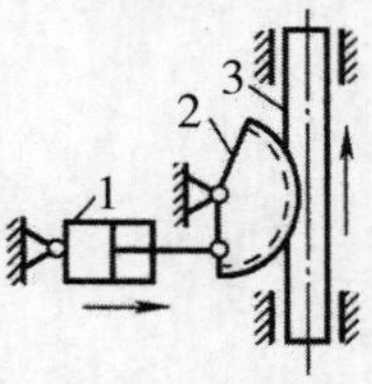	端部铰接的液压缸 1 的活塞杆与扇形齿轮 2 相连接，将液压缸的水平往复直线运动转换为齿条 3 的垂直往复直线运动	短行程工作装置
直线运动机构	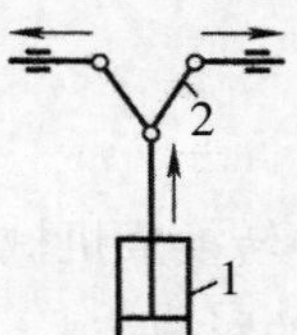	液压缸 1 的活塞杆与杆系 2 相连接，将液压缸的垂直运动转换为正反易调节方向的水平往复直线运动	各类机械中的周期运动机构
移动凸轮机构	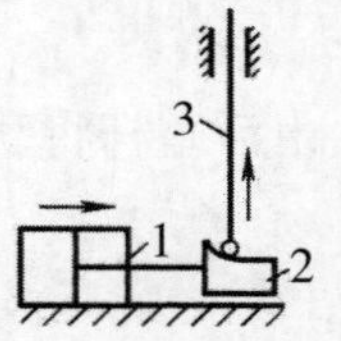 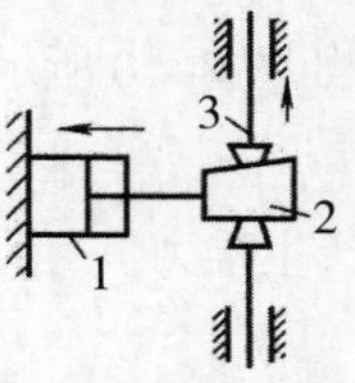	液压缸1的活塞杆与移动凸轮2相连，可使从动件 3 在凸轮驱动下按预定运动规律作垂直往复运动。结构简单、紧凑，用数控机床加工容易获得所需凸轮轮廓	自动送料装置等

（续表）

拉压夹紧机构	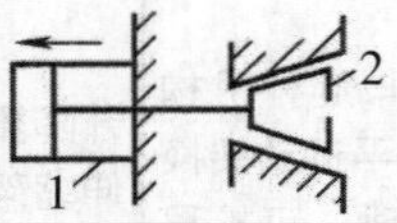	液压缸 1 与锥形夹套 2 通过活塞杆的拉伸运动实现夹紧	机床夹具等
双缸刚性同步机构	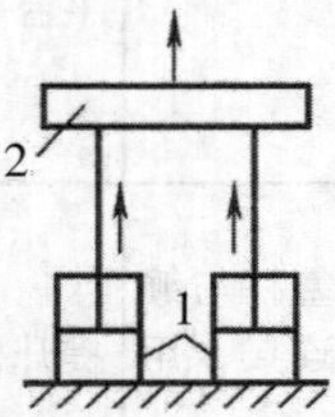	两个液压缸 1 的油路并联，其活塞杆通过刚性构件 2 建立刚性联系，实现位移同步	压力机、高炉料机、播种机肥种箱提升装置、收割机割台等

8.3 气动执行元件

气动执行元件是指把压缩空气的能量变换成直线、旋转或摆动等运动来驱动机械做功的元件。气动执行元件的工作原理有两种：①气缸内供给压缩空气，使活塞作往复运动，由活塞杆将动力传出，带动机械做功；②向机体的封闭腔内供给压缩空气，带动叶轮旋转，从而获得旋转运动。

在气动执行元件中，有把压缩空气的能量转换成直线运动的气缸、转换成旋转运动的气动马达和转换成摇摆运动的摆动式气动执行元件等。

气动执行元件的特点如下：

（1）空气的使用不受限制且安全。

（2）结构简单、体积小且价格便宜。

（3）对使用环境无特殊要求。

（4）保养和维护简单。

（5）力和运动转换简单，组成系统容易。

气动执行元件的优点是能够把压缩空气的能量简便地转换成机械运动。其缺点是难以进行精确的速度控制和位置控制，并且容易受负载变化的影响。

8.3.1 气缸

气缸是向缸体内供给压缩空气，使活塞作往复运动，由活塞杆将动力传出，带动机械做功。它可分为单向式、双向式和摆动式等类型。

（1）单向驱动气缸

单向驱动气缸由在缸体内滑动的活塞和活塞杆构成，如图 8-10 所示。其工作原理如下：

① 从A口供给压缩空气，推动活塞前进，使活塞杆上产生推力。

② 依靠内部安装的弹簧使活塞复位。

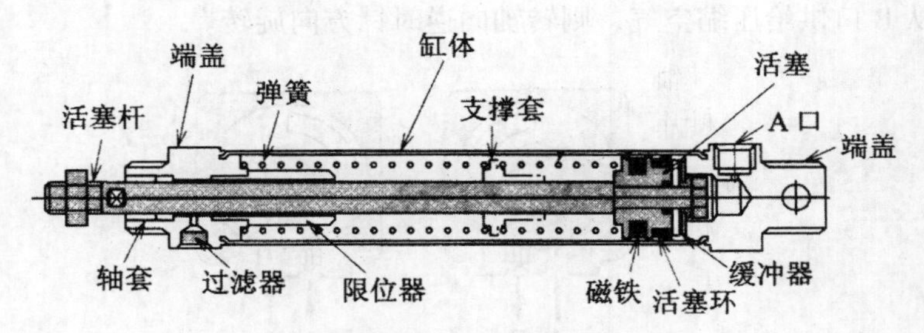

图8-10 单向驱动气缸

（2）双向驱动气缸

双向驱动气缸也是由在气缸内滑动的活塞及活塞杆构成，如图 8-11 所示。其工作原理如下：

① 从 A 口供给压缩空气，推动活塞移动，排气室的压空气从 B 口排出，从而使活塞杆上产生推力，向前运动。

② 反之，若从 B 口供给压缩空气，从 A 口排出空气，使活塞向后移动。

（3）摆动气缸

摆动气缸是将双作用的直线运动转换成摆动运动的元件，其摆动的角度受到限制。摆动气缸又称为旋转气缸、摆动马达。摆动气缸目前在工业上应用广泛，多用于安装位置受到限制或转动角度小于 360° 的回转工作部件。常用摆动气缸的最大摆动角度分为 90° 、180° 、270° 三种规格。摆动气缸的输出轴承受转矩，对冲击的耐力小，因此若受到驱动物体停止时的冲击作用将容易损坏，需采用缓冲或安装制动器予以保护。

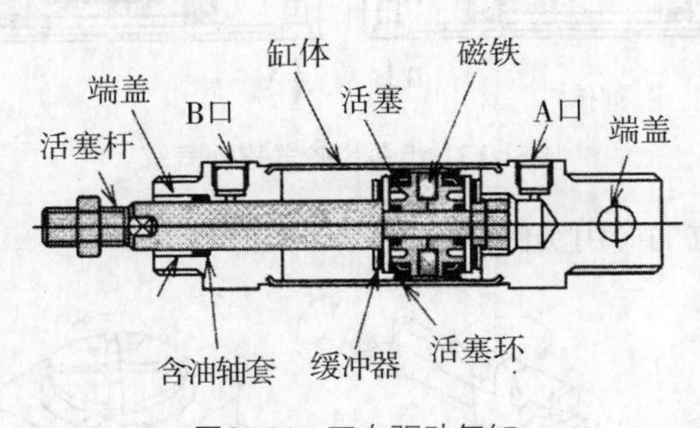

图8-11 双向驱动气缸

根据摆动气缸结构的不同，可分为叶片式和齿条齿轮式等类型。

① 叶片式摆动气缸

叶片式摆动气缸由在机壳内侧滑动的叶片、与叶轮相连的轴及限位器等构成，如图 8-12 所示。其工作原理如下：

（a）从 A 口供给压缩空气，推动叶片转动，在轴上产生力矩。

（b）排气室的压缩空气从 B 口排出，转轴向顺时针方向旋转。

（c）叶轮碰到限位器后停止。

（d）若从 B 口供给压缩空气，则转轴向逆时针方向旋转。

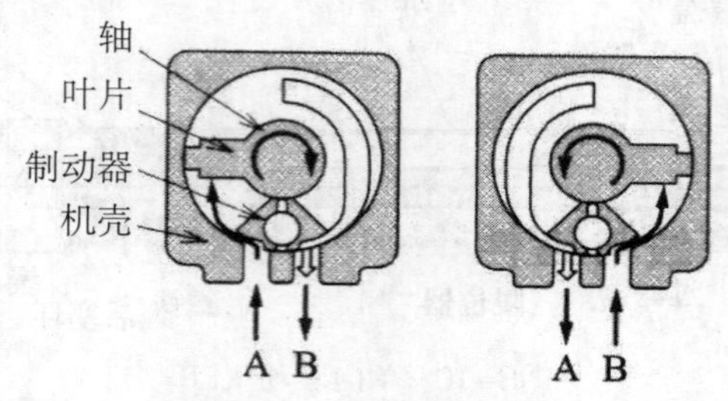

图8–12　叶片式摆动气缸

② 齿条齿轮式摆动气缸

齿条齿轮式摆动气缸由气缸、在缸体内滑动的两个活塞、位于两活塞之间的齿条及转轴等构成，如图 8–13 所示。其工作原理如下：

（a）从A口供给压缩空气，推动活塞 A，通过齿条齿轮副在齿轮轴上产生力矩。

（b）排气室的压缩空气通过 B 口排出，转轴向顺时针方向旋转。

（c）当活塞 B 碰到端盖停止时，转轴也停止转动。

（d）若从 B 口供给压缩空气，则转轴向逆时针方向转动。

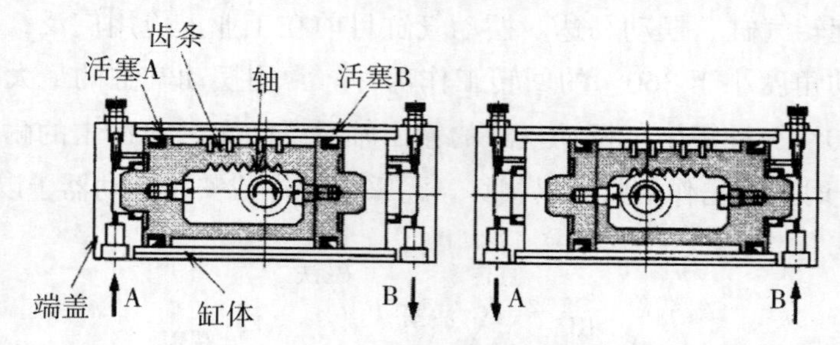

图8–13　齿条齿轮式摆动气缸

图 8–14 为摆动气缸的应用实例。

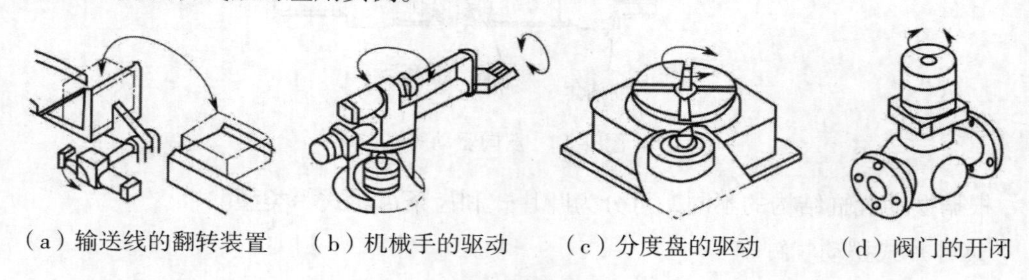

（a）输送线的翻转装置　（b）机械手的驱动　（c）分度盘的驱动　（d）阀门的开闭

图8–14　摆动气缸的应用实例

8.3.2 气动马达

气功马达是指供给压缩空气后可以获得连续旋转运动的装置。它有活塞式（图 8–15）和叶片式（图8–16）等几种形式。径向活塞式气动马达的工作原理如下：

（1）各活塞与曲轴由连杆连接，与转轴为一体的旋转阀门把从 A 口进入的压缩空气依次供给各活塞。

（2）由压缩空气驱动的活塞推动曲轴产生旋转力矩。

（3）另一侧的 B 口作为排气口。

（4）若从 B 口供给压缩空气，则气动马达反向旋转，A 口变为排气口。

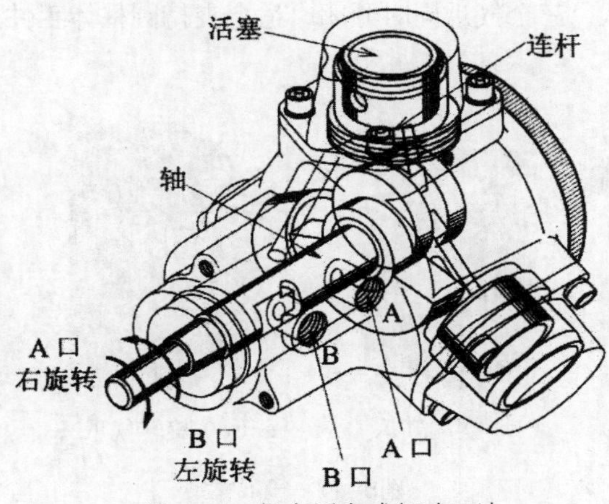

图8-15　径向活塞式气动马达

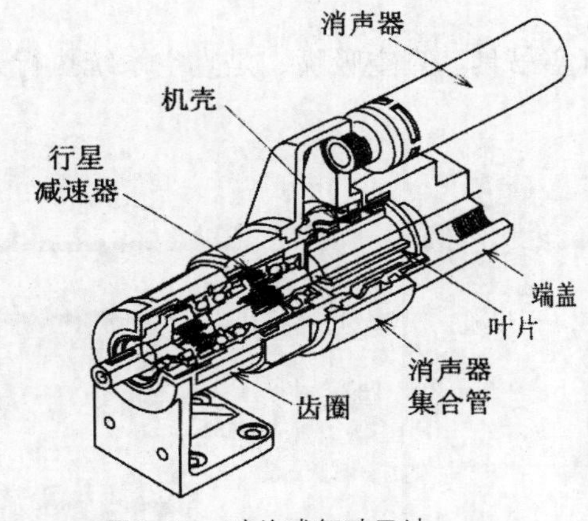

图8-16　叶片式气动马达

8.3.3 气爪

气爪（手指气缸）能实现各种抓取功能，是现代机械手的常用部件。图 8-17 所示的气爪具有如下特点：

（1）所有的结构都是双作用的，能实现双向抓取，可自动对中，重复精度高。

（2）抓取力矩恒定。

（3）在气缸两侧可安装非接触式检测开关。

（4）有多种安装、连接方式。

图 8-17a 为平行气爪，平行气爪通过两个活塞工作，两个气爪对心移动。这种气爪可以输出很大的抓取力，既可用于内抓取，也可用于外抓取。

图 8–17b 为摆动气爪，内、外抓取，40° 摆角，抓取力大，并确保抓取力矩始终恒定。

图 8–17c 为旋转气爪，其动作和齿轮齿条的啮合原理相似。两个气爪可同时移动并自动对中，其齿轮齿条原理确保了抓取力矩始终恒定。

图 8–17d 为三点气爪，三个气爪同时开闭，适合夹持圆柱体工件及工件的压入工作。

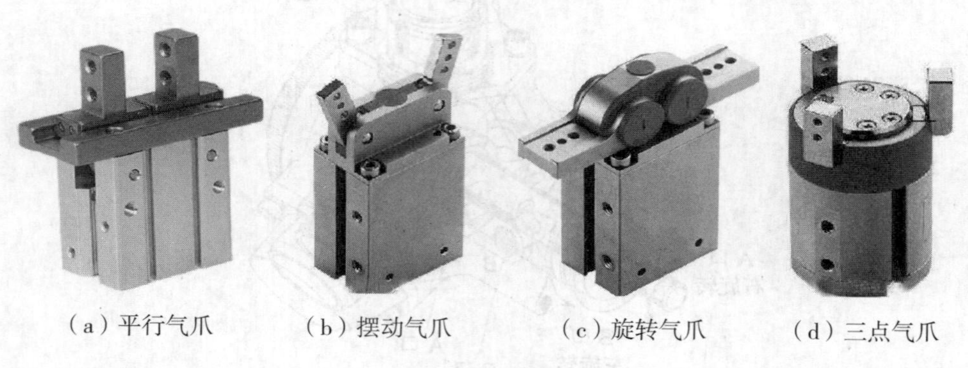

（a）平行气爪　（b）摆动气爪　（c）旋转气爪　（d）三点气爪

图8–17　气爪

8.3.4　真空吸盘

真空吸盘，又称真空吊具、真空吸嘴，是真空系统执行元件。真空系统工作原理如图 8–18 所示。

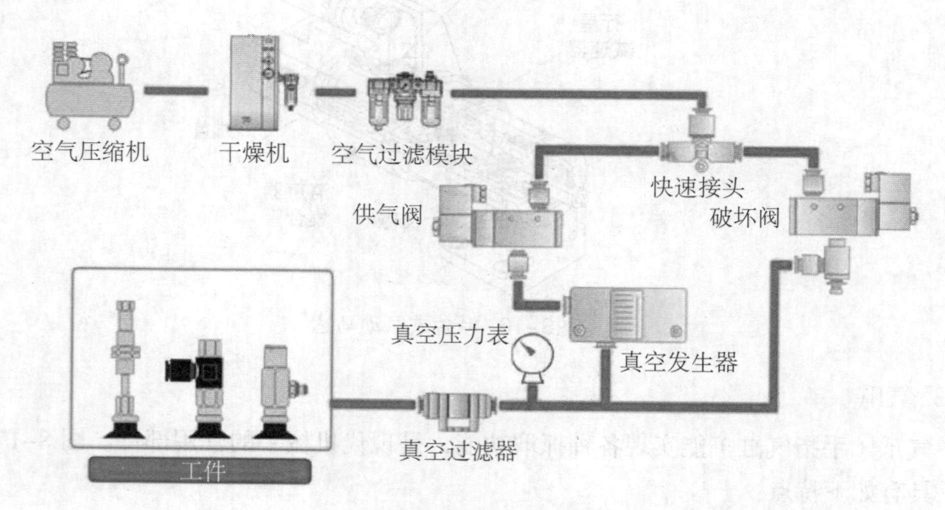

图8–18　真空系统工作原理示意图

一般来说，利用真空吸盘抓取制品是最廉价的一种方法。吸盘材料一般采用丁腈橡胶，具有较大的扯断力，因而广泛应用于各种真空吸持设备，如在建筑、造纸、印刷、玻璃等行业，实现吸持与搬送玻璃、纸张等薄而轻的物品的任务。

真空吸盘直径为 Φ2 ~ 200 mm，有数十种吸盘结构，常用的有六种，如图 8–19 所示。

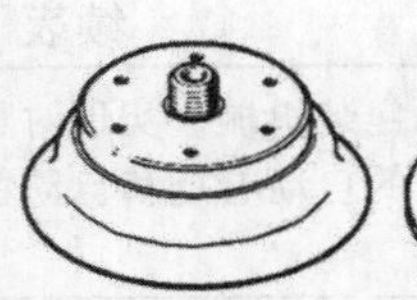
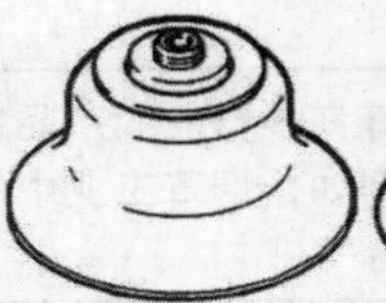
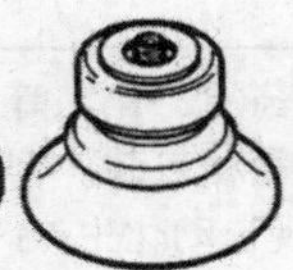
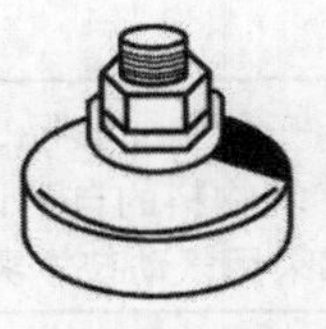

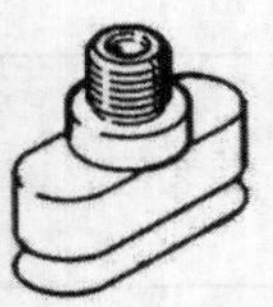

（a）标准圆形　（b）加深圆形　（c）铃形　（d）1.5褶波纹形　（e）3.5褶波纹形　（f）椭圆形

图8-19　常用的真空吸盘

真空吸盘具有如下特点：

（1）易使用。不管被吸物体是什么材料，只要能密封，不漏气，均能使用。而电磁吸盘只能用在钢材上，其他材料的板材或者物体是不能吸的。

（2）无污染。真空吸盘特别环保，不会污染环境，没有光、热、电磁等产生。

（3）不容易损伤工件。真空吸盘由橡胶材料制造，吸取或者放下工件不会对工件造成任何损伤。在一些行业，对工件表面的要求特别严格，它们只能用真空吸盘。

8.3.5　气动传动的应用

由于气动技术是一种低成本的自动化技术，因此广泛应用于各种生产设备和机器，涉及行业众多。适宜采用气动传动的场合见表8-4。

表8-4　适宜采用气动传动的场合

应用场合	说明
汽车制造行业	现代汽车制造工厂的生产线，尤其是车身焊接生产线，几乎都采用气动技术。例如，车身在工位间的移动；车身外壳被真空吸盘吸起和放下，在指定工位被夹紧和定位；点焊机焊头的快速移动和减速软着陆后的变压控制点焊，都采用各种特殊功能的气动元件和控制系统
饮料灌装行业（食品制造业）	采用气动技术的饮料灌装方法是借助于气功装置控制活塞的往复运动和旋转运动，将液体从储料箱中吸入活塞缸内，然后再强制压入待灌容器。这种方法既适用于黏度较大的液体，也适用于黏度较小的液体。液体灌装机主要适用于黏稠物料的灌装，如食品中的番茄沙司、肉糜、炼乳、糖水、果汁，日用品中的冷霜、牙膏、香脂、发乳、鞋油，医药中的软膏等
电子、半导体制造业	在半导体、印制电路板、芯片等各种电子产品生产、装配制作过程中，即使最细小的尘埃都有可能引起电子元件的短路，鉴于气动技术无污染，从而可防止将任何污物带入生产区域，同时气动系统动作速度快，因此电子线路板上电子元器件的插装都是由气动系统驱动的。另外，打字机键盘、手机键盘及电话机键盘的寿命测试都可以利用气动设备进行，以检验其是否达到使用寿命的要求
医学领域	气动技术广泛应用于医学领域，例如气动人工手指、气动行走机可以灵活地抓取物体和助人行走，用于帮助残疾人；气动人工心脏起搏器为心脏病人带来生的希望；药物生产制造设备中也采用气动技术等
塑料加工行业	注塑成型技术广泛用于生产塑料制品，常用的塑料牙刷、碗、勺子、铲子等就是用注塑成型机加工的。一般气动技术可应用于开启注塑模，而无任何火灾危险，并可将成品从模具中吹出

（续表）

包装行业	气动技术广泛用于粮食、食品、药品、化工等许多行业的产品包装机械，实现对颗粒、粉状、块状等物料的自动计量和包装。例如，烟草工业中的自动卷烟和自动包装等许多工序都采用气动技术实现自动化生产
家电制造业	在冰箱、彩电等家用电器和工业产品的自动装配生产线上，不仅可以看到大小不一、形状不同的气缸、气爪，还可以看到许多灵巧的真空吸盘，将一般气爪很难抓起的元件如显像管、纸箱等物品轻轻地吸住，运送到指定的位置上
航空领域	直升机螺旋桨端部的空气喷嘴和吸收发动机噪声的气动消声器都是气动技术在飞机制造业上的应用

以上仅列举了八个应用领域，事实上气动技术在机械加工、印刷机械、制药、纺织、测量、交通、卡通模型制作等众多领域都有广泛的应用。

第九章 电机的选用

9.1 电机概述

电机（Motor，全称电动机，又称马达）是把电能转换成机械能的一种设备。电机的工作原理是磁场对电流受力的作用，使电机转子转动或者线性移动。以旋转电机为例，电机主要由定子与转子组成，它是利用通电线圈（也就是定子绕组）产生旋转磁场并作用于转子形成磁电动力旋转扭矩。

限于篇幅，本书仅简要介绍常用的直流电机、交流电机、步进电机、伺服电机、直线电机以及与电机配套使用的减速器，供读者在电机选用时参考。

图9–1为电机类型选择流程图，读者可根据此图进行评估，以初步确定电机类型。

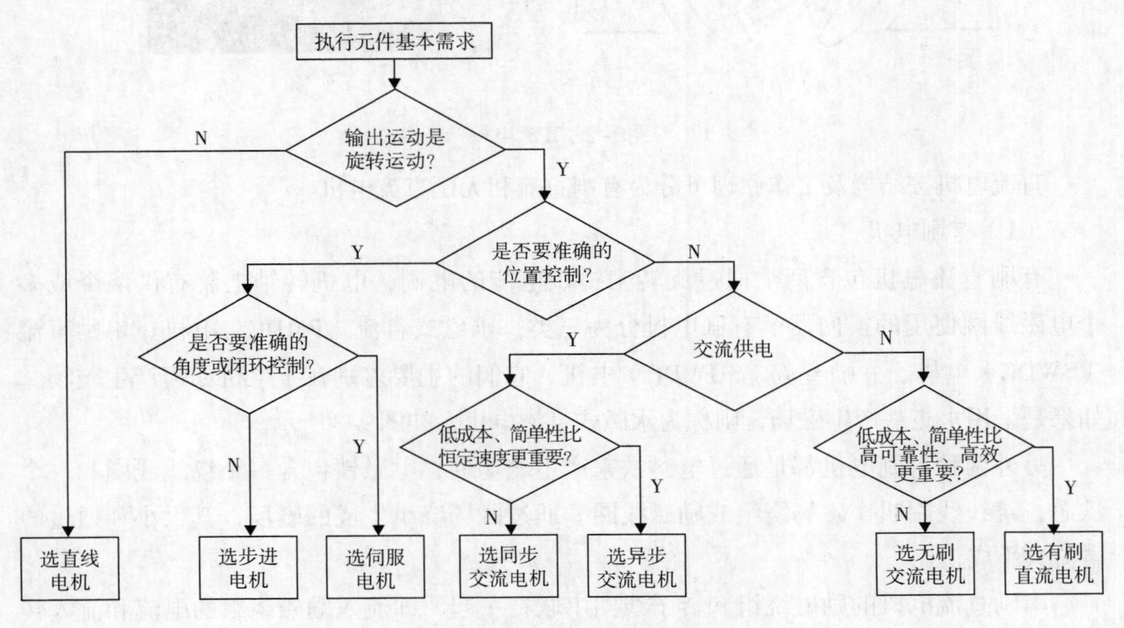

图9–1 电机类型选用流程图

在初步确定电机类型后，再根据具体特性参数选择相应的具体型号。首先考虑的是电机的性能应能全面满足被驱动机械负载的要求，如启动性能、正反转运行、调速性能、控制精度、过载能力等,在此基础上考虑电机的重量、尺寸、转轴长度和转轴直径等因素。在这个前提下，优先选用结构简单、运行可靠、维护方便、价格便宜的电机。读者可根据上述原则确定电机基本参数要求，再与专业工程师商讨具体选型。

9.2 直流电机

9.2.1 直流电机概述

直流电机是一种使用直流电能来产生磁场力从而驱动输出转轴旋转的电机。如图9-2所示，直流电机由永磁钢构成的定子、绕有线圈的转子、换向器及电刷等构成。当电流通过电刷和换向器流过线圈时产生转子磁场，这时转子成为一个电磁铁，在转子与定子之间产生吸引力或推斥力使转子旋转。由电刷和换向器来切换电流方向，使电机按同一方向旋转并带动负载做功。

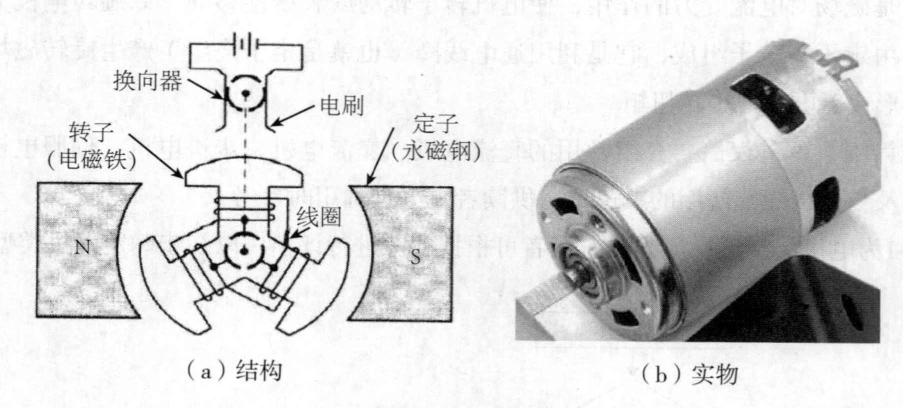

（a）结构　　（b）实物

图9-2　直流电机

直流电机按结构及工作原理可分为有刷直流和无刷直流电机。

（1）有刷电机

有刷直流电机包含两个通过旋转来提供电能的电刷，电机转轴上装有供两个或多个电磁线圈使用的换向器。有刷电机分为三类：永磁式直流（PMDC）电机、串励直流（SWDC）电机、并励直流（SHWDC）电机，它们的主要差别在于电机如何产生磁场。如果是采用永磁铁产生磁场，则称为永磁式直流电机，如图9-3所示。

另外两种有刷电机都是通过电磁铁来产生磁场的，电磁铁包含一个绕线线圈和一个铁芯，绕线线圈叫作磁场绕组或励磁线圈。通过磁场绕组生成的磁场，其大小和通过的电流大小成正比。

串励直流电机的励磁绕组和转子线圈串联在一起，即流入励磁绕组的电流和流入转子的电流是一样的，其等效电路如图9-4所示。

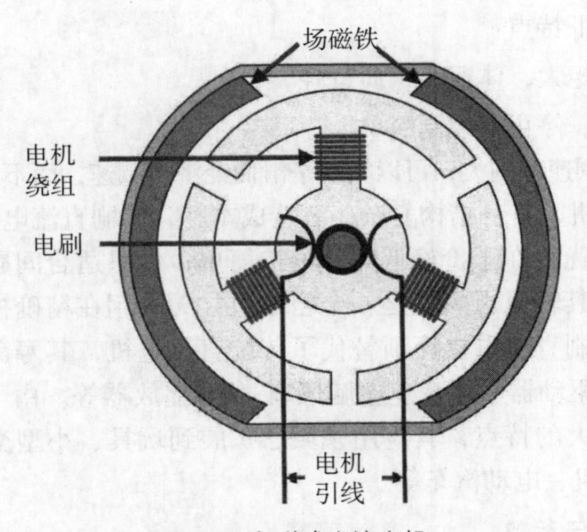

图9–3　永磁式直流电机

并励直流电机的励磁绕组和转子并联在一起，励磁绕组的电压和转子上的电压相等，其等效电路如图9–5所示。

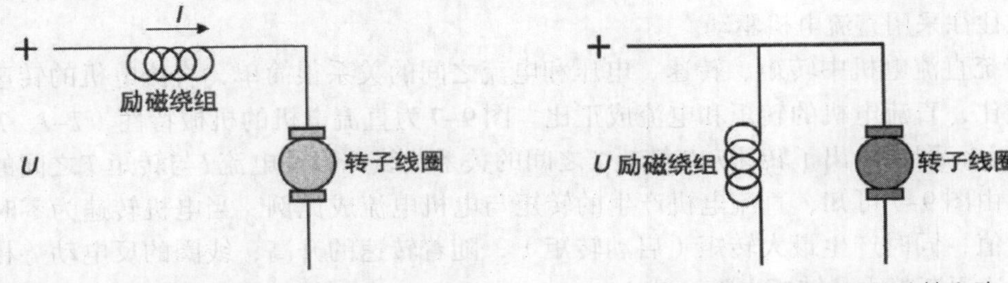

图9–4　串励直流电机的等效电路　　图9–5　并励直流电机的等效电路

（2）无刷直流电机

无刷直流电机是将普通直流电机的定子与转子进行了互换。无刷直流电机比有刷直流电机复杂，更加昂贵，但是因为它的转子和定子之间没有机械接触，所以更加可靠和高效。图9–6为一个无刷直流电机定子和转子的剖面，由于其本体为永磁电机，所以习惯上把无刷直流电机叫作永磁无刷直流电机。

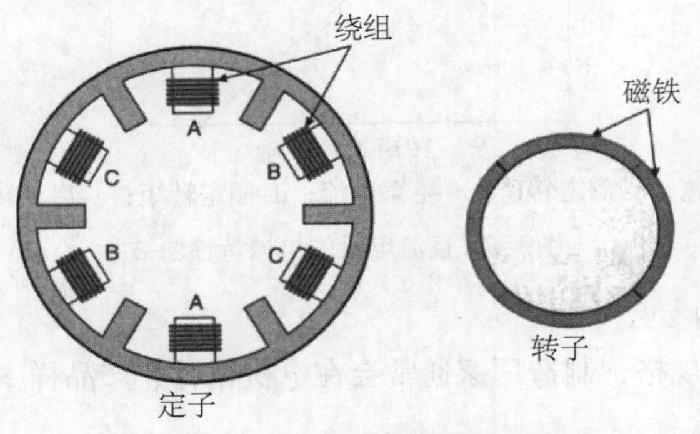

图9–6　无刷直流电机定子和转子的剖面

直流电机具有如下特点：

①启动和制动转矩大，体积小，质量轻。

②易于快速启动、停止，控制简单。

③调速性能好，调速范围大，可以实现平滑而经济地调速，而不需要其他设备的配合。

④相对于交流电机，自身结构复杂，制造成本高，有刷直流电机维护麻烦。

传统直流电机的优势在于价格低廉和构造简单，但只适合间歇使用，因为电刷和换向器限制了其寿命。其转速也只能是一个粗略值，无法用在精确控制场合。随着电子控制成本不断降低，无刷直流电机逐渐替代了传统直流电机，其寿命长和可控性好的特点使之非常适用于硬盘驱动器、可变速电脑风扇、CD播放器等。由于无刷直流电机具有尺寸多变、功率重量比大的特点，其应用领域已扩展到玩具、小型交通工具，例如遥控模型汽车、飞机、直升机、电动汽车等。

9.2.2 直流电机的特性与参数

（1）直流电机的特性

直流电机虽然比三相交流异步电机结构复杂，维修也不便，但由于它的调速性能较好和启动转矩较大，因此，早期对调速要求较高的生产机械或者需要较大启动转矩的生产机械往往采用直流电机驱动。

传统直流电机中转矩、转速、电压和电流之间的关系很简单，直流电机的转速和电压成正比，直流电机的转矩和电流成正比。图9–7为直流电机的机械特性（T–I、T–n特性曲线）。图中给出了转速n与转矩T之间的关系曲线，以及电流I与转矩T之间的关系曲线。由图9–7可知，直流电机产生的转矩与电机电流成比例。当电机转速为零时电流为最大值，同时产生最大转矩（启动转矩），随着转速的升高，线圈的反电动势相应增大，电流逐渐减小，转矩也随之减小。

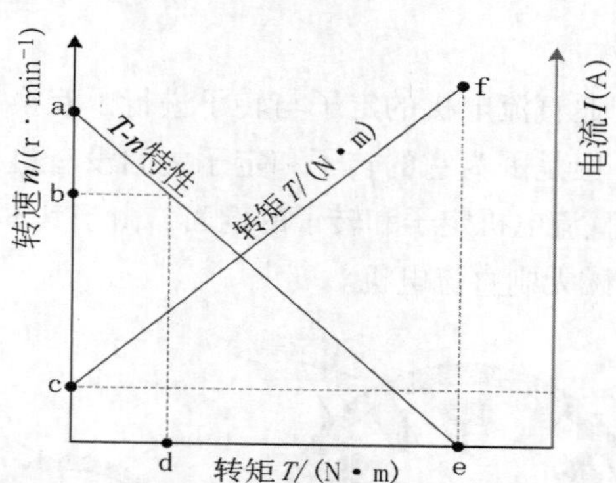

a–空载转速；b–额定转速；c–空载电流；d–额定转矩；e–启动转矩；f–启动电流

图9–7　直流电机的机械特性曲线

（2）直流电机的参数

直流电机有多种规格，制造厂家通常会在电机铭牌、产品样本或者参数表上都有体现。主要参数如下：

①额定功率（kW）：是指在长期使用时，轴上允许输出的机械功率。

②额定电压（V）：是电机上加载的直流电压，所有电机的额定参数都是在此基础上测得的。这个数值一般都是在电机设计之初就确定了。电机允许高于或者低于额定电压使用，但是高于额定电压使用，会降低电机的寿命，低于额定电压是没有问题的。传统直流电机的速度可以通过调整电压来控制，然而如果电压跌落到额定值的50%以下，电机可能会停止。

③额定电流（A）：在额定电压、额定转速和额定转矩下绕组达到最高允许温度时的电流值。

④额定转速（r/min）：在额定电压和额定转矩下的转速。

⑤最大转速（r/min）：是考虑到散热以及机械部件而允许的电机最高转速，电机在过高的转速下运行会大大降低寿命。

⑥额定转矩（N·m）：在额定电压和额定转速下的转矩。

⑦堵转转矩（N·m）：电机在堵转条件下的转矩，电机绕组温度的上升会导致堵转转矩下降，堵转转矩其实表现为电机的过载能力，一般在核算负载时，需要和负载的惯量以及加速度一起考虑。工作转矩为堵转转矩的10%～30%，这个区间也是电机效率最高的区间。

⑧空载转速（r/min）：电机在额定电压下的空载转速，空载转速理论上与电机上施加的电压成正比。小型直流电机的工作转速最好为空载转速的70%～90%。

⑨空载电流（A）：在额定电压下空载电机的电流。如果是有刷电机，取决于换向系统摩擦力的大小；对于其他电机，一般取决于转子的动平衡以及轴承质量的好坏。空载电流是一个综合性指标，可以反映电机的质量高低。

⑩堵转电流（A）：是额定电压与电机引线端电阻的比值，堵转电流对应堵转转矩。对于大型电机，由于受到驱动器的限制，一般达不到堵转电流。

⑪最大效率（%）：在额定电压下输入的电功率和输出的机械功率的比值，电机一般并不是都工作在最大效率点。

9.2.3 直流电机的选用与控制

（1）直流电机的选用

①确定需要的最大转矩；

②需要的工作转速；

③可用的电源额定电压和电流；

④算出工作时转矩的平方根均值，也就是最大连续转矩；

⑤通过最大转矩和最大转速，算出电机的最大输出功率；

⑥选择减速机的减速比，然后计算电机减速前的最大转矩和最大连续转矩；

⑦通过功率、转矩和转速指标，选择电机系列；

⑧依据最大转速和最大转矩，计算无负载的转速；

⑨通过速度常数选择绕组，应留有一定余量，这样也就确定了电机的具体型号；

⑩计算出最大电流，看是否超出供电的额定电流值。

（2）直流电机的控制

直流电机的控制调速方法一般有三种：①改变电枢电压；②改变激磁绕组电压；③改变电枢回路电阻。

目前最常用的控制方式是改变电枢电压，一般PLC、微控制器或IO卡均可以输出PWM方波进行调速，或采用专门的调速装置，甚至可以直接用调压电源实现调速。

改变电枢电压常采用脉宽调制（PWM，Pulse Width Modulator），通过对矩形波脉冲宽度的连续控制来等效地获得所需要的波形（含形状和幅值），如图9-8所示。通常脉冲的频率是固定的，调整时只需要改变占空比，即可达到改变电枢两端平均电压的目的。脉冲宽度决定了平均输出功率，频率需要足够高，以达到不影响电机运转平滑性的目的。脉宽调制不仅对电机转速进行控制，同时也可以控制正、反转运行。

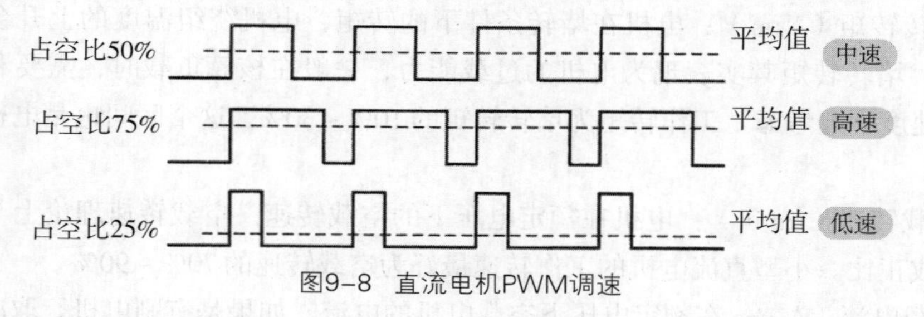

图9-8　直流电机PWM调速

图9-9为使用单片机输出PWM方波调速控制直流电机。单片机从P3.6和P3.7分别输出两路PWM方波，通过改变两路PWM方波的占空比可以实现电机调速和方向控制。

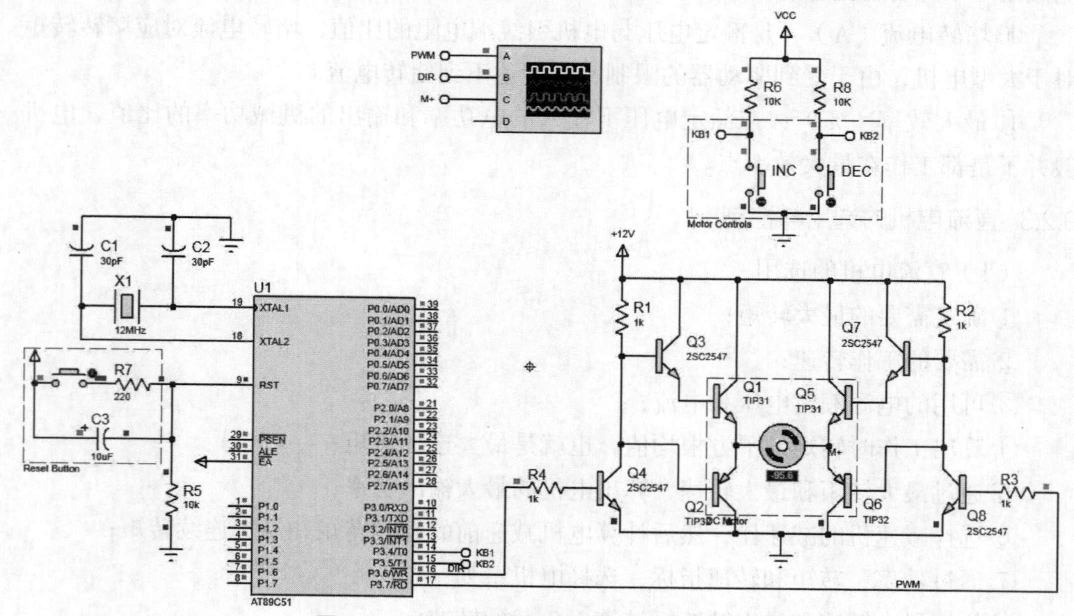

图9-9　用单片机输出PWM驱动直流电机

如图9-10所示，利用Arduino板和L298N驱动板驱动直流电机。L298N驱动板通过控制主控芯片上的I/O输入端1、2、3和4，直接通过电源来调节输出电压，即可实现电机的正转、反转、停止，由于电路简单，使用方便，通常情况下L298N板可直接驱动两台直流电机。通过将L298N板上的I/O输入端1、2、3、4与Arduino板上的四个支持PWM的I/O口相连接，结合控制程序编写即可通过调整对应的I/O占空比，实现分别控制左侧和右侧直流电机的转速和方向。

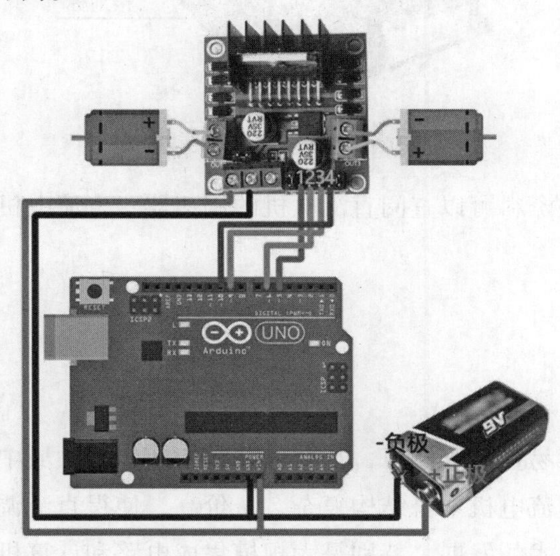

图9-10 利用Arduino板和L298N驱动板驱动直流电机

为了更方便实现调速，市面上出现了直流调速器（又称直流电机调速器、直流马达调速器）。直流调速器分为可控硅斩波型（SCR）和脉宽调制型（PWM）两种。

① 可控硅斩波型（SCR）直流调速器

优点：成本低，容易做到高电压，大功率，抗干扰性能好，抗冲击性能好，对使用环境要求不高等。

缺点：调速精度不高，噪声大。

适用范围：适用于启动、运行转矩较大且连续运行的机械设备，如机加工设备的机床、连续运行的生产设备以及对精度要求不高的设备。

② 脉宽调制型（PWM）直流调速器

优点：调速精度高，电机运转噪声小，效率高，调速范围宽，电机运转火花小（能延长电机的使用寿命）等。

缺点：抗冲击能力差，发热量大，干扰大，体积大，不适合大功率，对使用环境要求高等。

图9-11为直流电机调速器，输入端与市电连接，输出端与直流电机连接，通过正转反转开关改变电机旋转方向，通过旋钮改变占空比改变电压来调节直流电机转速。

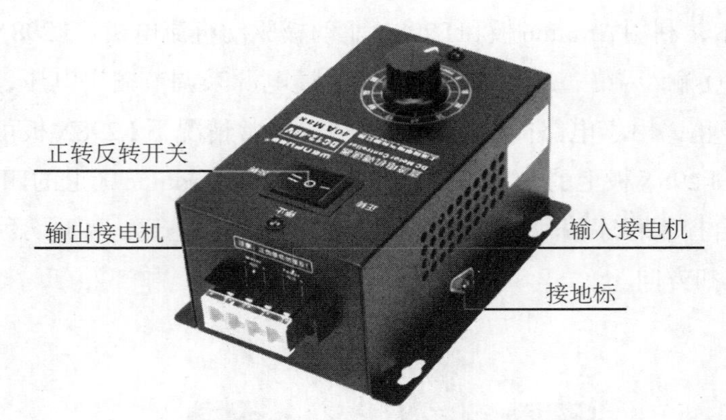

图9-11 直流电机调速器

直流电机控制相关资料可以查阅直流电机的调速器、直流电机的控制、电机驱动板以及本书参考文献。

9.3 交流电机

9.3.1 交流电机概述

直流电机的转速容易控制和调节，长期以来在变速传动领域中，直流调速一直占据主导地位。但是由于直流电机本身结构复杂、造价高，使得直流调速系统的应用受到了限制。随着电力电子技术的发展，特别是大规模集成电路和计算机控制的出现，高性能交流电机系统便应运而生。

交流电机由定子和转子组成，定子侧绕组通入交流电产生旋转磁场，从而带动转子旋转。交流电机原理如图9-12a所示。

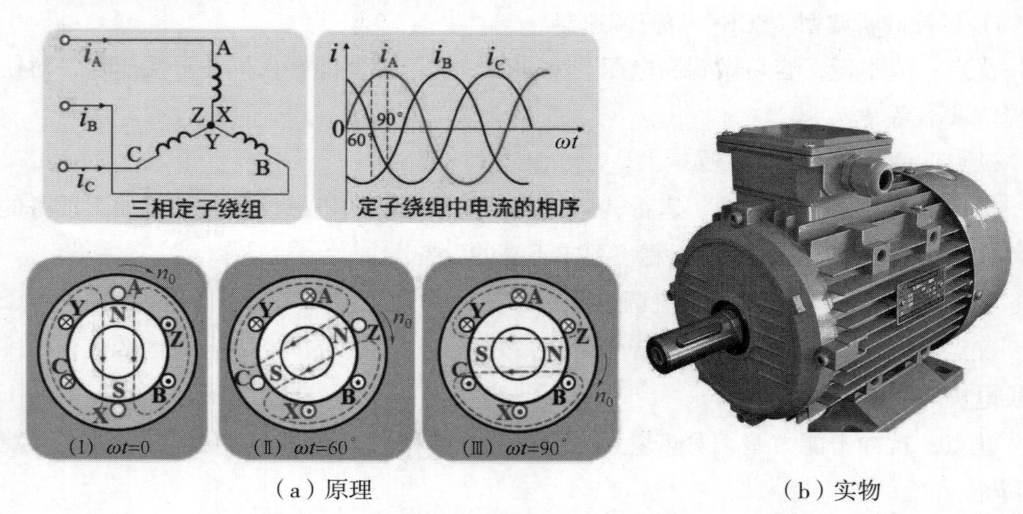

（a）原理　（b）实物

图9-12 交流电机

交流电机的分类方法有多种。按电机输入电源的电气内容分为多相系统电机和单相交流电机。多相电机使用多个相位（通常是三相）运行在交流电源上，而单相电机运行在只有一个相位的电源上。在这两种情况下，输入电源都是输入给定子中的绕组，由其产生旋转磁场。工业中的重负载机器大都采用大型的多相电机，比如吊车、钻机以及电力火车。

按转子旋转的速率可分为同步电机和异步电机（或称非同步电机）两种。电机旋转磁场的转速被称为其同步转速，同步电机的旋转速度和其同步转速相同，异步电机的转速要小于同步速度。

交流电机通常指异步电机，它的转速恒小于同步转速。异步电机的品种规格繁多，应用也最为广泛。目前在电力传动中大约有90%的机械使用交流异步电机，其用电量约占总电力负荷的一半以上。

普通交流电机转速正比于电源频率，为方便实现调速，出现了变频调速电机，简称变频电机，是变频器驱动的电动机的统称。变频电机可以在变频器的驱动下实现不同的转速与扭矩，以适应负载的需求变化。

交流电机的特点如下：

① 结构简单，制造成本低。

② 矢量变频技术的发展，已经可以用变频电机模拟成直流电机。

③ 维护容易，对环境要求低，节能。

④ 自身完成不了调速，需要借助变频设备等来实现调速。

交流电机与直流电机的比较。

直流电机优点：调速、启动、制动性能好，控制简单，短时过载能力强。

直流电机缺点：结构复杂、价格高，有刷的需要定期维护换向器与电刷。

交流电机优点：结构简单，价格便宜，免维护。

交流电机缺点：调速、启动、制动性能差，若要控制性能好，需要采用复杂的控制器（变频调速或矢量调速）。

交流电机由于它的一系列优点，所以在工农业生产、交通运输、国防、家用电器、医疗电器设备、各类机床及机械加工设备等领域广泛应用。比如应用于风机、各种泵、鼓风机、卷绕机、起重机械、离心混料机、传送带、粉碎机、搅拌机、洗衣机、吸尘器、电风扇，电冰箱、空调、轧钢设备、车床等。

9.3.2　交流电机的特性与参数

（1）主流电机的特性

交流电机的机械特性曲线如图9–13所示，图中A为启动点，B为最大转矩点，C为额定运行点，D为同步运行点。在电机特定工况下，图中的机械特性曲线会发生相应的改变，如电机在定额负载下运行，降低电压后，转速减低，转差率S会增大，转子电流也会增大，导致电机过载。长期欠电压过载运行将会使电机过热，减少使用寿命。

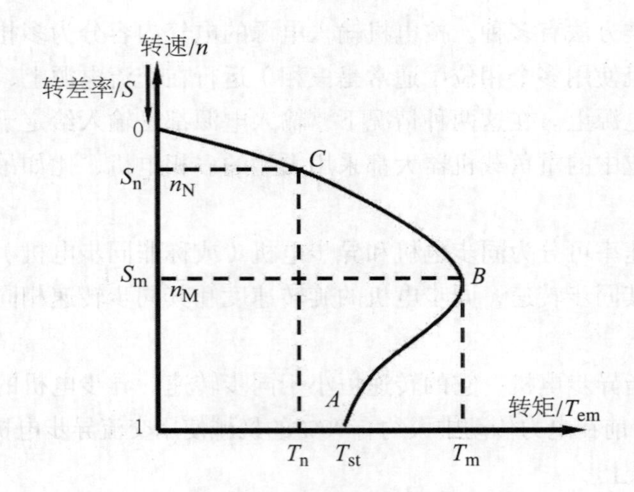

图9-13 交流电机的机械特性曲线

（2）交流电机的参数

交流电机主要有以下几个参数：

① 型号：表示电机的系列品种、性能、防护结构形式、转子类型等产品代号。

② 接法：指电动机在额定电压下，三相定子绕组的接线方式。

③功率：表示额定运行时电机轴上输出的额定机械功率，单位kW。

④ 电压：直接到定子绕组上的线电压（V），电机有Y形和△形两种接法，其接法应与电机铭牌规定的接法相符，以保证与额定电压相适应。

⑤ 电流：电机在额定电压和额定频率下，输出额定功率时定子绕组的三相线电流。

⑥转速：r/min，电机在额定电压、额定频率、额定负载下的转速（r/min）；两极电机的同步转速为3 000 r/min。

⑦ 频率：指电机所接交流电源的频率，我国规定为（50 ± 1）Hz。

⑧防护等级：指防止人体接触电机转动部分、电机内带电体和防止固体异物进入电机内的防护等级。

⑨ 绝缘等级：电机绝缘材料的等级，决定电机的允许温升。

⑩工作制：指电机的运行方式，一般分为“连续”（代号为S1）、“短时”（代号为S2）、“断续”（代号为S3）。

⑪ 执行标准：表示设计电机的技术文件依据。

基本交流电机由于受制于供电电源的频率（50 Hz），典型三相电机的极限转速小于1 500 r/min。变频电机克服了这个极限，转速可以高达10 000 ~ 30 000 r/min。同步电机转速取决于电机的相位数量，通常为1 500 r/min或1 000 r/min。

关于电机转矩的论述可参见直流电机章节的参数部分。

9.3.3 交流电机的选用与控制

（1）交流电机的选用

① 根据机械的负载性质和生产工艺对电机的启动、制动、反转、调速等要求，合理选择电机的类型。

② 根据负载转矩、转速变化范围和启动频繁程度等要求，并考虑电机的温升限制、过载能力和启动转矩，合理选择电机的功率使功率，匹配合理，力求安全、可靠、经济。

③ 根据使用场所的环境条件，如温度、湿度、灰尘、雨水、瓦斯、腐蚀及易爆气体含量等，考虑必要的保护方式，选择电机的防护结构型式。

④ 根据企业电网电压标准和对功率因数的要求，确定电机的电压等级。

⑤ 根据生产机械的最高转速和对电力传动调速系统的要求，以及机械减速的复杂程度，选择电机的电压等级。

（2）交流电机的控制

交流电机的速度计算公式为

$$n=\frac{60f_1}{p}(1-s) \tag{9-1}$$

式中：s 为转差率；f_1 为电源频率；p 为极对数；n 为电机转速。

实际应用中，许多交流电机并没有控制电路，直接将电机接入电源，然后通过打开 / 关闭（On/Off）开关控制电机启停。因此这些交流电机通常都是以固定的转速和固定的转矩运行。

异步电机的调速控制方法很多，根据速度公式可以有变频调速、变极调速和改变转子电阻调速。

① 利用变频器改变电源频率调速，调速范围大，稳定性、平滑性较好，机械特性较硬（加上额定负载后转速下降得少,属于无级调速）。

② 改变磁极对数调速，属于有级调速，调速平滑度差，一般用于金属切削机床。

③ 改变转差率调速。

上述三种调速方式中变频调速应用最为普遍。变频器（VFD）连接在电机和线路电源之间，它的目的是产生需要的电压和频率的电源提供给电机。通过使用 VFD，可以调整输入功率来满足电机的需要，这样可以节省一大笔费用，并延长电机的使用寿命。

如图 9-14 所示，变频器的运行通过把交流电转换成直流电，然后再利用逆变器生成一个满足所需电压和频率的脉冲宽度调制（PWM）信号，用以控制交流电机速度。

变频电机是专门结合变频器使用的电机，它低速运行时电机不发热，因为其散热风扇是独立电源，此外其低速转矩也比普通电机大，当然变频电机的价格要比普通电机高一倍。如果需要低速大转矩，就用变频器控制变频电机。

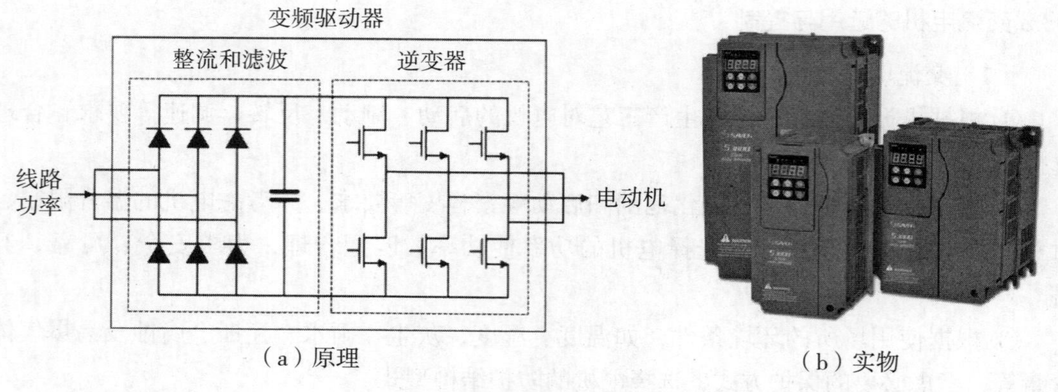

（a）原理　　（b）实物

图9-14　变频器

图 9-15 为 PLC 结合变频器实现异步电机多档速度控制。变频器可以连续调速，也可以分档调速，以某变频器为例，该变频器有 RH（高速）、RM（中速）和RL（低速）三个控制端子。在用 PLC 对变频器进行多档转速控制时，需要对变频器进行有关参数设置，参数可分为基本运行参数和多档转速参数，参见表 9-1，再通过这三个端子的组合输入，可以实现 7 档转速控制。将 PLC 的输出端子与变频器这些端子连接，结合 PLC 程序编写，就可以通过按钮（转速一到转速七）控制变频器来驱动电机多档转速运行。

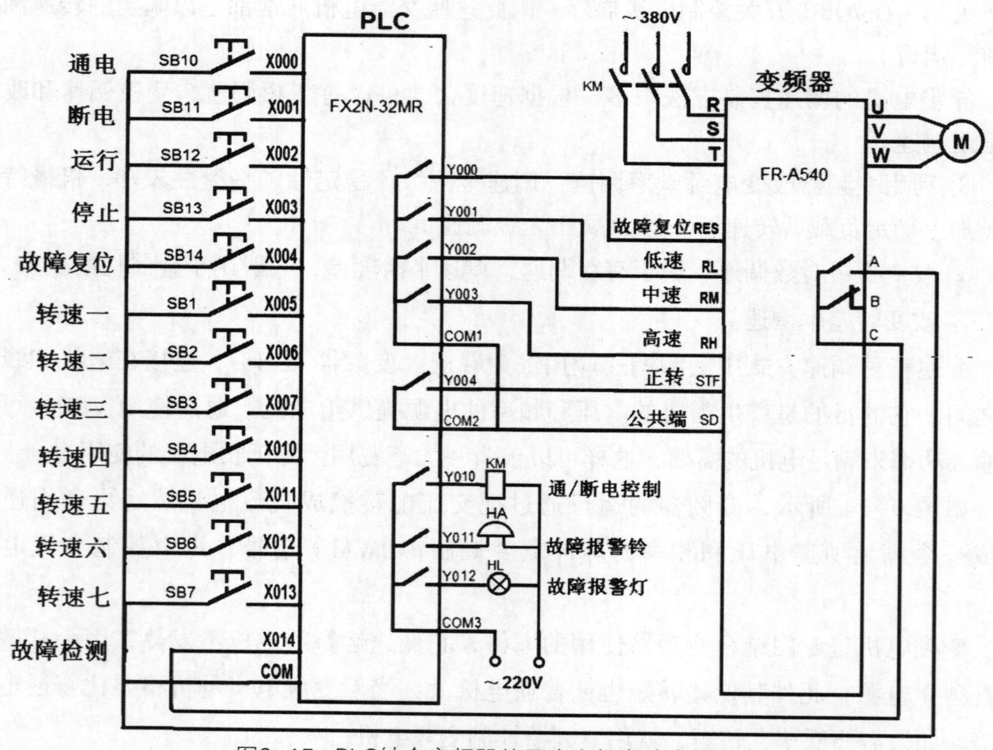

图9-15　PLC结合变频器的异步电机多速度控制

表 9-1 某变频器多档调速参数设置实例

分类	参数名称	参数号	设定值
基本运行参数	转矩提升	Pr.0	5%
	上限频率	Pr.1	50 Hz
	下限频率	Pr.2	5 Hz
	基底频率	Pr.3	50 Hz
	加速时间	Pr.7	5 s
	减速时间	Pr.8	4 s
	加减速基准频率	Pr.20	50 Hz
	操作模式	Pr.79	2
多档转速参数	转速一（RH为ON）	Pr.4	15 Hz
	转速二（RM为ON）	Pr.5	20 Hz
	转速三（RL为ON）	Pr.6	50 Hz
	转速四（RM、RL均为ON）	Pr.24	40 Hz
	转速五（RH、RL均为ON）	Pr.25	30 Hz
	转速六（RH、RM均为ON）	Pr.26	25 Hz
	转速七（RH、RM、RL均为ON）	Pr.27	10 Hz

变频调速控制相关资料可以查阅交流电机的调速、交流电机的控制以及本书参考文献。

与直流调速系统相比，交流调速系统主要有以下特点：

① 交流电机具有更大的单机容量。

② 交流电机的运行转速高且耐高压。

③ 交流电机的重量、价格均小于同容量的直流电机，交流电机构造简单、坚固耐用、经济可靠、转动惯量小。

④ 交流电机特别是鼠笼型异步电机的环境适应性广，在恶劣环境中，直流电机几乎无法使用。

⑤ 调速装置反应速度快、精度高且可靠性高，可达到与直流电机调速系统同样的性能指标。

⑥ 在交流电机的专属领域——风机泵类负载拖动领域，调速就意味着节能。

9.4 步进电机

9.4.1 步进电机概述

步进电机是一种根据脉冲输入而每次旋转一定角度（进步角）的电机，如图 9-16 所示。

每一次旋转称为一步，步进角度通常为 15°、7.5°、5.0°、2.5°、1.8°、0.72° 等。电机转动与施加的脉冲之间有几个方面的直接关系：所施加的脉冲序列决定了电机轴的旋转方向；电机的输出轴旋转的速度决定于输入脉冲的频率；电机旋转的角度决定于输入脉冲的数量。

根据转矩产生方式不同，步进电机可以分为以下三类，如图 9–16 所示。

永磁式（PM）步进电机：高转矩，极弱的角分辨率。

反应式（VR）步进电机：优秀的角分辨率，低转矩。

混合式（HY）步进电机：永磁式和反应式步进电机的混合结构，可以提供良好的转矩及角分辨率。

HY 型综合了 PM 型和 VR 型的优点，目前应用最为广泛。

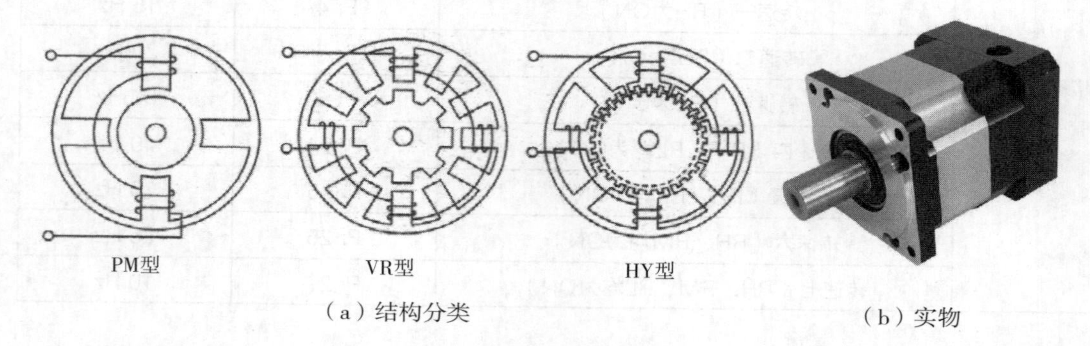

（a）结构分类　（b）实物

图9–16　步进电机

步进电机旋转角度与输入的脉冲数成比例，转速则与脉冲的频率成比例。通过控制输入信号的脉冲数和频率，可以直接控制旋转角度和转速。不需要反馈信号传感器，通过简单的开环控制即可控制电机旋转，所以这种电机的控制系统非常容易构建，特别是使用微控制器的各种系统，如移动机器人。只需将微控制器产生的脉冲指令输入电机驱动部分，就可以轻松地控制电机移动目标距离。

步进电机由于控制简单，转矩小，具备一定的定位精度，可以用于控制磁盘驱动的寻位、打印机打印头移动控制和送纸过程，以及复印机或扫描仪中的扫描移动控制。工业和实验室应用包括调整光学器件（现代望远镜通常通过步进电机来调整角度），还有液体系统的阀门控制。

9.4.2　步进电机的特性与参数

（1）步进电机的特性

步进电机的机械特性曲线是指电机转矩与输入信号频率关系的曲线，如图 9–17 所示。图中 Ⅰ 为自动启动区，Ⅱ 为运行区域。从曲线上可以看出，随着输入频率的升高，步进电机转矩下降很快。当转矩降到负载转矩之下时就会导致步进电机“失步”。

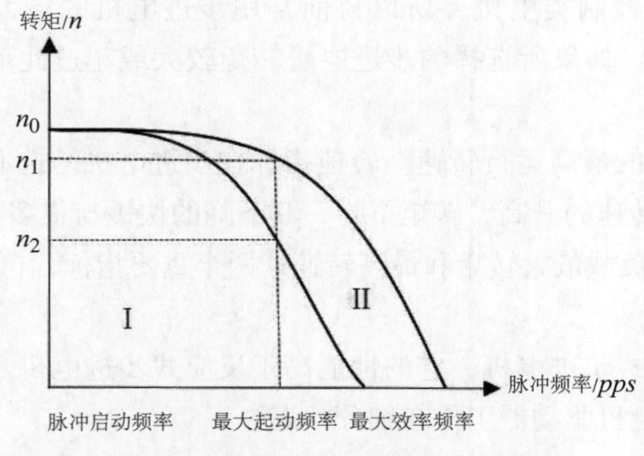

图9–17 步进电机的机械特性曲线

① 步进电机输入一个脉冲就旋转一个固定角度（步进角），因此电机的旋转角度与输入的脉冲数有关，转速与脉冲频率有关；

② 脉冲频率过高或负载转矩过大时，可能会出现“失步”；

③ 开环反馈控制，控制简单；

④ 可以在很宽的转速范围内工作，包括在不带有减速齿轮下以极低速旋转；

⑤ 停止时可以保持转矩；

⑥ 容易与微型计算机相连；

⑦ 维护方便。

（2）步进电机的参数

步进电机的主要参数如下：

① 步距角：对应一个脉冲信号，电机转子转过的角位移。

② 相数：是指电机内部的线圈组数，目前常用的有两相、三相、五相步进电机。

③ 拍数：完成一个磁场周期性变化所需脉冲数或导电状态，或指电机转过一个齿距角所需脉冲数。

④ 保持转矩：是指步进电机通电但没有转动时，定子锁住转子的转矩。

⑤ 定位转矩：在不通电状态下，电机转子自身的锁定转矩。

⑥ 失步：电机运转时运转的步数不等于理论上的步数。

⑦ 失调角：转子齿轴线偏移定子齿轴线的角度，电机运转必存在失调角，由失调角产生的误差，采用细分驱动是不能解决的。

步进电机可以提供的最大转矩可参见直流电机章节的参数部分。

9.4.3 步进电机的选用与控制

（1）步进电机的选用

① 确定步进电机拖动负载所需要的转矩。最简单的方法是在负载轴上加一杠杆，用弹簧秤拉动杠杆，拉力乘以力臂长度即是负载转矩，或者根据负载特性从理论上计算出

来。由于步进电机是控制类电机，所以目前常用步进电机的最大转矩不超过 5 N·m，转矩越大，成本越高。如果所选择的步进电机转矩较大或超过此范围，可以考虑加配减速装置。

② 确定步进电机的最高运行转速。转速指标在步进电机的选取时至关重要，步进电机的特性是随着电机转速的升高，转矩下降，其下降的快慢与很多参数有关。

③ 根据步进电机负载最大转矩和最高转速这两个重要指标，再参考“矩–频特性”，选择适合的步进电机。

④ 尽量选择混合式步进电机，它的性能高于反应式步进电机。尽量选取细分步进电机驱动器，且使步进电机驱动器工作在细分状态。

⑤ 选取时要同时考虑步进电机的转矩和速度指标，在转速要求较高的情况下可以选择驱动电压高一点的步进电机驱动器。

（2）步进电机的控制

步进电机的驱动电路根据控制信号工作，它将脉冲信号转变成角位移，即给一个脉冲信号，步进电机就转动一个角度，因此非常适合数字化控制。

步进电机通常采使用步进电机驱动器进行控制，图9–18为步进电机驱动器。驱动器除了电源线和接电机线外，还有DIR（方向）、Pulse（脉冲）、Free（或EN使能）3根线（或者差分信号6根线）。DIR 用于控制方向，Pulse 用于根据接到脉冲信号控制转角，Free 用于控制是否使能电机。当脱机信号 Free 为低电平时，驱动器输出到电机的电流被切断，步进电机转子处于自由状态（脱机状态）。在有些自动化设备中，如果在驱动器不断电的情况下要求直接转动电机轴（手动方式），就可以将 Free 信号置低，使电机脱机，进行手动操作或调节。手动完成后，再将 Free 信号置高，以继续自动控制。通过取反 DIR 信号可以改变电机转向，通过改变脉冲的个数控制电机转角，通过改变脉冲的频率控制电机速度。

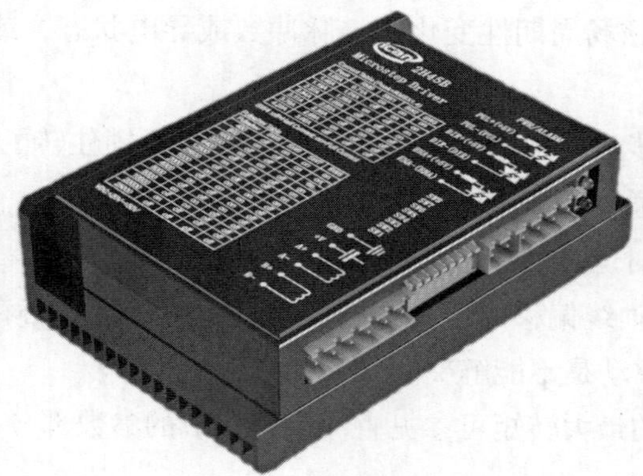

图9–18　步进电机驱动器

主控制器只要通过3根（差分时使用 6 根线）提供信号即可进行步进电机控制。具体控制信号可以由 PC+IO 模块、PLC、微控制器或者专用控制器提供。除了使用步进电机驱动器之外，还可以使用电机驱动芯片或自己开发控制逻辑直接控制步进电机。

可编程序控制器PLC结合驱动器可以方便可靠地控制步进电机完成各种复杂的工作。图9-19为PLC控制步进电机典型接线图。通过PLC编程可以方便实现步进电机各种规律运动控制。通常情况下，Free端接入高电平信号，当PLC程序在需要控制电机方向时，可以切换方向输入信号的电平；在需要改变速度时，改变脉冲输入的频率；在电机不需要自动控制而用手动旋转时，改Free端输入低电平可以使电机空转，以满足调整安装的初始位置等特殊需求。

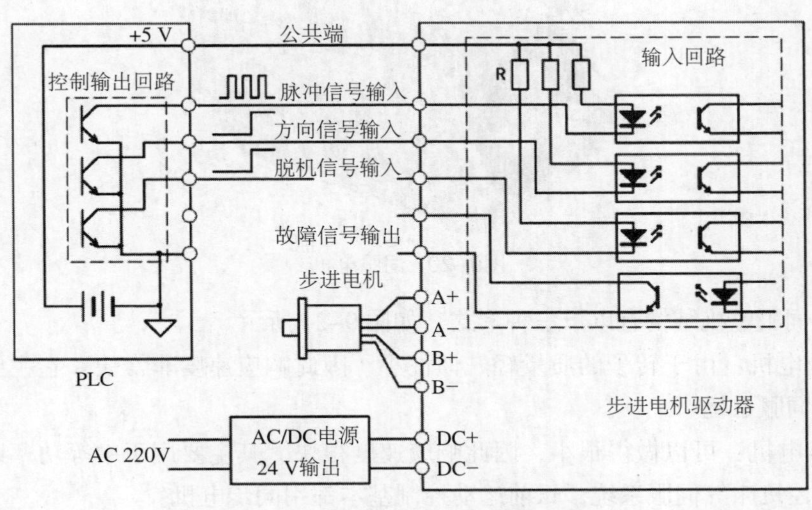

图9-19 PLC控制步进电机示意图

步进电机控制相关资料可以查阅步进电机控制、步进电机控制器、步进电机控制系统等知识点以及本书参考文献。

9.5 伺服电机

9.5.1 伺服电机概述

伺服电机可以理解为一种绝对服从控制信号指挥的电机：在控制信号发出之前，转子静止不动；当控制信号发出时，转子立即转动；当控制信号消失时，转子能即时停转。伺服电机如图9-20所示。相对于普通电机，伺服电机主要用于精确定位，因此通常所说的控制伺服，就是对伺服电机的位置控制。伺服电机还有另外两种工作模式，即速度控制和转矩控制，但应用比较少。

伺服电机主要靠脉冲来定位，伺服电机接收到一个脉冲就会旋转一个脉冲对应的角度，从而实现位移。伺服电机本身带有编码器，具备发出脉冲的功能，所以伺服电机每旋转一个角度，就会发出对应数量的脉冲，相当于把电机旋转的详细信息反馈回去，形成闭环。这样就能很精准地控制电机的转动，实现非常精准的定位。

伺服电机分为交流伺服和直流伺服两大类。交流伺服电机没有直流伺服电机的机械接触部分（电刷、换向器），因此可以免维护。交流伺服系统已成为当代高性能伺服系统的主要发展方向。工业机器人和数控机床中传统上一直采用直流伺服，目前正逐渐被交流伺服所取代。

图9-20　伺服电机

典型的伺服电机结构有以下三种形式，如图 9-21 所示。

① 感应电机：由于转子的质量轻、惯性小，因此响应速度非常快，它主要用于中等功率以上的伺服系统。

② 同步电机：可以做得很小，因此响应速度很快。其主要用于中等功率以下的工业机器人和数控机床等伺服系统，目前运动控制基本都用同步电机。

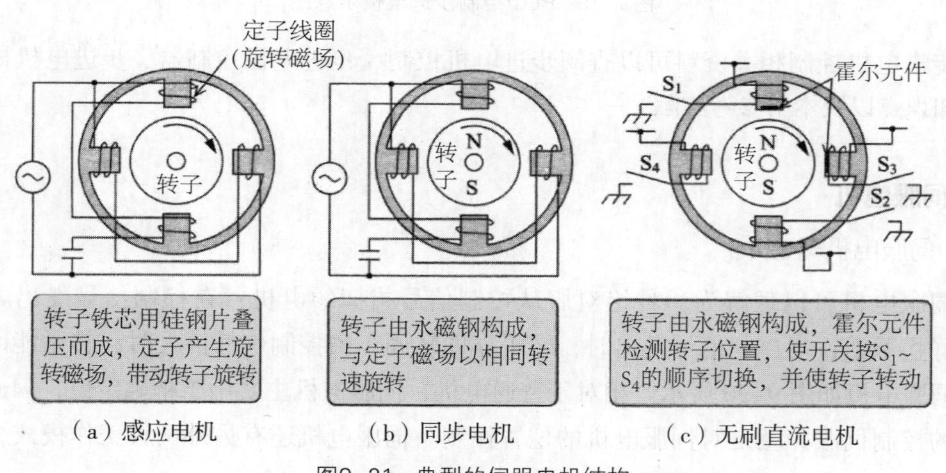

图9-21　典型的伺服电机结构

③无刷直流电机：由霍尔元件或旋转编码器等构成的位置传感器和逆变器取代了直流电机的电刷和换向器部分，具有与普通直流电机相同的特性，并且不需要维护，噪声小。由于转子的转动惯量很小，所以快速响应性能好。转子磁极采用永久磁钢，没有励磁损耗，提高了电机的工作效率，适用于电子电路的冷却轴流风扇电机、防爆电机及各种伺服系统。

伺服电机具有以下特点：

① 启动转矩大。

② 无自转现象，控制信号消失后，电机旋转不停的现象称“自转”。

③ 实现了位置、速度和转矩的闭环控制，克服了步进电机“失步”的问题。

④ 抗过载能力强，能承受三倍于额定转矩的负载，特别适用于有瞬间负载波动和要求快速启动的场合。

⑤ 低速运行平稳，低速运行时不会产生类似于步进电机的“丢步”现象，适用于有高速响应要求的场合。

⑥ 高速性能好，一般额定转速能达到 2 000 ~ 3 000 r/min。

交流伺服系统在许多性能方面都优于步进电机，但在一些要求不高的场合也经常使用步进电机来做执行电机。所以，在控制系统的设计过程中要综合考虑控制要求、成本等多方面的因素，选用适当的控制电机。

伺服电机与其他电机的根本区别在于获取位置反馈的能力，伺服电机可以通过位置反馈达到非常高的定位精度。在适当控制下，伺服电机可以作为步进电机使用，除了设置旋转角度之外，控制器也可以配置伺服的旋转速度和加速度，这些多出来的控制能力是伺服相对于步进的主要优点。伺服电机具有比步进电机更多的优点，但其控制难度也显著提高。

伺服电机和步进电机的区别如下：

① 控制精度不同：步进电机的相数和拍数越多，精度越高；而伺服电机的精度取决于编码器，编码器刻度/线数越多，精度越高。

② 控制方式不同：步进电机一般采用开环控制，而伺服电机一般采用闭环控制。

③ 低频特性不同：步进电机低速时易出现低频振动现象，而伺服电机运行比较平稳，没有这个问题，并且交流伺服电机具有共振抑制功能，可以自检出机械的共振点，便于系统调整。

④ 矩-频特性不同：步进电机的输出转矩随着转速上升会下降，而交流伺服电机为恒转矩输出。

⑤ 过载能力不同：步进电机一般不具备过载能力，而伺服电机具备较强的过载能力。

⑥ 运行性能不同：步进电机为开环控制，启动频率过高或负载过大时容易丢步或者堵转，停止时转速过高容易出现过冲现象；伺服电机由于带有编码器反馈，不会出现丢步或者过冲现象。

⑦ 速度响应性能不同：步进电机从静止加速到工作转速一般需要上百毫秒，而交流伺服系统的加速性能较好，一般只需要几毫秒。

⑧ 效率不同：步进电机的效率一般只有 60%，而伺服电机的效率达到 80%，因此步进电机比伺服电机温升要高。

整体上伺服电机系统在许多性能方面都优于步进电机，但伺服电机的价格一般也较高。

小型伺服电机的典型应用包括旋转模型飞机的帆板或方向舵、操纵模型船、模型车或轮式机器人，还可以旋转机械臂。工业机器人为了获得较高的位置精度通常采用伺服电机。

许多3D打印机产品往往提供两个版本：在低配置版本中，打印机的运动控制由步进电机执行，这些产品价格低廉，定位比较精确，但速度缓慢；在高配置版本中，运动控制由伺服电机执行，可以做到精确而快速地连续旋转。

9.5.2　伺服电机的特性与参数

（1）伺服电机的特性

伺服电机的机械特性曲线如图 9–22 所示，其中Ⅰ区为连续工作区。在连续工作区，伺服电机可以长时间不间断运行，因此从图中可以看出，即使在最高转速电机也可以长时间运行，只是转矩会有一定损失。Ⅱ区为断续工作区，由负载–工作周期曲线决定工作时间。Ⅲ区为瞬时加减速区，在该区域中，伺服电机可以以过载的状态运行，但是由于伺服单元内置有保护功能，当伺服电机与伺服单元过载时可以对其进行保护。因此，伺服单元的允许在过载状态下运行的时间有一定限制。

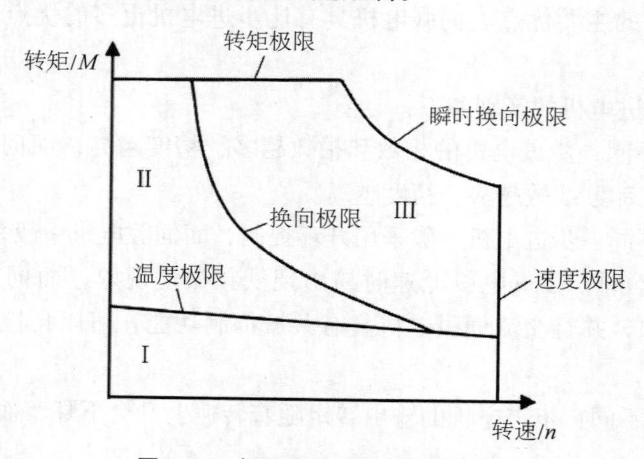

图9–22　伺服电机的机械特性曲线

（2）伺服电机的参数

伺服电机的主要参数如下：

① 功率：表示额定运行时电机轴上输出的额定机械功率，单位kW或HP，1 HP = 0.736 kW。

② 电压：直接到定子绕组上的线电压（V）。电机有Y形和△形两种接法，其接法应与电机铭牌规定的接法相符，以保证与额定电压相适应。

③ 电流：电机在额定电压和额定频率下输出额定功率时定子绕组的三相线电流。

④ 频率：指电机所接交流电源的频率，我国规定为（50 ± 1）Hz。

⑤ 转速：电机在额定电压、额定频率、额定负载下的转速（r/min），两极电机的同步转速为 3 000 r/min。

⑥ 编码器类型和分辨率：编码器类型有绝对式和增量式。编码器以每旋转 360° 提供多少的通或暗刻线称为分辨率，也称解析分度或直接称多少线，一般为每转分度 5~10 000 线。

⑦ 工作定额：指电机可持续运行时间，一般分为“连续”（S1），“短时”（S2）、“断续”（S3）三种。

⑧ 防护等级：用于对伺服电机在特定环境下的耐用能力进行评级。

⑨ 转动惯量：转动惯量只决定于刚体的形状、质量分布和转轴的位置，而与刚体绕轴的转动状态（如角速度的大小）无关。选型时需考虑该因素。

⑩ 额定转矩：伺服电机额定转矩是额定功率和额定速度下产生的转矩，单位为 N·m。

9.5.3 伺服电机的选用与控制

（1）伺服电机的选用

① 明确负载机构的运动条件要求，即加减速的快慢、运动速度、机构的重量、机构的运动方式等。

② 依据运行条件要求选用合适的负载惯量计算公式，计算机构的负载惯量。

③ 依据负载惯量与电机惯量选择适当的电机规格。

④ 结合初选的电机惯量与负载惯量，计算加速转矩及减速转矩。

⑤ 依据负载重量、配置方式、摩擦因数、运行效率计算负载转矩。

⑥ 初选电机的最大输出转矩必须大于加速转矩加负载转矩，如果不符合条件，必须选用其他型号的电机并计算验证直至符合要求。

⑦ 依据负载转矩、加速转矩、减速转矩及保持转矩，计算连续瞬时转矩。

⑧ 初选电机的额定转矩必须大于连续瞬时转矩，如果不符合条件，必须选用其他型号的电机并计算验证直至符合要求。

⑨ 防护等级满足工况要求。

⑩ 选型时还应考虑如下注意事项。

（a）有些系统如传送装置、升降装置等要求伺服电机能尽快停车，而在故障、急停、电源断电时伺服器没有再生制动，无法对电机减速。同时系统的机械惯量较大，这时要依据负载大小、电机工作速度等选择动态制动器。

（b）有些系统要维持机械装置的静止位置，需电机提供较大的输出转矩，且停止的时间较长。如果使用伺服的自锁功能，往往会造成电机过热或放大器过载，这种情况就要选择带电磁制动的电机。

（c）有的伺服驱动器有内置的再生制动单元，但当再生制动较频繁时，可能引起直流母线电压过高，这时需另配再生制动电阻。再生制动电阻是否需要另配，配多大，可参照相应样本的使用说明。

（d）如果选择了带电磁制动器的伺服电机，电机的转动惯量会增大，计算转矩时要考虑到这一点。

根据供电电源情况，选择对应电源的伺服电机，免去电源类型的转换。

（2）伺服电机的控制

伺服电机控制方式有转矩控制、位置控制和速度控制三种。速度控制和转矩控制都是用模拟量来控制的，位置控制是通过发脉冲来控制的。

如果对电机的速度、位置都没有要求，只要输出一个恒转矩，可采用转矩控制方式。如果对位置和速度有一定的精度要求，而对实时转矩要求不高，采用速度或位置控制方式比较好。如果上位控制器有比较好的闭环控制功能，用速度控制方式效果较好。如果本身要求不是很高，或者基本没有实时性的要求，用位置控制方式对上位控制器没有很高的要求。

实际伺服电机控制通常采用 PC+运动控制卡以及 PLC+位控/轴控模块进行控制。PC+运动控制卡比采用 PLC 的控制方式在控制灵活性上更强，价格也略高。图 9-23 为三菱伺服采用 PLC+位控模块进行伺服电机控制的一种典型结构。上位机 PLC 通过位控模块（轴控模块）给驱动器发指令实现电机运动控制，通过修改 PLC 内部程序逻辑即可驱动伺服电机执行特定的功能。

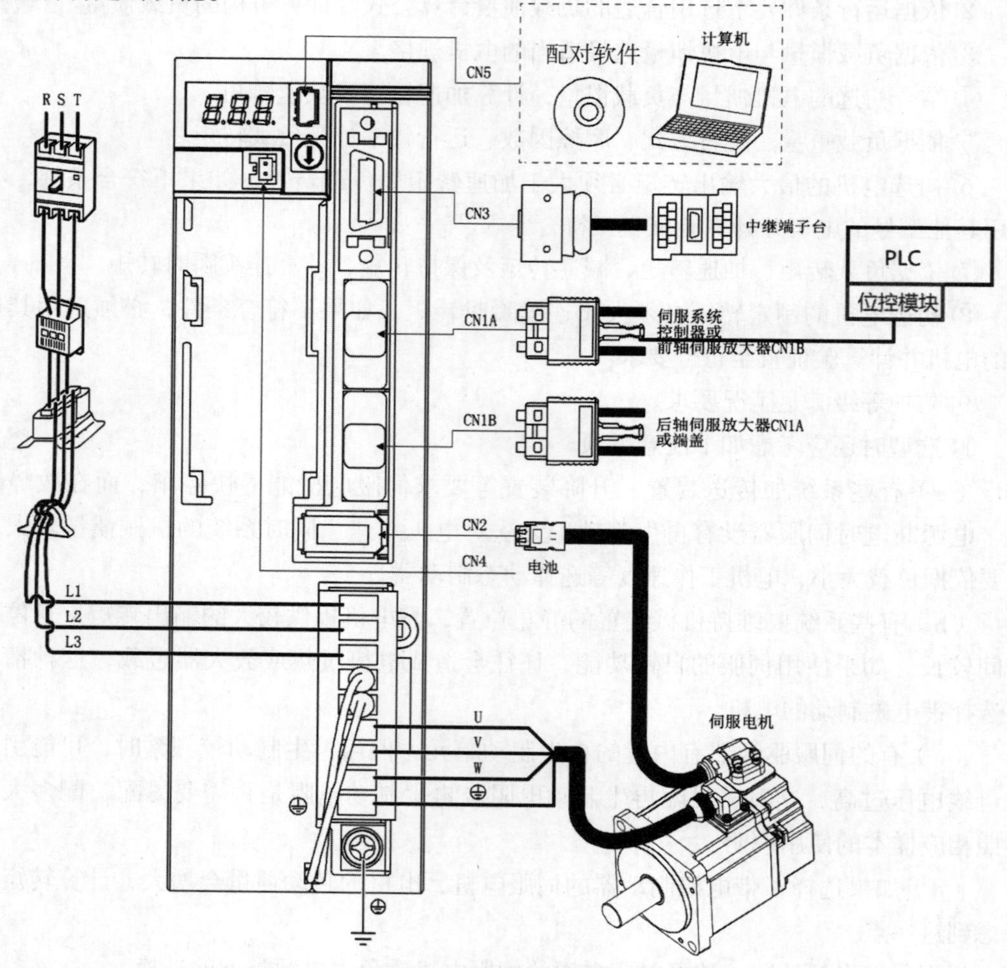

图9-23 使用PLC+位控模块控制的三菱伺服

伺服电机控制相关资料可以查阅伺服电机的控制、伺服电机运动控制器、运动控制器、运动控制卡等知识点以及本书参考文献。

9.6 直线电机

9.6.1 直线电机概述

上面讨论的电机都是旋转电机，即电压和电流输入，转矩和旋转速度输出。除此之外还有可以输出直线运动的电机，即直线电机，也称线性电机、推杆电机。

不同于旋转电机，直线电机是一种将电能直接转换成直线运动机械能，而不需要任何中间转换机构的电机。如图 9–24 所示，直线电机工作原理可以简单理解为是一台旋转电机按径向剖开，并展成平面而成的。它具有把旋转运动变换成机械直线运动的机构，没有机内摩擦和惯性，而且具有响应速度快、控制性能好，易于维护等特点。最常用的直线电机类型是平板式、U 型槽式和管式。其线圈的典型组成是三相，由霍尔元件实现无刷换相。

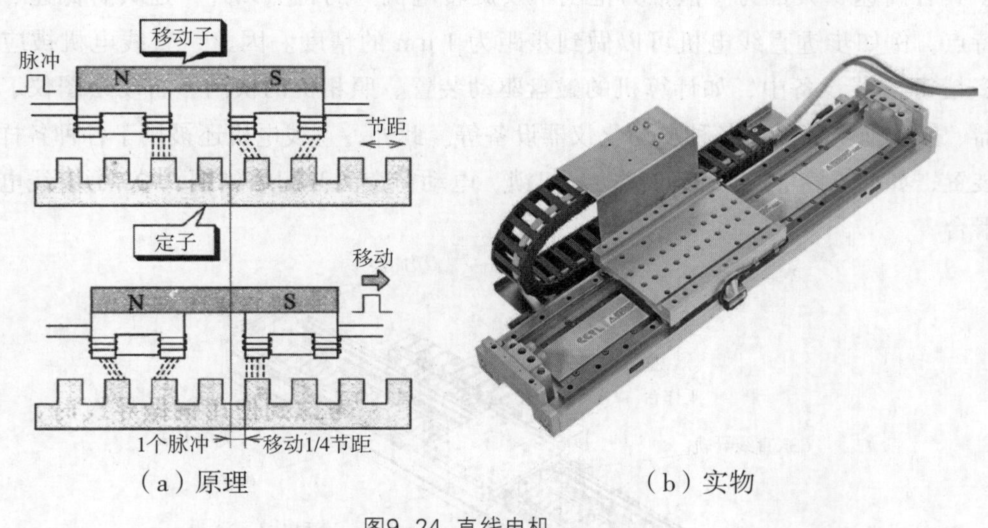

（a）原理　　（b）实物

图9–24 直线电机

直线电机的特点如下：

① 结构简单，由于直线电机不需要把旋转运动变成直线运动的附加装置，因而使得系统本身的结构大为简化，重量和体积大大下降。

② 定位精度高，在需要直线运动的地方，直线电机可以实现直接传动，因而可以消除中间环节所带来的各种定位误差，故定位精度高。如采用微机控制，则还可以大大提高整个系统的定位精度。

③ 反应速度快，灵敏度高，随动性好。直线电机容易做到其移动子用磁悬浮支撑，因而使得动子和定子之间始终保持一定的气隙而不接触，这就消除了定、动子间的接触摩擦阻力，因而大大提高了系统的灵敏度、快速性和随动性。

④ 工作安全可靠、寿命长。直线电机可以实现无接触传递力，机械摩擦损耗几乎为零，所以故障少，免维修，因而工作安全可靠、寿命长。

⑤ 直线电机可以设计成多种结构形式，满足不同的需要。由于取消了传动丝杠等部件的机械摩擦，且导轨又可采用滚动导轨或磁垫悬浮导轨（无机械接触），其运动时噪声将大大降低。

许多类型的系统涉及直线运动时，直线电机可以比同类的（使用旋转运动的电机）机电联动装置提供更好的速度和精度，它们在动力利用上也更有效率。直线电机的结构可以根据需要制成扁平型、圆筒型或盘型等各种型式。它可以采用交流电源、直流电源或脉冲电源等各种电源进行工作。

在军事上，利用直线电机制成各种电磁炮，并将其用于导弹、火箭的发射；在交通运输业中，工程师利用直线电机制成了时速达 500 km/h 以上的磁悬浮列车；在工业领域，直线电机被用于生产输送线以及各种横向或垂直运动的机械设备中。直线电机除了具有高速、大推力（但推力范围不及旋转电机）的特点以外，还具有低速、精细等特点，例如步进直线电机可以做到步距为 1 μm 的精度。因此，直线电机被应用到许多精密仪器设备中，如计算机的磁盘驱动装置、照相机的快门、自动绘图仪、医疗仪器、航天航空仪器及各种自动化仪器设备等。此外，直线电机还被用于各种各样的民用装置，如门、窗、桌、椅的移动，门锁、电动窗帘的开闭等。图 9-25 为直线电机驱动滑台。

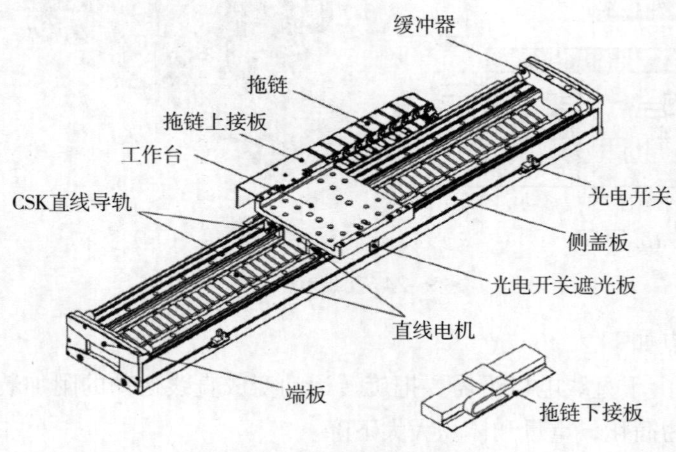

图9-25　直线电机驱动滑台

9.6.2　直线电机的特性与参数

（1）直线电机的特性

直线电机的机械特性曲线如图 9-26 所示，在额定速度 v_{max} 以下，电机的额定推力 F 基本是恒定的，但电机的功率随着速度的提高而逐渐增加。当电机速度到达额定速度后，电机功率由于受电机参数和驱动模块输出能力的限制不能再往上增加；另一方面，此时向电机供电的驱动模块输出的电压也达到额定值，不能再往上增加，但电机的反电势却随着电机速度的提高而继续提高，这将造成电机电流的迅速减小。上述原因使得超过额定速度以后，电机推力将按一条较陡的曲线下降。提高直线电机进给驱动系统的轴向进给加速度，可增大直线电机的电磁推力，减小导轨摩擦阻力，减轻系统运动质量。

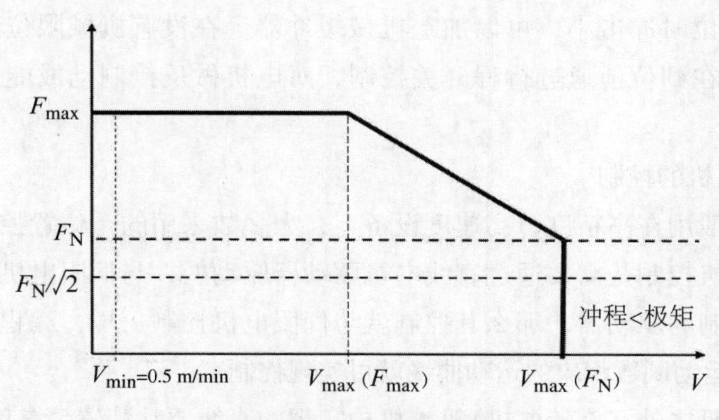

图9-26　直线电机机械曲线

（2）直线电机的参数

直线电机的基本参数如下：

① 最大电压：最大供电线电压，主要与电机的绝缘性能有关；

② 最大推力：电机的峰值推力，短时，秒级，取决于电机电磁结构的安全极限能力；

③ 最大电流：最大工作电流，与最大推力相对应，低于电机的退磁电流；

④ 最大连续消耗功率：确定温升条件和散热条件下，电机可连续运行的上限发热损耗；

⑤ 最大速度：在确定供电线电压下的最高运行速度。

9.6.3 直线电机的选用与控制

（1）直线电机的选用

① 合适的运动速度。直线电机的运动速度与同步速度有关，而同步速度又正比于极距。因此，极距的选择范围决定了运动速度的选择范围。

② 合适的推力。旋转电机可以适应很大的推力范围，而直线电机的推力无法扩大。要得到比较大的推力，只有依靠加大电机的尺寸，这有时是不经济的。一般来说，在工业应用中，直线电机适用于轻载。

③ 合适的往复频率。直线电机是往复运动的，为了获得较高的生产率，要求有较高

的往复频率。这意味着电机要在较短的时间内走完行程，在一个行程内要经历加速和减速的过程，也就是要启动一次和制动一次。往复频率越高，电机的加速度就越大，加速度所对应的推力越大，有时加速度所对应的推力甚至大于负载所需推力。推力的增大导致电机的尺寸加大，而其质量的加大又引起加速度所对应的推力进一步加大，有时产生恶性循环。

④合适的定位精度。在许多应用场合，电机运行到位时由机械限位使之停止运动。为了使在到位时冲击小，可以加上机械缓冲器。在没有机械限位的场合，比较简单的定位方法是在到位前通过行程开关控制，对电机做反接制动或能耗制动，使在到位时停下来。

（2）直线电机的控制

直线电机一般用在高精度、高速度设备上，大多数采用的是位置控制，但是也有速度控制。直线电机控制是需要通过直线电机驱动器驱动的，与伺服电机控制类似。如果选用的是脉冲控制的驱动器，那么其控制就与伺服电机控制一样，编程时直接使用运动控制卡中的各种运动函数相应的运动曲线就可实现控制。

除了直线电机之外，旋转电机+机械机构实现的直线驱动装置请参阅 7.5*XYZ* 三维传动。直线电机控制相关资料可以查阅直线电机的控制、运动控制器、运动控制卡以及本书相关参考文献。

9.7 减速机

9.7.1 减速机概述

减速机也称减速器，常用作原动件（电机）与工作机之间的减速传动装置，减速机本身并不会产生动力。绝大多数工作机负载大、转速低，不适宜用原动机直接驱动，需通过减速机来降低转速、增加转矩，因此绝大多数的工作机均需要配用减速机。

减速机主要针对的减速对象是电机，减速机在原动件（电机）和工作机之间起着匹配转速和传递转矩的作用。在目前用于传递动力与运动的机构中应用范围相当广泛。其应用从大动力的传输工作，到小负荷、精确的角度传输都可以见到减速器的应用。

减速机的作用主要有以下两点：

（1） 降速同时提高输出转矩，转矩输出比例按电机输出乘上减速比，但要注意不能超出减速机额定转矩。

（2）降速同时降低负载惯量，惯量的减小为减速比的平方。

减速机种类繁多，型号各异，不同种类有不同的特点，见表 9–2。

表 9-2 几种典型减速机

减速机	示意图	特点
齿轮减速机		体积小，传递扭矩大，传动效率高，耗能低，性能优越。传动比分级细密，可满足不同的使用工况
谐波减速机		利用柔性元件可控的弹性变形来传递运动和动力，体积小，精度高，缺点是柔性齿轮寿命有限、不耐冲击，刚性与金属件相比较差，输入转速不能太高
行星减速机		结构比较紧凑，回程间隙小、精度较高，使用寿命长，额定输出转矩可以做得很大，但价格略贵
摆线针轮减速机		采用摆线针齿啮合行星传动原理，是一种理想的传动装置，具有许多优点，用途广泛，并可正反运转
蜗轮蜗杆减速机		具有反向自锁功能，可以有较大的减速比，输入轴和输出轴不在同一轴线上，也不在同一平面上。一般体积较大，传动效率不高，精度不高

9.7.2 减速机的选用

（1）选速比。确定负载所需转速（也就是减速机输出轴的输出转速），电机的输出转速/减速机轴输出转速=减速比。

（2）计算负载的转矩。负载的转矩<电机端输出转矩×减速比<减速机额定输出转

矩，这样可以保证在任何情况下减速机都不会崩齿。

（3）确定减速机的附加功能。比如断电刹车和通电刹车的性能、变频、缩框、外壳材质等，有的附加功能只有特定的工厂才能提供。

将上述信息报给减速机代理商或者厂商即可选型。

为方便使用，厂家将减速机和电机做成一个集成体，这种集成体通常称为减速电机（齿轮马达或齿轮电机），如图 9-27 所示。通常由专业的减速机生产厂，集成组装好后与电机一体成套供货。使用减速电机的优点是简化设计、节省空间。减速电机广泛应用于冶金、矿山、起重、运输、水泥、建筑、化工、纺织、印染、制药、医疗、美容、保健按摩、办公用品等行业。

图9-27　减速电机

第十章
传感器的选用

如图 10–1 所示，人和动物是通过眼睛、鼻子、耳朵、皮肤等感知外部世界（获取外部信号输入），从而提供相应的信号供控制器决策（大脑处理），最终将控制信号发送执行机构执行（肌体输出）。自动化装置则通过传感器获取装置运行所需状态参数，通过控制器进行处理，然后指挥执行器动作。

本章以力传感器、位置传感器、位移传感器、速度传感器、加速度传感器、温度传感器、湿度传感器、流量传感器为例，简要介绍一些典型的传感器，简述典型传感器输出信号处理方法，方便构建工程实验平台时选用。

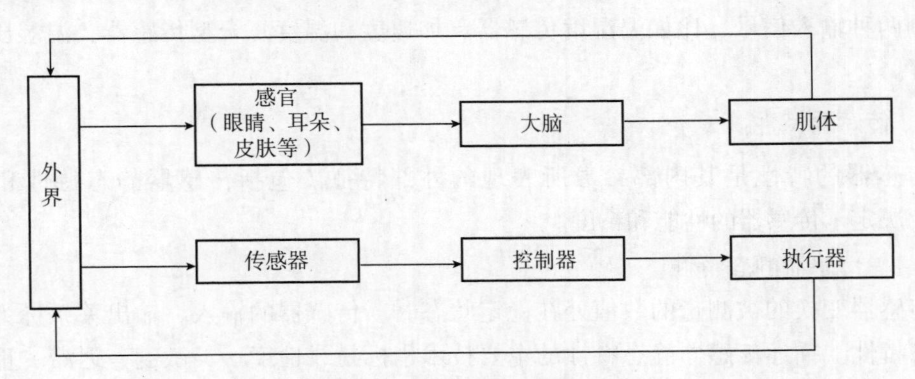

图10–1　传感器与感官对比图

10.1 传感器概述

10.1.1　传感器定义

传感器是一种接收和响应某种信号或激励的装置，是将非电信号转换成电信号输出。如图 10–2 所示，传感器通常由敏感元件、转换元件和基本转换电路三部分组成，它能感受到被测量的信息，并按照一定规律变换成为电信号或其他所需形式的信息输出。

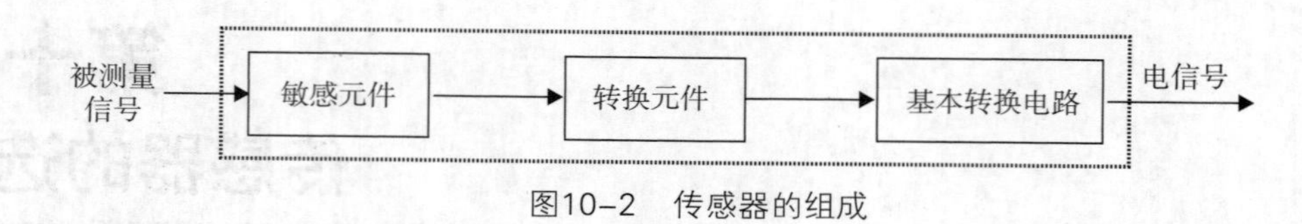

图10–2　传感器的组成

（1）敏感元件：是一种能够将被测量转换成易于测量的物理量的预变换装置，而其输入、输出间具有确定的数学关系。如弹性敏感元件将力转换为位移或应变输出。

（2）转换元件：是将敏感元件输出的非电物理量转换成电信号（如电压、电流、电阻、电感、电容等）形式。例如将温度转换成电阻变化、位移转换为电感或电容等传感元件。

（3）基本转换电路：将电信号量转换成便于测量的电信号，如电压、电流、频率等。

上述三个部件只有敏感元件是传感器必须具备的。比如有些传感器（如热电偶）只有敏感元件，直接输出感应电动势；有些传感器由敏感元件和转换元件组成，无需基本转换电路，如压电式加速度传感器；还有些传感器由敏感元件和基本转换电路组成，如电容式位移传感器。有些传感器的转换元件不止一个，要经过若干次转换才能输出电信号。

在现实使用环节，很多参数往往需要一同采集，这就出现了一些特殊类型的传感器——复合传感器。复合传感器集成了两个及以上检测不同物理量的传感器单元，能同时检测两种输入信号，比如温湿度传感器、加速度和温度复合型传感器、温湿压复合传感器等。

10.1.2　传感器特性

传感器的特性是其内部参数所表现的外部特征（包括传感器静态特性和动态特性），决定了传感器的性能和精度。

（1）传感器静态特性

传感器变换的被测量的数值处在稳定状态时，传感器的输入、输出关系称为传感器的静态特性。描述传感器静态特性的主要技术指标是线性度、灵敏度、迟滞、重复性和零漂等。

① 线性度（非线性误差）：指传感器输出量与输入量之间的实际关系曲线偏离拟合直线的程度，即在全量程范围内实际特性曲线与拟合直线之间的最大偏差值与满量程输出值之比。

② 灵敏度：灵敏度是传感器静态特性的一个重要指标，其定义为输出量的增量与引起该增量的相应输入量增量之比，用 S 表示灵敏度。

③ 迟滞：传感器在输入量由小到大（正行程）及输入量由大到小（反行程）变化期间，其输入输出特性曲线不重合的现象称为迟滞。对于同一大小的输入信号，传感器的正反行程输出信号大小不相等，这个差值称为迟滞差值。

④ 重复性：指传感器在输入量按同一方向作全量程连续多次变化时所得特性曲线不一致的程度。

⑤ 漂移：指在输入量不变的情况下，传感器输出量随着时间变化的现象。

部分传感器静态特性如图 10–3 所示。

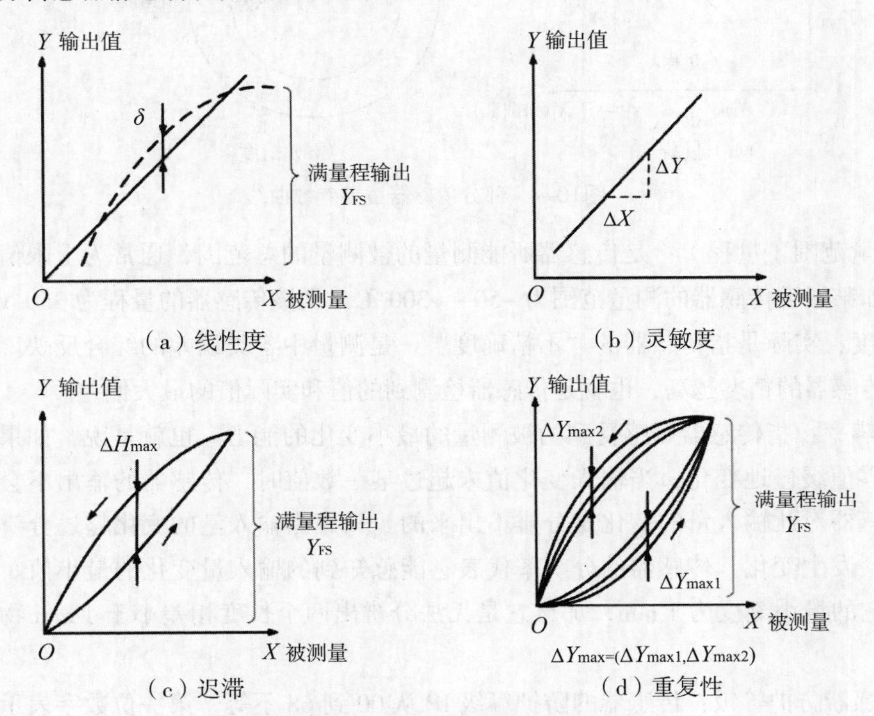

图10–3　部分传感器静态特性曲线

（2）传感器动态特性

传感器的动态特性是指传感器在应用中输入变化时，它的输出特性。在实际工作中，传感器的动态特性常用它对某些标准输入信号的响应来表示，这是因为传感器对标准输入信号的响应容易用实验方法求得，并且它对标准输入信号的响应与它对任意输入信号的响应之间存在一定的关系，往往知道了前者就能推定后者。最常用的标准输入信号有阶跃信号和正弦信号两种。所以传感器的动态特性也常用阶跃响应和频率响应来表示。

通常情况下，测量直流或低频信号（信号频率 <100 Hz）时，只需考虑静态特性。如果需要测量频率稍高的信号，则需考虑动态特性。

（3）其他重要参数

除了静态特性和动态特性外，测量范围、精度、分辨率、传感器防护等级等参数对传感器的选取也比较重要。传感器的量程和精度如图 10–4 所示。

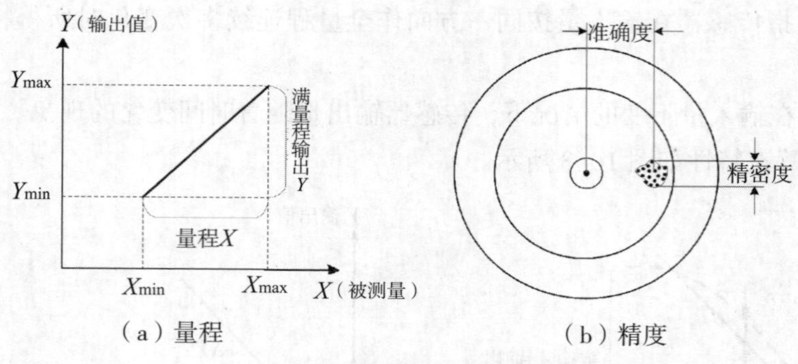

（a）量程　　（b）精度

图10-4　部分传感器重要参数曲线

① 测量范围（量程）：是传感器所能测量的被测量的总范围，通常为上限值与下限值之差。如某温度传感器的测量范围为 -50 ~ +300 ℃，则该传感器的量程为 350 ℃。

② 精度：实际是指传感器的“不精确度”，是测量中各类误差的综合反映。测量误差越小，传感器的精度越高，也就是传感器检测到的值和实际值的最大偏差。

③ 分辨率：指传感器可感受到的被测量的最小变化的能力。也就是说，如果输入量从某一非零值缓慢地变化，当输入变化值未超过某一数值时，传感器的输出不会发生变化，即传感器对此输入量的变化是分辨不出来的。只有当输入量的变化超过分辨率时，其输出才会发生变化。传感器的分辨率代表它能感知到的输入量变化的最小值。比如一把直尺，它的最小刻度为 1 mm，那么它是无法分辨出两个长度相差小于 1 mm 物体的区别的。

④ 传感器防护等级：传感器的防护等级 IP 从 00 到 68 不等，第一位数字表示防尘等级，第二位表示防水等级。防护与密封是传感器制造工艺流程中的重要工艺，是传感器耐受客观环境和感应环境影响而能稳定可靠的根本保障。如果密封与防护不良，电阻应变计和应变胶黏剂吸收空气中的水分，使得胶黏剂膨胀增塑，造成绝缘电阻、黏结强度和刚性下降，引起零点漂移和输出无规律变化，直至传感器失效。传感器的制造工艺再精湛、技术性能指标再优良也无法发挥作用，所以稳定性和可靠性是传感器的前提性技术指标。

10.1.3 传感器输出信号

由于传感器种类繁多，传感器的输出形式也是各式各样的。比如数字信号和模拟信号输出，数字信号和模拟信号又有很多种。整体上来说，输出数字信号相对于模拟信号传感器要贵一些，不过传输过程中阻抗小，抗干扰能力强，更适合当前社会科技的发展。

例如，同是温度传感器，热电偶随温度变化输出的是不同的电压，热敏电阻随温度变化输出的是不同的电阻，而双金属温度传感器则随温度变化输出开关信号。

表 10-1 中列出了传感器常见输出形式。

表10-1 典型传感器输出信号形式

输出形式	输出信号量/协议	传感器示例	备注
开关信号	机械触点	双金属温度传感器	
	电子开关	霍尔式开关式传感器	
模拟信号	电阻	热敏电阻、应变片	
	电压	热电偶、旋转变压器	
	电流	光敏二极管	
	电容	电容式角度传感器	
	电感	电感式传感器	
数字信号	频率	电容式湿度传感器	周期性方波
	脉冲	编码器、光栅尺	
	串口	串口条码枪	
	I2C、SPI、位元脉冲	热电堆红外数字温度传感器（I2C）/SHT11（I2C协议的温湿度传感器）	通常需要MCU专用控制器件来处理信号

（1）开关量：可以是通断信号、无源信号，采用电阻测试法时电阻为0或无穷大；也可以是有源信号，即阶跃信号，就是0或1，可以理解成脉冲量，多个开关量可以组成数字量。

（2）模拟量：连续的电压、电流等信号量，模拟信号是幅度随时间连续变化的信号，其经过抽样和量化后就是数字量，在瞬间电压或电流由某一值跃变到另一值的信号量。在量化后，其连续规律的变化就是数字量，如果其由0变成某一固定值并保持不变，其就是开关量。

（3）数字量：有0和1组成的信号类型，通常是经过编码后有规律的信号，和模拟量的关系是量化后的模拟量。

10.1.4 传感器选用基本原则

传感器种类繁多，在原理与结构上千差万别，即便对同一种信号检测也往往有很多种传感器可供选用。如何根据具体的测量目的、测量对象以及测量环境合理地选用传感器，是在进行实验设计中参数的测量时首先要解决的问题。

在进行传感器选用时，根据具体要求限定传感器的选择条件。接下来的任务是将要求与可用的传感器进行匹配，在可用的传感器中选择适当的传感器。

（1）明确实际要测量的信号或者参数及其量程：明确待测信号是温度、湿度、电压、电流、速度、加速度、压力、质量、拉力、颜色、位移、液位等；明确传感器量程的范围，选用传感器量程应覆盖待测信号的范围。

（2）特殊环境状况：防水、防尘、高温、低温、潮湿、强磁。

（3）测量方式：接触与非接触测量，破坏与非破坏测量，在线与非在线测量。

（4）被测位置对传感器体积的限制（结构尺寸、空间是否足够）及安装方式。

（5）输出信号方式：有线还是无线信号、模拟还是数字信号（传感器输出的信号常规的 有4 ~ 20 mA、0 ~ 5 V、0 ~ 10 V、RS485、IIC、SPI、无线等）。

（6）控制器类型：收集传感器信号的控制装置类型有嵌入式系统、PLC、通用测量仪表、PC、专用采集模块（变送器）。

（7）供电条件的限制。

（8）传感器性能指标选择：在考虑上述问题之后，再根据测量要求考虑传感器的具体性能指标。主要性能指标包括传感器的灵敏度、响应特性、线性范围、稳定性及精确度等。

① 灵敏度。通常，在传感器的线性范围内，希望传感器的灵敏度越高越好。但传感器的灵敏度越高，与被测量无关的外界噪声也越容易混入，影响测量精度。因此，传感器本身应具有较高的信噪比，尽量减少从外界引入的干扰信号。传感器的灵敏度往往是有方向性的。当被测量是单向量，而且对其方向性要求较高时，则应选择其他方向灵敏度小的传感器；如果被测量是多维向量，则要求传感器的交叉灵敏度越小越好。

② 频率响应特性。传感器的频率响应特性决定了被测量的频率范围，必须在允许频率范围内保持不失真的测量条件。实际上传感器的响应总有一定延迟，希望延迟时间越短越好。传感器的频率响应高，可测的信号频率范围就宽，而由于受到结构特性的影响，机械系统的惯性较大，固有频率低的传感器可测信号的频率较低。在动态测量中，应根据信号的特点（稳态、瞬态、随机等）选择响应特性，以免产生过大的误差。

③ 线性范围。传感器的线性范围是指输出与输入成正比的范围。从理论上讲、在此范围内灵敏度保持定值。传感器的线性范围越宽，则其量程越大，并且能保证一定的测量精度。在选择传感器时，当传感器的种类确定以后，首先要看其量程是否满足要求。但实际上，任何传感器都不能保证绝对的线性，其线性度也是相对的。当所要求测量精度比较低时，在一定的范围内，可将非线性误差较小的传感器近似看作线性的，这会给测量带来极大的方便。

④ 精度。传感器的精度越高，其价格越昂贵，因此，传感器的精度只要满足整个测量系统的精度要求即可。这样就可以在满足同一测量目的的诸多传感器中选用比较便宜和简单的传感器。如果测量目的是定性分析的，选用重复精度高的传感器即可，不宜选用绝对量值精度高的；如果是为了定量分析，则必须获得精确的测量值，就需选用精度等级能满足要求的传感器。

除了以上选用传感器时应充分考虑的一些因素外，还应尽可能兼顾结构简单、体积小、重量轻、价格便宜、易于维修、易于更换等条件。

10.2 力传感器

10.2.1 用途

力传感器是一种能够检测拉力、牵引力、质量、压力、扭矩、材料内部应力和应变等力学量的传感器，目前有金属应变片、测力计、半导体压力传感等多种类型。

力能够产生多种物理效应，可采用多种不同的原理和工艺，针对不同的需要设计制造力传感器。力传感器主要有下列几种工作原理：

（1）被测力使弹性体（如弹簧、梁、波纹管、膜片等）产生相应的位移，通过位移的测量获得力的信号。

（2）弹性构件和应变片共同构成传感器，应变片牢固粘贴在构件表面上。弹性构件受力时产生形变，使应变片电阻值变化（发生应变时，应变片几何形状和电阻率发生改变，导致电阻值变化），通过电阻测量获得力的信号。应变片可由金属箔制成，也可由半导体材料制成。

（3）利用压电效应测力。通过压电晶体把力直接转换为置于晶体两面电极上的电位差。

（4）力引起机械谐振系统固有频率变化，通过频率测量获取力的相关信息。

（5）通过电磁力与待测力的平衡，由平衡时相关电磁参数获得力的信息。

10.2.2 应变式传感器

应变式传感器(又名应变计)是基于测量物体受力变形所产生应变的一种传感器。当被测物理量作用在弹性元件上，弹性元件在力、力矩或压力等的作用下发生形变，产生相应的应变或位移，然后传递给与之相连的电阻应变片，引起应变敏感元件的电阻值发生变化，通过测量电路转换成电压等电量输出。

应变式传感器的特点是结构简单、精度高、测量范围广、体积小、特性好。电阻应变片是最常用的传感元件，其缺点是受温度干扰较大，是目前测量力、力矩、压力、加速度等物理量应用最广泛的传感器之一。应变式传感器作为测力的主要传感器，测力应用范围小到肌肉纤维，大到登月火箭，精确度可到 0.01% ~ 0.1%。

应变式传感器应用主要可以选用以下典型形式。

（1）金属电阻应变片

金属电阻应变片（以应变效应为主）有丝式和箔式等结构形式。

电阻丝式应变片如图 10–5 所示，它是用一根金属细丝按图示形状弯曲后用胶黏剂贴于衬底上，衬底用纸或有机聚合物等材料制成，电阻丝的两端焊有引出线，电阻丝直径为 0.012 ~ 0.050 mm。

金属应变片是采用惠斯通电桥电路，将应力和拉力等力学量转换成电量，再将输出的微量电压信号放大后进行检测的器件，如图 10–6 所示。

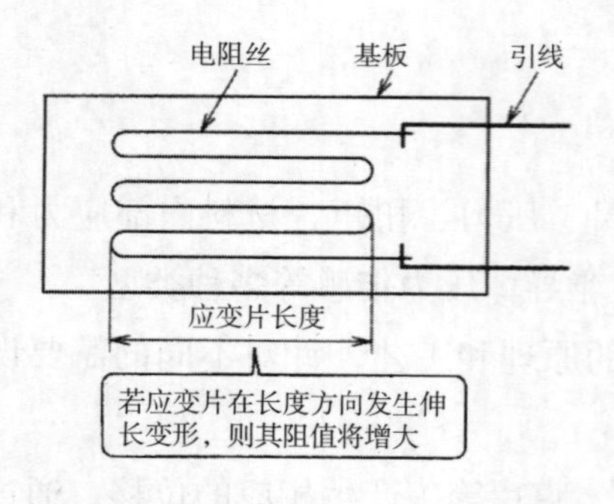

图10-5 电阻丝式金属应变片

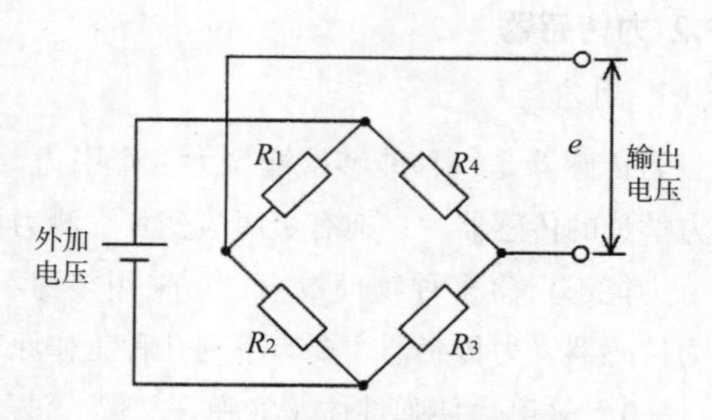

图10-6 惠斯通电桥测量电路

箔式电阻应变片的结构如图 10-7 所示，它是用光刻、腐蚀等工艺方法制成的一种很薄的金属箔栅，其厚度一般为 0.003 ~ 0.010 mm。它的优点是表面积和截面积之比大，散热条件好，故允许通过较大的电流，并可做成任意的形状，便于批量生产。

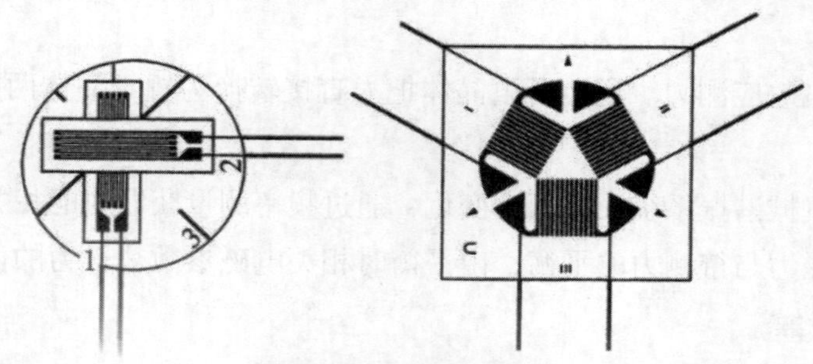
图10-7 箔式电阻应变片

（2）半导体电阻应变片

半导体电阻应变片（以压阻效应为主）的结构如图 10-8 所示。它的使用方法与丝式电阻应变片相同，即粘贴在被测物体上，随被测件的应变其电阻发生相应的变化。结合惠斯通电桥电路，将电阻变化量转换成电压输出。

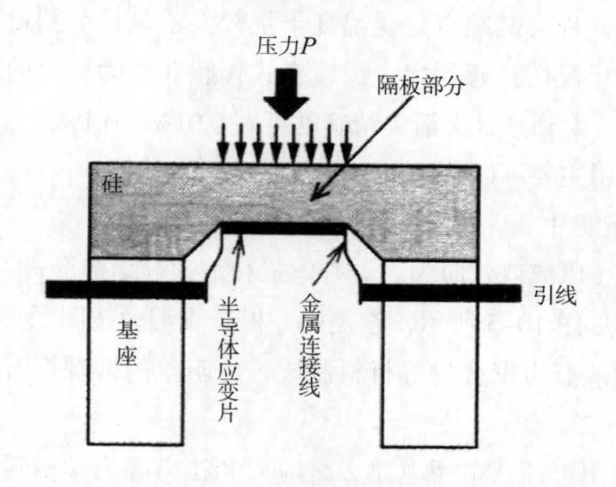

图10-8 半导体电阻应变片结构

半导体电阻应变片的特点是精度高、线性好、稳定性高、测量范围大、数据便于记录及处理和远距离传输等优点，广泛用于工程测量和科学实验。

输出信号：应变式传感器一般输出的是毫伏级别的模拟电压信号，需要就近送入放大器进行放大。有些放大器已经和变送器合为一体，变送器输出 0 ~ 10 V 的电压信号或者 4 ~ 20 mA 的电流信号。

10.2.3 压电式传感器

如图 10–9 所示，某些电介质在沿一定方向上受到外力的作用而变形时，其内部会产生极化现象，同时在它的两个相对表面上出现正负相反的电荷。当外力去掉后，它又会恢复到不带电的状态，这种现象称为正压电效应。当作用力的方向改变时，电荷的极性也随之改变。相反，当在电介质的极化方向上施加电场，这些电介质也会发生变形，电场去掉后，电介质的变形随之消失，这种现象称为逆压电效应。依据电介质压电效应研制的一类传感器称为压电式传感器。

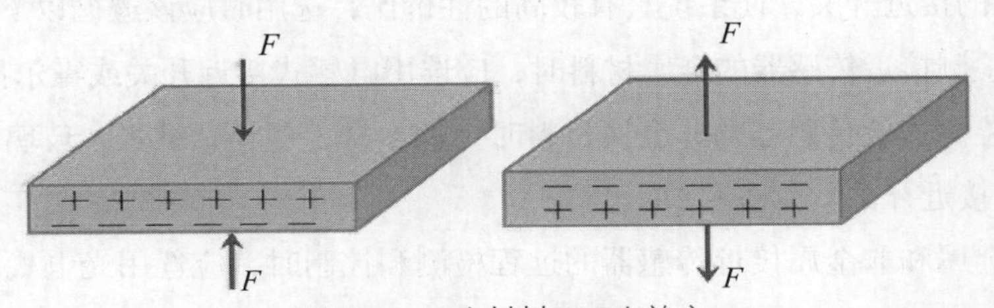

图10–9　压电材料正压电效应

应用压电材料制备的传感器可以用于力、速度、加速度、振动的测量，典型的有压电式测力传感器、压电式加速度传感器、压电式流量计等。压电式测力传感器是利用压电元件直接实现力–电转换的传感器，在拉、压场合，通常较多采用双片或多片石英晶体作为压电元件。图 10–10 为压电式测力传感器示意图。

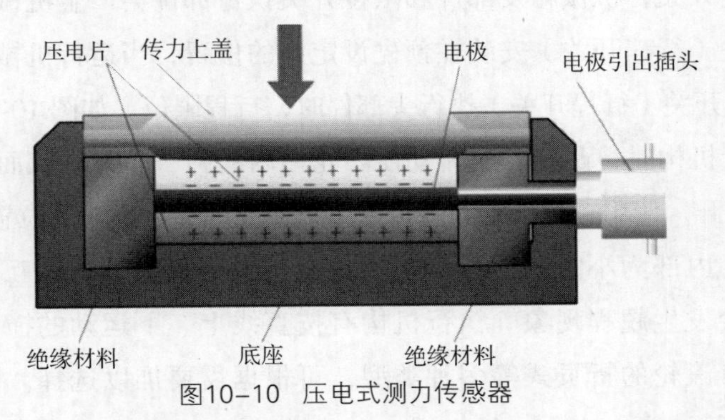

图10–10　压电式测力传感器

压电式传感器具有频带宽、灵敏度高、信噪比高、重量轻、体积小、结构简单、工作可靠等优点。缺点是某些压电材料需要防潮措施，而且输出的直流响应差，需要采用高输入阻抗电路或电荷放大器来克服这一缺陷。压电式压力传感器不能用作静态测量，一般用于测量脉动压力，不能测量静压力。

压电式传感器输出信号为电荷量。

10.3 位置传感器

10.3.1 用途

位置传感器是用于检测一定范围内目标物体的有、无的传感器。位置传感器中一般有限位开关（行程开关）和接近开关等，限位开关属于接触测量，接近开关属于非接触测量。

它们通常用来辅助监控自动化系统运行的工作状态，例如传送带上有没有放好物体或者对物体进行计数，或者当作触发信号进行动作行程的控制。

在设计或选用接近开关时，除了通用规则外，对于不同的材料和不同的检测距离，选用不同类型的接近开关，使系统具有较高的性价比，选用时应该遵循以下原则：

（1）当检测接近传感器的金属材料时，应选用电感式接近开关或霍尔接近开关。

（2）当检测接近传感器的非金属材料时，如木材、塑料、纸张、玻璃和水的检测，应选用电容式接近开关。

（3）当金属和非金属接近传感器的远程检测和控制时，应选用光电式和超声波接近开关。

（4）当检测与环境温度不同物体接近时，需选用热释电式接近开关。

10.3.2 限位开关

限位开关工作原理：限位开关（行程开关）是用于控制机械设备的行程和限位保护的一种机械式开关，机械触发部件和限位开关执行部件会产生机械接触。在实际工作中，将限位开关（行程开关）安装在预先设定好的位置，当运行机械运动部件上的机械模块撞击到限位开关（行程开关）执行头部件时，行程限位。如图 10–11 所示，当移动的物体碰撞到执行机构时，凸轮发生转动使凸轮槽内的弹子落下，从而触动微动开关实现电路的接通或断开，使用它可以检测出机床或机器人等移动物体的位置。

限位开关的内部为小间隙的触点结构，由凸轮槽和弹子的相互关系保证微动开关的位移量，不会发生超程现象。执行机构有按直线上、下运动的撞针式、作摆线运动的摆杆式及带有滚轮的折页式等多种类型，可根据需要加以选择。限位开关的主要类型如图 10–12 所示。

限位开关的输出信号为开关量，接采集卡或者采集模块都可以，然后传输到主控制器。

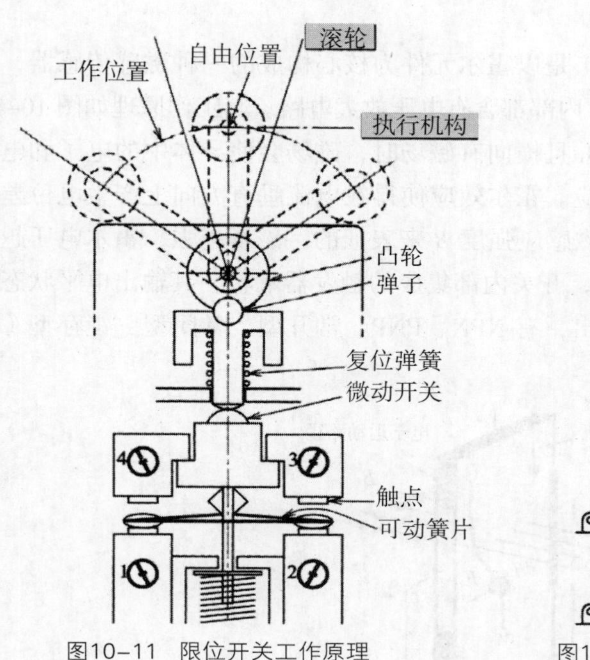

图10-11　限位开关工作原理

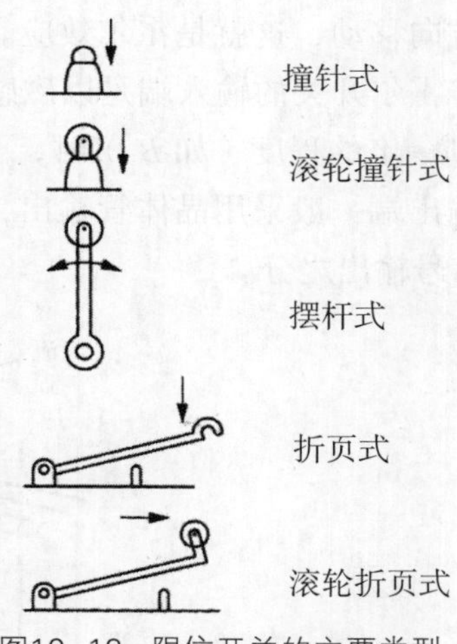

图10-12　限位开关的主要类型

10.3.3 接近开关

接近开关也称物体检测传感器，当移动物体靠近接近开关某一位置时，可以在预定范围内判断是否有物体存在，但不能检测物体精确位置和移动速度，它的输出为开关量（“1”和“0”或“开”和“关”）。它具有行程开关、微动开关的特性，且动作可靠、性能稳定、频率响应快、使用寿命长、抗干扰能力强，并具有防水、防震、耐腐蚀等特点。

接近开关按工作原理可分为霍尔接近开关、光电式接近开关、电容式接近开关、涡流式（电感式）接近开关、热释电式接近开关以及其他型式（超声波、微波等）的接近开关，各种接近开关如图 10-13 所示。

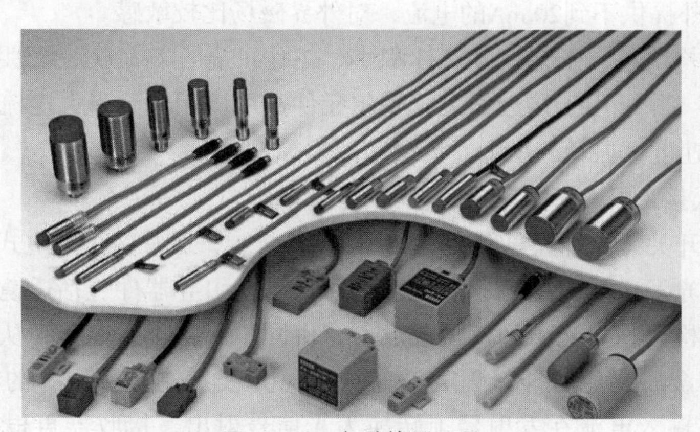

图10-13　各种接近开关

（1）霍尔接近开关

霍尔接近开关（简称霍尔开关）是以霍尔元件为核心构成的一种磁感传感器，可以将周边磁场转换为弱电压信号，通常内部都含有电压放大电路。其工作原理如图 10–14 所示，恒定电流流经霍尔半导体片，并且横向有磁场时，磁场会使导体中的电子和电子穴向相反的方向移动，这就是霍尔效应。霍尔效应使得在电流垂直方向上产生电位差，即霍尔电压。霍尔开关的输入端是以磁感应强度 B 来表征的，磁场越强，霍尔电压越高，当 B 值达到一定的程度（如 B_1）时，开关内部集成的触发器翻转，其输出电平状态也随之翻转。输出端一般采用晶体管输出，有 NPN、PNP、常开型、常闭型、锁存型（双极性）、双信号输出之分。

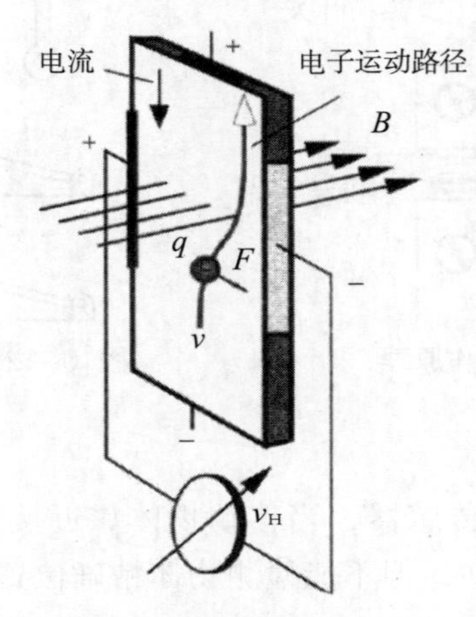

图10–14　霍尔接近开关工作原理

一切非电量只要能通过前置敏感元件（如弹性元件）变换成位移量，即可利用霍尔接近开关进行测量。霍尔接近开关具有可靠性非常高、外形较小（有表面贴片封装形式）、成本低、响应快、无触点抖动、寿命长以及不受粉尘和光照等影响等优点。但使用时需要额外搭配控制磁铁（控制磁铁很容易影响周边其他器件），其集电极开路形式输出通常只能对外提供不到20 mA的电流，对外界磁场比较敏感。

霍尔元件结构简单、工艺成熟、体积小、工作可靠、寿命长、线性好、频带宽，因而得到广泛应用。除了用于接近开关，霍尔元件还可以用于测量大电流、微气隙磁场、位移、转速、加速度、振动、压力、流量和液位等。

（2）光电式接近开关

光电式接近开关（简称光电开关）如图10–15所示，通常一个光电式接近开关至少有三个关键部件：光源、光电探测器和光引导器件。光引导器件包括透镜、反射镜和光纤等，它是利用被检测物对光束的遮挡或反射，由同步回路接通电路，从而检测物体的有无。物体不限于金属，所有能反射光线（或者对光线有遮挡作用）的物体均可以被检测。光电开关将输入电流在发射器上转换为光信号射出，接收器再根据接收到的光线强弱或有无对目标物体进行探测。它的主要优势在于简单，没有负载效应，工作距离较长。

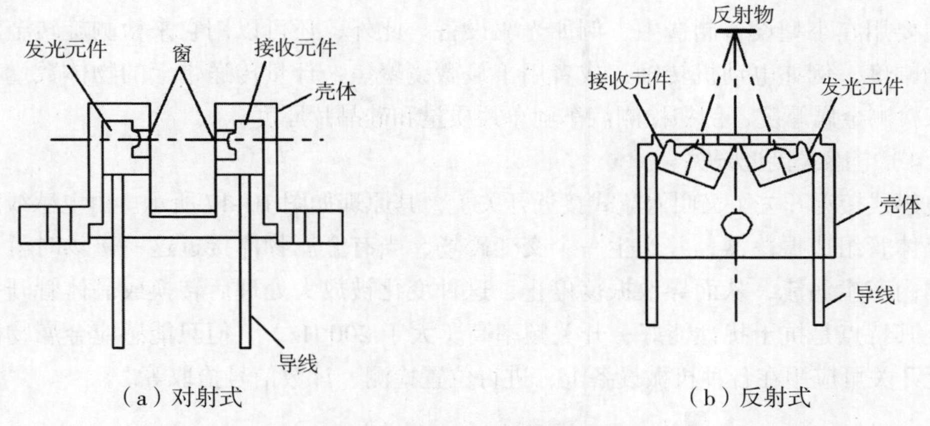

图10-15　光电式接近开关原理

与霍尔接近开关相比，光电式接近开关不易受外部磁场的影响；封装更小，集成度更高；某些型号的有效检测距离超过 500 mm；适合检测不透光物体。但传感器、待检测物体、反光镜之间必须要有良好视野；在粉尘环境下检测精度会下降；其内部元器件 LED 光源的使用寿命有限；容易被环境光线干扰。此类传感器受寄生磁场和静电干扰影响比较小，因此很适合用于许多灵敏度要求高的场合。

光电开关被广泛用作物位检测、液位控制、产品计数、宽度判别、速度检测、定长剪切、孔洞识别、信号延时、自动门传感、色标检出、冲床和剪切机以及安全防护等诸多领域。此外，利用红外线的隐蔽性，还可在银行、仓库、商店、办公室以及其他需要的场合作为防盗警戒之用。

（3）电容式接近开关

电容式接近开关可以测量自身与远处导电物体之间的距离，被测物可以是金属和非金属的。其工作原理是当有物体接近时，因静电感应使传感器中单极电容的电容量发生变化，从而使传感器内部的振荡电路起振或者停振，利用振荡信号的大小可以判断是否有物体接近，如图 10-16 所示。

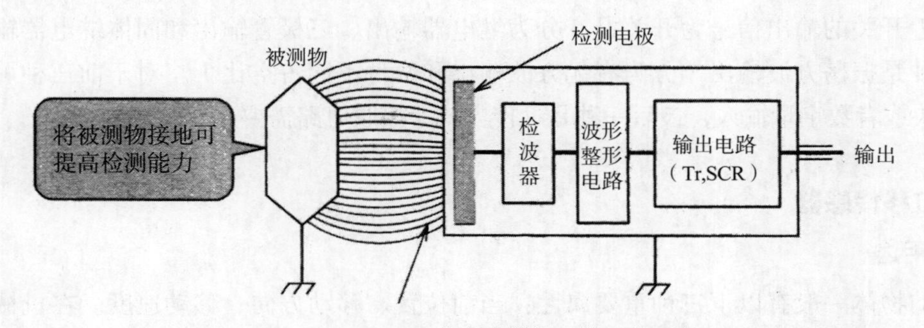

图10-16　电容式接近开关工作原理

电容式接近开关与光电式接近开关、超声波接近开关和霍尔接近开关不同，其测量过程不需要借助光、声、磁，而是通过测量导电物体的电容值来判断距离。电容式接近开关主要用在小型设备制造中，例如光驱设备。此外，还可以用它来检测旋转金属物件的振动幅度，例如电动机转轴，或者用于显微镜聚焦，计量传送带上的物体数量；也可以用来检测金属厚度，例如检测汽车刹车片质量和硅晶片厚度。

（4）电感式接近开关

电感式接近开关（又叫涡流式接近开关），其原理如图 10–17 所示。由电感线圈和电容及晶体管组成振荡器，并产生一个交变磁场，当有金属物体接近这一磁场时就会在金属物体内产生涡流，从而导致振荡停止，这种变化被放大处理后转换成晶体管开关信号输出。其特点是抗干扰性能好，开关频率高（大于 200 Hz），但只能感应金属物体。这种接近开关可应用在各种机械设备上，进行位置检测、计数信号拾取等。

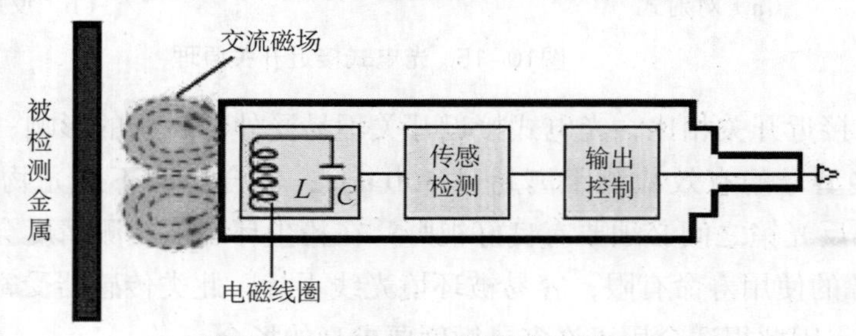

图10–17 电感式接近开关原理

（5）热释电式接近开关

用能感知温度变化的元件做成的开关叫热释电式接近开关。这种开关是将热释电器件安装在开关的检测面上，当有与环境温度不同的物体接近时，热释电器件的输出有变化，由此便可检测出有物体接近。

（6）其他非接触式开关

当观察者或物体对波源的距离发生改变时，接收到的波的频率发生偏移，这种现象称为多普勒效应。声纳和雷达就是利用这个效应的原理制成的。利用多普勒效应可制成超声波接近开关、微波接近开关等。当有物体移近时，接近开关接收到的反射信号会产生多普勒频移，由此可以识别出有无物体接近。

接近开关的输出信号为开关量，分为继电器输出、三极管输出和固体继电器输出，还有一种是振荡方波输出（分为有无方波输出和两种不同占空比）。对于前三种可以使用DI模块或者数字量输入，最后一种是远传方式，接收电路需要进行一些处理。

10.4 位移传感器

10.4.1 用途

移动物体一般有以下三种重要属性：当前位置、移动方向、移动速度。在机械自动化控制领域，经常需要能实时精确检测移动中的物体位置，位移传感器可以满足上述需求，它可以用于检测物体位置移动或转动角度物理量。位移的测量方式所涉及的范围是相当广泛的，位移传感器结合时间测量可以进一步测得速度和角速度。

在设计或选用位移传感器（也适用于位置传感器）时，除了通用规则外，应额外考虑以下几个问题：

（1）位移的大小和类型（直线型还是旋转型）。

（2）要求的分辨率和精度。

（3）被测（移动）物体的材质（金属、塑料还是铁磁体等）。

（4）环境状况（湿度、温度、干扰源、振动以及腐蚀性材料等）。

10.4.2 常见的直线位移传感器

位置传感器通常只能定性检测当前位置。直线位移传感器（简称位移传感器）可以用来测量位移信号，还可以测量距离、伸长、移动、厚度、紧缩、应变等物理量。常用的位移传感器有电位器式、磁致伸缩式、应变式、差动变压器式、电感式、涡流式、感应同步器、光栅、容栅、磁栅等。

（1）电位器式位移传感器

电位器式位移传感器通过电位器元件将机械位移转换成与之成线性或任意函数关系的电阻或电压输出，如图 10–18 所示。通常在电位器上通以电源电压，以把电阻变化转换为电压输出。普通直线电位器和圆形电位器都可分别用作直线位移和角位移传感器。物体的位移带动电位器移动端的电阻变化，阻值的变化量反映了位移的量值，阻值的增加还是减小则表明了位移的方向。

图10–18 电位器式位移传感器

电位器式位移传感器的优点是结构简单，输出信号大，使用方便，价格低廉。其主要缺点是易磨损。

电位器式位移传感器的输出信号一般为模拟电压。

（2）磁致伸缩位移传感器

图 10–19 为磁致伸缩位移传感器，这种传感器是利用磁致伸缩原理，通过两个不同磁场相交产生一个应变脉冲信号来准确地测量位置。

图10–19 磁致伸缩位移传感器

由于作为确定位置的活动磁环和敏感元件并无直接接触，因此传感器可应用在恶劣的工业环境中，不易受油渍、溶液、尘埃或其他污染的影响，因而它能应用在高温、高压和高振荡的环境中。磁致伸缩位移传感器的输出信号为绝对位移值，即使电源中断、重接，其数据也不会丢失，更无需重新归零。由于敏感元件是非接触的，即使不断重复检测，也不会对传感器造成任何磨损，可以大大提高检测的可靠性和使用寿命。

磁致伸缩位移传感器的输出信号有多种形式，可以是模拟电压、模拟电流或者 RS485 信号输出。

（3）差动变压器位移传感器

图 10–20 为差动变压器位移传感器（LVDT），这种传感器是依据变压器原理，通过一次线圈与二次线圈弱电磁耦合，使得铁芯的位移改动量与输出电信号（电压或电流）改动量呈精密线性关系，可以把机械改动量转变为标准电信号输出。

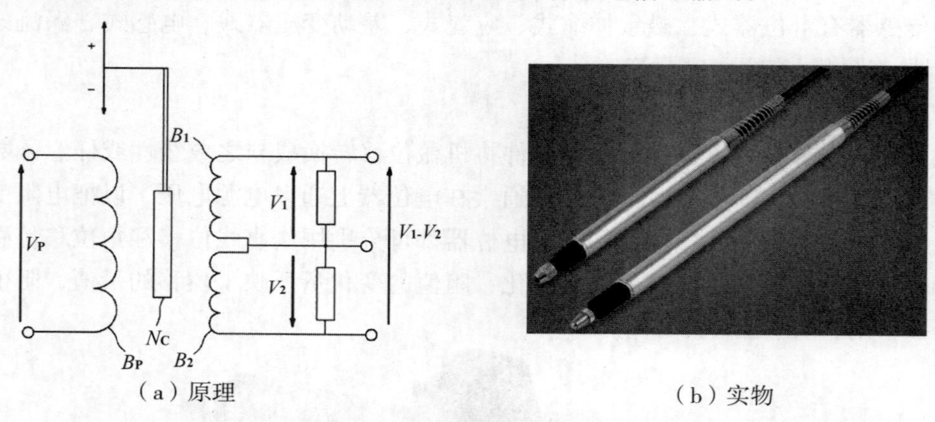

（a）原理　　　　（b）实物

图10–20　差动变压器位移传感器

差动变压器位移传感器的输出信号一般有 0 ~ 5 V（三线制）、0 ~ 10 V（三线制）、4 ~ 20 mA（二线制）、RS485 几种。

LVDT 传感器产品是将传感器线圈和电子线路设备集成在一个不锈钢管里，具有较强的抗干扰能力，且行程大、精度高、稳定性好、使用方便，是位移、距离、伸长、移动、厚度、振动、胀大、液位、紧缩、应变等物理量检测和分析的有力工具。LVDT 传感器采用可自由移动的活塞，非接触测量实现了无机械磨损。此传感器特别适用于汽车和机械设备的运动、位移和位置测量。

（4）感应同步器

感应同步器是利用电磁原理将线位移和角位移转换成电信号的一种装置。根据用途可将感应同步器分为直线式和旋转式两种，分别用于测量线位移和角位移。其工作原理是：感应同步器在工作时，如果在其中绕组上通以交流激励电压，由于电磁耦合，在另一绕组上就产生感应电动势。该电动势随定尺和滑尺（对长感应同步器而言）的相对位置不同呈正弦、余弦函数变化，通过对正弦、余弦函数变化的感应电动势信号的检测处理，便可测量出直线位移量（对长感应同步器而言）。

感应同步器输出信号一般为模拟电压。

（5）激光位移传感器

如图 10-21 所示，激光位移传感器是一种非接触式精密激光测量系统。激光位移发射器将镜头发射出的红色激光射向物体表面，而物体表面出现一系列反射情况，其中一束光反射回激光位移传感器，根据光线反射的角度和激光位移传感器的距离来检测。它具有适应性强、速度快、精度高等特点，适用于测量位移、厚度、振动、距离、直径等。

激光位移传感器输出信号有多种形式，模拟电压、模拟电流或者 RS485 信号输出。

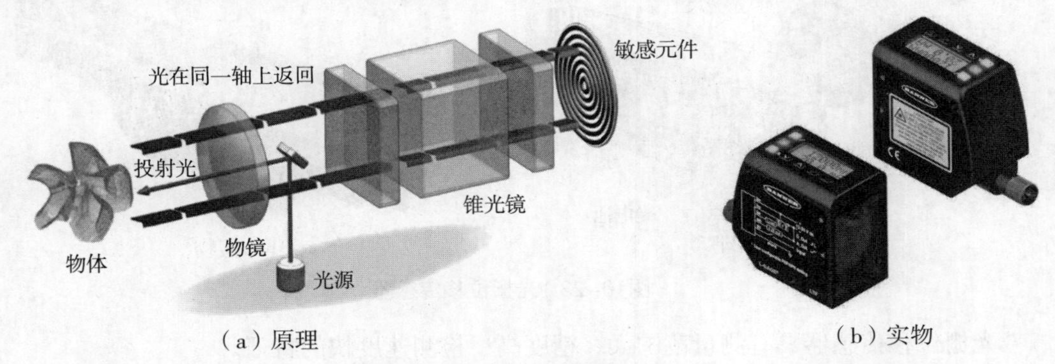

（a）原理　　（b）实物

图10-21　激光位移传感器

（6）拉绳位移传感器

拉绳位移传感器又称拉绳传感器，它是一种新式的线位移传感器，如图 10-22 所示。拉绳位移传感器由可拉伸的不锈钢绳绕在一个有螺纹的轮毂上，此轮毂与一个精密旋转感应器连接在一起，感应器有多种，可以是增量编码器、绝对（独立）编码器、混合或导电塑料旋转电位计、同步器或解析器。拉绳位移传感器具有结构紧凑、测量行程长、设备空间占用小、测量精度高、可靠性好、寿命长、维护少等特点。拉绳位移传感器运用方便，适用于许多危险场合。

拉绳式位移传感器的输出信号有多种形式，脉冲、数字编码、模拟电压等。

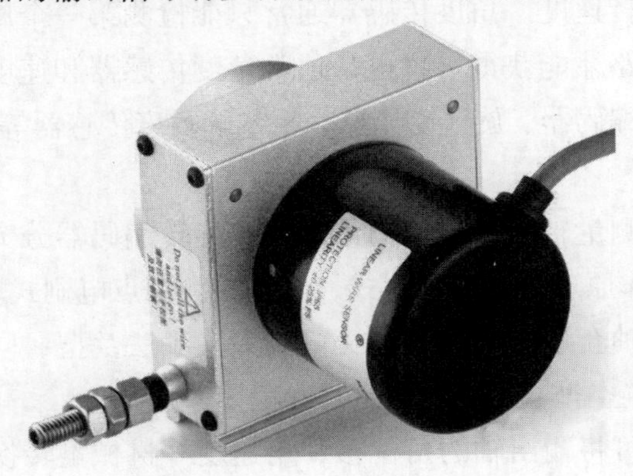

图10-22　拉绳式位移传感器

（7）光栅位移传感器

光栅位移传感器（俗称光栅尺）是运用光栅的光学原理工作的测量设备，如图 10-23 所示。光栅尺是应用摩尔条纹原理，通过光电转换，以数字方式表示线性位移量的高精度位移传感器。光栅线位移传感器主要应用于直线移动导轨机构，可实现移动量的精确显示和自动控制，常用于自动化数控装置以及测量仪器等方面，量程为 50 mm~30 m，覆盖几乎全部金属切削机床的行程。

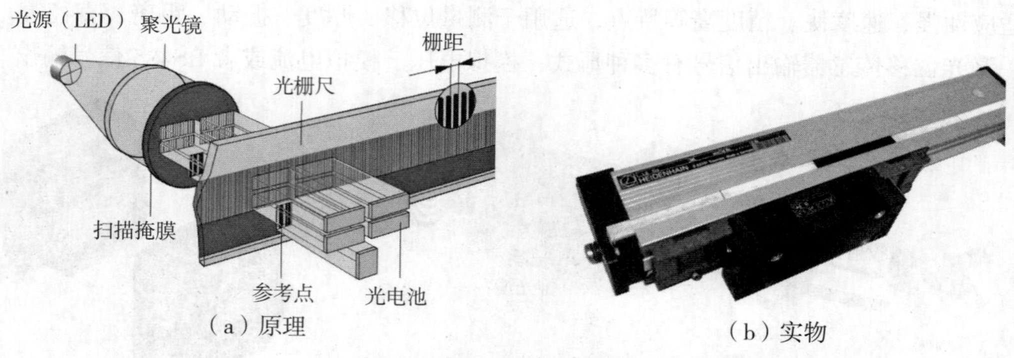

（a）原理　　（b）实物

图10-23　光栅位移传感器

光栅位移传感器具有测量范围大、精度高、检测速度快的特征。

光栅尺的输出信号多数是方波信号，常见的有两种：一种是 TTL 电平信号，另一种是 RS422 差分信号。有些厂商还能订做集电极开路输出信号（NPN 和 PNP 两种）。对于 PLC 来说，不是所有信号都适用。PLC 的主单元和高速计数模块可以直接接收集电极开路输出信号。TTL 电平信号输出可以用于单片机或 DSP，但不能直接用于 PLC，需要加一个直流电子开关模块，把TTL电平信号转换成集电极开路输出信号。这对于低速移动部件几乎没什么影响，但对于高速移动部件，会带来信号的延迟，甚至周期信号的丢失。

10.4.3 常见的角度传感器

角度传感器能精确检测旋转物体的角度。旋转物体一般有以下三种重要属性：当前角度、旋转方向、旋转速度。角度传感器通常只能检测第一个属性，第二和第三个属性必须结合其他传感电路才能获得。这也是通常角度传感器和速度传感器一起使用的原因。角度传感器有旋转编码器、旋转变压器、霍尔式角度传感器等。

（1）旋转编码器

旋转编码器是用来测量转角、转速的传感器。旋转编码器分为增量式和绝对式（码盘式）两种。编码器工作原理可分为光电式、磁电式和触点电刷式。

输出形式有轴型和轴套型两种。轴型又可分为夹紧法兰型、同步法兰型和伺服安装型等；轴套型又可分为半空型、全空型和大口径型等。

增量式旋转编码器可将输出轴的角位移、角速度等机械量转换成相应的电脉冲以数字量输出，如图 10-24a 所示。这种编码器分为单路输出和双路输出两种，单路输出是指其输出是一组脉冲，而双路输出是输出两组 A/B 相位差 90° 的脉冲，通过这两组脉冲不仅可以测量转速，还可以判断旋转的方向。技术参数主要有每转脉冲数（一般称作多少线，几十到几千个都有）和供电电压等。

绝对式编码器如图 10–24b 所示，对应一圈，每个基准的角度可以发出/读出一个唯一与该角度对应的二进制数值，通过外部记圈器件可以进行多个位置的记录和测量。它无需记忆，无需找参考点，而且不用一直计数，什么时候需要知道位置，什么时候就去读取它的位置，这样，编码器的抗干扰特性、数据的可靠性大大提高。绝对式编码器因其精度高，输出位数较多，如仍用并行输出，其每一位输出信号必须确保连接很好，对于较复杂工况还要隔离，连接电缆芯数多，由此带来诸多不便和降低可靠性，因此，绝对式编码器一般均选用串行输出或总线型输出。

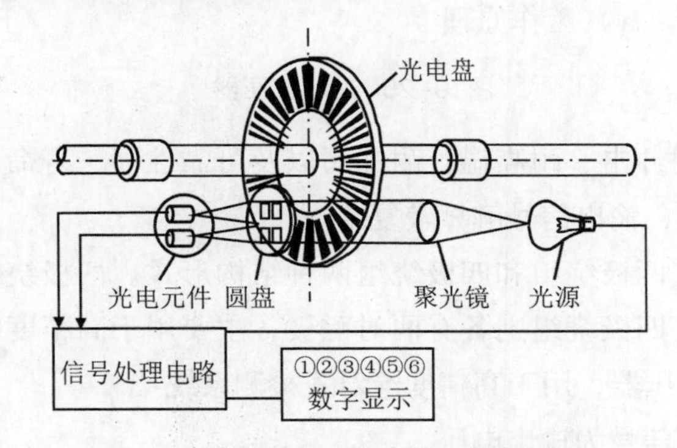

（a）增量式光电编码器工作原理

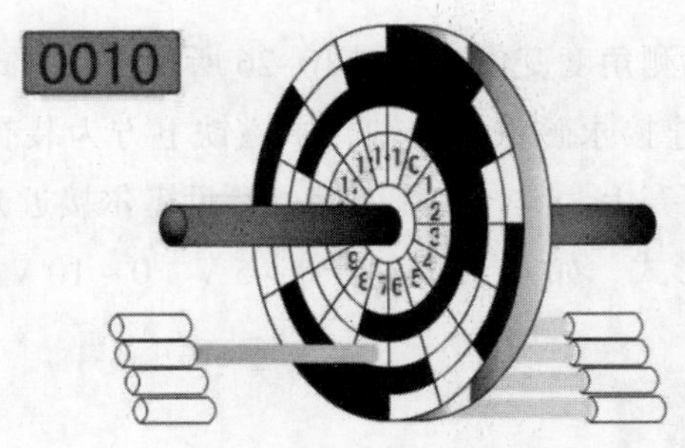

（b）绝对式编码器工作原理

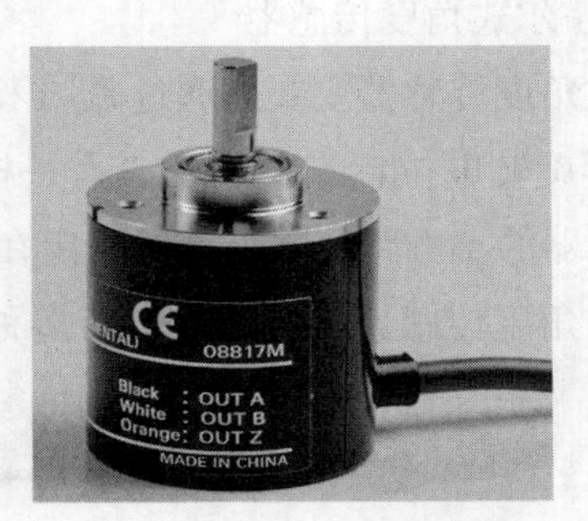

（c）旋转编码器实物

图10–24　旋转编码器

增量式旋转编码器的输出为脉冲信号；绝对式编码器的输出位数较多，一般均选用串行输出或总线型输出。

（2）旋转变压器

如图 10–25 所示，旋转变压器的工作原理和普通变压器基本相似，旋转变压器是由定子和转子组成，区别在于普通变压器的原边、副边绕组是相对固定的，所以输出电压和输入电压之比是常数。旋转变压器在结构上保证了其定子和转子（旋转一周）之间空气间隙内磁通分布符合正弦规律，因此，当激磁电压加到定子绕组时，通过电磁耦合，转子绕组便产生感应电势，其输出电压的大小随转子角位移而发生变化，输出绕组的电压幅值与转子转角成正弦、余弦函数关系，或保持某一比例关系，或在一定转角范围内与转角成线性关系。

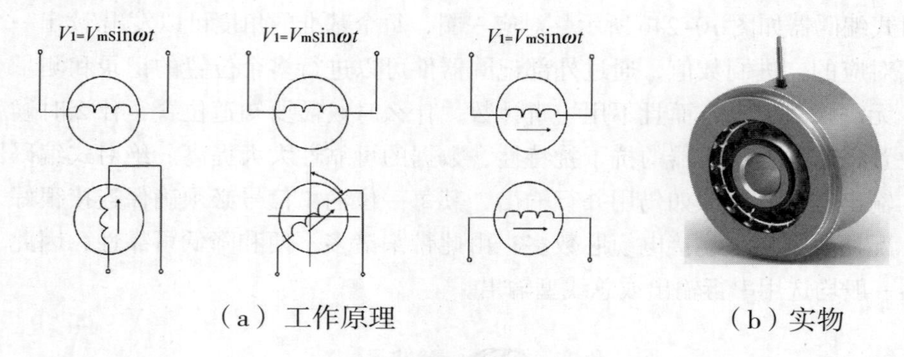

（a）工作原理　　（b）实物

图10–25　旋转变压器

旋转变压器具有耐冲击、耐高温、耐油污以及可靠性高、寿命长等优点，其缺点是输出为调制的模拟信号，输出信号解算较复杂。

旋转变压器一般有两极绕组和四极绕组两种结构形式。两极绕组旋转变压器的定子和转子各有一对磁极，四极绕组则各有两对磁极，主要用于高精度的检测系统。除此之外，还有多极式旋转变压器，用于高精度绝对式检测系统。

旋转变压器的输出信号为输出电压。

（3）霍尔式角度传感器

霍尔式角度传感器主要是通过磁场来检测角度变化。如图 10–26 所示，霍尔式角度传感器与弧形旋转电位计类似，中央有一根连接永磁铁的转轴，永磁铁下方为装有多个霍尔效应传感器的小电路板，电路板固定在底壳上。具体工作原理可参见霍尔接近开关。

霍尔式角度传感器的输出信号有多种形式，如 4 ~ 20 mA、0 ~ 5 V、0 ~ 10 V、RS485 等。

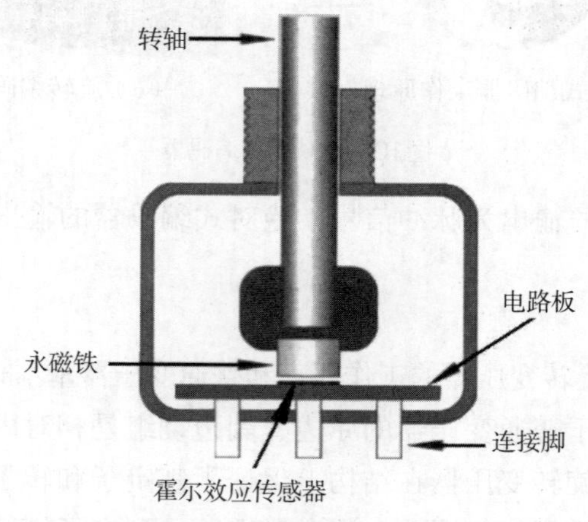

图10–26　霍尔式角度传感器内部简化图

10.5 速度传感器

10.5.1 用途

单位时间内位移的增量就是速度。速度包括线速度和角速度，与之相对应的就有线速度传感器和角速度传感器（转速传感器），统称为速度传感器。转速传感器按安装形式分为接触式和非接触式两类。

10.5.2 磁电感应式转速传感器

磁电感应式转速传感器是利用导体和磁场发生相对运动产生感应电动势，是一种将机械能转换为电能的转换器，不需要外部供电电源，如图 10–27 所示。根据工作原理的不同可分为动圈式结构类型磁电感应式传感器和动铁式结构类型磁电感应式传感器。

如图 10–28 所示，磁电感应式转速传感器只适合进行动态测量，电路简单，输出功率较大，零位及性能稳定，输出阻抗小，具有一定的频率响应范围，尺寸以及重量较大，可以用于振动、转速、扭矩等测量。

磁电感应式转速传感器输出信号的频率和转速成正比。

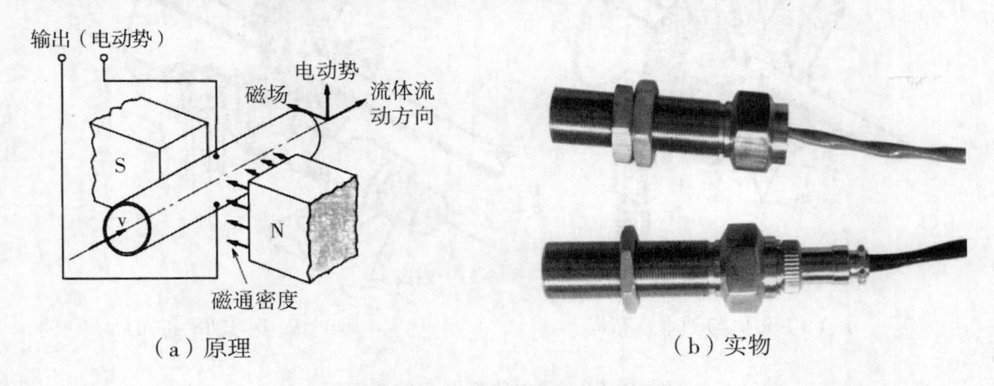

（a）原理　　（b）实物

图10–27　磁电感应式转速传感器

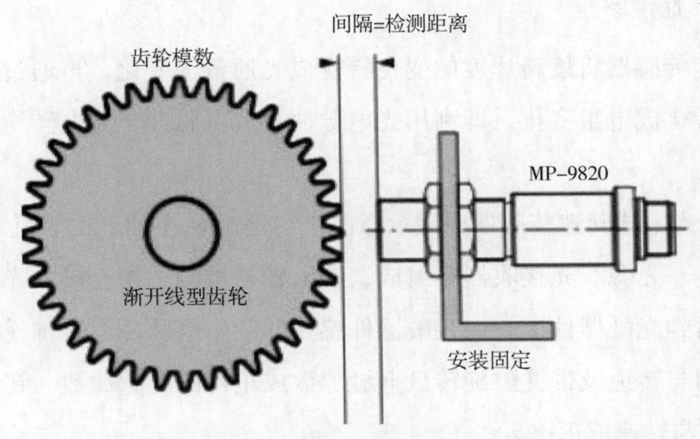

图10–28　磁电感应式转速传感器测齿轮轴转速应用示例

10.5.3　霍尔效应式转速传感器

霍尔效应式转速传感器属于霍尔式传感器，是利用霍尔效应使位移带动霍尔元件在磁场中运动产生霍尔电势，即把位移信号转换成电势变化信号的传感器。具体应用如图10-29 所示，工作原理可参见霍尔接近开关。图 10-29a 中霍尔传感器可以感应轴上垂直安装的磁极，轴旋转时带动磁极旋转，磁极接近与远离会输出不同信号；图 10-29b 中霍尔传感器配合与轴平行的磁极，结合霍尔传感器和磁极之间是否有障碍物使得传感器输出不同信号。

霍尔式转速传感器具有体积小、结构简单、无触点、启动力矩小等特点，且使用寿命长，可靠性高，频率特性好，并可进行连续测量。

霍尔式转速传感器的输出信号为脉冲，检测出单位时间的脉冲数，便可计算被测转速。

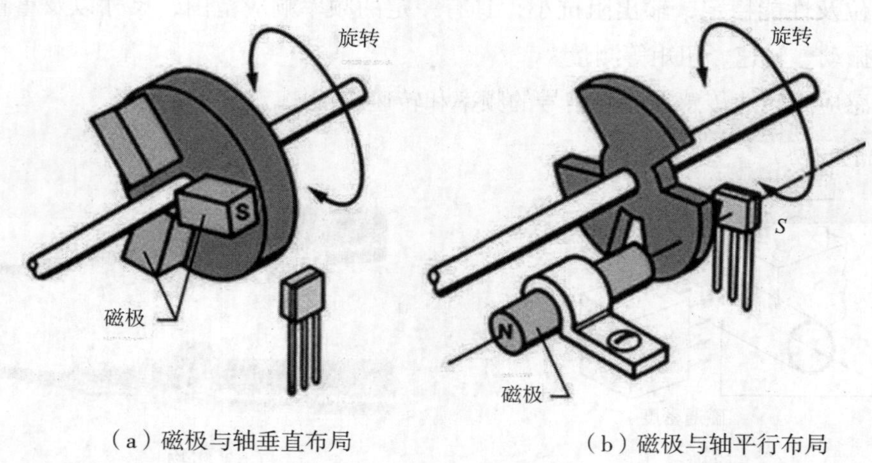

（a）磁极与轴垂直布局　　　（b）磁极与轴平行布局

图10-29　霍尔传感器测转速示例

10.5.4　光电式转速传感器

光电式转速传感器将旋转速度的变化转变成光通量的变化，再通过光电转换元件将光通量的变化转化成电量变化，即利用光电脉冲变成电脉冲，光电转换元件的工作原理就是光电效应。

图 10-30 为光电式转速传感器原理示意图。它是由装在轴上的带孔或缝隙的旋转盘（光电编码盘）、光源、光接收器等组成，输入轴与被测轴相连接。光源发出的光通过缝隙旋转盘照射到光敏器件上，使光敏器件感光并产生电脉冲。转轴连续转动，光敏器件就输出一系列与转速及带缝隙旋转盘上缝隙数成正比的电脉冲数。在缝隙数一定的情况下，该脉冲数与转速成正比。

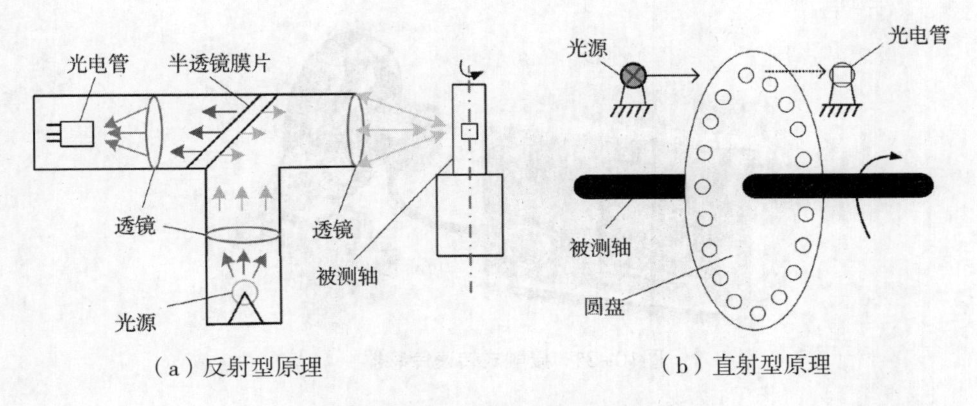

（a）反射型原理　　　　　　　　　（b）直射型原理

图10-30　光电式转速传感器原理

光电式转速传感器具有如下特点：

（1）非接触式测量仪表。测量距离一般可达 200 mm，不会对被测量轴形成额外的负载，因此测量误差更小，精度更高。

（2）结构紧凑。一般质量不超过 200 g，非常便于使用者携带、安装和使用。

（3）测量能力好。可采用光纤封装，用于测量微小的物体，尤其是微小旋转体的测量，特别适用于高精密、小元件的机械设备测量。运行稳定，具有良好的可靠性，测量的精度较高，能满足使用者的测量要求。

（4）抗干扰性好。采用 LED 作为光线投射部件，极少会出现光线停顿的情况，也不会存在灯泡烧毁等故障危险。另外，光源经过特殊方式调制，有极强的抗干扰能力，不受普通光线的干扰。

光电转速传感器的输出信号为脉冲信号。

10.5.5　接触式转速传感器

接触式转速传感器与运动物体直接接触，当运动物体与接触式转速传感器接触时，摩擦力带动传感器的滚轮转动，装在滚轮上的转动脉冲传感器发送出一连串的脉冲，每个脉冲代表着一定的距离值，从而就能测出线速度。

图 10-31 为接触式转速传感器，此传感器结构简单，使用方便。由于接触滚轮与运动物体始终接触着，滚轮的外周将磨损，从而影响滚轮的周长，而每个传感器的脉冲数是固定的，所以会影响传感器的测量精度。要提高测量精度必须在二次仪表中增加补偿电路。另外，接触式难免产生滑差，滑差的存在也将影响测量的准确性。

接触式转速传感器输出信号为脉冲信号。

图10-31　接触式转速传感器

10.6 加速度传感器

10.6.1 用途

加速度传感器是一种能够测量加速度的电子设备（又称加速度计）。加速度计有两种：一种是角加速度计，是由陀螺仪（角速度传感器）改进的；另一种是线加速度计。加速度传感器的原理有压阻式、电容式、压电式、伺服式等。

加速度传感器本身要附加在被测对象上，导致被测对象整体质量增加，共振频率减小，因此选取加速度传感器质量要远远小于被测对象。加速度传感器的选型主要考虑量程、灵敏度、频率响应等。

（1）量程。量程与灵敏度是息息相关的，以普通的 IEPE 压电加速度传感器为例，一般其工作需要保持一定的直流偏置电压，以保证其在整个量程范围内信号都不失真。例如，一款传感器的灵敏度为 100 mV/g，供电电压为 18~30 V，其工作偏置电压为 13 V，由此可以算出理论上的最大量程是 50*g*，因为当量程大于 50*g* 时，满量程电压输出大于 5 V，加上工作偏置电压 13 V，就有可能超过 18 V，从而导致失真。因此在选择灵敏度和量程时，要有取舍，这取决于具体测量场合。

（2）灵敏度。通俗讲就是传感器感知到外界加速度变化而产生的输出，一般为电荷或电压模拟信号。理论上灵敏度越大越好，较高的灵敏度可以使信噪比高，从而减小外界的干扰，得到更准确的数据。但是受限于供电电源、频率响应要求以及不同原理加速度传感器的特性，灵敏度有一定范围，原则上选择传感器时，在满足其他性能的前提下，灵敏度越大越好。

（3）频率响应。指加速度传感器的可测频率范围，选用时根据实际使用情况，判断所测物体的频率在哪个频段，从而选用合适的传感器。

10.6.2 压阻式加速度传感器

压阻式加速度传感器由基座、质量块、悬臂梁、应变片、处理电路等组成，如图 10-32 所示。压阻式加速度传感器的悬臂梁上贴有应变片（压敏电阻），当惯性质量块发生位移时，会引起悬臂梁弯曲变形，改变梁上的应力分布，进而影响压敏电阻的阻值，压敏电阻多位于应力变化最明显的部位。这样通过两个或四个压敏电阻应变片形成的电桥就可实现加速度的测量。

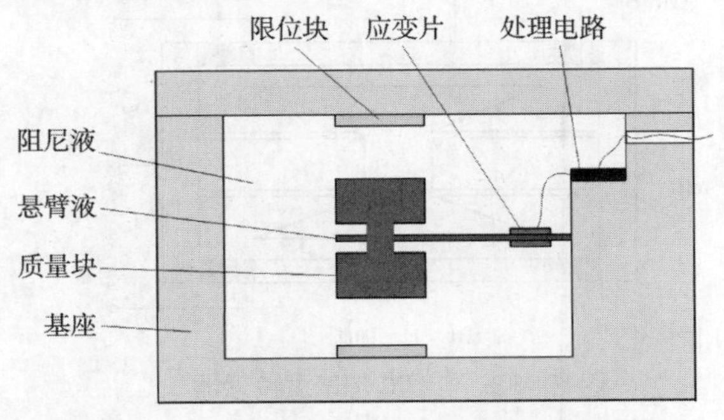

图10–32 压阻式加速度传感器

压阻式加速度传感器的低频信号好，可测量直流信号，输入阻抗低，且工作温度范围宽，同时它的后处理电路简单，体积小，质量轻，功耗低，易于集成在各种模拟和数字电路中，广泛应用于汽车碰撞实验、测试仪器、设备振动监测等领域。

压阻式加速度传感器输出信号为电压。

10.6.3 压电式加速度传感器

压电式加速度传感器的结构与压阻式加速度传感器类似，都是悬臂梁末端加质量块的振动系统，两者差别在于镀在梁上的材料不同，压电式加速度计的梁上镀压电材料，而非压阻材料。

压电式加速度传感器的原理是利用压电陶瓷或石英晶体的压电效应，当加速度计受振时，质量块加在压电元件上的力也随之变化。当被测振动频率远低于加速度计的固有频率时，则力的变化与被测加速度成正比。

压电式加速度传感器体积小，频率范围宽，测量加速度的范围宽；直接输出电压信号，不需要复杂的电路接口；大批量生产时价格低廉，可直接测量连续的加速度和稳态加速度；但对温度的漂移较大，对安装和其他应力也较敏感。

压电式加速度传感器的输出信号为电压。

10.6.4 电容式加速度传感器

如图 10–33 所示，电容式加速度传感器是基于电容原理的极距变化型，其中一个电极是固定的，另一变化电极是质量块。电容式加速度传感器的结构形式一般也采用弹簧质量系统，质量受加速度作用运动而改变质量块与固定电极之间的间隙进而使电容值变化。

与其他类型的加速度传感器相比，电容式加速度传感器具有灵敏度高、零频响应、环境适应性好等特点，尤其是受温度的影响比较小。但不足之处表现在信号的输入与输出为非线性，量程有限，受电缆的电容影响大，因此电容传感器的输出信号往往需通过后继电路给予改善。其通用性不如压电式加速度传感器，且成本也比压电式加速度传感器高得多。

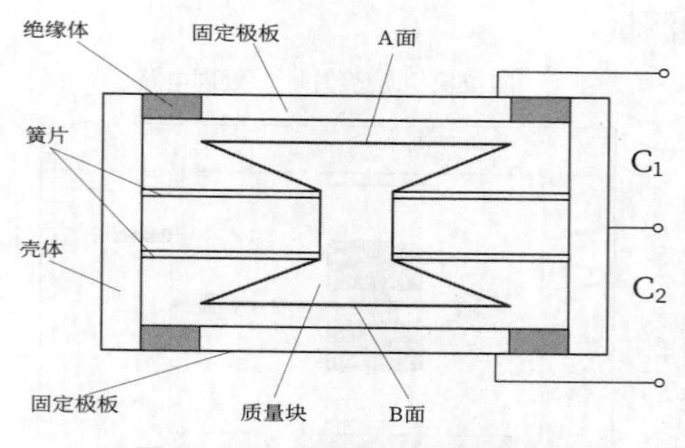

图10-33　电容式加速度传感器

电容式加速度传感器非常适用于运动及稳态加速度的测量、低频低加速度值测量，且可耐受高加速度值冲击。比如电梯的加速及减速测试、飞机的颤振试验、飞行器的发射与飞行试验、发动机监测等均需测量持续时间长、加速度值低的振动，这些都是电容式加速度传感器的主要用途。事实证明，在测量低频、低加速度值时，电容式加速度传感器比压阻式加速度传感器更为理想。

像轿车、卡车、火车等车辆的运输试验和检测都需要高可靠性、高灵敏度的加速度计。在这些设备的安装和试验过程中经常会出现高加速度值的冲击，但其后主要测量的是加速度值很微小的振动。电容式加速度传感器可以抗高加速度值过冲，并具有在冲击之后快速恢复的能力，因此可以用它来进行这种加速度的测量，比如汽车的乘坐舒适性、结构响应和车辆碰撞试验。

电容式加速度传感器的输出信号为电容。

10.6.5　伺服式加速度传感器

伺服式加速度传感器有一个弹性支承的质量块，如图 10-34 所示。伺服式加速度传感器是一种采用负反馈工作原理的加速度传感器，亦称力平衡加速度传感器。从自动控制的角度来看，它实际上是一种闭环系统。当基座振动时，质量块也会随之偏离平衡位置，该信号经伺服放大电路放大后转换为电流输出，电流流过电磁线圈从而产生电磁力，电磁力的作用将使质量块趋于回复到原来的平衡位置上。由此可见电磁力的大小必然正比于质量块所受加速度的大小，而该电磁力又正比于电流的大小，所以通过测量该电流的大小即可得到加速度的值。

由于采用了负反馈工作原理，伺服式加速度传感器通常具有极好的幅值线性度，在峰值加速度幅值高达 50g 时通常可达万分之几。另外还具有很高的灵敏度，某些伺服加速度传感器具有几微 g 的灵敏度。频率范围通常为 0 ~ 500 Hz。

伺服式加速度传感器常用于测量较低的加速度值以及频率极低的加速度，其尺寸是相应的压电式加速度传感器的数倍，价格通常也高于其他类型的加速度传感器。由于其高精度和高灵敏度的特性，伺服式加速度传感器广泛应用于导弹、无人机、船舶等高端设备的惯性导航和惯性制导系统，在高精度的振动测量和标定中也有应用。

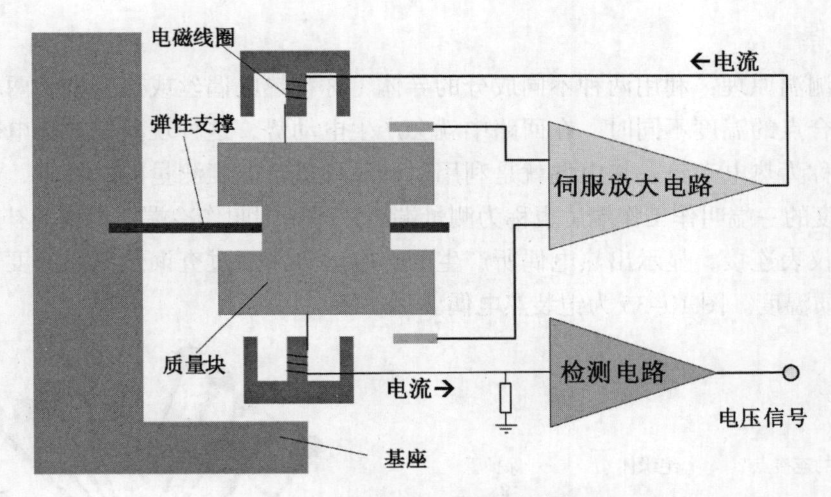

图10–34　伺服式加速度传感器

伺服式加速度传感器的测量精度稳定性和低频响应等都较高，另外其分辨率及可靠性高，还具有自检功能。但体积和质量比压电式加速度计大很多，价格昂贵。

伺服式加速度传感器的输出信号为电流。

10.7 温度传感器

10.7.1 用途

温度是度量物体冷热程度的一个物理量，是工业生产中很普遍、很重要的一个热工参数。许多生产工艺过程均要求对温度进行监视和控制，特别是在化工、食品等行业生产过程中，温度的测量和控制直接影响到产品的质量和性能。温度传感器是一种能将温度转换成电信号的传感器，按照测量方式可分为接触式和非接触式，按照工作原理可分为膨胀式、热电式、电阻式、辐射式等。常用的有热电偶、热电阻、热敏电阻、红外温度传感器，集成式温度传感器，双金属温度传感器等多种类型。

温度传感器的选用注意事项：

（1）被测对象的温度是否需记录、报警和自动控制，是否需要远距离测量，传送单路还是多路温度信号测量。

（2）测温范围的大小和精度要求，量程覆盖待测温度的范围，一般要有一定余量。

（3）在被测对象温度随时间变化的场合，测温元件的滞后能否适应测温要求。

（4）测量是否需接触、防水、防腐蚀，被测对象的环境条件对测温元件是否有损害。

（5）测温元件大小是否适当。

（6）价格如何，使用是否方便。

10.7.2 热电偶

热电偶测温原理：利用两种不同成分的导体（称为热电偶丝或热电极）两端接合成回路，当接合点的温度不同时，在回路中就会产生电动势，这种现象称为热电效应，而这种电动势称为热电动势。热电偶就是利用这种原理进行温度测量的，其中，直接用作测量介质温度的一端叫作工作端（也称为测量端），另一端叫作冷端（也称为补偿端）；冷端与显示仪表连接，显示出热电偶所产生的热电动势，通过查询热电偶分度表，即可得到被测介质温度。图 10–35 为铠装热电偶。

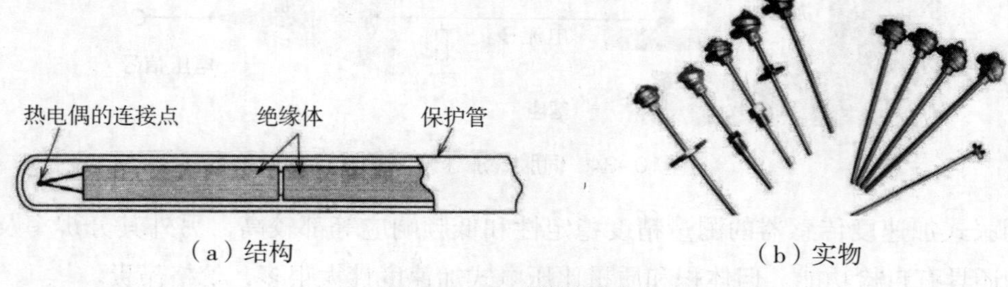

（a）结构　　（b）实物

图10–35　铠装热电偶

测温范围：常用的热电偶在 –50 ~ +1 600 ℃ 均可连续测量，某些特殊热电偶最低可测到 –269 ℃（如金铁镍铬），最高可达 +2 800 ℃（如钨–铼）。

特点：简单，可靠性高，无自发热效应，不需要外部电源供电。

热电偶输出信号一般输出电压 mV，可以通过温度变送器转换成标准电流 4 ~ 20 mA 信号。

10.7.3 热电阻

热电阻测温原理：热电阻是基于电阻的热效应进行温度测量的，即电阻体的阻值随温度的变化而变化的特性。因此，只要测量出感温热电阻的阻值变化，就可以测量出温度。

热电阻大都由纯金属材料（目前使用最多的是铂和铜）制成。金属热电阻一般适用于 –200 ~ 500 ℃ 的温度测量，其特点是测量准确，稳定性好，性能可靠。图 10–36 为铠装热电阻。

图10–36　铠装热电阻

热电阻与热电偶的最大区别就是测量温度范围，热电阻是测量低温的温度传感器，一般测量温度为 200 ~ 500 ℃，而热电偶是测量中高温的温度传感器，一般测量温度为 -50 ~ +1 600 ℃。热电阻不仅广泛应用于工业测温，而且被制成标准的基准仪。其可以远传电信号，灵敏度高，稳定性强，互换性以及准确性都比较好，但是需要电源激励，不能够瞬时测量温度的变化。一般热电阻比热电偶价格便宜。

热电阻的输出信号为输出电阻或 4 ~ 20 mA 电流。

10.7.4 热敏电阻

热敏电阻属于半导体元件，由于半导体热敏电阻具有独特的性能，所以它不仅可以作为测量元件，还可以作为控制元件（如热敏开关、限流器）和电路补偿元件。热敏电阻广泛用于家用电器、电力工业、通信、军事科学、宇航等领域。半导体热敏电阻的测温范围为 -50 ~ 300 ℃，且互换性较差，非线性严重，但温度系数更大，常温下的电阻值更高（通常在数千欧以上）。图 10-37 为热敏电阻。

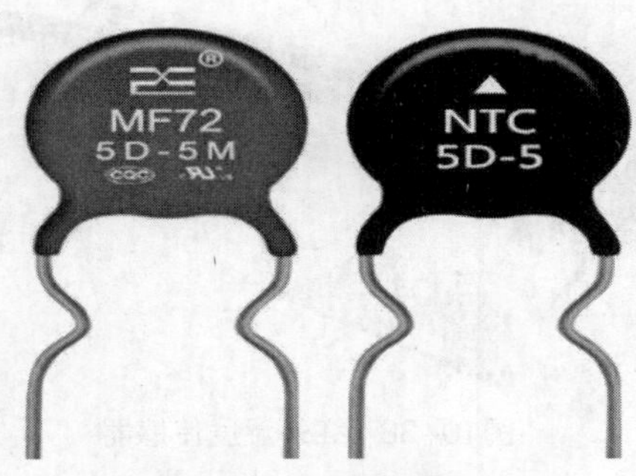

图10-37 热敏电阻

热敏电阻包括正温度系数（PTC）热敏电阻和负温度系数（NTC）热敏电阻。当自热温度远大于环境温度时，阻值还与环境的散热条件有关。因此在流速计、流量计、气体分析仪、热导分析中常利用热敏电阻这一特性，制成专用的检测元件。PTC 热敏电阻主要用于电器设备的过热保护、无触点继电器、恒温、自动增益控制、电机启动、时间延迟、彩色电视自动消磁、火灾报警和温度补偿等方面。NTC 热敏电阻器广泛应用于温度测量、温度补偿、抑制浪涌电流等场合，可作为电子线路元件用于仪表线路温度补偿和温差电偶冷端温度补偿等。利用 NTC 热敏电阻的自热特性可实现自动增益控制，构成 RC 振荡器稳幅电路，延迟电路和保护电路。

热敏电阻是有以下特点：

（1）灵敏度较高，其电阻温度系数要比金属大 10 ~ 100 倍以上，能检测出 10^{-6} ℃ 的温度变化。

（2）工作温度范围宽，常温器件适用于 -55 ~ 315 ℃，高温器件适用温度高于 315 ℃（目前最高可达到 2 000 ℃），低温器件适用于 -273 ~ -55 ℃。

（3）体积小，能够测量其他温度计无法测量的空隙、腔体及生物体内血管的温度。

（4）使用方便，电阻值可在 0.1 ~ 100 kΩ 间任意选择。

（5）易加工成复杂的形状，可大批量生产。

（6）稳定性好，过载能力强。

热敏电阻输出信号为电阻值。

10.7.5　红外温度传感器

不处于绝对零度的任何物体都会向外部发射以红外线为主的热辐射。红外辐射的物理本质是热辐射。研究发现，最大的热效应出现在红外辐射的频率范围之内，物体的温度越高，辐射出来的红外线越多，红外辐射的能量就越强。红外温度传感器（红外测温仪）可以不接触目标而通过测量目标发射的红外辐射强度计算出物体的表面温度。非接触测温是红外温度传感器最大的优点，用户可以方便地测量难以接近或移动的目标。图 10–38 为红外温度传感器。

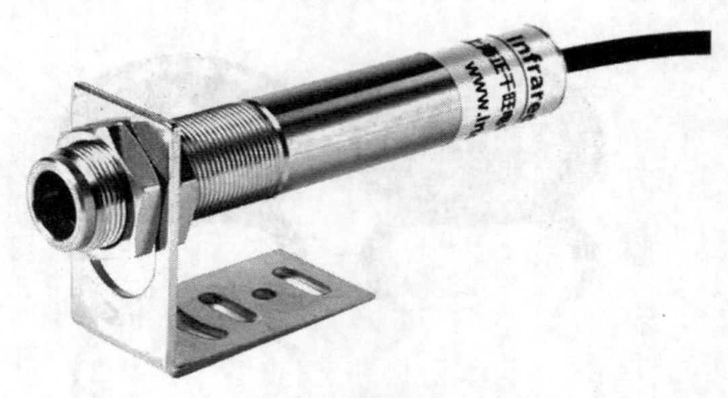

图10–38　红外温度传感器

根据不同型号产品设计，红外温度传感器输出信号有线性的电流信号 4 ~ 20 mA 输出以及线性的电压信号 0 ~ 5 V 输出等多种形式。

10.7.6　集成式温度传感器

集成式温度传感器分为模拟式和数字式两种。模拟式温度传感器是利用物质随温度变化特性的规律，把温度转换成可输出信号的传感器，是普遍应用的传感器之一。如 LM35 是一款典型的模拟温度传感器，其电路连接非常方便，只需要一个模拟接口，其输出电压为摄氏度温标。数字温度传感器能通过温度敏感元件和相应电路转换成方便计算机、PLC、智能仪表等数据采集设备直接读取的数字量的传感器。DS18B20 是常用的数字温度传感器，其输出的是数字信号，具有体积小、硬件成本低、抗干扰能力强、精度高的特点。如图 10–39 所示，DS18B20 数字温度传感器接线方便，封装后可应用于多种场合，可根据应用场合的不同而改变其外观。封装后的 DS18B20 数字温度传感器可用于电缆沟测温、高炉水循环测温、锅炉测温、机房测温、农业大棚测温、洁净室测温、弹药库测温等各种非极限温度场合。

集成式模拟温度传感器的输出一般为电压的模拟信号，数字温度传感器的输出为数字信号。

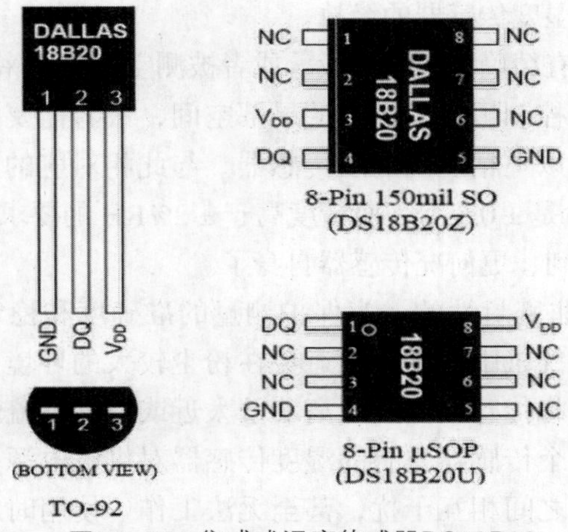

图10-39　集成式温度传感器DS18B20

10.8 湿度传感器

10.8.1 用途

空气中的湿度可以用绝对湿度、露点、相对湿度的指标来描述。

绝对湿度，表示一定体积空气中的水蒸气重量。在公制单位中，其单位为 g/m^3。绝对湿度传感器又称为湿度计。

如果一定量的气体在压强不变的情况下不断降低自身温度，当温度降低到一定程度时，气体中的水蒸气会开始凝结为水珠，此温度就是它的露点。由于空气越潮湿，露点越容易形成，因此露点可以用来衡量当前空气的潮湿程度。

相对湿度，通常缩写为 RH。当一定量气体的温度、压强和体积恒定时，相对湿度等于当前绝对湿度与保持蒸汽不凝结的最大绝对湿度的比值，此参数以百分比形式表示。因此如果目标气体内部已经开始析出水珠，那么此时它的相对湿度是 100%；如果目标气体内部的水分重量为析出水珠时水分重量的一半，那么它的相对湿度为 50%；如果目标气体内部没有任何水分，那么它的相对湿度为 0% 。

我们日常说的“湿度”一般都是指相对湿度，大部分传感器也都输出相对湿度，但也有一些特殊的传感器输出绝对湿度。

温度传感器选用注意事项：

（1）确定测量范围。除了气象、科研部门外，温度、湿度测控一般不需要全湿程（0 ~ 100 %RH）测量。

（2）测量精度 。如中、低湿段（0 ~ 80%RH）为 ± 2%RH，而高湿段（80% ~ 100%RH）为 ± 4%RH，此精度是在某一指定温度下（如 25 ℃）的值。如在不同温度下使用湿度传感器，其示值还要考虑温度漂移的影响。

相对湿度是温度的函数，温度对指定空间内的相对湿度具有很大的影响。温度每变化 0.1 ℃，将产生 0.5%RH 的湿度变化（误差）。如果使用场合难以做到恒温，则提出过高的测湿精度是不合适的。所以控湿首先要控好温，这就是大量应用的往往是温湿度一体化传感器而不单纯是湿度传感器的缘故。

多数情况下，如果没有精确的控温手段，或者被测空间是非密封的，±5%RH 的精度就足够了。对于要求精确控制恒温、恒湿的局部空间，或者需要随时跟踪记录湿度变化的场合，可选用 ±3%RH 以上精度的湿度传感器。与此相对应的温度传感器，其测温精度需为 ±0.3 ℃以上，至少是 ±0.5 ℃。而精度高于 ±2%RH 的要求，恐怕连校准传感器的标准湿度发生器也难以做到，更何况传感器自身了。

（3）湿度传感器是非密封性的，为保护测量的准确度和稳定性，应尽量避免在酸性、碱性及含有机溶剂的气氛中使用，也避免在粉尘较大的环境中使用。为准确反映欲测空间的湿度，还应避免将传感器安放在离墙壁太近或空气不流通的死角处。如果被测的房间太大，就应放置多个传感器。有的湿度传感器对供电电源要求比较高，否则将影响测量精度；或者传感器之间相互干扰，甚至无法工作。使用时应按照技术要求提供合适的、符合精度要求的供电电源。传感器需要进行远距离信号传输时，要注意信号的衰减问题。当传输距离超过 200 m 时，建议选用频率输出信号的湿度传感器。

（4）考虑时漂和温漂。在实际使用中，由于尘土、油污及有害气体的影响，使用时间一长，电子式湿度传器会产生老化，精度下降。电子式湿度传感器的年漂移量一般在 ±2%左右，甚至更高。一般情况下，生产厂商会标明1次标定的有效使用时间为 1 年或 2 年，到期需重新标定。

10.8.2 湿敏电阻

如图 10–40 所示，湿敏电阻是在基片上覆盖一层用感湿材料制成的膜，当空气中的水蒸气吸附在感湿膜上时，元件的电阻率和电阻值都发生变化，利用这一特性即可测量湿度。湿敏电阻的种类很多，例如金属氧化物湿敏电阻、硅湿敏电阻、陶瓷湿敏电阻等。湿敏电阻的优点是灵敏度高，主要缺点是线性度和互换性差。

湿敏电阻的输出信号为电阻值。

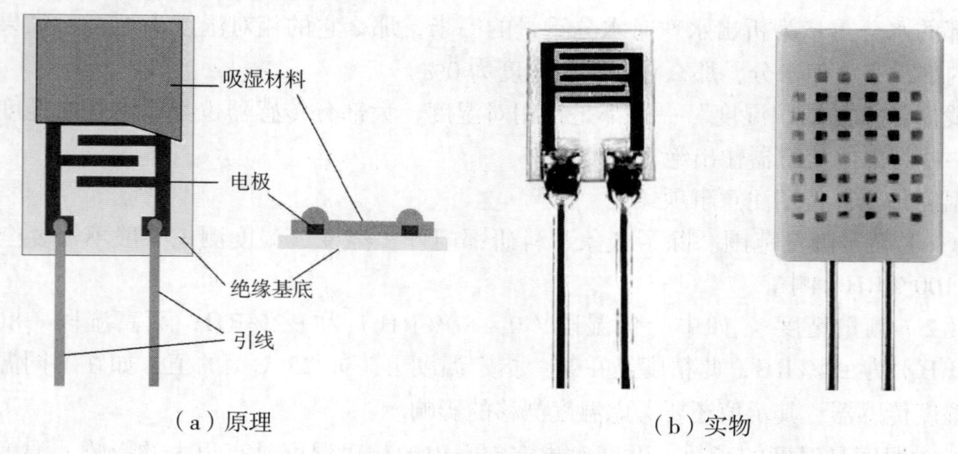

（a）原理　　（b）实物

图10–40　湿敏电阻

10.8.3 湿敏电容

如图 10-41 所示，湿敏电容一般是用高分子薄膜电容制成的，常用的高分子材料有聚苯乙烯、聚酰亚胺、醋酸纤维等。当环境湿度发生改变时，湿敏电容的介电常数发生变化，使其电容量也发生变化，其电容变化量与相对湿度成正比。湿敏电容的主要优点是灵敏度高、产品互换性好、响应速度快、湿度的滞后量小、便于制造、容易实现小型化和集成化，其精度一般比湿敏电阻要低一些。

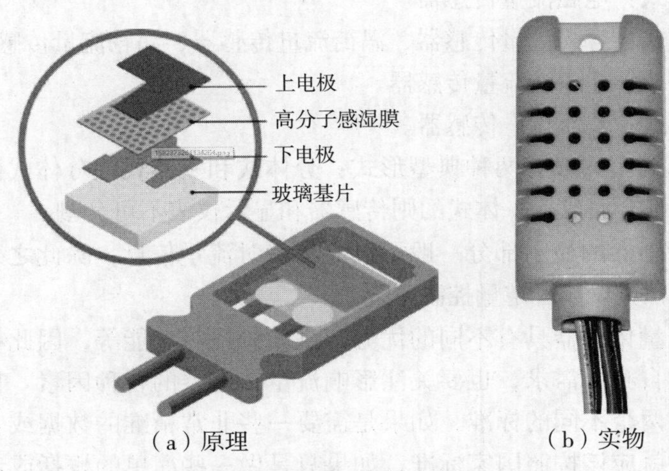

（a）原理　　（b）实物

图10-41　湿敏电容

除电阻式、电容式湿敏元件之外，还有电解质离子型湿敏元件、重量型湿敏元件（利用感湿膜重量的变化来改变振荡频率）、光强型湿敏元件、声表面波湿敏元件等。湿敏元件的线性度及抗污染性差，在检测环境湿度时，湿敏元件要长期暴露在待测环境中，很容易被污染而影响其测量精度及长期稳定性。

湿度传感器由于其工作原理的限制，必须采取非密封封装形式，即要求封装管壳留有和外界连通的接触孔或者接触窗，让湿敏芯片感湿部分和空气中的湿气能够很好地接触。同时，为了防止湿敏芯片被空气中的灰尘或杂质污染，需要采取一些保护措施。目前，主要手段是使用金属防尘罩或者聚合物多孔膜进行保护。湿度传感器有几种典型的封装形式：晶体管外壳（TO）封装、单列直插封装（SIP）、小外形封装（SOP）、其他封装形式，以及湿度传感器和其他传感器混合封装。

湿敏电容输出信号为电容。

10.9 流量传感器

10.9.1 用途

流量传感器（又称流量计）是能感受流体流量并转换成可用输出信号的传感器。将传感器放在流体的通路中，由流体对传感器和传感器对流体的相互作用测出流量的变化。按照流量的定义，主要应用于气体和液体流量的检测。

流量测量方法和仪表的种类繁多，分类方法也很多。至今为止，可供工业用的流量仪表种类达 60 种之多，因为至今还没找到一种对任何流体、任何量程、任何流动状态以及任何使用条件都适用的流量仪表。这 60 多种流量仪表，每种产品都有它特定的适用性，也都有它的局限性。

流量传感器按不同的检测方式分为以下几种，且由相应的传感器执行工作。

电磁式检测方式：电磁流量传感器。

机械式检测方式：容积流量传感器、涡街流量传感器、涡轮流量传感器。

声学式检测方式：超声波流量传感器。

节流式检测方式：差压流量传感器。

流量传感器结构上一般有两种典型形式：分体式和一体式。分体式由流量传感器本体和显示仪两部分组合而成；一体式的则传感器和显示仪表不可分割。

分体式流量传感器的显示部分一般可以显示瞬时流量信息，除此之外流量传感器通常应用上结合流量积算仪或者定量控制系统。

不同种类的流量传感器具有不同的优势，例如价格与功能等，因此在选择流量传感器时，不仅要关注自身的需求，也要关注影响流量传感器的各种因素。目前市面上的流量传感器往往采用两个不同的标准，如果是需要一些非常精准的数据或者结果，一般在选购流量传感器时就应该按照国家标准；如果只是做一些简单的概括或者数据分析，通常就选择企业标准。

10.9.2 电磁流量传感器

电磁流量传感器也叫电磁流量计。如图 10-42 所示，它是利用法拉第电磁感应定律，上下两端的个电磁线圈产生恒定或交变磁场，当导电介质流过电磁流量计时，流量计管壁上的左右两个电极间可检测到感应电动势，这个感应电动势的大小与导电介质流速、磁场的磁感应强度、导体宽度（流量计测量管内径）成正比，再通过运算就可以得到介质流量。常见的有两种形式，即分体式流量计和一体式流量计。

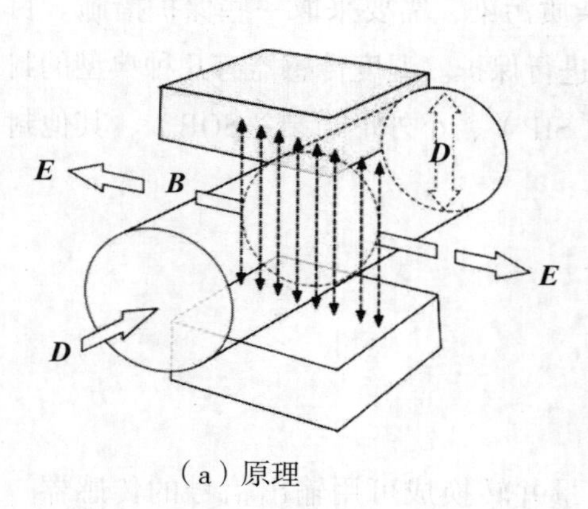

（a）原理

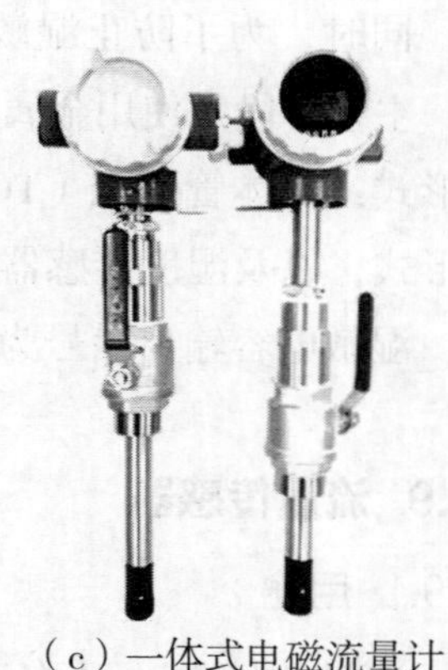

（b）分体式电磁流量计　（c）一体式电磁流量计

图10-42　电磁流量传感器

分体式电磁流量计由表头和流量传感器组成，适用于污水、废水、泥浆、纸浆、海水、清水、强酸、强碱等液体的流量测试。

一体式流量计更适合大口径流量管道，适用于污水、废水、酸碱、化工、油、酒精、甲乙醇等液体的流量测试。

电磁流量传感器具有如下优点：

（1）结构简单、可靠，无可动部件，工作寿命长。

（2）无截流阻流部件，不存在压力损失和流体堵塞现象。

（3）无机械惯性，响应快速，稳定性好，可应用于自动检测、调节和程控系统。

（4）测量精度不受被测介质的种类及其温度、黏度、密度、压力等物理参数的影响。

（5）可测量两个不同方向的流量，可测量含杂质的液体，同时还可用于强酸、强碱及盐类等腐蚀性液体。

（6）采用聚四氟乙烯或橡胶材质衬里和 Hc、Hb、316L、Ti 等电极材料的不同组合可适应不同介质的需要。

电磁流量传感器具有如下缺点：

（1）不能用于测量气体、蒸汽以及含有大量气体的液体。

（2）目前还不能用来测量电导率很低的液体介质，被测液体介质的电导率不能低于 10^{-5}（S/cm），相当于蒸馏水的电导率，对石油制品或者有机溶剂等还无能为力。

（3）由于测量管绝缘衬里材料受温度的限制，目前工业电磁流量计还不能测量高温高压流体。

（4）受流速分布影响，在轴对称分布的条件下，流量信号与平均流速成正比。所以，电磁流量计必须有一定长度的前后直管段。

（5）易受外界电磁干扰的影响。

电磁流量传感器的输出信号为 RS485、RS232、4~20 mA、Modbus。

10.9.3 涡轮流量传感器

如图 10-43 所示，当被测液体流经流量计传感器时，其内部叶轮借助液体动能而旋转，此时，叶轮叶片使检出装置中的磁阻发生周期性变化，检出线圈两端就感应出与流量成正比的电脉冲信号，经前置放大器放大后送至显示单元。显示单元中的单片机系统根据测量出的脉冲数和本流量计仪表系数 K 进行运算，并显示出瞬时流量和累计总量。一般它由流量传感器和显示仪两部分组成，也可做成整体式。

输出信号可输送给流量积算仪、定量控制仪、PLC、数据采集卡等进行处理。

涡轮测量传感器的输出信号为 4~20 mA、RS485、RS232。

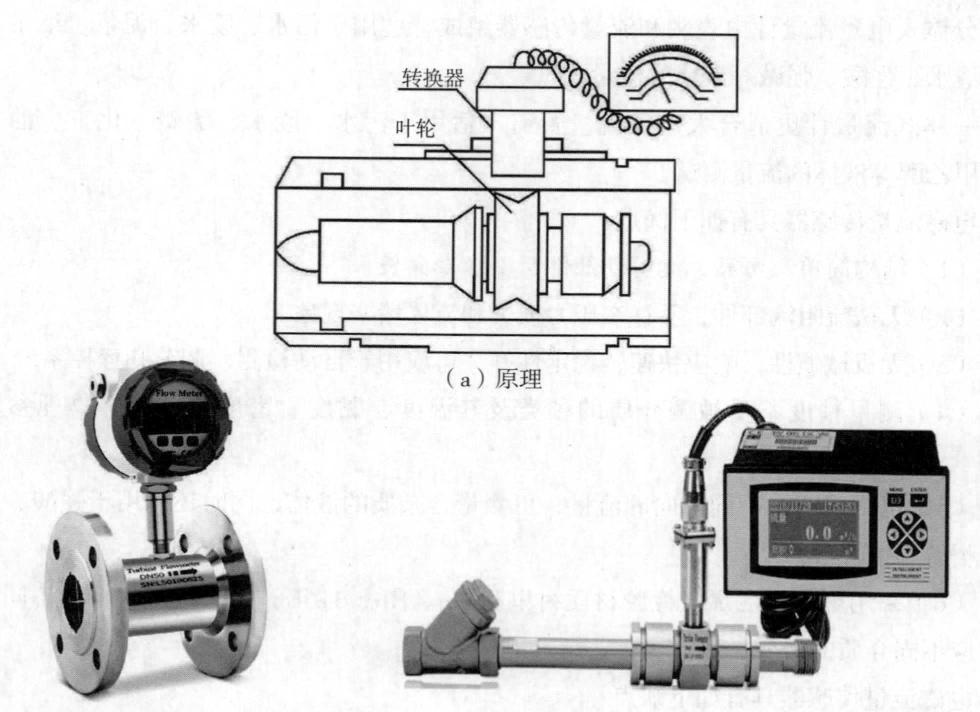

（a）原理

（b）液体涡轮流量传感器结合显示仪应用　（c）液体涡轮流量传感器结合流量积算仪应用

图10-43　液体涡轮流量传感器

10.9.4　涡街流量传感器

涡街流量传感器（又称涡街流量计）是一种应用卡门涡街原理的流量计，用于测量液体、气体和蒸汽的流量，也可测量含有微小颗粒、杂质的浑浊液体，广泛应用于石油、化工、制药、造纸、冶金、电力、环保、食品等行业。涡街流量传感器如图10-44所示。

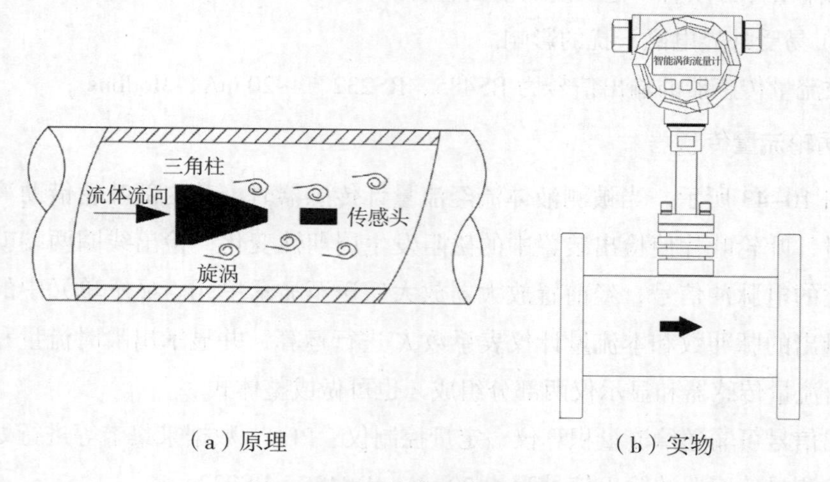

（a）原理　（b）实物

图10-44　涡街流量传感器

涡街流量传感器一般适用于测量蒸汽、压缩空气、沼气、天然气等气体。

涡街流量传感器的输出信号为 4~20 mA、RS485、RS232。

10.9.5 超声波流量传感器

如图 10–45 所示，超声波流量传感器的工作原理是采用超声波检测技术测定气体流量，通过测量超声波沿气流顺向和逆向传播的声速差、压力和温度，算出气体的流速及标准状态下气体的体积流量。

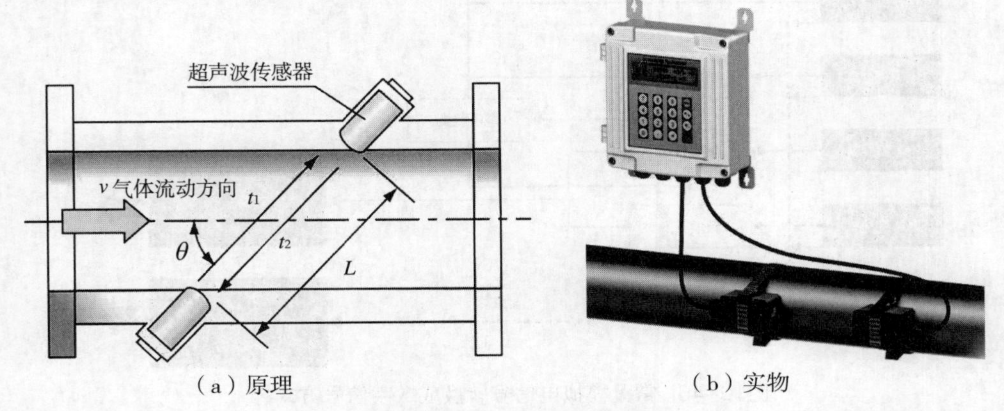

（a）原理　　（b）实物

图10–45　超声波流量传感器

超声波流量传感器适用于水、醇、海水等比较纯净流体的测量。

超声波流量传感器具有以下主要优点：

（1）高精度，满足低流量测量。

（2）极少的压力损失。

（3）无运动部件，维护方便。

（4）无需破管，安装方便，轻松处理大尺寸管径。

超声波流量传感器的输出信号为 RS485、Modbus、0~20 mA 或 4~20 mA 的电流信号。

10.10 传感器信号的处理

10.10.1 传感器信号处理方式

传感器输出信号形式多样，基本分为模拟信号和数字信号，详见表 10–1。有些模拟信号不方便远程传递或直接处理，需要预处理转换成电压或者方便处理的数字信号，然后将该信号传输到控制器或者采集终端，控制器或终端再根据传感器的输出信号与测量信号对应的逻辑关系换算成具体的测量值。模拟信号的典型处理方式如图 10–46 所示。

调理电路对传感器信号进行预处理，调理电路的主要作用如下：

（1）将传感器的输出量变换成易于处理或放大的量。

（2）消除或抑制传感器输出量中的无用信号（滤波）。

（3）提高测量、分析的准确度。

（4）信号隔离（减少测量电路对传感器信号的干扰）。

（5）简化后续系统的组成。

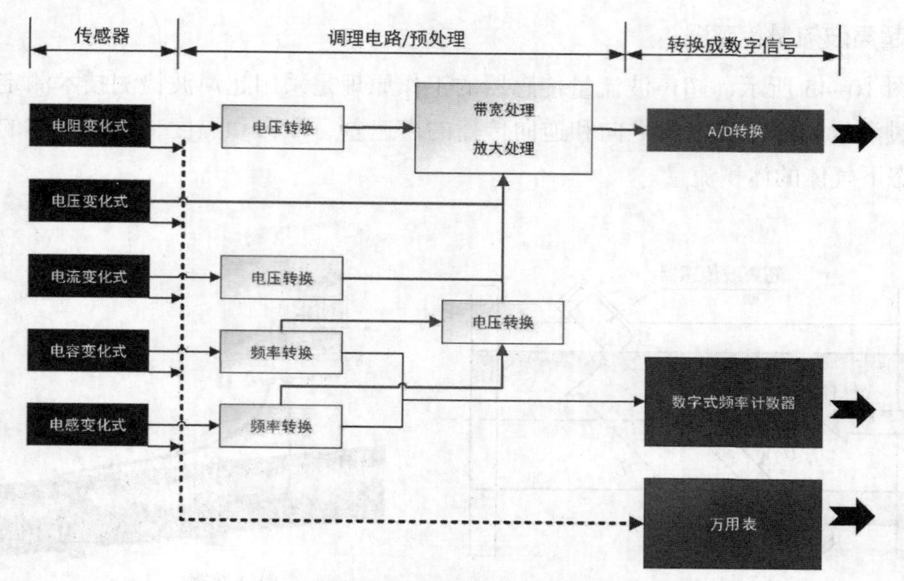

图10-46　常见模拟电信号转换成数字信号方式

常见模拟信号通常利用调理电路转换成方便处理的模拟信号或者数字信号，然后进一步处理。如果信号需要远距离传送，通常需要转换为数字信号进行传输。常见模拟信号的转换流程可参见图 10-46。具体实施细节及电路详见相关资料。常见的模拟信号转换电路形式多样，可以通过搜索引擎（比如百度、Bing、谷歌等）查找。转换电路处理完成之后一般信号为电压、频率信号或者 RS485 等信号。

对于那些应用广泛的传感器，已有厂家制作典型处理模块，比如某某变送器或者某某采集模块等，能够直接处理传感器信号，输出便于处理的模拟信号，甚至显示及输出具体信号值。在搜索引擎或者电商网站（比如淘宝、京东等）可以搜索关键词进行查找。

常见信号处理的器件有 PC、PLC、嵌入式系统（单片、ARM、DSP、FPGA、Arduino 等）、数据采集卡以及专用信号采集模块等。下面列举几个实例简要说明信号处理过程，在具体实施信号采集时可以参考。

10.10.2　传感器信号处理实例

（1）开关类信号处理

如图 10-47 所示，传感器的开关信号通常通过 PLC 或者数据采集卡的 IO 口读入，PLC 和采集卡逻辑上能够判别接近开关是否有信号（信号闭合或信号断开）。如果使用嵌入式系统处理开关信号，通常需要先进行光电隔离（光电隔离的目的在于从电路上把干扰源和易受干扰的部分隔离开来，使测控装置与现场仅保持信号联系，而不直接发生电的联系），再接入嵌入式系统。

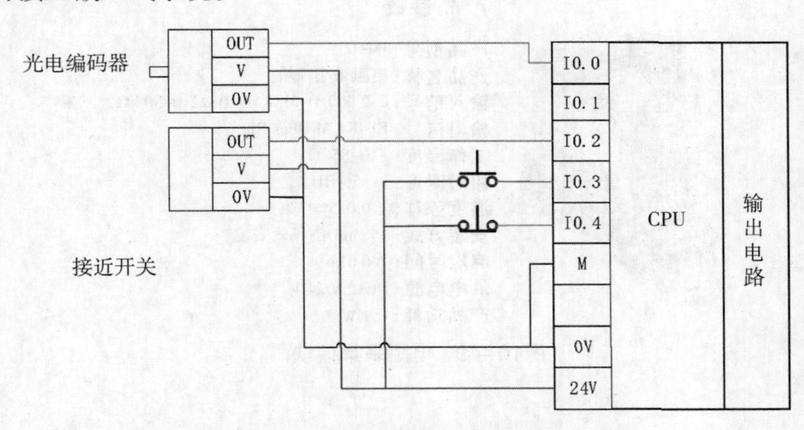

图10-47　典型的开关信号处理方式

（2）模拟信号处理实例——应变片（电阻）信号处理

处理方式1：应变片输出为电阻信号，需用调理电路将电阻信号转换成电压信号（通过惠斯通电桥输出电压信号），然后放大后传递给控制器。图 10-48 为一个典型处理电路。本书第二章实例可采用下列处理电路。

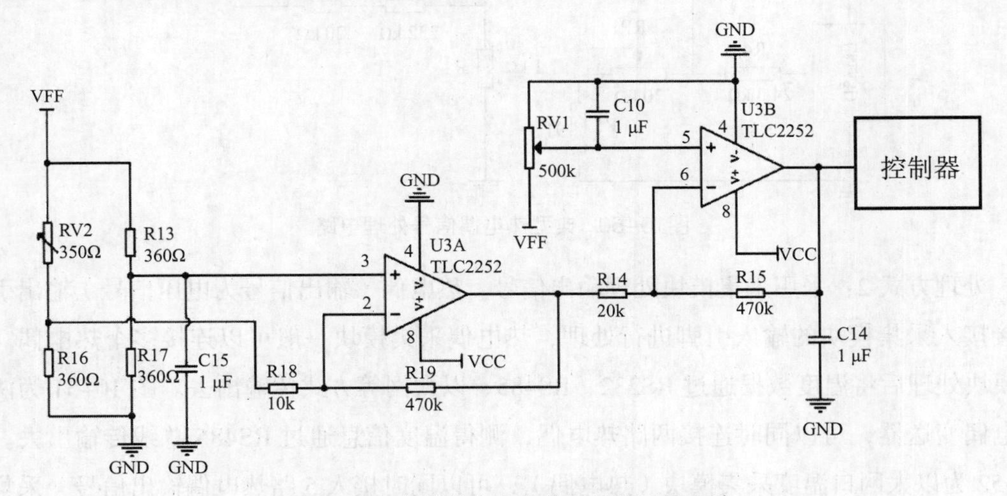

图10-48　典型的应变片信号处理系统电路

处理方式 2：采用专用信号处理/采集模块。图 10-49 为某电阻采集模块，输入为电阻 0 ~ 2 kΩ 或 0 ~ 5 kΩ 等；输出为 RS485 通信 Modbus-RTU 协议信号，控制器接收阻值数据后，根据阻值和实际待测信号的函数关系转换成相应电阻值。例如电阻采集模块 IM-60，使用该模块能很方便地处理传感器信号。

（3）热电偶（电压）信号处理（模拟信号处理实例）

处理方式 1：如图 10-50 所示，热电偶输出信号为电压，输出信号压差比较小，采用图中电路对信号放大后供给控制器模拟量输入引脚进行处理。

产品参数

产品型号：IM–60
产品名称：电阻采集模块
输入信号：0~2 kΩ 0~5kΩ 0~10 kΩ 0~50 kΩ
输出信号：RS485 Modbus Rtu
工作温度：-10~85 ℃
相对湿度：≤85%RH
温度漂移：± 0.015%/℃
安装方式：35 mmDIN导轨安装
响应时间：≤0.01 s
供电电源：DC12 V/24 V
产品功耗：<1 W

图10–49　电阻采集模块

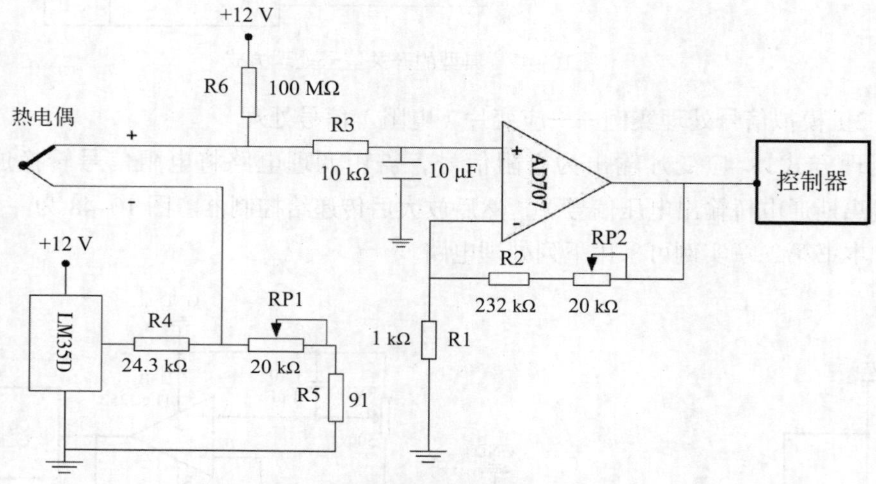

图10–50　典型热电偶信号处理电路

处理方式 2：采用采集模块处理输出信号。热电偶（输出信号为电压信号）输出引脚直接接入采集模块的输入引脚进行处理，热电偶采集模块一般可以连接多个热电偶。采集模块处理后将温度数据通过 RS232、RS485、以太网等方式传输出去。图 10–51 为两路热电偶变送器，可以同时连接两路热电偶，测得温度信息通过 RS485 总线传输出去。图 10–52 为以太网口温度采集模块（热电偶），可以同时接入 5 路热电偶输出信号，采集后热电偶数据可以通过以太网传输给控制器。

（4）数字信号处理：以数字式温度传感器 DS18B20 为例

数字温度传感器 DS18B20 采用独特的单线接口方式，DS18B20 在与微处理器连接时仅需要一条口线即可实现微处理器(比如 AT89C51）与 DS18B20 的双向通讯，工作电源：3.0 ~ 5.5 V。测温范围 –55 ℃ ~ +125 ℃。固有测温误差 1 ℃。DS18B20 支持多点组网功能，多个 DS18B20 可以并联在唯一的三线上。最多可并联 8 个，实现多点测温。

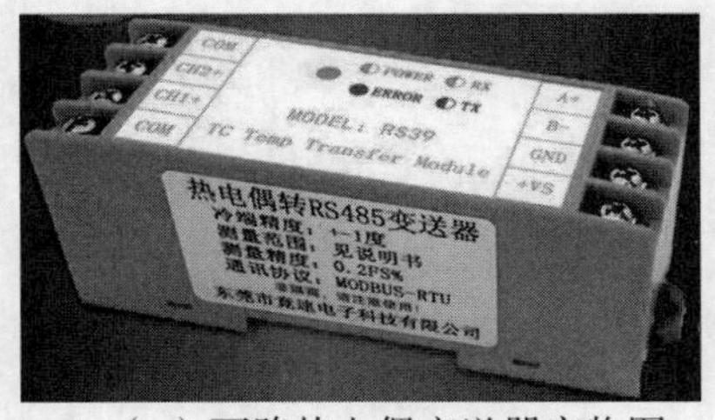

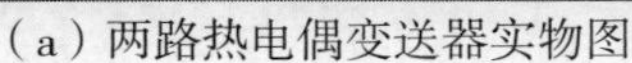
（a）两路热电偶变送器实物图

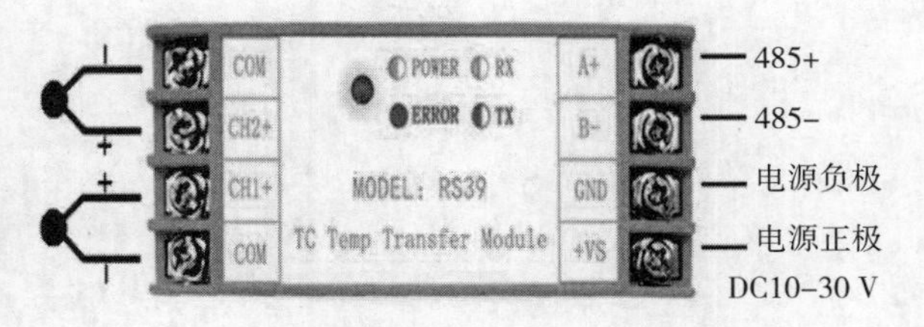

（b）两路热电偶变送器接线图

图10–51　热电偶变送器及应用

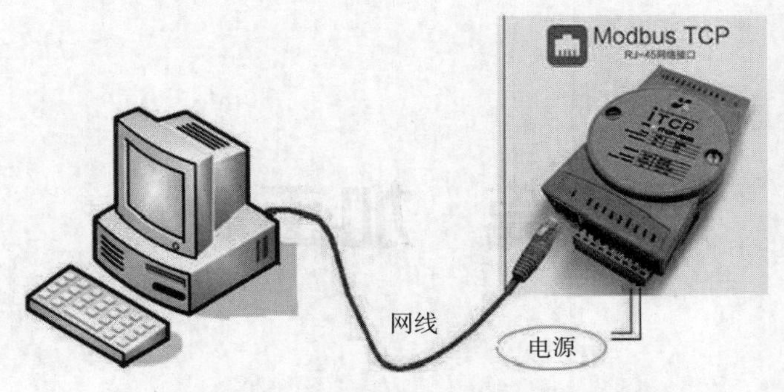

图10–52 以太网口温度（热电偶）采集模块

图 10–53 为典型的单片机用一个引脚采集多路 DS18B20 信号的应用电路。

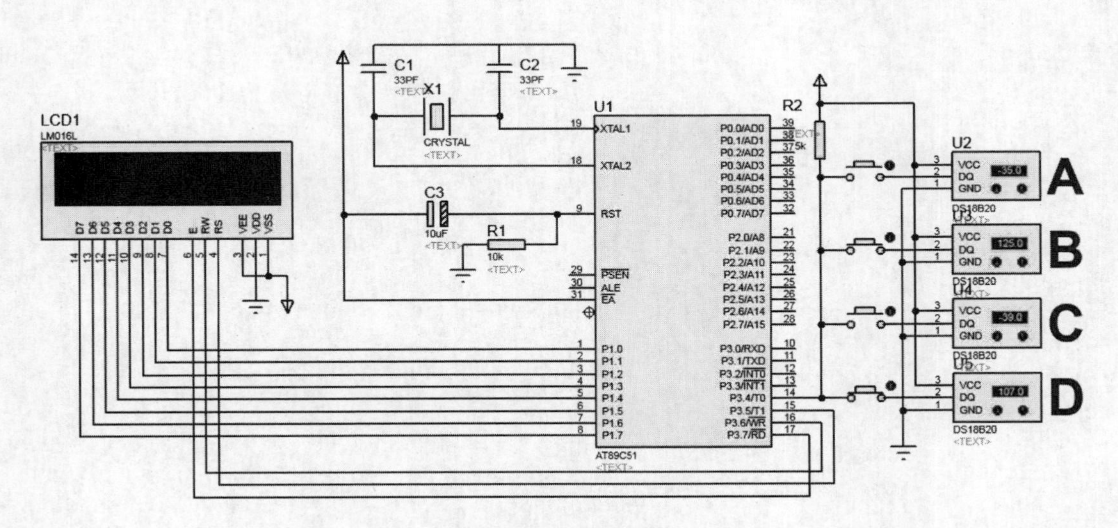

图10–53 温度传感器 DS18B20 应用电路图

第四篇　加工篇

本篇包括钳工和机加工两章，其内容涉及切削加工、材料成形、特种加工等。

切削加工是指用切削工具把坯料或工件上多余的材料层切去成为切屑，使工件获得规定的几何形状、尺寸和表面质量的加工方法，如钳工、车工、铣工、镗工、磨工、刨工等。切削加工是机械制造中最主要的加工方法，能达到很高的尺寸精度和表面质量，在机械制造工艺中占有重要地位。材料成形是将原材料加工成特定形状与尺寸的零件或毛坯的方法，如铸造、锻压、焊接、3D 打印等。特种加工主要是利用电能、光能、声能、热能、化学能等去除材料的加工方法，其种类很多，如电火花加工、激光加工、3D 打印等。

钳工，主要是以操作手用工具对金属进行切削加工、零件成形、装配和机器调试、修理的工种，因常在钳工台上用台虎钳夹持工件操作而得名。钳工基本操作主要包括：划线、锯削、锉削、錾削、钻削、扩孔、锪孔、铰孔、攻螺纹、套螺纹、刮削、研磨、钣金、装配等。本书之所以大篇幅介绍钳工，是因为除了孔加工需要钻床（如果加工精度要求不高，可用手电钻）外，大部分零件加工都可以通过手工操作工具完成。工程实验平台构建的机械加工部分对于大多数没有机加工条件的读者来说，钳工是他们唯一可以参与加工的工种。钳工能在很大程度上反映个人动手能力的强弱。

机加工，本书中是相对钳工而言的，是指借助机床或者机器加工制造工件。

车削主要用于加工轴、盘、套和其他具有回转表面的工件，是机械制造和修配工厂中使用最广的一类机加工。数控车床是目前使用最广泛的数控机床之一，数控车削可以加工一些普通车床不能或不便加工的零件，加工质量稳定，可减轻操作人员的劳动强度。

铣削加工范围很广泛，可用来加工平面、台阶、斜面、沟槽、成形表面、齿轮等，也可用来钻孔、镗孔、切断等。铣削生产率较高，是金属切削加工中常用方法之一。与普通铣床相比，数控铣床的加工精度高，精度稳定性好，适应性强，操作劳动强度低，特别适用于板类、盘类、壳具类、模具类等复杂形状的零件或对精度要求较高的中、小批量零件的加工。

焊接是金属永久连接成形，是通过加热或加压，或两者并用，必要时使用填充材料，使焊件之间达到原子结合的成形方法。

电火花加工是一种直接利用电能和热能进行加工的新工艺。在加工的过程中，工具电极和工件并不接触，而是靠工具电极和工件之间不断的脉冲性火花放电，产生局部、瞬时的高温把金属材料逐步蚀除掉。

激光加工是利用激光束与物质相互作用的特性对材料进行切割、焊接、表面处理、打孔、增材等的加工。

3D 打印，也称快速成形、快速原型制造、增材制造，是一种基于离散、堆积原理，集成计算机、数控、精密伺服驱动、材料等高新技术而发展起来的成形方法。3D 打印是一次成形，直接从计算机数据生成任何形状的零件，不像铸造、锻压那样要求先制作模具，也不像切削那样浪费材料，对小批量、多品种的生产具有非常大的优势。

本书编写的原则是：尽可能选用现成的设备与仪器构建工程实验平台，尽可能减少加工制造工作量。本书读者大多不是机械专业制造人员，加工操作需要专业培训，即使动手能力强的人也要接受专业技能培训。加工零件的精度非常重要，其会影响实验的精度与效果。

安全问题是任何加工环境中的首要问题。锋利的刀具、沉重的工件、大功率的机器设备等都可能造成人身伤害甚至引发死亡。但只要操作人员时刻牢记注意事项，遵守操作规程，并具有良好的判断力和基本常识，就可避免发生安全问题。

针对不同的操作内容，需要采取不同的安全措施，具体细节本书不作详细探讨。但是也有一些适用于任何操作过程的基本安全规则。注意观察环境并遵守基本安全规则，培养良好、安全的工作习惯从而形成安全、舒适的工作环境。很多事故是由于注意力不集中造成的，因此要时刻将精力集中于所操作的任务上。

在机械加工操作过程中要遵循以下原则：

（1）不要使用不熟悉的材料、工具或者器械。

（2）如果受伤要先停止加工，再清理卫生或做其他决定。不要在机械运转的过程中进行这些操作。

（3）如果生病或正在服药，要向医生咨询药物的副作用，以确定是否还适合进行加工操作。

（4）知道急救包的位置。

（5）如果被割伤或有其他流血损伤，从急救包里取出手套戴上，并按压伤口以止血。

（6）如果受伤严重或有其他紧急情况应一个人陪同伤者，另一个人拨打急救电话。

本篇介绍钳工和机加工的知识点，为读者提供加工方法以及与制造工程师等专业人士交流所需的加工制造基础知识，提高其构建工程实验平台的效率。更加详细的加工制造操作可参见本书作者编写的《工程训练教程》以及本书参考文献。

第十一章
钳工

钳工主要是以操作手用工具对金属进行切削加工、零件成形、装配和机器调试、修理的工种，因常在钳工台上用台虎钳夹持工件操作而得名。钳工基本操作主要包括划线、锯削、锉削、錾削、钻削、扩孔、锪孔、铰孔、攻螺纹、套螺纹、刮削、研磨、装配等。在实际生产中，钳工可分为普通钳工、模具钳工、装配钳工和维修钳工。钳工的应用范围如下：

（1）加工前的准备工作，如清理毛坯、在工件上划线等。

（2）在单件或小批量生产中，制造一般零件。

（3）加工精密零件，如样板、模具的精加工，刮削或研磨机器和量具的配合表面等。

（4）装配、调整和修理机器等。

钳工具有使用工具简单、加工多样灵活、操作方便和适应面广等特点，目前它在机械制造业中仍是不可缺少的重要工种之一。当工件用机械加工方法不方便或难以完成时，多数由钳工来完成。但其生产效率较低，对工人操作技术的要求高。

钳工操作大多在台虎钳上进行，钳工工作场地要配置钳工工作台（简称为钳台），如图11-1所示。台虎钳是夹持工件的主要夹具，安装于工作台上，如图 11-2 所示。

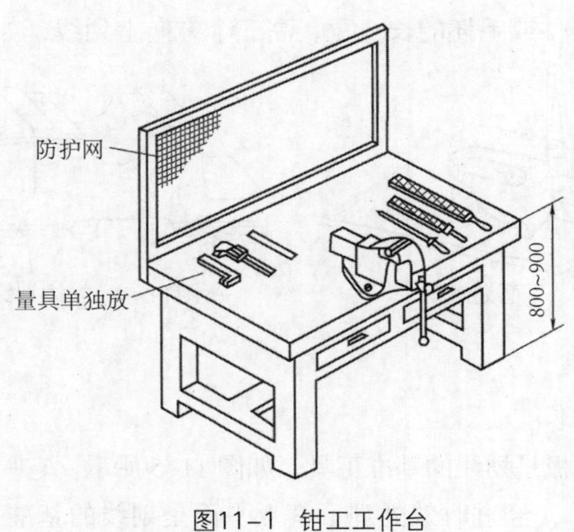

图11-1　钳工工作台

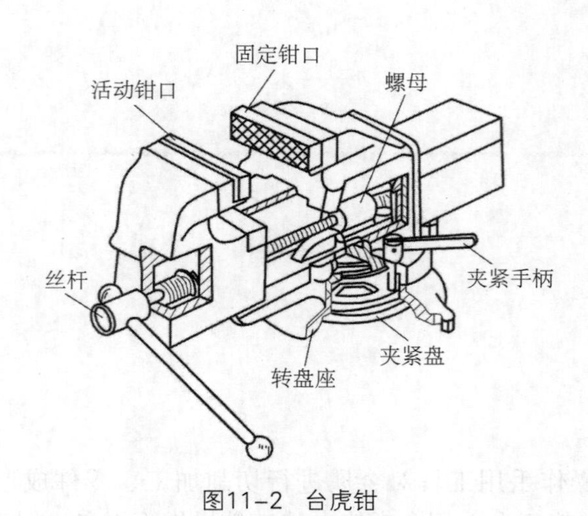

图11–2 台虎钳

11.1 划线

根据图样的尺寸要求，用划线工具在毛坯或半成品工件上划出待加工部位的轮廓线或作为基准的点、线的操作称为划线。一般划线精度为 0.25 ~ 0.50 mm。很多钳工制造的零件都是从划线工序开始的。

11.1.1 划线的作用和种类

（1）划线的作用

①作为加工的依据，使加工形状有明确的标志，以确定各表面的加工余量、加工位置、孔的位置及安装时的找正线等。

②作为检验加工情况的手段，可以检查毛坯是否正确。通过划线，对误差小的毛坯可以借正补救；对不合格的毛坯能及时发现和剔除，避免机械加工工时的浪费。

（2）划线的种类

① 平面划线。在工件或毛坯的一个平面上划线，如图 11–3 所示。

②立体划线。在工件或毛坯的长、宽、高三个方向上划线，如图 11–4 所示。

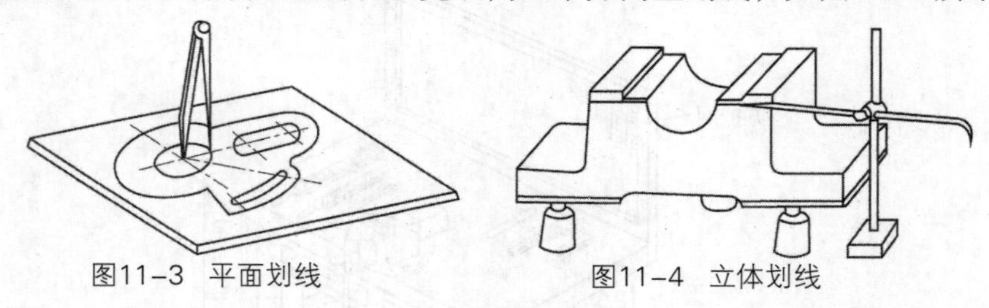

图11–3 平面划线　　图11–4 立体划线

11.1.2 常用的划线工具

（1）划线基准工具

划线平台或划线平板是划线的基准工具，如图 11–5 所示。它一般是由铸铁制成（现在也采用花岗岩等材质），经过时效处理，其上平面是划线的基准平面，经过精细加工，平直光洁。使用时注意保持上平面水平，表面清洁，使用部位均匀，要防止碰撞和敲击，长期不用时应涂油防锈。

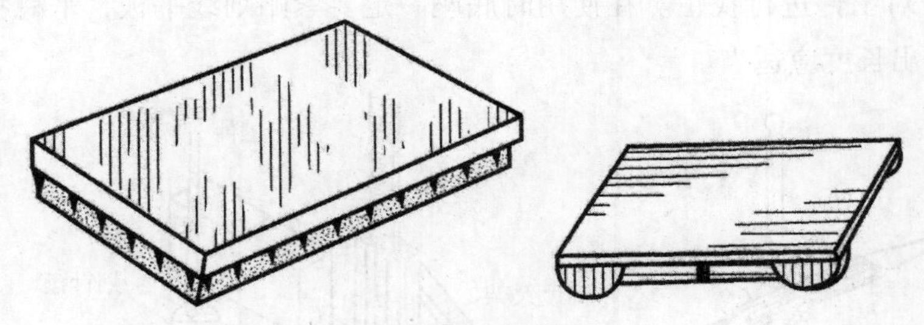

图11-5　划线基准工具

（2）划线工具

常用的划线工具包括钢直尺、划针、划线盘、划规、划卡、90°角尺、样冲、高度游标卡尺等。

① 钢直尺。钢直尺是一种简单的测量工具和划线的导向工具，其规格有150、300、500和1 000 mm等。钢直尺的使用方法如图11-6所示。

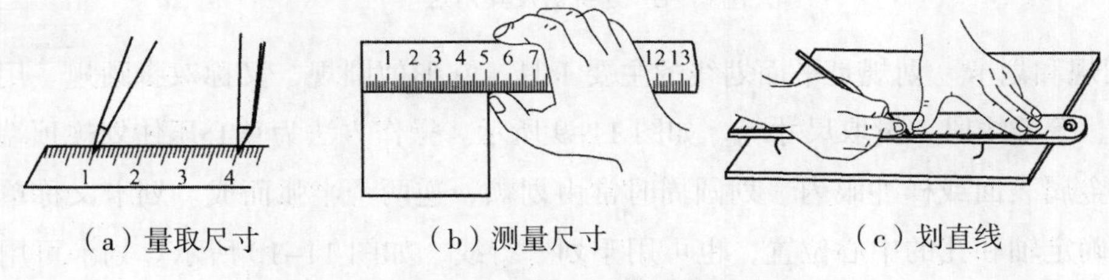

（a）量取尺寸　　（b）测量尺寸　　（c）划直线

图11-6　钢直尺的使用方法

② 划针。划针是钳工用来直接在毛坯或工件上划线的工具，常与钢直尺、直角尺或划线样板等导向工具一起使用。在已加工表面上划线时常用直径3 ~ 5 mm的弹簧钢丝和高速钢制成的划针，将划针尖部磨成15° ~ 20°，并经淬火处理以提高其硬度及耐磨性。在铸件、锻件等表面上划线时，常用尖部含有硬质合金的划针。用划针划线时应尽量做到一次划出，线条应清晰、准确，如图11-7所示。

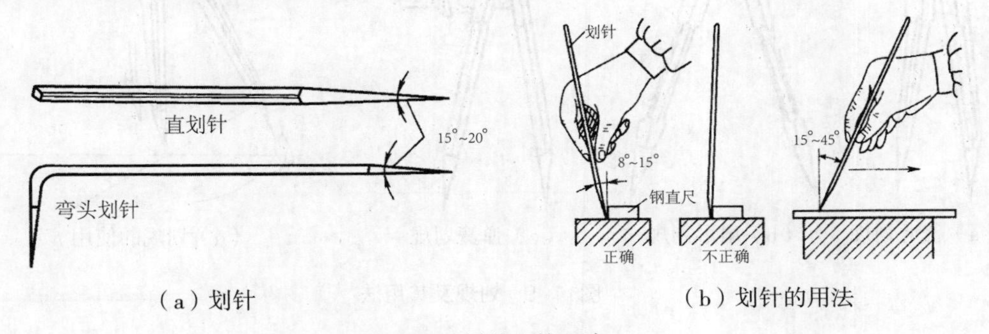

（a）划针　　（b）划针的用法

图11-7　划针及其用法

③划针盘。划针盘也称划线盘，是立体划线的主要工具，调节划针所需高度，在平板上移动划针盘，便可在工件表面划出与平板平行的线条来，如图 11-8 所示。此外，划针盘还可用于对工件进行找正。在使用时底座一定要紧贴划线平板，平稳移动，划针装夹要牢固，伸出长度应适当。

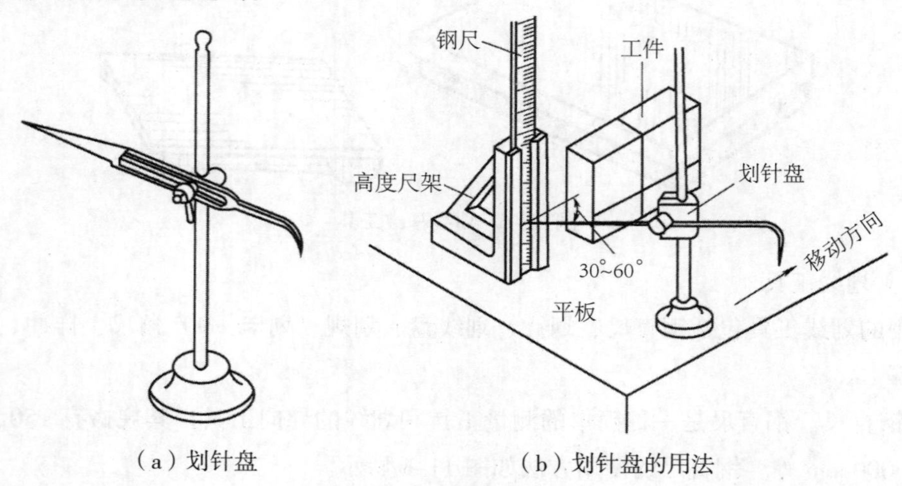

（a）划针盘　（b）划针盘的用法

图11-8　划针盘及其用法

④ 划规和划卡。划规是平面划线的主要工具，它形似圆规，又称双脚圆规。用于划圆、弧线、等分线段、量取尺寸等，如图 11-9 所示。操作方法为掌心压住划规顶端，使规尖扎入金属表面或样冲眼内。划圆周时常由划顺、逆两个半弧而成。划卡又称单脚划规，用于确定轴和孔的中心位置，也可用于划平行线，如图 11-10 所示。划卡可用来求圆形工件的中心，使用比较方便。但在使用时要注意划卡的弯脚离工件端面的距离应保持每次都相同，否则所求中心会产生较大的偏差。

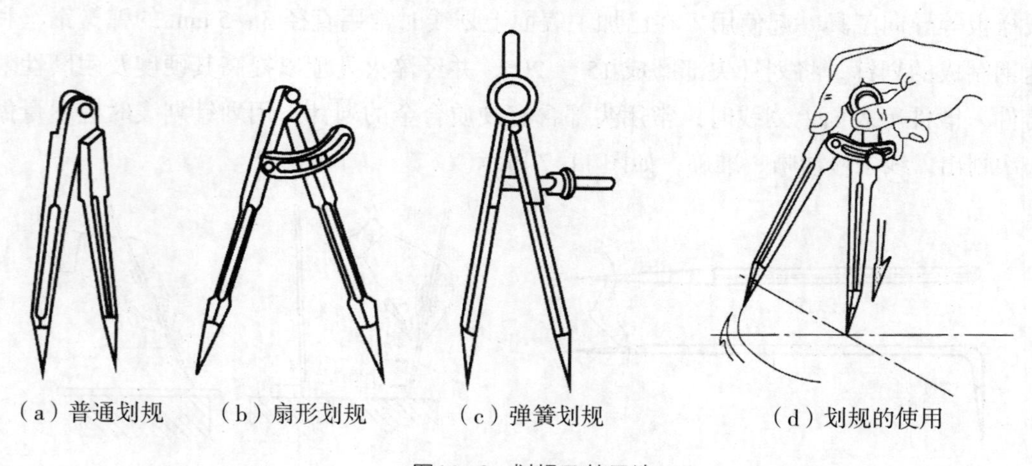

（a）普通划规　（b）扇形划规　（c）弹簧划规　（d）划规的使用

图11-9　划规及其用法

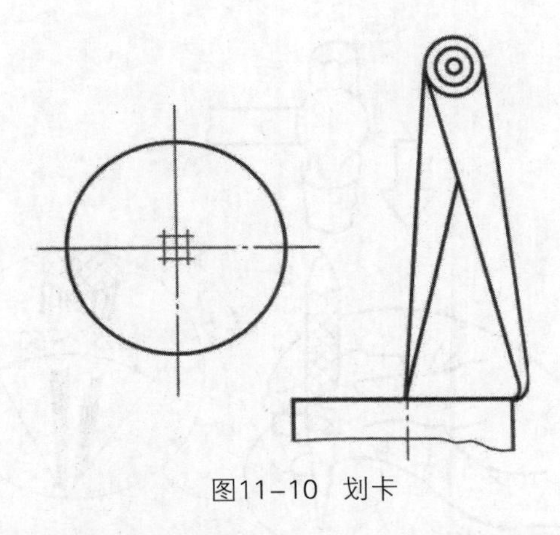

图11–10　划卡

⑤ 90° 角尺。90° 角尺是钳工常用的测量工具，划线时常用作划平行线，如图 11–11b 所示；或垂直线的导向工具，如图 11–11c 所示；也可用来找正工件在划线平台上的垂直位置。

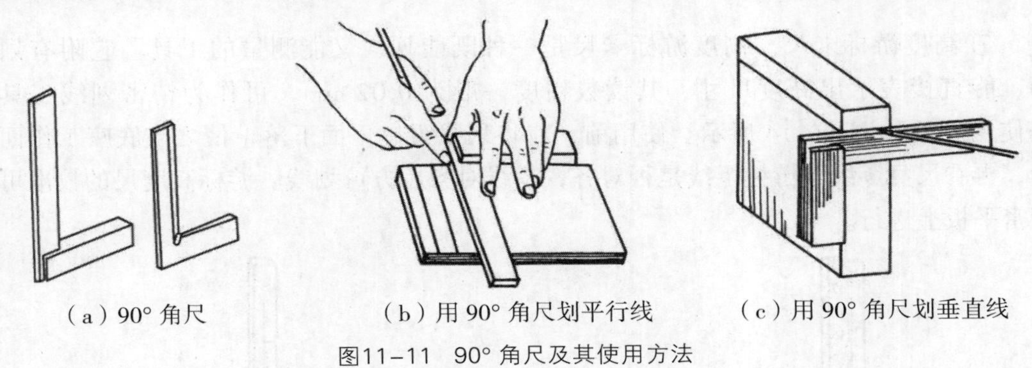

（a）90° 角尺　（b）用 90° 角尺划平行线　（c）用 90° 角尺划垂直线

图11–11　90° 角尺及其使用方法

⑥ 样冲。样冲是在已划好的线上打样冲眼，以固定所划的线条。这样即使工件在搬运、安装过程中线条被揩擦模糊时，仍留有明确的标记，如图 11–12 所示。在使用划规划圆弧前，也要用样冲先在圆心上冲眼，作为圆规定心脚的立脚点。钻孔前的圆心也要打样冲眼，以便钻头定位，如图 11–13 所示。样冲用工具钢制成，并经淬火硬化。工厂中也常用废旧铰刀等改制。样冲的尖角一般磨成 45° ~ 60°。

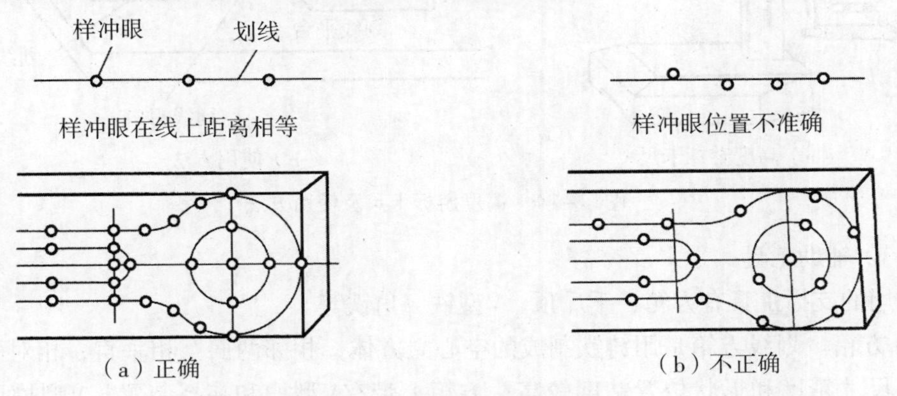

（a）正确　（b）不正确

图11–12　线条上的样冲眼

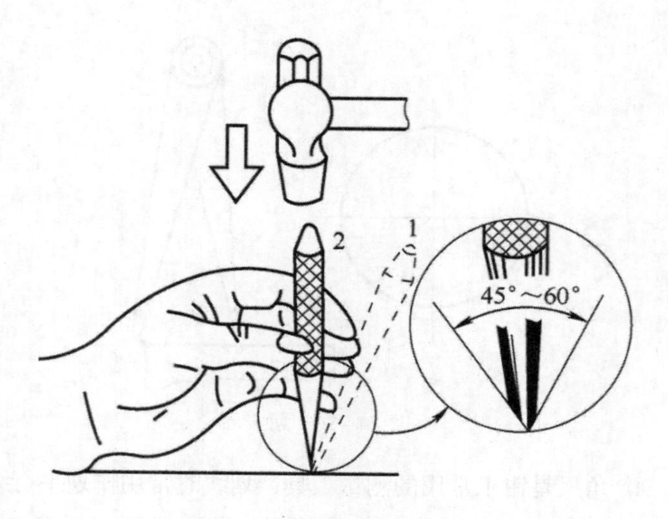

图11-13　样冲及使用方法

⑦ 高度游标卡尺。高度游标卡尺是一种既能划线又能测量的工具。它附有划线脚，能直接表示出高度尺寸，其读数精度一般为 0.02 mm，可作为精密划线工具。其使用方法如图 11-14 所示。使用前，应将划线刃口平面下落，使之与底座工作面平行，再看尺身零线与游标零线是否对齐，零线对齐后方可划线。游标高度尺的校准可在精密平板上进行。

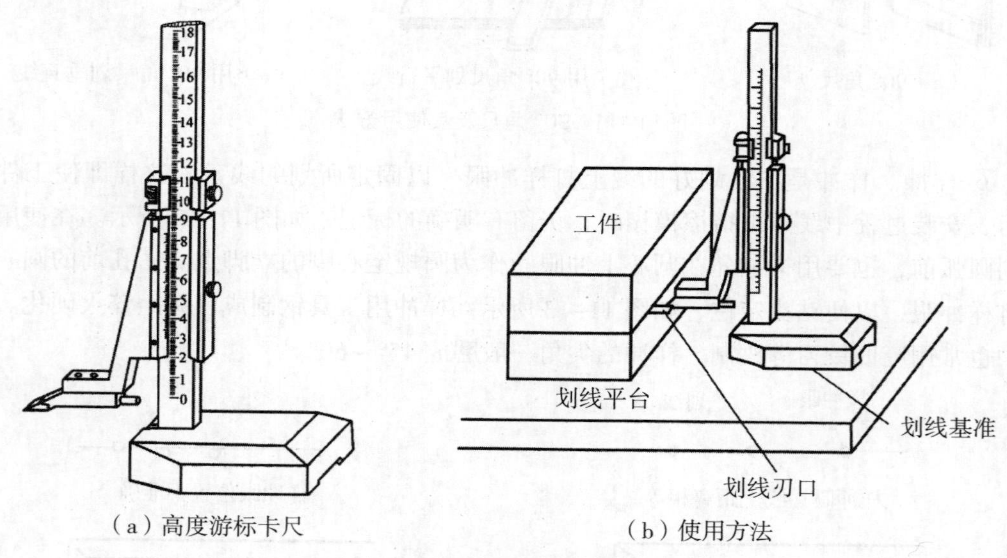

（a）高度游标卡尺　　（b）使用方法

图11-14　高度游标卡尺及使用方法

（3）辅助工具

常用的支撑工具有方箱、千斤顶、V型铁、角铁等。

① 方箱。划线方箱是用铸铁制成的空心立方体，相邻两面互相垂直，相对两面互相平行，尺寸精度和形状位置精度较高。方箱上带有V型槽和夹持装置，V型槽用来安放

较小的轴和盘套类工件，通过翻转方箱可把工件上相互垂直的线在一次装夹中全部划出来，如图 11–15 所示。

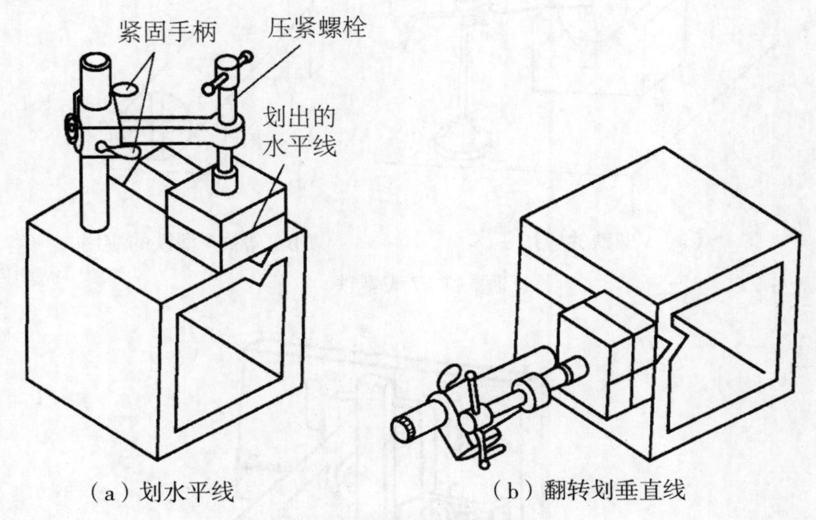

（a）划水平线　　（b）翻转划垂直线

图11–15　方箱的应用

② 千斤顶。在加工较大或不规则工件时，常用千斤顶来支撑工件。通常三个千斤顶为一组同时使用，每个千斤顶的高度均可调整，以便找正工件，一般用于毛坯件或焊接件，如图 11–16 所示。

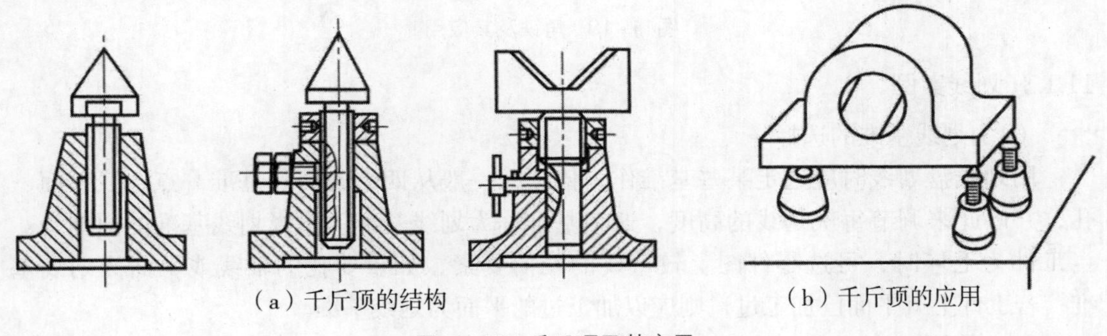

（a）千斤顶的结构　　（b）千斤顶的应用

图11–16　千斤顶及其应用

③ V 型铁。V 型铁也叫 V 型块，主要用于支撑轴、套筒等圆柱形工件，保证工件轴线与平板平行。在划较长工件的中心线时，可放在两个等高的 V 型铁上，如图 11–17 所示。

④ 角铁。角铁有两个相互垂直的平面，通常要与压板配合使用，用来夹持需要划线的工件，如图 11–18 所示。

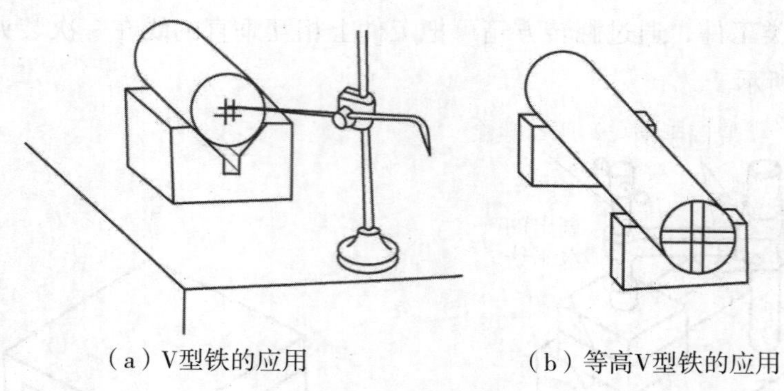

（a）V型铁的应用　　　　（b）等高V型铁的应用

图11–17 V型铁

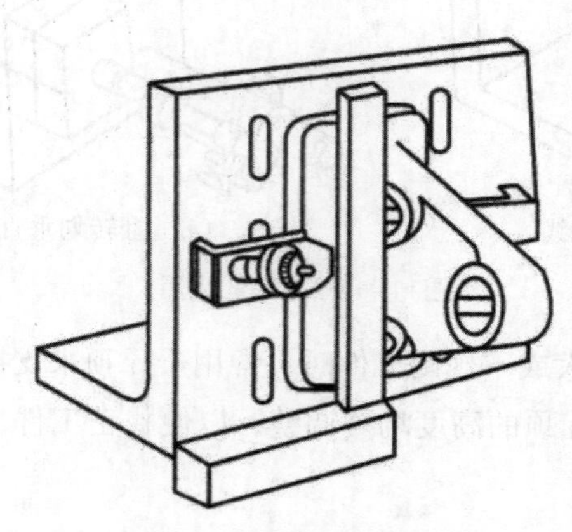

图11–18　角铁及其应用

11.1.3　划线实例

（1）划线基准的选择

用划线盘划线时应选定某些基准作为依据，一般从四个方面找基准，点、线、面、孔，并以此来调节每次划线的高度，这个基准称为划线基准。选择划线基准的原则为：当工件为毛坯时，可选零件图上较重要的几何要素，如重要孔的轴线或平面为划线基准；若工件上有平面已加工过，则应以加工过的平面为划线基准。

（2）划线前的准备

划线前工件表面必须清理干净；铸锻件上的浇口、冒口、黏砂、氧化皮、飞边等都要去掉；半成品要修毛刺、洗净油污；有孔的工件还要用木块或铅块塞孔，以便定心划圆。然后在划线表面上涂色，铸锻件涂石灰水，小件可涂粉笔，半成品涂蓝油等。

（3）划线步骤

下面以轴承座的立体划线为例，介绍划线步骤。轴承座零件图如图 11–19a 所示，具体划线步骤说明如下：

① 研究图纸，确定划线基准，详细了解需要划线的部位。

② 初步检查毛坯的误差情况，去除不合格毛坯。

③ 工件的表面涂色（蓝油）。

④ 正确安放工件，如图 11-19b 所示，选用划线工具。

⑤ 划线，具体步骤如图 11-19c ~ 图 11-19e 所示。

⑥ 在线条上打样冲眼，如图 11-19f 所示。

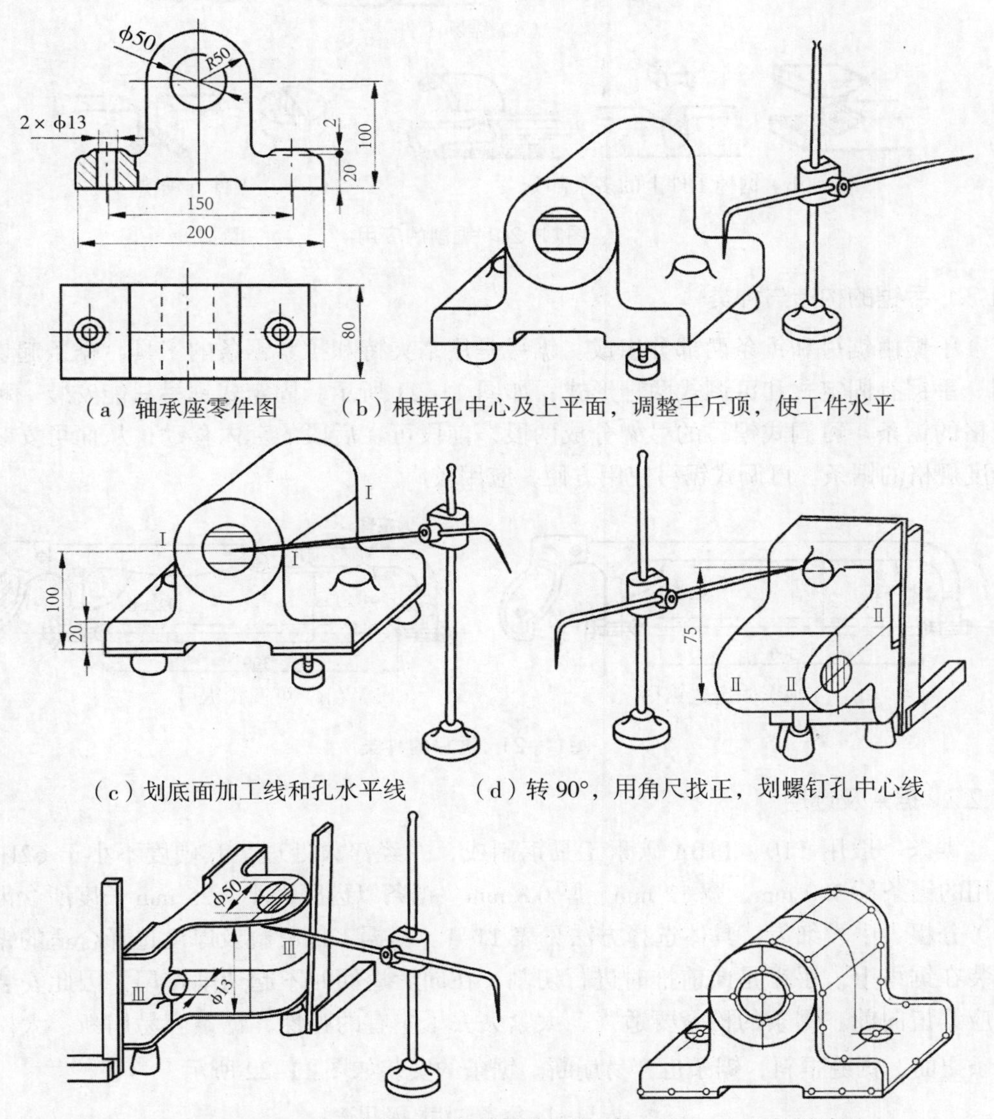

（a）轴承座零件图 （b）根据孔中心及上平面，调整千斤顶，使工件水平

（c）划底面加工线和孔水平线 （d）转 90°，用角尺找正，划螺钉孔中心线

（e）再翻转 90°，用角尺在两个方向找正，划螺钉孔及端面加工线 （f）打样冲眼

图11-19 立体划线

11.2 锯削

用手锯对工件进行切断和切槽的加工操作称为锯削。锯削的主要应用有：①锯断各种原材料或半成品，如图11-20a 所示；②锯掉工件上的多余部分，如图11-20b 所示；

③在工件上锯槽等，如图 11-20c 所示。

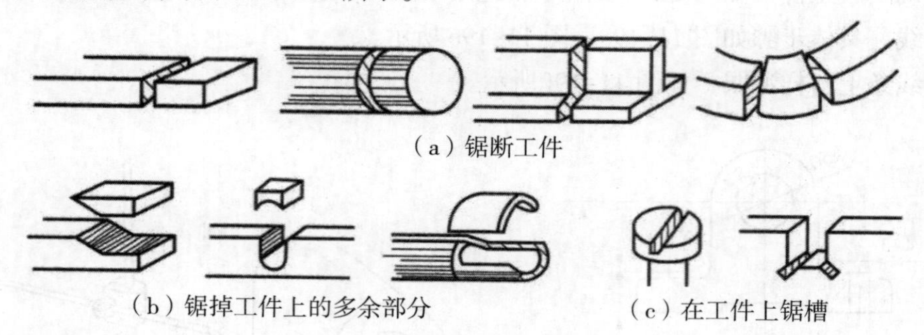

（a）锯断工件

（b）锯掉工件上的多余部分　　（c）在工件上锯槽

图11-20 锯削的应用

11.2.1 手锯的构造与种类

手锯由锯弓和锯条两部分组成。锯弓是用来夹持和拉紧锯条的工具，锯条起切削作用。手锯有固定式和可调式两种形式，如图 11-21 所示。固定式锯弓只能安装一种长度规格的锯条。可调式锯弓的弓架分成两段，前段可在后段的套内移动，从而可安装几种长度规格的锯条。可调式锯弓使用方便，应用较广。

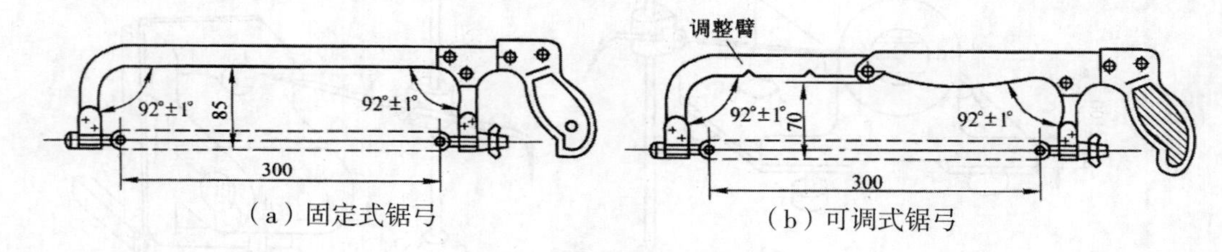

（a）固定式锯弓　　（b）可调式锯弓

图11-21 锯弓的种类

11.2.2 锯条及选用

锯条一般用 T10、T10A 碳素工具钢制成，并经淬火处理，其硬度不小于 62HRC。常用的锯条长 300 mm、宽 12 mm、厚 0.8 mm。锯条以齿距大小（25 mm 长度所含齿数多少）分粗、中、细齿，具体选择方法见表 11-1。根据工件材料及厚度选择合适的锯条，安装在锯弓上。手锯是向前推时进行切割，在向后返回时不起切削作用，因此安装锯条时应锯齿向前。锯条的松紧要适当，太紧失去了应有的弹性，锯条容易崩断；太松会使锯条扭曲，锯缝歪斜，锯条也容易崩断。锯条的安装如图 11-22 所示。

表11-1 锯条的齿距及用途

锯齿种类	每 25 mm 长度内含齿数	应用
粗	14~18	软钢、黄铜、铝、铸铁、紫铜、人造胶质材料
中	22~24	中等硬度钢、厚壁的钢管、铜管
细	32	薄片金属、厚壁的钢管
细变中	20~32	一般工厂用

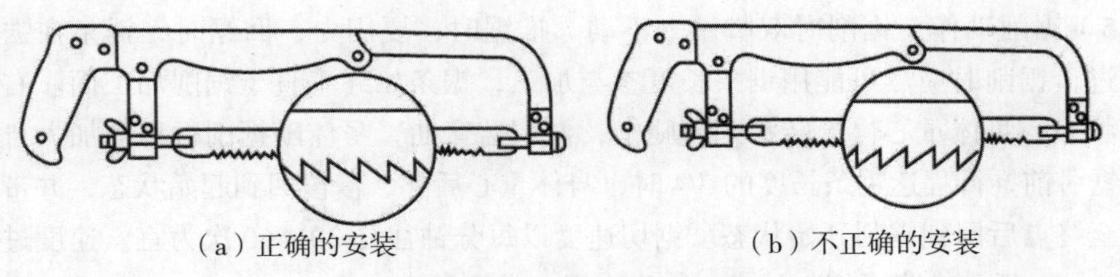

（a）正确的安装　　（b）不正确的安装

图11–22 锯条的安装方向

11.2.3 锯削操作要点

（1）工件的安装。工件的夹持要牢固，不可有抖动，以防锯割时工件移动而使锯条折断。工件应尽可能安装在台虎钳的左边，以便操作。工件伸出钳口不应过长，防止锯切时产生振动。工件要夹紧，并应防止变形和夹坏已加工表面。

（2）握锯方法。右手满握锯柄，左手轻扶锯弓前端，如图 11–23 所示。

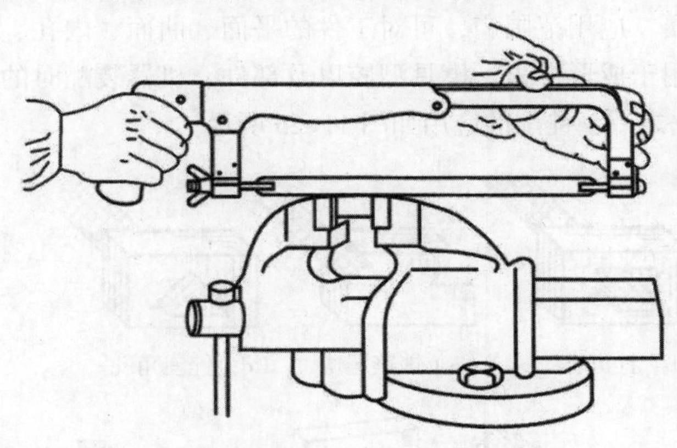

图11–23 握锯方法

（3）站立位置与姿势。锯削的站立位置与錾削基本相同，右脚支撑身体重心，双手扶正手锯放在工件上，左臂微弯曲，右臂与锯削方向基本保持平行。

（4）起锯时角度。起锯时左手拇指靠住锯条，起锯角 α 大约为 15°。起锯角过大，锯齿被棱边卡住，会碰落锯齿；起锯角过小，锯齿不易切入工件，可能打滑。起锯时应尽量多几个锯齿同时接触工件，每个锯齿可分担受力，锯条不易崩齿，如图 11–24 所示。

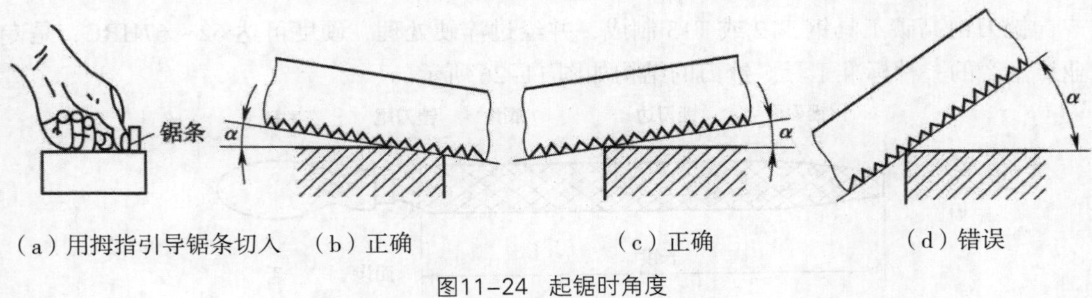

（a）用拇指引导锯条切入　（b）正确　（c）正确　（d）错误

图11–24 起锯时角度

（5）锯削动作。锯削时双脚站立不动。推锯时，要用力；回锯时，锯条在锯缝中轻轻滑过。锯削时应尽可能用锯条长度参与加工，锯条始终垂直于锯削加工面。右腿保持伸直状态，身体重心慢慢转移到左腿上，左膝盖弯曲，身体随锯削行程的加大自然前倾；当锯弓前推行程达锯条长度的3/4时，身体重心后移，慢慢回到起始状态，并带动锯弓行程至终点后回到锯削开始状态。锯切速度以每分钟往复30～60次为宜。速度过快锯条容易磨钝，反而会降低切削效率；速度太慢，效率不高。

11.3　锉削

用锉刀对工件表面进行切削加工，使其尺寸、形状、位置和表面粗糙度等达到技术要求的操作称为锉削。锉削主要用于无法用机械方法加工或用机械加工不经济或达不到精度要求的工件，如复杂的曲线样板工作面修整、异形模具腔的精加工、零件的锉配等。锉削加工的生产效率很低，但锉削精度可达IT8～IT7，表面粗糙度 Ra 可达到0.8 μm左右。锉削加工简便，应用范围广，可对工件的平面、曲面、内孔、沟槽及其他复杂表面进行加工，也可用于成形样板、模具型腔以及部件、机器装配时的工件修整等。锉削是钳工主要操作方法之一。锉削的应用如图11-25所示。

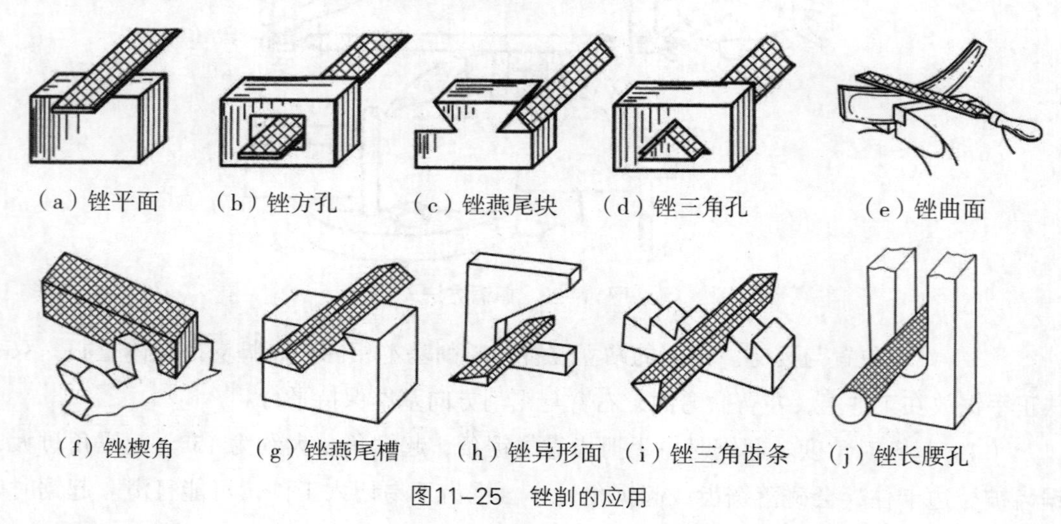

图11-25　锉削的应用

11.3.1　锉刀

锉刀由高碳工具钢T12或T13制成，并经过淬硬处理，硬度可达62～67HRC，是专业厂生产的一种标准工具。锉刀的结构如图11-26所示。

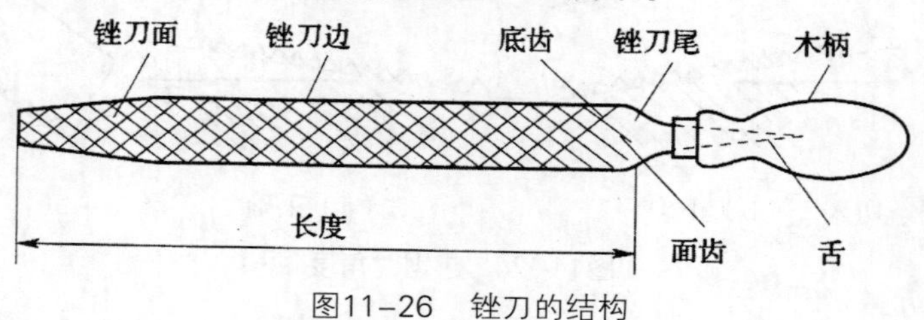

图11-26　锉刀的结构

按锉刀的断面形状分为平锉（板锉）、半圆锉、方锉、三角锉、圆锉等，其中以平锉用得最多，如图 11–27 所示。

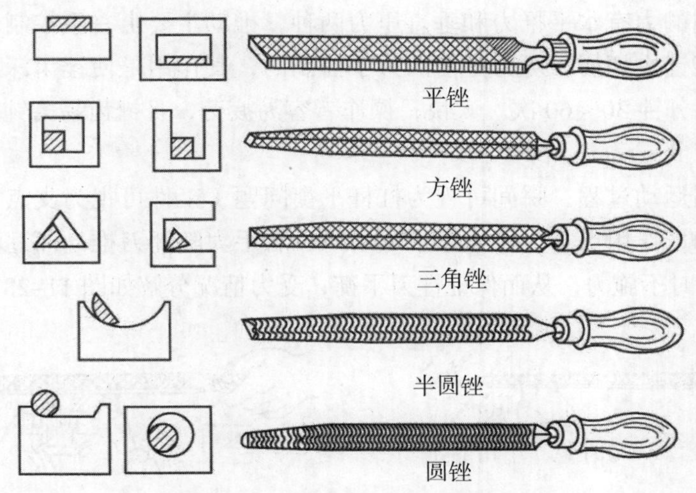

图11–27 普通锉刀的种类和用途

锉刀的长度与形状由加工表面大小和形状决定。齿纹粗细的选定，一般粗锉刀用于锉软金属、加工余量大、精度和表面粗糙度要求低的工件，反之则用细锉刀，半精加工多用中锉，油光锉用于精加工，参见表 11–2。

表11–2 锉刀刀齿粗细的划分及其应用

类别	齿数（10 mm 长度内）	加工余量/mm	能获得的表面粗糙度/μm	一般用途
粗齿锉	4~12	0.5~1.0	50~12.5	粗加工或锉软金属
中齿锉	13~24	0.2~0.5	6.3~1.6	适于粗锉后加工
细齿锉	30~40	0.1~0.2	1.6~0.8	锉光表面和锉硬金属
油光锉	40~60	0.02~0.1	0.8~0.2	精加工时修光表面

11.3.2 锉削操作要点

（1）装夹工件

工件必须牢固地夹在虎钳钳口的中部，需锉削的表面略高于钳口，不能高得太多。夹持已加工表面时，应在钳口与工件之间垫以铜片或铝片。

（2）锉削站立位置和姿势

锉削时站立位置和姿势与锯削基本相同。其动作要领是：锉削时，身体先于锉刀向前，随之与锉刀一起前行，重心前移至左脚，膝部弯曲，右腿伸直并前倾；当锉刀行程至 3/4 处时，身体停止前进，两臂继续将锉刀推到锉刀端部，同时将身体重心后移，使身体恢复原位，并顺势将锉刀收回；当锉刀收回接近结束时，身体又开始前倾，进行第二次锉削。

（3）锉刀的运用

锉削时锉刀的平直运动是锉削的关键，若锉刀运动不平直，工件中间就会凸起或产生鼓形面。锉削的力有水平推力和垂直压力两种，推动主要由右手控制，其大小必须大于锉削阻力才能锉去切屑；压力是由两只手控制的，其作用是使锉齿深入金属表面。锉削速度一般为每分钟 30～60 次。太快，操作者容易疲劳，且锉齿易磨钝；太慢，切削效率低。

锉刀的锉削运动过程，瞬间可视为杠杆平衡问题（工件可视为支点，左手为阻力作用点，右手为动力作用点）。每次锉刀运动时，右手力随锉刀推动而逐渐增加，左手力逐渐减小，回程时不施力，从而保证锉刀平衡，受力情况分解如图 11–28 所示。

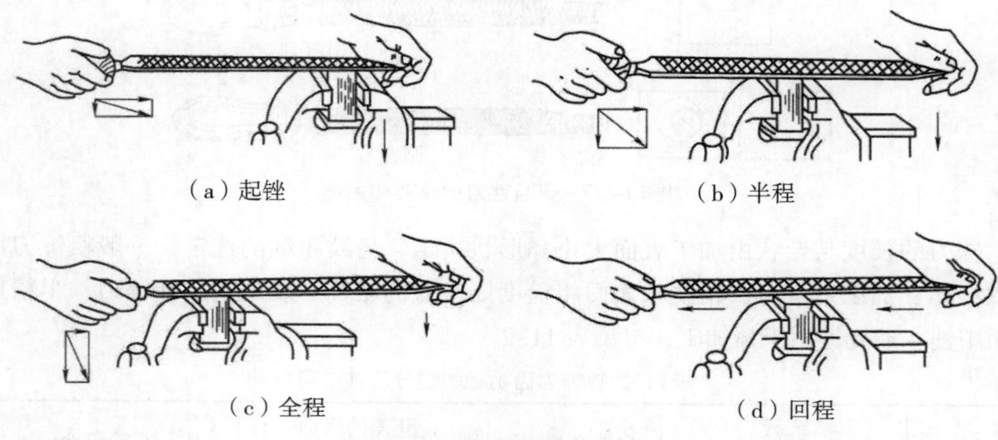

（a）起锉　（b）半程　（c）全程　（d）回程

图11–28　锉刀受力情况分解

① 开始锉削时，左手施力较大，右手水平分力（推力）大于垂直分力（压力），如图 11–28a 所示。

② 随着锉削行程的逐渐增大，右手施力逐渐增大，左手压力逐渐减小，当行至 1/2 时，两手压力相等，如图 11–28b 所示。

③ 当锉削行程超过 1/2 继续增加时，右手压力继续增加，左手压力继续减小；行程至锉削终点时，左手压力最小，右手施力最大，如图 11–28c 所示。

④ 锉削回程时，将锉刀抬起，快速返回到开始位置，两手不施压力，如图 11–28d 所示。

（4）平面锉削操作

常用的平面锉削方法有三种：交锉法、顺锉法、推锉法，如图 11–29 所示。

① 交锉法：锉削时锉刀从两个方向交叉对工件表面依次进行锉削的方法。交锉法去屑快、效率高。这种方法由于锉刀与工件接触面积较大，掌握锉刀平稳，通过锉痕易判断加工面的高低不平情况，平面度较好，因此常用于平面的粗锉。如图 11–29a 所示。

② 顺锉法：锉刀沿着工件夹持方向或垂直于工件夹持方向直线移动进行锉削的方法。这种方法是最基本的锉削方法。锉削的平面可以得到正直的锉痕，比较美观整齐，

表面粗糙度值较小，可以使整个加工表面锉削均匀，因此顺锉常用于平面的精锉。如图 11–29b 所示。

③ 推锉法：锉削时用双手横握锉刀两端往复运动进行锉削的方法。推锉法常用于加工窄长平面或加工余量较小平面、修整平面、降低表面粗糙度数值的场合。这种方法锉痕与顺锉法相同，如图 11–29c 所示。

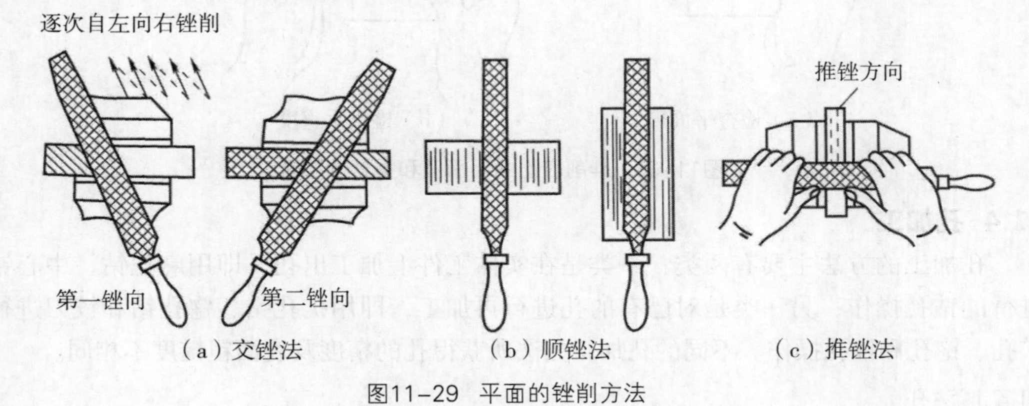

图11–29　平面的锉削方法

（5）外曲面锉削操作

外曲面锉削时常用滚锉法和横锉法。滚锉法是用平锉刀顺圆弧面向前推进，同时锉刀绕圆弧面中心摆动，如图 11–30a 所示。横锉法是用平锉刀沿圆弧面的横向进行锉削，如图 11–30b 所示。当工件的加工余量较大时常采用横锉法。

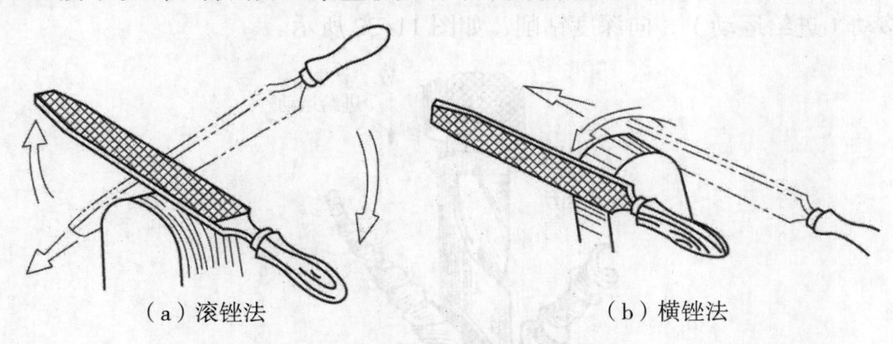

图11–30　外曲面的锉削方法

（6）常见锉削缺陷与质量检查

① 锉削质量问题。常见锉削质量问题主要有两类：一类是锉削表面的尺寸或形状位置误差，产生的主要原因是锉削技术不熟练，两手用力不平衡，只有多练习才能提高；另一类是锉痕粗糙，表面出现异常的深沟、拉伤，导致表面粗糙度不合格，产生的原因是锉刀粗细选用不当，没有及时清理锉刀表面的锉屑。

② 锉削平面质量检验。检查平面的直线度和平面度，用钢尺和直角尺以透光法来检查，要多检查几个部位并进行对角线检查，如图 11–31a 所示。检查垂直度，用直角尺采用透光法检查，应选择基准面，然后对其他面进行检查，如图 11–31b 所示。

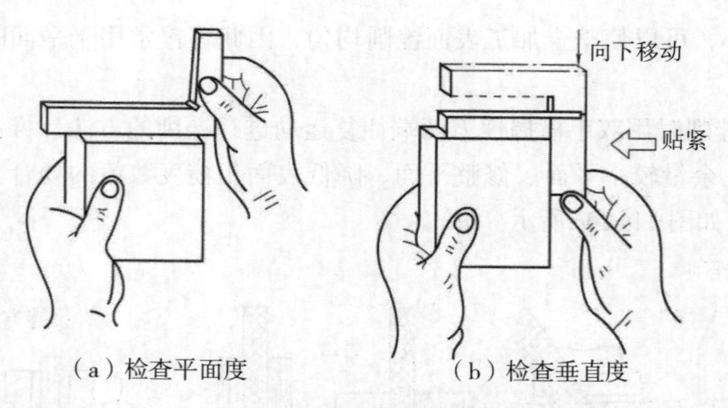

图11–31　锉削表面的平面度和垂直度检查

11.4 孔加工

孔加工的方法主要有两类：一类是在实体工件上加工出孔，即用麻花钻、中心钻等进行的钻孔操作；另一类是对已有的孔进行再加工，即用扩孔钻、锪孔钻和铰刀进行的扩孔、锪孔和铰孔操作。不同的孔加工方法所获得孔的精度及表面粗糙度不相同。

11.4.1 钻孔

钻孔属于孔的粗加工，其加工孔的精度一般为 IT13 ~ IT11，表面粗糙度 *Ra* 为 50 ~ 15.5 μm，主要用于装配、修理及攻螺纹前的预制孔等加工精度要求不高孔的制作。钻孔加工必须利用钻头配合一些装夹工具在钻床上才能完成，钻头装在机床上，依靠钻头与工件之间的相对运动来完成切削加工。钻削时，工件固定不动，钻头旋转（主运动）并作轴向移动（进给运动），向深度钻削，如图 11–32 所示。

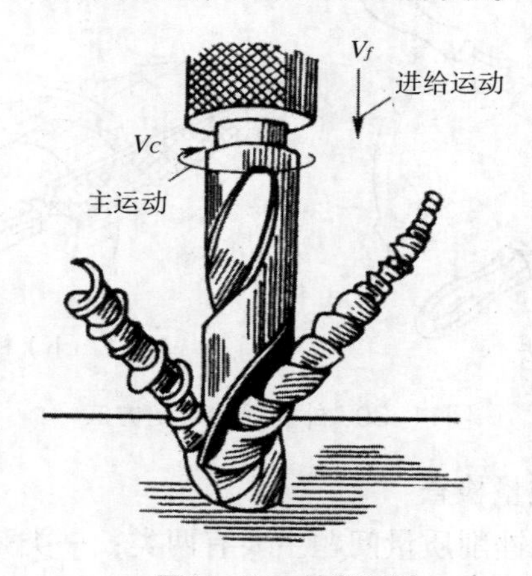

图11–32　钻削运动

（1）孔加工设备

常使用的孔加工设备有台式钻床、立式钻床、摇臂钻床和手电钻等，其构造如图 11–33 至图 11–35 所示。

①台式钻床，台式钻床简称台钻，是一种小型钻床，一般加工直径在 12 mm 以下的孔，如图 11–33 所示。

②立式钻床。立式钻床简称立钻，一般用来钻中型工件上的孔，其最大钻孔直径有25、35、40、50 mm 等多种，如图 11–34 所示。

③摇臂钻床。摇臂钻床的主轴转速范围和进给量较大，加工范围广泛，可用于钻孔、扩孔、铰孔等多种孔加工，如图 11–35 所示。

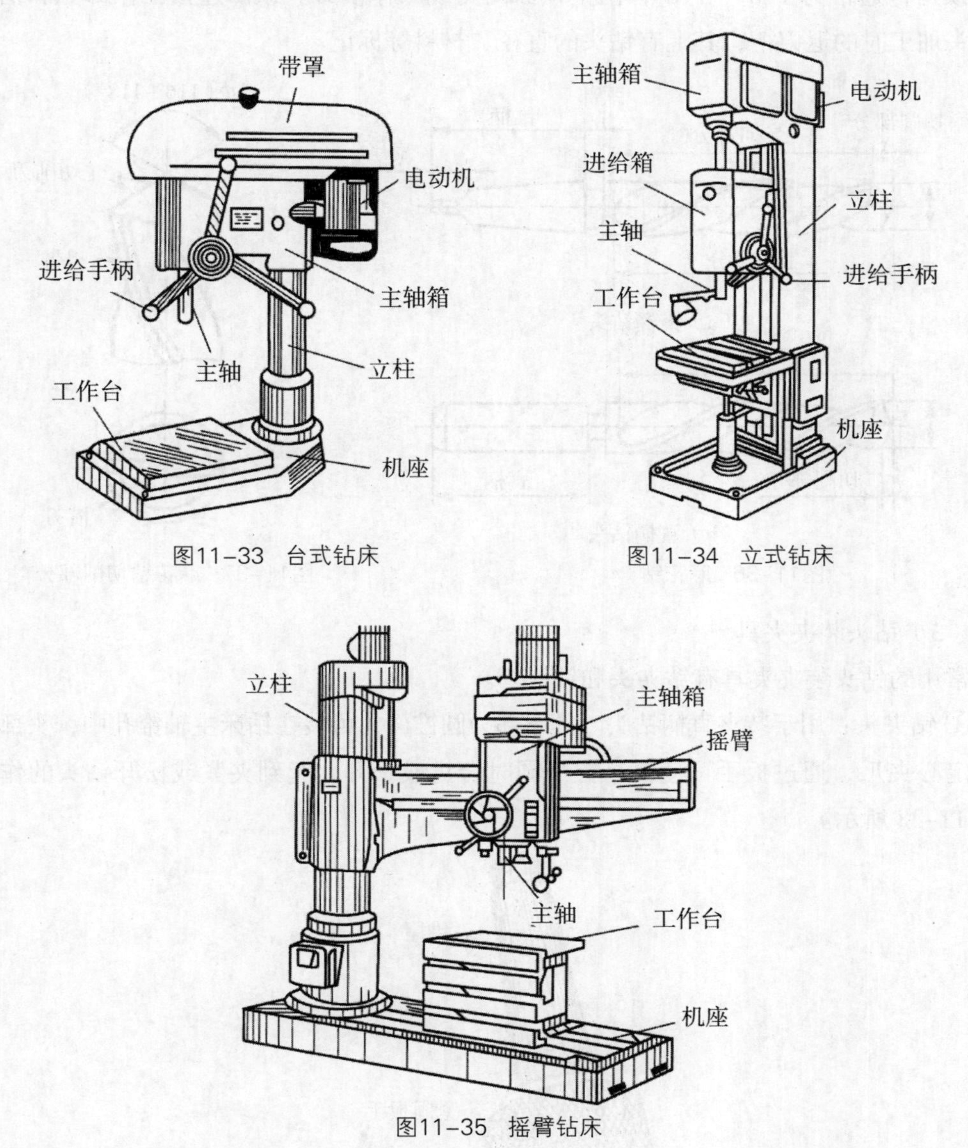

图11–33 台式钻床

图11–34 立式钻床

图11–35 摇臂钻床

（2）钻头

钻孔刀具主要有麻花钻、中心钻、深孔钻和扁钻等，其中麻花钻使用最广泛，如图 11–36 所示。柄部是钻头的夹持部分，用于传递扭矩与轴向力。它有直柄和锥柄两种形式，直径小于 12 mm 时一般为直柄钻头，大于 12 mm 时为锥柄钻头，锥柄扁尾部分可防止钻头在锥孔内的转动，并用于退出钻头。工作部分包括切削和导向两部分，导向部分为两条对称的螺旋槽，用来形成切削刃，且作运输切削液和排屑用。导向部分的两条刃带在切削时起导向作用，其直径由切削部分向柄部逐渐减小，形成倒锥，以减小钻头与工件孔壁的摩擦。如图 11–37 所示，切削部分有两条对称的主切削刃，两刃之间的夹角称为顶角，通常为 116° ~ 118°，两个顶面的交线叫作横刃。颈部连接工作部分和柄部，是钻头加工时的退刀槽，其上有钻头的直径、材料等标记。

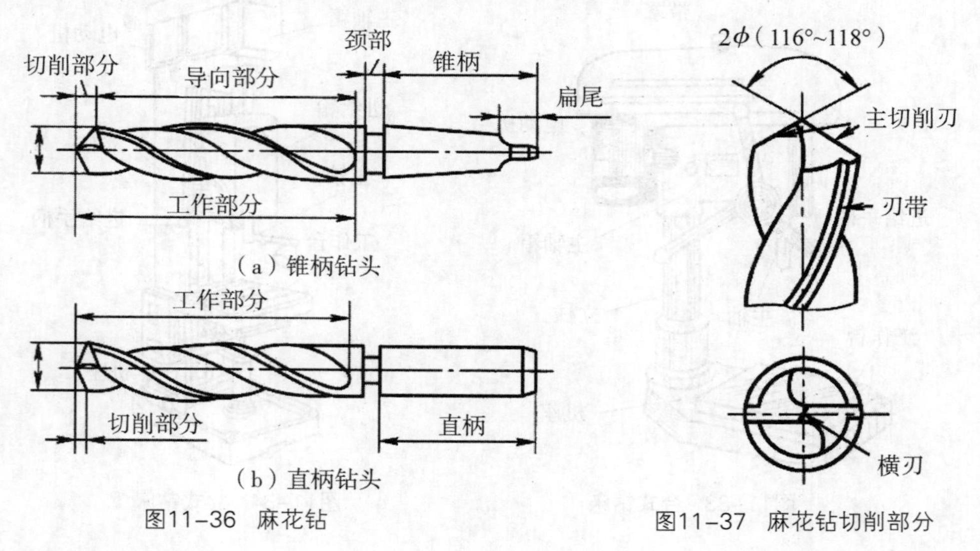

图11–36　麻花钻

图11–37　麻花钻切削部分

（3）钻头装夹夹具

常用的钻头装夹夹具有钻夹头和钻头套。

① 钻夹头：用于装夹直柄钻头。其尾部为圆锥面，可装在钻床主轴锥孔中，头部有三个自定心夹爪，通过扳手可使三个夹爪同时合拢或张开，起到夹紧或松开钻头的作用，如图 11–38 所示。

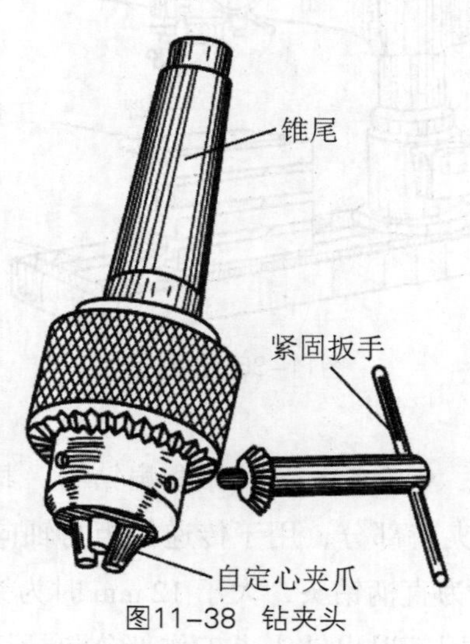

图11–38　钻夹头

②钻头套：钻头套有 1～5 种规格，用于装夹小锥柄钻头，如图 11-39 所示。根据钻头锥柄及钻床主轴内锥孔的锥度来选择，并可用两个以上的钻头套做过渡连接。

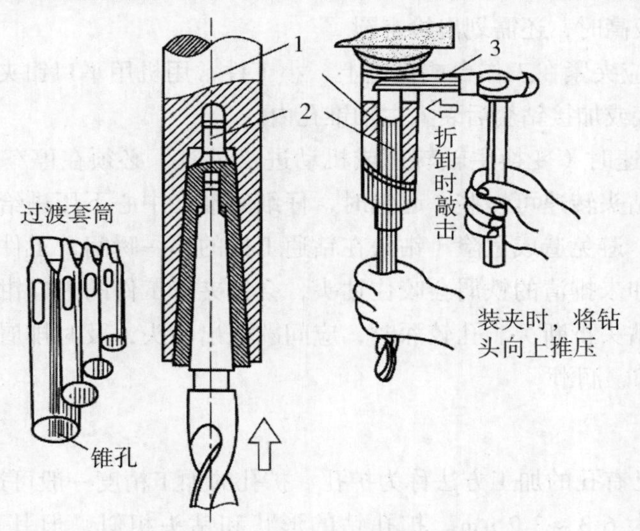

1–夹头体；2–夹头套；3–钥匙

图11–39　钻头套及其应用

（4）工件装夹夹具

常用于装夹工件的夹具有手虎钳、平口钳、压板和 V 型铁等。薄壁小件常用手虎钳夹持，中小型平整工件常用平口钳夹持，圆形零件用 V 型铁和弓架夹持，大型件用压板和螺栓直接压在工作台上，如图 11-40 所示。

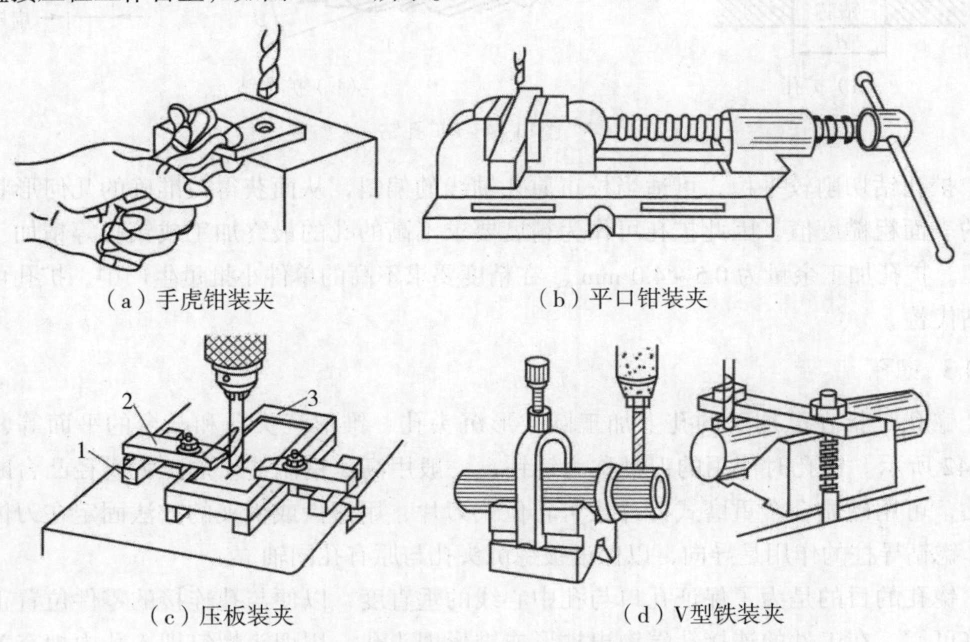

图11–40　钻孔工件装夹夹具

（5）钻削操作注意事项

① 钻孔前，先打出样冲眼，眼要大，这样起钻时不易偏离中心。当加工孔大于 20 mm 或孔距尺寸精度要求较高时，还需划出检查圆。

② 钻削时工件应夹紧在工作台或机座上，小工件常用机用平口钳夹紧，直径 12 mm 以上的锥柄钻头直接或加接钻套后装入主轴锥孔内。

③ 调整主轴转速时（变换主轴转速或机动进给量时，必须在停车后进行），小钻头转速可快些，大钻头转速可慢些。起钻时，仔细对准孔中心下压进给手柄，将要钻通时，应减小进给量，避免造成危险（钻头在钻通工件的那一瞬间，工件部分钻通、部分未钻通，加工余量和未排清的铁屑会咬住钻头，会把夹持工件的平口钳从钻头旋转的切线方向打出去或者钻头折断）。孔较深时，应间歇退出钻头，及时排屑，必要时可不间断地加注切削液冷却、润滑。

11.4.2 扩孔

用扩孔钻扩大已有孔的加工方法称为扩孔。扩孔的加工精度一般可达到 IT10 ~ IT9，表面粗糙度 Ra 值为 6.3 ~ 3.2 μm。扩孔钻的形状和钻头相似，但其顶部为平面、无横刃，有 3 ~ 4 条切削刃，且其螺旋槽较浅，刚性好，导向性好，如图 11–41 所示。

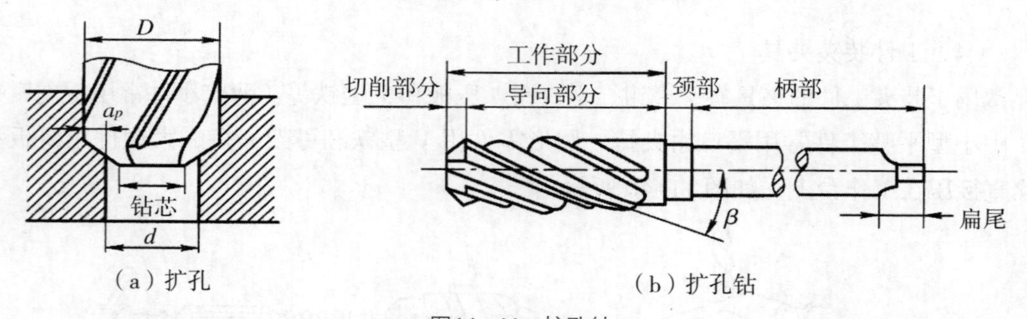

（a）扩孔　（b）扩孔钻

图11–41 扩孔钻

扩孔钻切削较平稳，可适当校正原孔轴线的偏斜，从而获得较准确的几何形状及较小的表面粗糙度值。因此扩孔可作为精度要求不高的孔的最终加工或铰孔等精加工的预加工。扩孔加工余量为 0.5 ~ 4.0 mm 。在精度要求不高的单件小批量生产中，扩孔可用麻花钻代替。

11.4.3 锪孔

锪孔是指在已加工的孔上加工圆柱形沉头孔、锥形沉头孔和凸台的平面等，如图 11–42 所示。锪孔时使用的刀具称为锪钻，一般用高速钢制造。加工大直径凸台断面的锪钻，可用硬质合金重磨式刀片或可转位式刀片，用镶齿或机夹的方法固定在刀体上制成。锪钻导柱的作用是导向，以保证被锪沉头孔与原有孔同轴。

锪孔的目的是为了保证孔口与孔中心线的垂直度，以便与孔连接的零件位置正确，连接可靠。在工件的连接孔端锪出柱形或锥形埋头孔，用埋头螺钉埋入孔内把有关零件连接起来，使外观整齐，装配位置紧凑。将孔口端面锪平，并与孔中心线垂直，能使连接螺栓（或螺母）的端面与连接件保持良好接触。

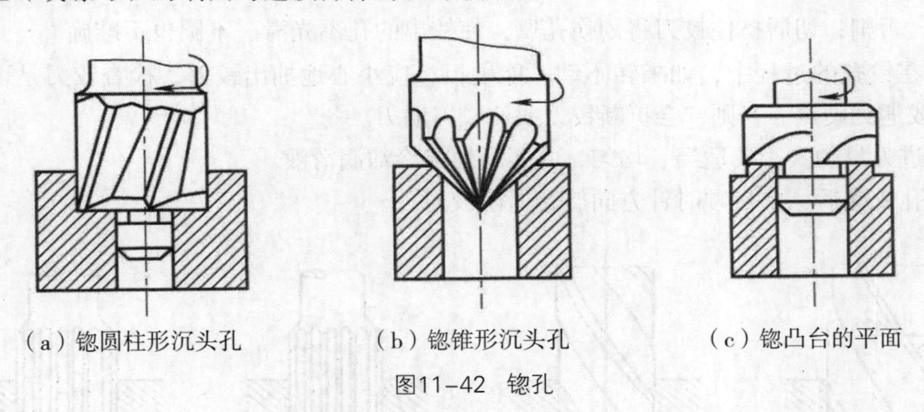

（a）锪圆柱形沉头孔　　（b）锪锥形沉头孔　　（c）锪凸台的平面

图11-42　锪孔

11.4.4　铰孔

铰孔是铰刀从工件孔壁上切除微量金属层，以提高其尺寸精度和孔表面质量的方法。铰孔是孔的精加工方法之一，在生产中应用很广。铰孔可分为粗铰和精铰，精铰如图 11-43 所示。其加工余量较小，只有 0.05 ~ 0.15 mm，尺寸公差等级可达到 IT8 ~ IT7，表面粗糙度 Ra 值可达到 0.8 μm。铰孔前的工件应经过钻孔、扩孔（镗孔）等加工。

（1）铰刀

铰刀有手用铰刀和机用铰刀两种，如图 11-43b 所示。手用铰刀为直柄，工作部分较长。机用铰刀多为锥柄，可装在钻床、车床或镗床上铰孔。铰刀的工作部分由切削部分和修光部分组成。切削部分呈锥形，担负着切削工作；修光部分起着导向修光的作用。铰刀有 6 ~ 12 个切削刃，每个刀刃的切削负荷较轻。

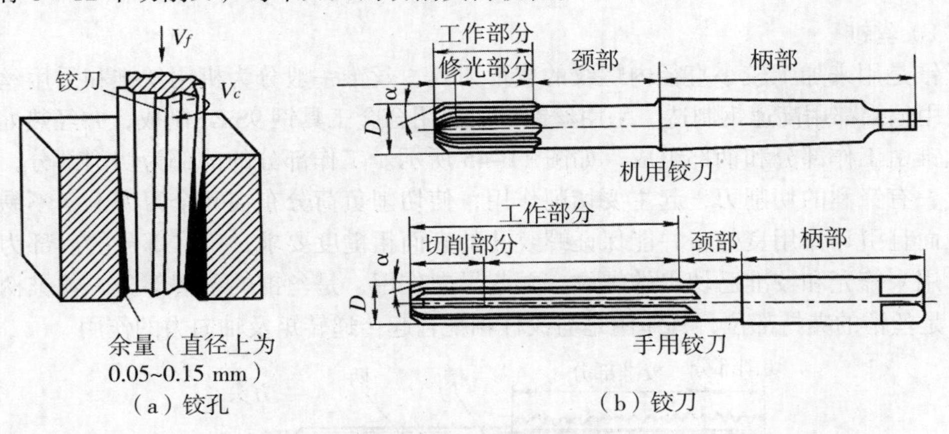

（a）铰孔　　（b）铰刀

图11-43　铰孔和铰刀

（2）手铰圆柱孔的步骤和方法

① 根据孔径和孔的精度要求，确定孔的加工方法和工序间的加工余量，图 11-44 为精度较高的 30 mm 孔的加工过程。

② 进行钻孔或扩孔后再进行铰孔。

③ 手铰时两手用力要均匀，按顺时针方向转动铰刀并略微向下用力，任何时候都不能倒转，否则，切屑挤住铰刀将划伤孔壁，使铰出的孔不光滑、不圆也不准确。

④ 在铰孔的过程中，如果转不动不能硬扳，应小心地抽出铰刀，检查铰刀是否被铁屑卡住或遇到硬点。否则，会折断铰刀或使铰刀崩刃。

⑤ 进刀量的大小要适当、均匀，并不断地加冷却润滑液。

⑥ 孔铰完后，要按顺时针方向旋转退出铰刀。

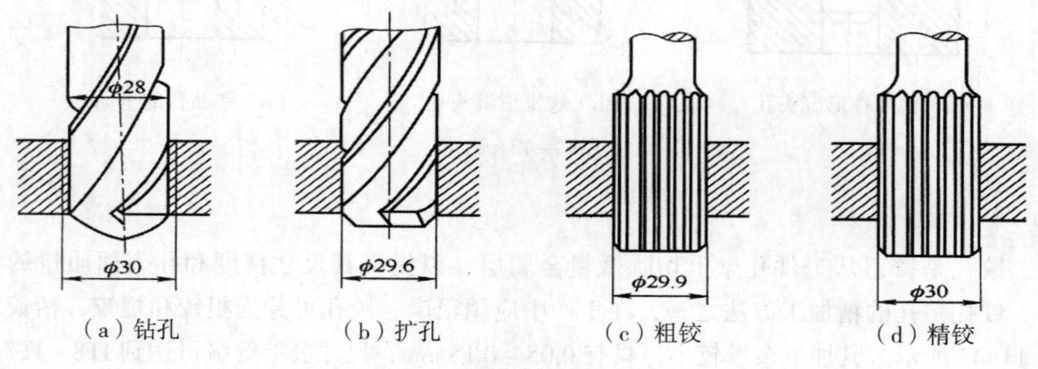

图11-44　孔的精铰工序

11.5　螺纹加工

常用的加工螺纹除采用机床加工外，还可以用钳工加工方法中的攻螺纹和套螺纹来获得。攻螺纹（亦称攻丝）是用丝锥在工件内圆柱面上加工出内螺纹,套螺纹（亦称套丝、套扣）是用板牙在圆柱杆上加工出外螺纹。

11.5.1　攻螺纹

（1）丝锥

丝锥是用来加工较小直径内螺纹的成形刀具。丝锥一般分为机用丝锥和手用丝锥两种，机用丝锥都用高速钢制造，手用丝锥一般选用合金工具钢 9SiGr 制成，并经热处理淬硬。丝锥由工作部分和柄部组成，如图 11-45 所示。工作部分的前部为切削部分，有切削锥度，有锋利的切削刃，起主要切削作用，使切削负荷分布在几个刀齿上，不易产生崩刃，而且引导作用良好，并能保证螺纹孔的表面粗糙度要求；工作部分的后部为校准部分，用来修光和校准已切出的螺纹，并起导向作用，是丝锥的备磨部分。丝锥柄部为方头，是丝锥的夹持部位，其作用是与铰杠相配合起传递转矩及轴向力的作用。

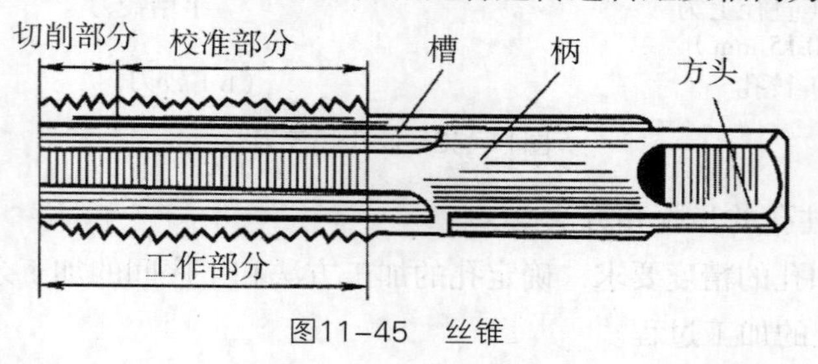

图11-45　丝锥

每种型号的丝锥一般由三支组成，分别称为头锥、二锥和三锥。成套丝锥分次切削，依次分担切削量，以减小每支丝锥单齿切削负荷。在 M6 ~ M24 的范围内，一套丝锥由两支组成，分为头锥和二锥。M6 以下及 M24 以上一套有三支，即头锥、二锥和三锥。一套丝锥中各丝锥的大径、中径和小径均相等，只是切削部分的长短和锥角不同，头锥切削部分较长，锥角较小，约有 6 个不完整的齿以便切入；二锥切削部分较短，锥角较大，约有2个不完整的齿。

（2）铰杠

铰杠是夹持丝锥的工具，如图 11-46 所示。铰杠有固定式和可调式两种，常用的是可调式铰杠，其方孔大小可以调节，以便夹持不同尺寸的丝锥。铰杠的长度应根据丝锥尺寸大小来选择，以便控制攻螺纹时的扭矩，防止丝锥因施力不当而扭断。

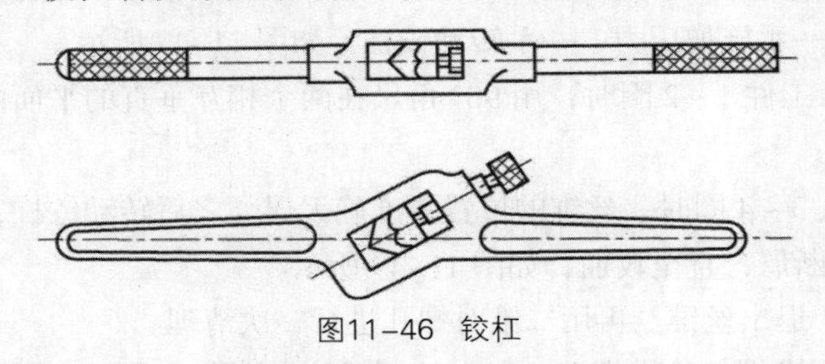

图11-46　铰杠

固定式普通铰杠用于 M5 以下的丝锥。铰杠的方孔尺寸和柄的长度都有一定的规格，使用时按丝锥尺寸大小，由表 11-3 中合理选择。

表11-3　铰杠适用范围

铰杠规格/mm	150	225	275	375	475	600
适用丝锥	M5 ~ M8	M8 ~ M12	M12 ~ M14	M14 ~ M16	M16 ~ M22	M24以上

（3）螺纹底孔直径和深度的确定

攻螺纹时，丝锥除了切削金属以外，还会挤压金属。材料的塑性越大，挤压作用越显著，因此螺纹底孔的直径必须大于螺纹标准中规定的螺纹内径。确定螺纹底孔的直径可用查表法（见有关手册），亦可用下列经验公式计算：

钢件及其他塑性材料：$d=D-P$　（11-1）

铸铁及其他脆性材料：$d=D-(1.05\sim1.1)P$　（11-2）

式中：d—螺纹底孔用钻头直径，mm；

D—螺纹大径，mm；

P—螺距，mm。

部分普通螺纹大径和螺距见表11-4。

表11-4　部分普通螺纹大径和螺距

螺纹大径D/mm	3	4	5	6	8	10	12	16
螺距P/mm	0.5	0.7	0.8	1	1.25	1.5	1.75	2

在盲孔中攻螺纹时，丝锥不能攻到底，底孔的深度要大于螺纹长度，因此螺纹底孔的深度可按下列公式计算：

$$钻孔深度 = 螺纹长 + 0.7D \tag{11-3}$$

（4）孔口倒角

攻螺纹前要在钻孔的孔口进行倒角，以利于丝锥的定位和切入。倒角的深度大于螺纹的螺距。

（5）攻螺纹操作实例

① 如攻 M12 螺纹，底孔直径为 10.2 mm。将刃磨好的 Φ10.2 mm 钻头钻出底孔，钻通后，换 Φ20 mm 钻头对两面孔口进行倒角，用游标卡尺检查孔的尺寸。

② 将钻好孔的工件夹紧在台虎钳上，将头锥装紧在 225 mm 的活动式铰杠上，将丝锥垂直放入孔中，一手施加压力，一手转动铰杠，如图 11–47 所示。

③ 当丝锥进入工件 1 ~ 2 圈时，用 90° 角尺在两个相互垂直的平面内检查和矫正，如图 11–48 所示。

④ 当丝锥进入 3 ~ 4 圈时，丝锥的位置要准确无误。之后转动铰杠，使丝锥自然旋入工件，并不断反转断屑，直至攻通，如图 11–49 所示。

⑤ 自然反转，退出丝锥。再用二锥对螺孔进行一次清理。

⑥ 用 M12 的标准螺钉检查螺孔，以自然顺畅旋入螺孔为宜。攻螺纹最关键的是丝锥要与工件方向垂直。

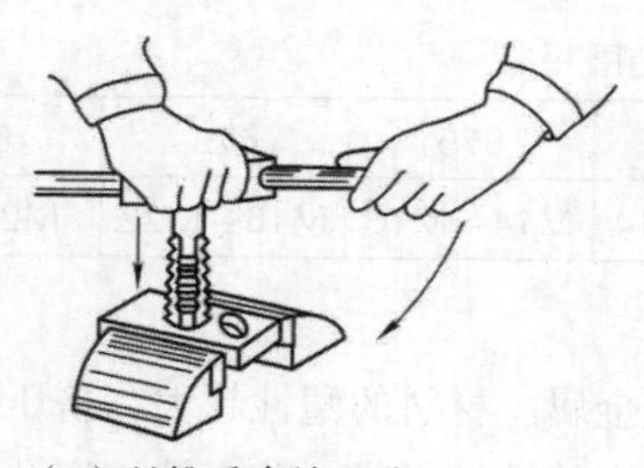

（a）丝锥垂直放入孔

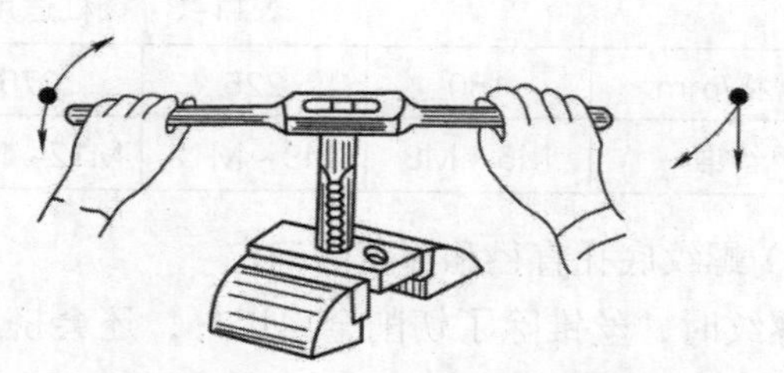

（b）一手施加压力，一手转动活动式铰杠

图11–47　起攻方法

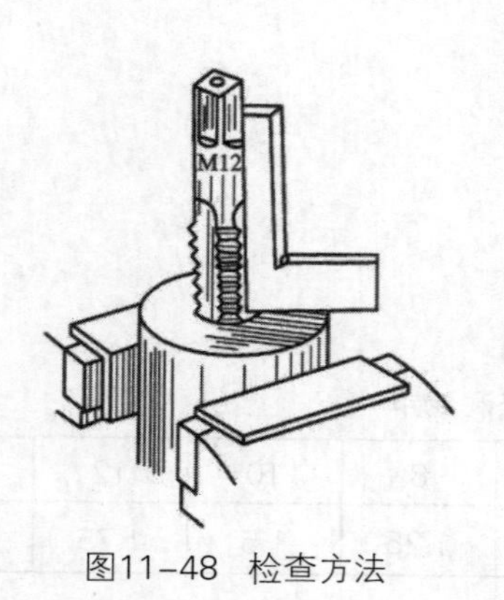

图11–48　检查方法

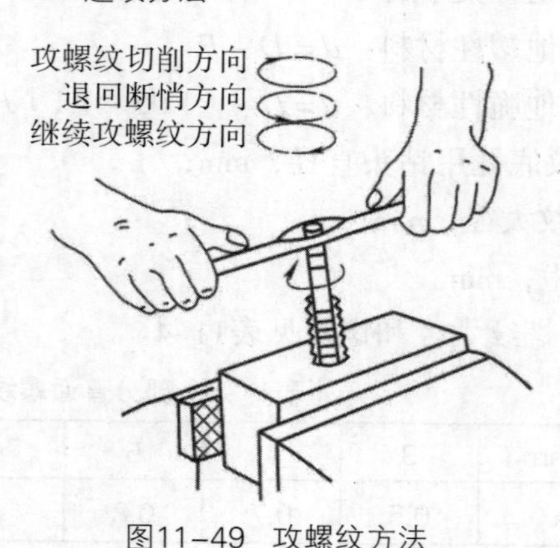

图11–49　攻螺纹方法

（6）注意事项

① 选择合适的铰杠长度，以免转矩过大，折断丝锥。

②正常攻螺纹阶段，双手作用在铰杠上的力要平衡。切忌用力过猛或左右晃动，造成孔口烂牙。每正转 1/2 ~ 1 圈时，应将丝锥反转 1/4 ~ 1/2 圈，将切屑切断排出，加工盲孔时更要如此。

③ 转动铰杠感觉吃力时，不能强行转动，应退出头锥，换用二锥，如此交替进行。

④攻不通螺孔时，可在丝锥上做好深度标记，并要经常退出丝锥，清除留在孔内的切屑。当工件不便倒出切屑时，可用磁性针棒吸出切屑或用弯的管子吹去切屑。

⑤攻钢料等韧性材料工件时，加机油润滑可使螺纹光洁，并能延长丝锥寿命；对铸铁件，通常不加润滑油，也可加煤油润滑。

⑥若丝锥断在孔内，应先将碎的丝锥块及切削洗除干净，再用尖嘴钳拧出断丝锥，或用尖錾等工具，顺着丝锥旋出的方向敲击，以取出断丝锥。当丝锥折断部分露在孔外，且咬合很紧的情况下，可将弯杆或螺母气焊在丝锥上部，扳动螺母或旋转弯杆将之带出。也可用专用的工具，顺着丝锥旋出方向转动，取出断丝锥。

11.5.2 套螺纹

利用圆板牙在圆柱或圆锥外表面上加工出外螺纹的操作技能称为套螺纹（套丝）。钳工在装配过程中对工件进行套螺纹加工、修配应用较多。

（1）圆板牙

圆板牙是加工小直径外螺纹的工具，用合金工具钢 9SiCr 并经热处理淬硬制成。它由切削部分、校准部分和排屑孔组成。其本身就像一个圆螺母，在它上面钻有几个排屑孔而形成刃口，如图 11–50 所示。

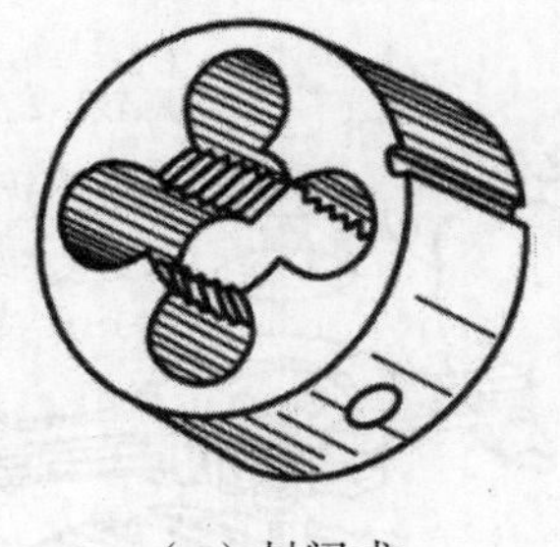

（a）封闭式

（b）开槽式

图11–50 圆板牙

（2）圆板牙铰杠

圆板牙铰杠是用来安装、夹持圆板牙，带动圆板牙旋转进行切削的工具。圆板牙铰杠通常为固定式，每一种圆板牙对应一种圆板牙铰杠，如图 11–51 所示。

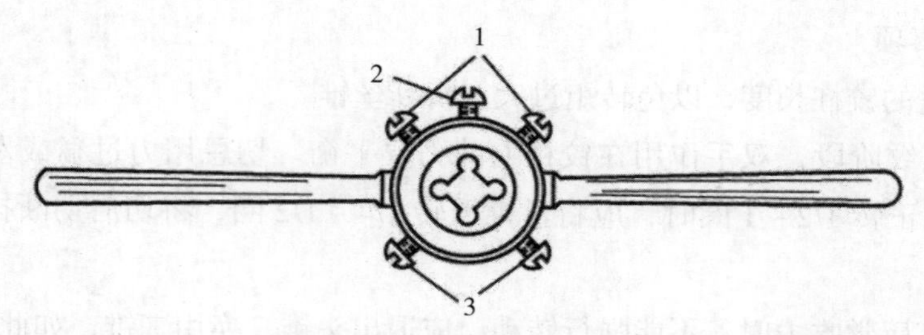

1–撑开板牙螺钉；2–调整板牙螺钉；3–固定板牙螺钉

图11–51 圆板牙铰杠

（3）套螺纹前底孔直径的确定

用圆板牙加工外螺纹时，圆板牙除对材料起切削作用外，还对材料产生挤压。因此，螺纹的牙型产生塑性变形，使牙型顶端凸起一部分。材料塑性越大，则挤压凸起部分越多，所以圆杆直径应稍小于螺纹大径。

圆杆直径可用下列公式计算：$d = D - 0.13P$ （11–4）

式中：d—圆杆直径，mm；

D—外螺纹大径，mm；

P—螺距，mm。

（4）套螺纹操作实例

① 套螺纹前应将板牙排屑槽内及螺纹内的切屑清除干净，将被套圆杆的端部倒成60°左右的锥台，如图 11–52 所示，便于圆板牙对准中心和切入。

② 夹紧圆杆，在满足套螺纹长度要求的前提下，圆杆伸出钳口的长度应尽量短。为了不损伤已加工表面，可在钳口和工件之间垫铜皮或 V 型架。

③ 将圆板牙垂直放至圆杆顶部，施加压力缓慢转动，套入 3 ~ 4 牙以后，只转动不再施加压力，但要经常反转，以便断屑，如图 11–53 所示。

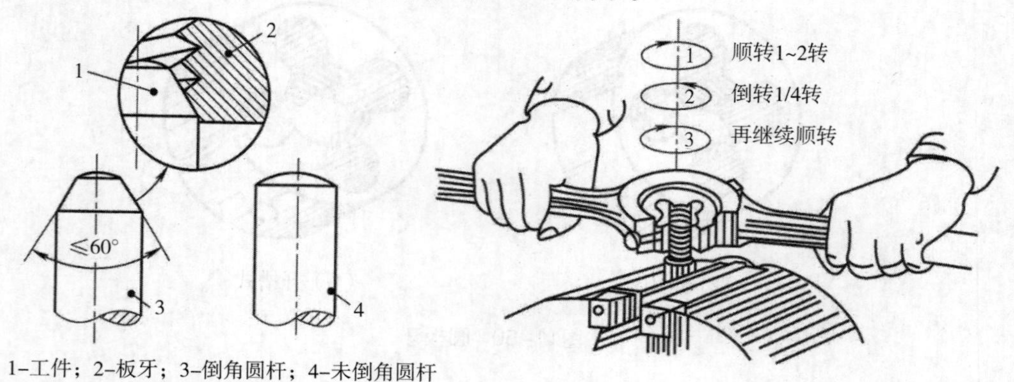

1–工件；2–板牙；3–倒角圆杆；4–未倒角圆杆

图11–52 圆杆倒角

图11–53 套螺纹操作

④ 在套螺纹的过程中，应加切削液或机油润滑，以提高螺纹加工质量，延长圆板牙使用寿命。

11.6 钣金

钣金（Sheet Metal）以 3 mm 以下的薄板金属为主，其中包括钢板、镀锌（锡）钢板、高张力钢板、烤漆钢板、铝板、铜板及不锈钢板等。钣金作业是利用手工工具或机器，将金属塑性变形加工成所需的形状及大小，并配合机械式接合（如铆钉、螺栓、胀缩、压接及接缝等）或冶金式接合（如气焊、手工电弧焊、CO_2 保护焊及氩弧焊等）的方式，将其连接组合成一体的金属加工方法。

生产中，制造各类构件时所用的板材、管材、型材都具有一定的厚度（壁厚），当厚度大于 1.5 mm 时，展开放样时就必须对其进行处理，以消除其对产品尺寸和形状的影响。展开放样中，根据构件的形状、角度、接口等不同情况，按一定规律除去板厚，作出构件的单线图（放样图），这一过程称为板厚处理。板厚处理的主要内容是确定构件的展开长度、高度及相贯构件的接口等。

一般在没有剪切机（下料）和压力机床（弯形与压延）等机床的情况下，可以以台虎钳为基础，借助錾子、锤子等工具进行手工下料和弯形。

11.6.1 料长计算基础知识

（1）中性层的概念及确定

图 11–54 是将厚板卷弯成圆筒时的情形。从直观图可看出，圆筒的外层尺寸比内层尺寸长，这是由于板料卷弯时，金属的外层受拉而内层受压的缘故，如图 11–54a 所示。在断面上由拉伸向压缩的过渡中间，必有一层金属既不受拉也不受压，其长度尺寸保持不变（图中的 d 平均直径处），这一层称为中性层。因中性层长度在卷弯前和卷弯后不发生变化，所以作为展开的尺寸依据，如图 11–54b 所示。

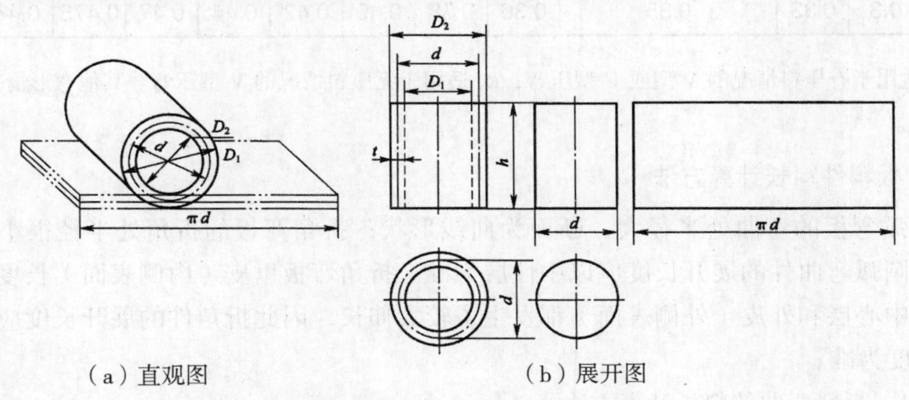

图11–54 圆筒卷制的中性层

（2）圆弧弯曲长度计算公式

板料弯形中性层的位置与其相对弯形半径 r/t 有关。当 $r/t>5.5$ 时，中性层位于板厚的 1/2 处，即与板料的中心层相重合；当 $r/t\leqslant5.5$ 时，中性层位置将向弯形中心一侧移动，如图 11–55 所示。中性层的位置可由下式计算：

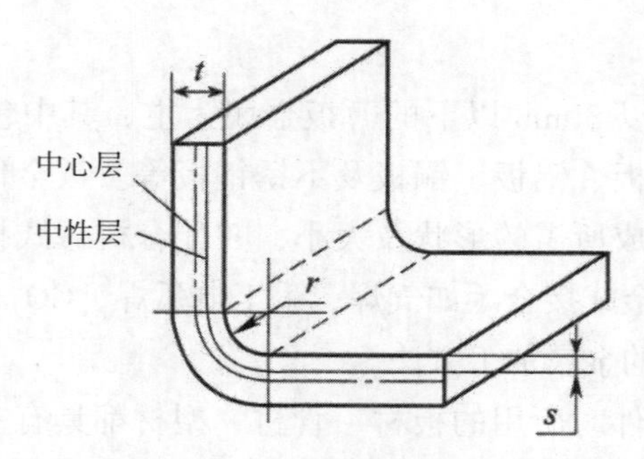

图11–55　板料弯曲的中性层

中性层与内弧的距离：

$$s=Kt \tag{11–5}$$

$$R_{中}=r+Kt \tag{11–6}$$

式中：$R_{中}$—中性层半径，mm；

r—弯板内弧半径，mm；

t—板料厚度，mm；

K—中性层位置系数。

中性层位置系数 K、K_1 的值见表 11–5。

表11–5　中性层位置系数K、K_1的值

r/t	≤0.1	0.2	0.25	0.3	0.4	0.5	0.8	1.0	1.5	2.0	3.0	4.0	5.0	>5.5
K	0.23	0.28	0.3	0.31	0.32	0.33	0.34	0.35	0.37	0.40	0.43	0.45	0.48	0.5
K_1	0.3	0.33	0.35			0.36	0.38	0.40	0.42	0.44	0.47	0.475	0.48	0.5

注：K 适用于有压料情况的 V 型或 U 型压弯；K_1 适用于无压料情况的 V 型压弯。其他弯形情况下，通常取K值。

11.6.2　板料件料长计算方法

圆弧弯板的弯曲处半径大，断面为曲线形状；折角弯板的折角处半径很小，接近于零。圆弧弯曲件的展开长度应以中性层为准。折角弯板里皮（内侧表面）长度变化不大，而中心层和外皮（外侧表面）都发生了较大伸长，因此折角件的展开长度应以里皮展开长度为准。

（1）板料弯曲的料长计算方法

板材弯形时中性层位置按式（11–6）确定。

例：图11–56为一板材弯形件，已知 l_1= 200 mm，l_2=300 mm，r = 60 mm，α=150°，t=15 mm，求展开料长 L。

解：由于相对弯形半径 r/t=60/15=4，从表 11–5 中得 K=0.45。根据式（11–6）得中性层弯形半径为

$R_{中}=r+Kt=60+0.45\times15=66.75$ mm

$$L_1=l_1+l_2+\frac{\pi\ \alpha R_{中}}{180^\circ}=200+300+\frac{3.14\times150^\circ\times66.75}{180^\circ}\approx674.66\text{ mm}$$

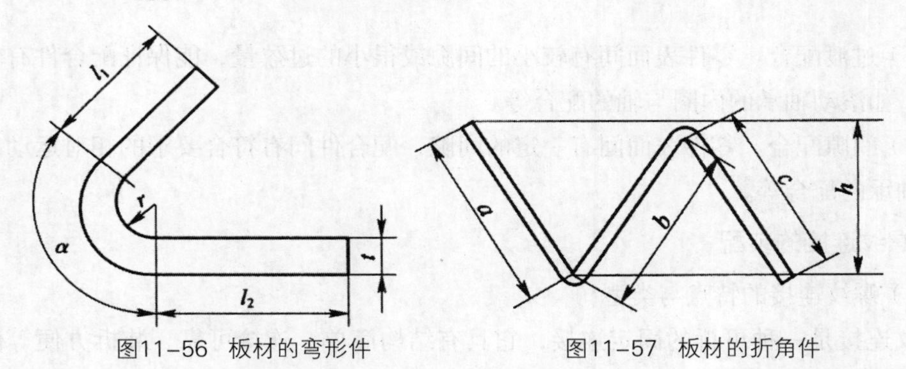

图11–56　板材的弯形件　　图11–57　板材的折角件

（2）板料折角的料长计算方法

对于没有圆角或圆角很小的折角弯板，展开长度如图 11–57 所示。其展开长度为 $a+b+c$，如果尺寸精度要求较高时，每弯曲一个折角，展开长度要在原展开长度的基础上加 $0.5t$（t 为板厚）。

11.7 装配

装配是将零件装配成为机器的过程。包括把几个零件安装在一起的组件装配，把零件和组件装配在一起的部件装配，以及零件、组件、部件的总装配。同时还包括修整、调试、试车等步骤，以达到机器运转的各项技术要求。装配是机器制造的最后工序，对机器的质量和使用寿命有重要的影响。装配过程中经常要遇到零件间的连接与配合问题。

11.7.1 部件装配和总装配

完成整台机器装配，必须要经过部件装配和总装配这两个过程。部件装配通常是在装配车间的各个工段（或小组）进行的。部件装配是总装配的基础，这一工序进行得好与坏，会直接影响到总装配和产品的质量。总装配就是把预先装好的部件、组合件、其他零件以及从市场采购来的配套装置或功能部件装配成机器。

11.7.2 装配时连接的种类

（1）固定连接

① 可拆的固定连接：螺纹、键、楔、销等。

② 不可拆的固定连接：铆接、焊接、压合、冷热套、胶合等。

（2）活动连接

① 可拆的活动连接：轴与轴承、溜板与导轨、丝杠与螺母等。

② 不可拆的活动连接：任何活动连接的铆合。

11.7.3 配合的种类

（1）过盈配合。装配依靠轴与孔的过盈量，零件表面间产生弹性压力，是紧固的连接。

（2）过渡配合。零件表面间有较小的间隙或很小的过盈量，能保证配合件有较高的同心度，如滚动轴承的内圈与轴的配合等。

（3）间隙配合。零件表面间有一定的间隙，配合件间有符合要求的相对运动，如轴与滑动轴承的配合等。

11.7.4 螺纹连接的装配

（1）螺纹连接的特点与类型

螺纹连接是一种可拆的固定连接，它具有结构简单、连接可靠、装拆方便等优点，在机械中应用广泛。螺纹连接的主要类型有螺栓连接、双头螺柱连接、螺钉连接及紧固螺钉连接等，如图 11–58 所示。

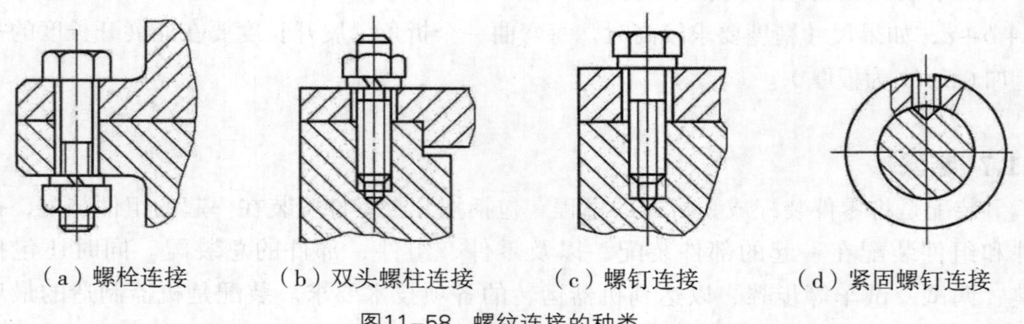

（a）螺栓连接　（b）双头螺柱连接　（c）螺钉连接　（d）紧固螺钉连接

图11–58　螺纹连接的种类

（2）螺纹连接的装拆工具

螺纹紧固件多为标准件，由于其种类繁多，形状各异，所以螺纹连接的装拆工具也有各种不同的形式，使用时应根据具体情况合理选用。此外，在成批生产和装配流水线上还广泛采用了气动、电动扳手等。

① 螺钉旋具。螺钉旋具用于装拆头部开槽的螺钉。常用的螺钉旋具有一字旋具、十字旋具、快速旋具和弯头旋具，如图 11–59 所示。

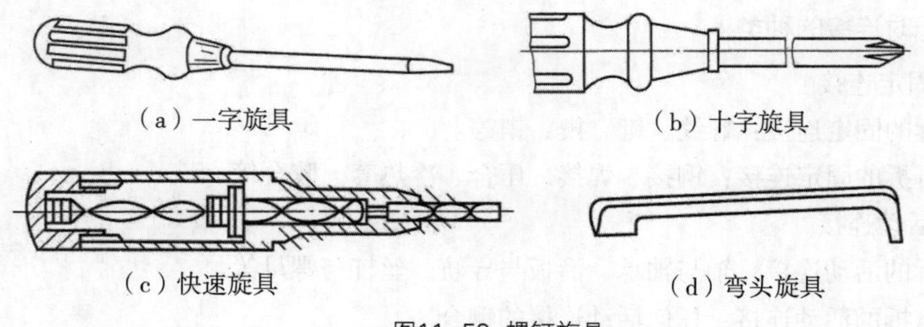

（a）一字旋具　（b）十字旋具

（c）快速旋具　（d）弯头旋具

图11–59　螺钉旋具

（a）一字旋具。这种旋具应用广泛，其规格以旋具体部分的长度表示。常用规格有100、150、200、300和400 mm等几种。使用时应根据螺钉沟槽的宽度选用相应的螺钉旋具。

（b）十字旋具。主要用来装拆头部带十字槽的螺钉，其优点是旋具不易从槽中滑出。

（c）快速旋具。推压手柄，使螺旋杆通过来复孔而转动，可以快速装拆小螺钉，提高装拆速度。

（d）弯头旋具。两端各有一个刃口，互成垂直位置，适用于螺钉头顶部空间受到限制的拆装场合。

② 扳手。扳手是用来装拆六角形、正方形螺钉及各种螺母的工具。常见的扳手有通用扳手、专用扳手、套筒扳手、钳形扳手、内六角扳手、力矩扳手等。

（a）通用扳手。也叫活络扳手、活扳手，如图11–60所示。通用扳手的开口尺寸可在一定范围内调节，使用时让其固定钳口顺着主要作用力方向，否则容易损坏扳手。其规格用长度表示。

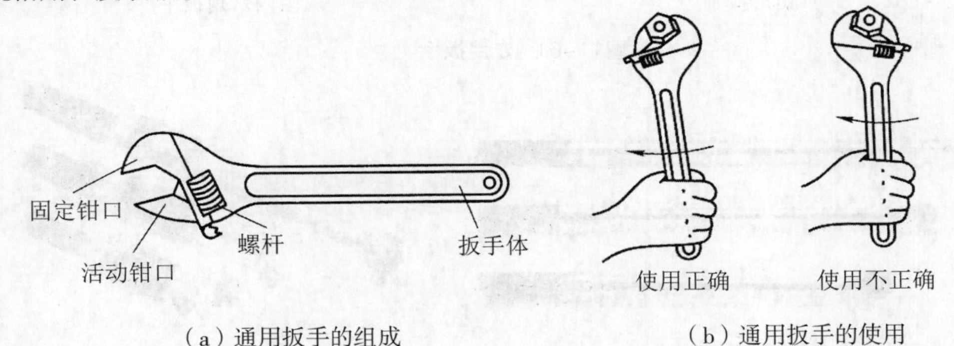

（a）通用扳手的组成　　（b）通用扳手的使用

图11–60　通用扳手及其使用

（b）专用扳手。只能拆装一种规格的螺母或螺钉，根据其用途不同可分为呆扳手、整体扳手、成套套筒扳手、钳形扳手和内六角扳手等，如图11–61所示。

（Ⅰ）呆扳手。用于装拆六角形、方头螺母或螺钉，有单头和双头之分。其开口尺寸与螺母或螺钉对边间距的尺寸相适应，并根据标准尺寸做成一套。

（Ⅱ）整体扳手。分为正方形、六角形、十二角形（梅花扳手）等。整体扳手只要转过一定角度，就可以改换方向再扳，适用于工作空间狭小，不能容纳普通扳手的场合。

（Ⅲ）套筒扳手。由一套尺寸不等的梅花套筒组成。常用于受结构限制其他扳手无法装拆的场合，或为了节省装拆时间时采用。使用方便，工作效率较高。

（Ⅳ）钳形扳手。专门用来锁紧各种结构的圆螺母。

（Ⅴ）内六角扳手。用于装拆内六角螺钉，成套的内六角扳手可供装拆M4 ~ M30的内六角螺钉。

（c）力矩扳手。也叫扭矩扳手、扭力扳手、扭矩可调扳手。按动力源可分为电动力矩扳手、气动力矩扳手、液压力矩扳手及手动力矩扳手。手动力矩扳手又可分为预置式、定值式、表盘式、数显式等扳手，如图 11-62 所示。

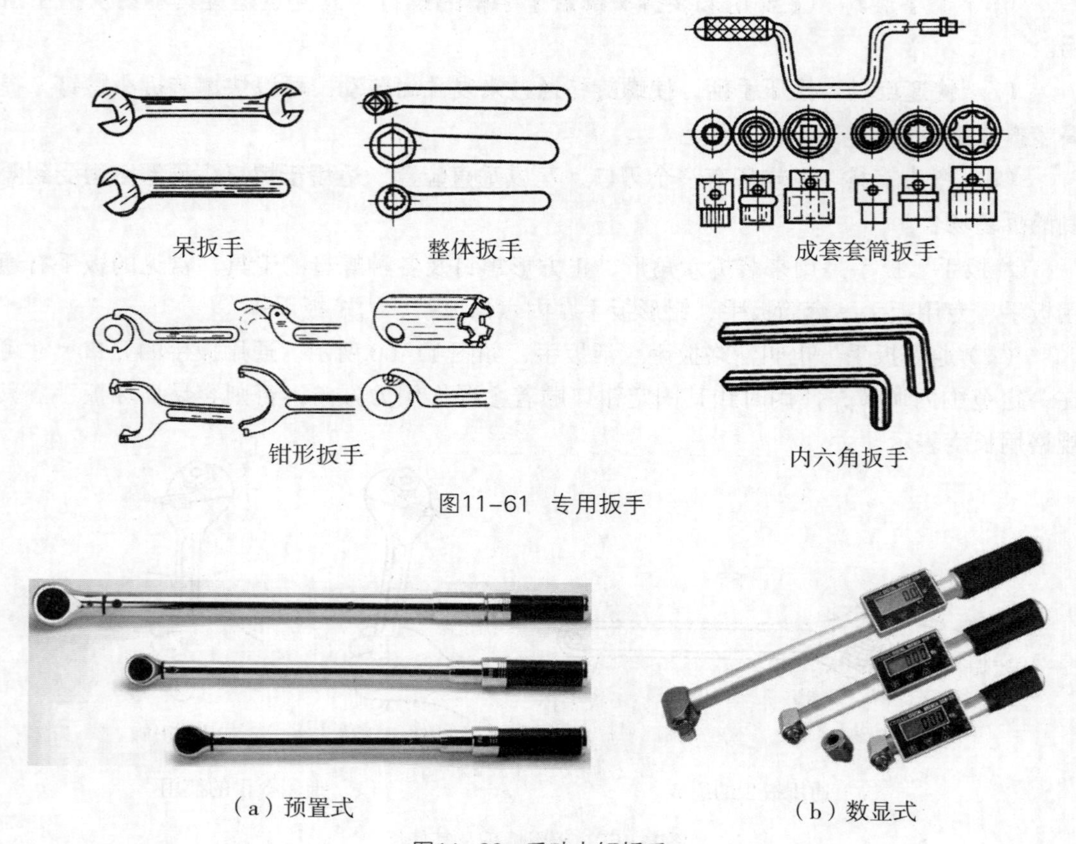

图11-61 专用扳手

（a）预置式

（b）数显式

图11-62 手动力矩扳手

力矩扳手最主要的特征就是可以设定扭矩，并且扭矩可调。一般来说，对于高强螺栓的紧固都要先初紧再终紧，而且每步都有严格的扭矩要求。大六角高强螺栓的初紧和终紧都必须使用定扭矩扳手。

（3）螺纹连接的装配

① 拧紧圆形或方形布置的成组螺钉的顺序。如图 11-63 所示，拧紧圆形或方形布置的成组螺钉时，必须对称进行（如有定位销，应从靠近定位销的螺钉开始），以防止螺钉受力不一致，甚至变形。

② 拧紧长方形布置的成组螺钉的顺序。如图 11-64 所示，成组螺钉拧紧时，根据被连接件形状和螺钉的分布情况，按一定的顺序逐次（一般为 2 ~ 3 次）拧紧。拧紧长方形布置的成组螺钉时，应从中间开始，逐渐向两边对称地扩展。

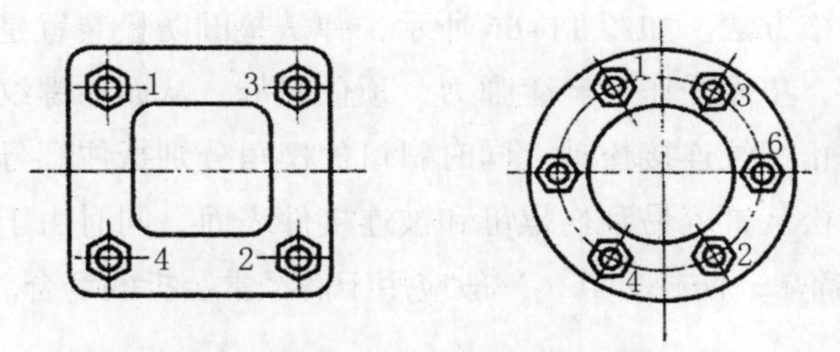

图11-63　拧紧圆形或方形布置的成组螺钉的顺序

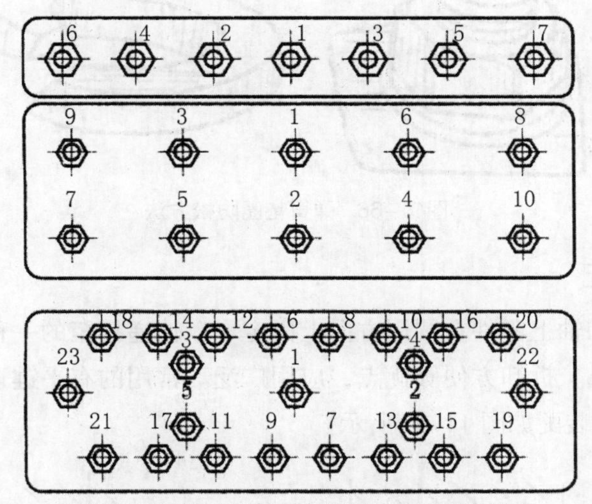

图11-64　拧紧长方形布置的成组螺钉的顺序

③ 双螺母防松方法。如图 11-65a 所示，锁紧螺母（双螺母）防松是先将主螺母拧紧至预定位置，然后再拧紧副螺母。当拧紧副螺母后，在主、副螺母间这段螺杆因受拉伸长，使主、副螺母分别与螺杆牙型的两个侧面接触，都产生正压力及摩擦力。这种防松装置由于要用两个螺母，增加了结构尺寸和质量，一般用于低速重载或较平稳的场合。如图 11-65b 所示，用一个扳手卡住上螺母，用右手按顺时针方向旋转；用另一个扳手卡住下螺母，用左手按逆时针方向旋转，将双螺母锁紧。

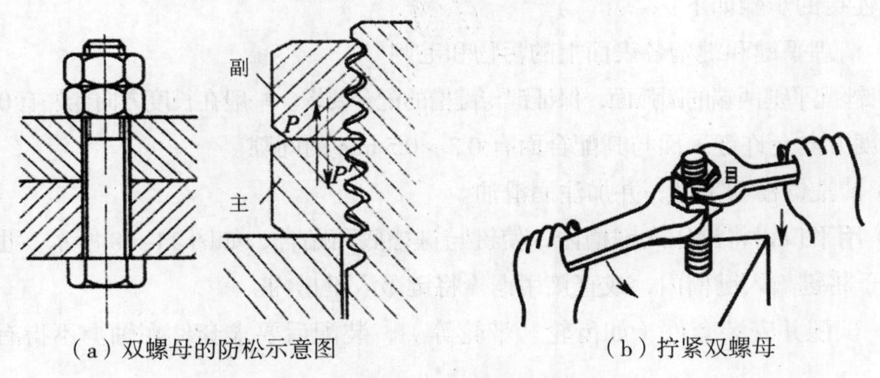

（a）双螺母的防松示意图　　（b）拧紧双螺母

图11-65　双螺母防松方法

④弹簧垫圈防松方法。如图 11–66 所示，弹簧垫圈防松装置是把弹簧垫圈放在螺母下，当拧紧螺母时，垫圈受压，产生弹力，顶住螺母，从而在螺纹副的接触面间产生附加摩擦力，以此防止螺纹连接松动。同时斜口的楔角分别抵住螺母和支撑面，也有助于防止松动。这种防松装置容易刮伤螺母和被连接件表面，同时由于弹力分布不均，螺母容易偏斜。它构造简单，防松可靠，一般应用于需经常装拆的场合。

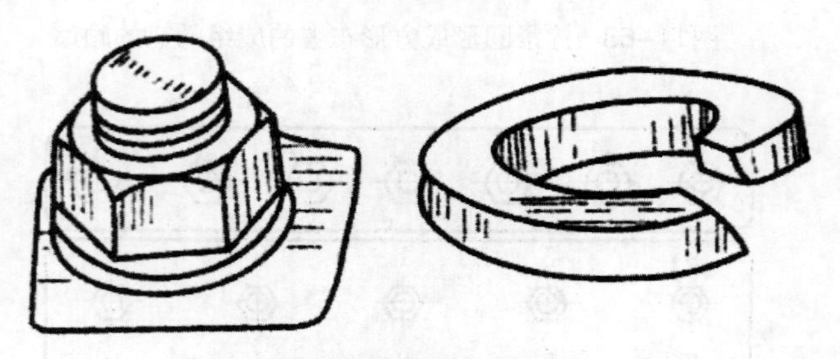

图11–66　弹簧垫圈防松方法

11.7.5　键连接的装配

键连接是将轴和轴上零件在圆周方向上固定，以传递扭矩的一种装配方法。它具有结构简单、工作可靠、拆卸方便等优点，应用广泛。常用的有平键连接、楔键连接和花键连接，平键连接的装配如图 11–67 所示。

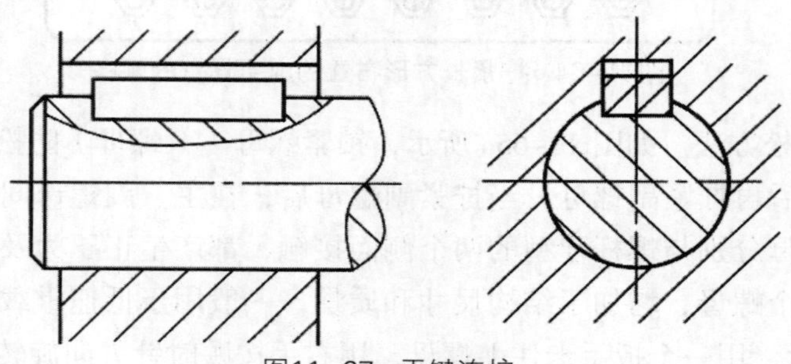

图11–67　平键连接

平键连接的步骤如下：

（1）清理平键和键槽各表面上的污物和毛刺。

（2）锉配平键两端的圆弧面，保证键与键槽的配合要求。一般在长度方向允许有 0.1mm 的间隙，高度方向允许键顶面与其配合面有 0.3 ~ 0.5 mm 的间隙。

（3）清洗键槽和平键，并加注润滑油。

（4）用平口钳将键压入键槽内，使键与键槽底面贴合，如图 11–68 所示。也可垫铜皮后用锤子将键敲入键槽内，或直接用铜棒将键敲入键槽内。

（5）试配并安装套件（如齿轮、带轮等），装配后要求套件在轴上不得有摆动现象。

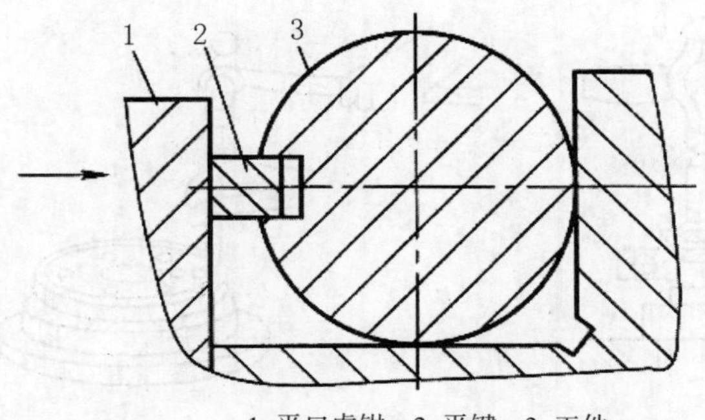

1–平口虎钳；2–平键；3–工件

图11–68　平键压入键槽的方法

11.7.6　销连接的装配

在溜板箱装配中，溜板箱体除用螺栓连接外，还要用圆锥销进行定位。销连接结构简单，装拆方便，在机械中主要起定位、连接和安全保护作用，如图 11–69 所示。

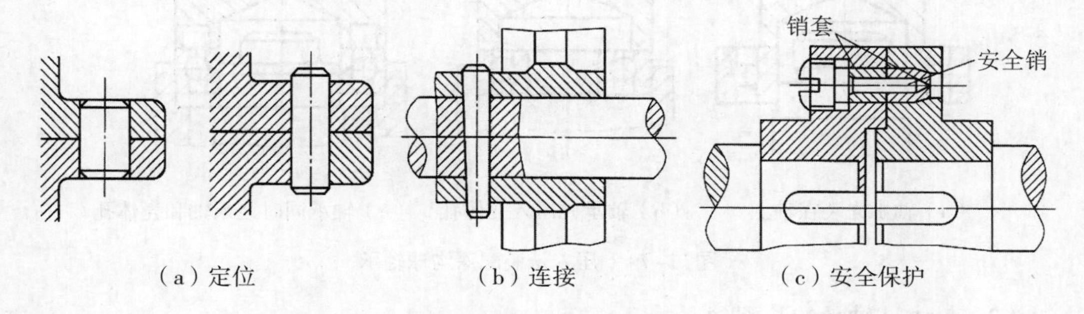

（a）定位　　（b）连接　　（c）安全保护

图11–69　销连接的应用

销是一种标准件，形状和尺寸已标准化。其种类有圆柱销、圆锥销、开口销等，其中应用最多的是圆柱销及圆锥销。圆柱销一般靠过盈固定在销孔中，用以定位和连接。圆柱销不宜多次装拆，否则会降低定位精度和连接的紧固程度。为保证配合精度，装配前被连接件的两孔应同时钻、铰，并使孔壁表面粗糙度 *Ra* 值不高于 1.6 μm。装配时应在销表面涂机油，用铜棒将销轻轻敲入。

11.7.7　轴承的装配

（1）深沟球轴承的装配

深沟球轴承常用的装配方法有压入法和锤击法。图 11–70a 为压入法，用铜棒垫上特制套，用锤子将轴承内圈装到轴颈上。图 11–70b 是用锤击法将轴承外圈装入壳体内孔中。具体压入法装配深沟球轴承，是将轴承内圈、外圈分别压入轴颈和轴承座孔中，如图 11–71 所示。

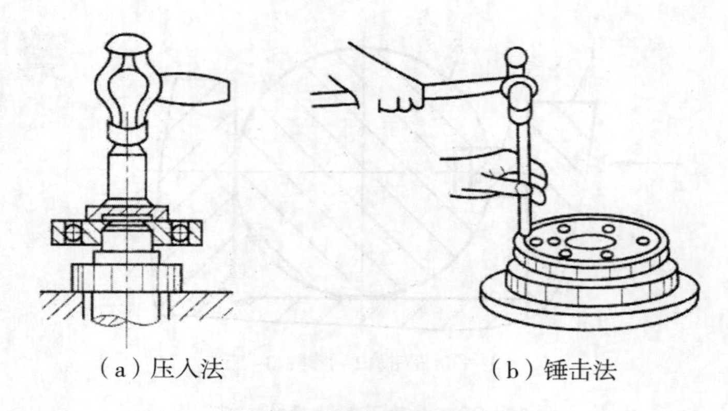

（a）压入法　　（b）锤击法

图11-70　深沟球轴承装配方法

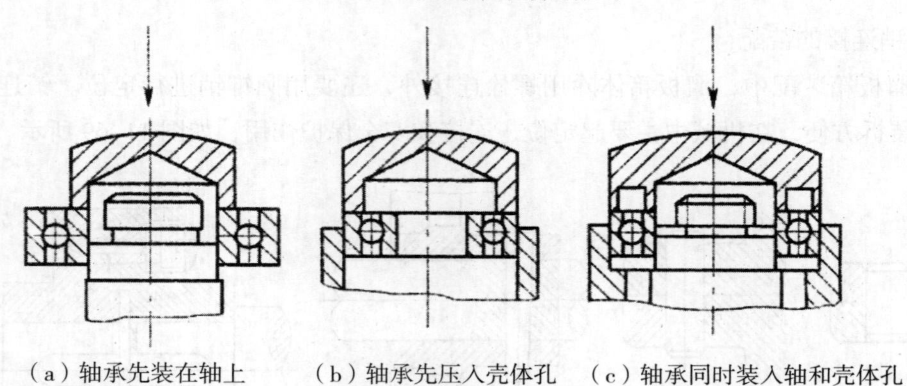

（a）轴承先装在轴上　（b）轴承先压入壳体孔　（c）轴承同时装入轴和壳体孔

图11-71　压入法装配深沟球轴承

（2）推力球轴承的装配

推力球轴承有松圈和紧圈之分，装配时要注意区分。紧圈与轴取较紧的配合，与轴相对静止装配时一定要使紧圈靠在转动零件的平面上，松圈靠在静止零件的平面上，如图 11-72 所示。否则会使滚动体丧失作用，同时也会加快紧圈与零件接触面的磨损。

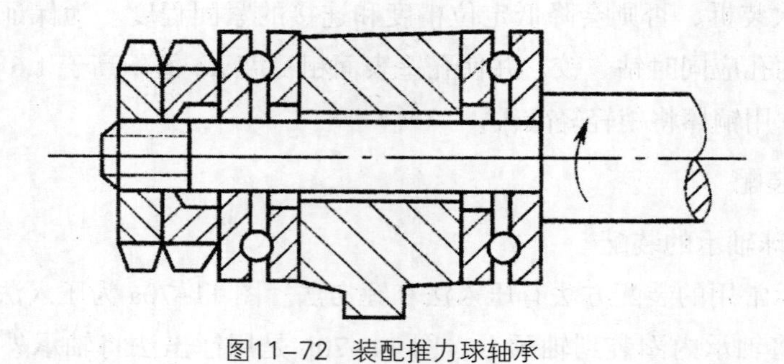

图11-72　装配推力球轴承

第十二章
机加工

12.1 车削

车削是机械加工中最基本、最常用的加工方法。车削是以工件旋转作为主运动，车刀移动作为进给运动的切削加工方法。通常，在机械加工车间，车床占机床总数的30%～50%，所以它在机械加工中占有重要的地位。

车削可以加工各种内外回转体表面及端部平面，可以加工各种金属材料（除很硬的材料外）和尼龙、橡胶、塑料、石墨等非金属材料，可以完成上述表面的粗加工、半精加工和精加工。车削的应用范围很广，其所能完成的工作如图12-1所示。

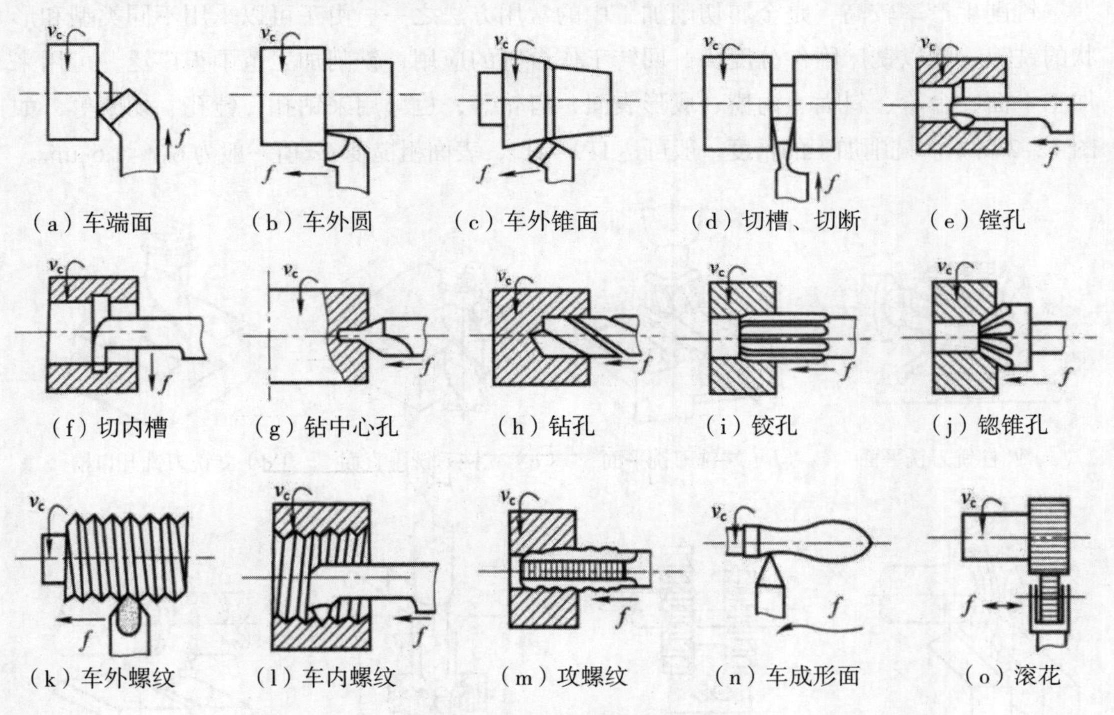

图12-1　车削加工范围

车削加工与其他切削加工方法比较，有如下特点：

（1）车削适应性强，应用广泛，适用于加工不同材质、不同精度的各种旋转体类零件。

（2）车削所用的刀具结构简单，制造、刃磨和安装都较方便。

（3）车削加工一般是等截面连续切削，因此，切削力变化小，较刨、铣等切削过程平稳，可选用较大的切削用量，生产率也较高。

（4）车削加工尺寸精度通常可达 IT10 ~ IT7，表面粗糙度 *Ra* 达 6.3 ~ 0.8 μm；精车尺寸精度可达 IT6 ~ IT5，*Ra* 可达 0.4 ~ 0.2 μm。

至于数控车床，它是目前使用最广泛的数控机床之一，主要用于加工回转体类零件。通过数控加工程序的运行，可自动完成内外圆柱面、圆锥面、成形表面、螺纹和端面等工序的切削加工，并能进行车槽、钻孔、扩孔、铰孔等工作，以及加工一些普通车床不能或不便加工的零件。加工质量稳定，减轻劳动强度。

12.2 铣削

在铣床上利用铣刀的旋转和工件的移动对工件进行切削加工，称为铣削加工。工作时刀具旋转（作主运动），工件移动（作进给运动）；工件也可以固定，但此时旋转的刀具还必须移动（同时完成主运动和进给运动）。铣削用的机床有卧式铣床和立式铣床，也有大型的龙门铣床。这些机床可以是普通机床，也可以是数控机床。

铣削生产率较高，是金属切削加工中的常用方法之一。由于可以采用不同类型和形状的铣刀，配以铣床附件分度头、回转工作台等的应用，铣削加工范围很广泛，可用来加工平面、台阶、斜面、沟槽、成形表面、齿轮等，也可用来钻孔、镗孔、切断等，如图 12–2 所示。铣削加工的精度一般可达 IT9 ~ IT7，表面粗糙度 *Ra* 值一般为 6.3 ~ 1.6 μm。

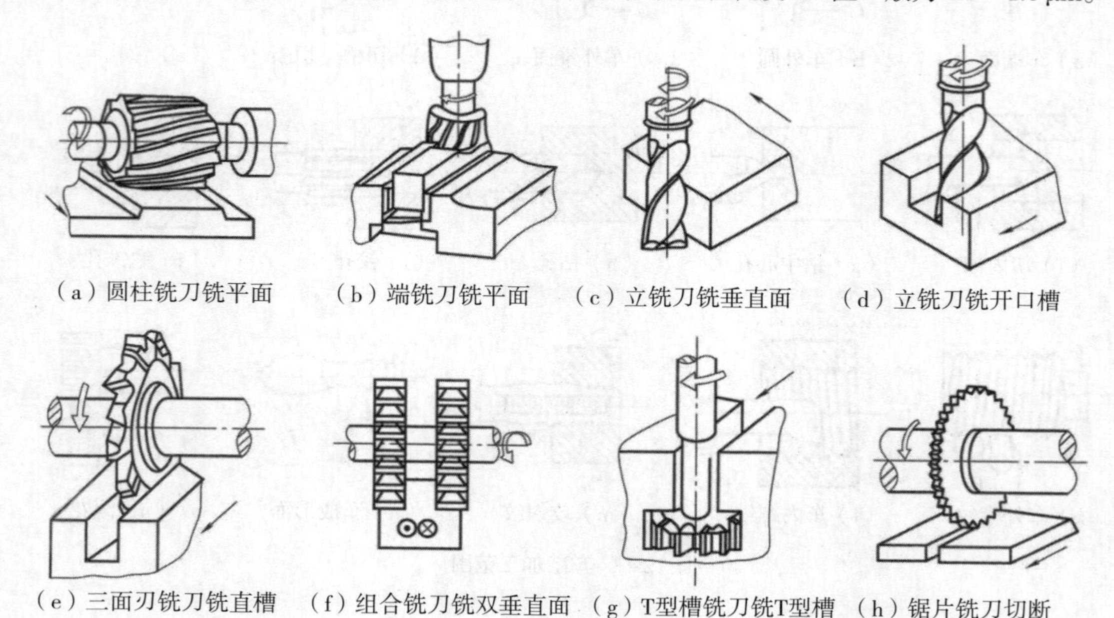
（a）圆柱铣刀铣平面　（b）端铣刀铣平面　（c）立铣刀铣垂直面　（d）立铣刀铣开口槽

（e）三面刃铣刀铣直槽　（f）组合铣刀铣双垂直面　（g）T型槽铣刀铣T型槽　（h）锯片铣刀切断

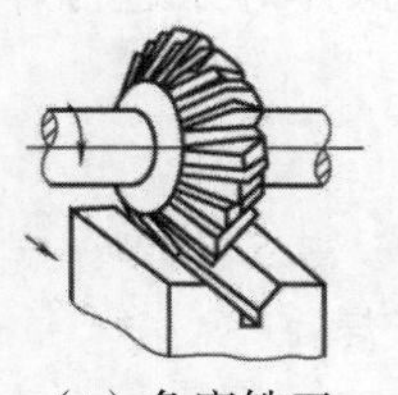
（i）角度铣刀铣V型槽

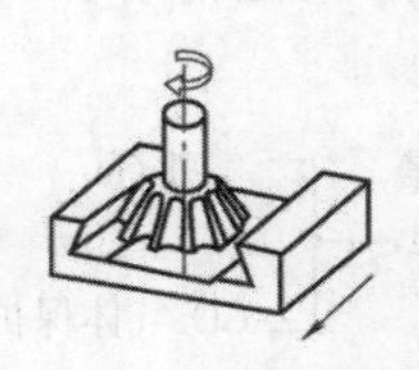
（j）燕尾槽铣刀铣燕尾槽

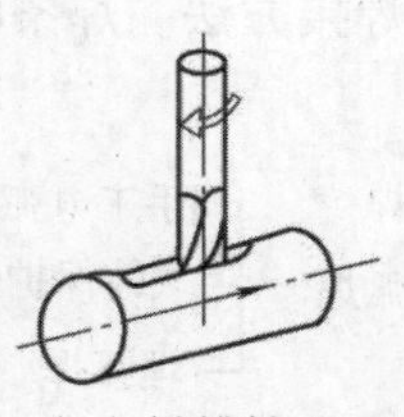
（k）键槽铣刀铣键槽

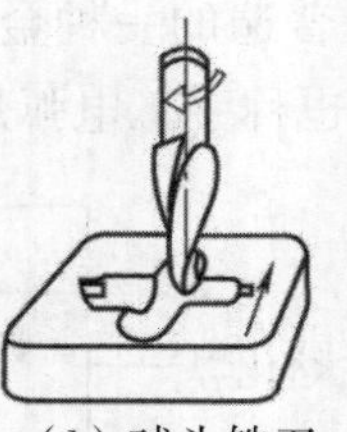
（l）球头铣刀铣成形面

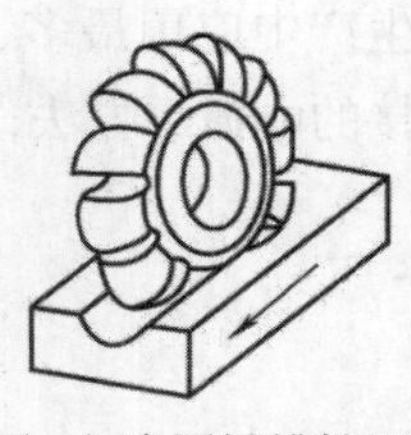
（m）半圆键槽铣刀铣半圆键槽

图12–2　铣削加工范围

由于铣刀是典型的多齿刀具，铣削时可以多个齿刃同时切削，利用硬质合金镶片刀具，可采用较大的切削用量，且切削运动连续，所以生产率高。铣削时，铣刀的每个齿刃轮流参与切削，齿刃散热条件好。但切入、切出时切削热的变化及切削力的冲击，将加速刀具的磨损及破损。由于铣刀齿刃的不断切入、切出，切削面积和切削力都在不断地变化，容易产生振动和打刀现象，影响加工精度和刀具使用寿命。

与普通铣床相比，数控铣床的加工精度高，精度稳定性好，适应性强，操作劳动强度低，特别适用于板类、盘类、壳具类、模具类等复杂形状的零件或对精度保持性要求较高的中、小批量零件的加工。数控铣床能够进行外形轮廓铣削、平面或曲面型铣削及三维复杂面的铣削，如凸轮、模具、叶片、螺旋桨等。另外，数控铣床还具有孔加工的功能，通过特定的功能指令可进行一系列孔的加工，如钻孔、扩孔、铰孔、镗孔和攻螺纹等。

12.3 焊接

焊接是通过加热或加压，或两者并用，必要时使用填充材料，使焊件之间达到原子结合的一种连接成形方法。被结合的两部分可以是同种类金属，也可以是不同种类金属，还可以是一种金属与一种非金属。目前工业中应用最普遍的还是金属之间的结合。

焊接的种类很多，按焊接过程的工艺特点和母材金属所处的状态，可分为熔化焊、压力焊、钎焊三大类。熔化焊是将焊接接头局部加热到熔化状态，随后冷却凝固成一体，不加压力进行焊接的方法。压力焊是通过对焊件施加压力从而进行焊接的方法。钎焊是采用低熔点的填充材料（钎料）熔化后填充焊接接头的间隙，实现焊件连接的焊接方法。常用焊接方法的分类如图 12–3 所示。

焊接作为一种永久性连接成形方法，已基本取代铆接工艺。与铆接相比，其具有：①节省材料，减轻结构质量；②简化加工与装配工序，接头密封性好，能承受高压；③易于实现机械化、自动化，提高生产率等一系列优点。焊接工艺已被广泛应用于厂房屋架、桥梁、船舶、航天、汽车、矿山、冶金、电子等领域。焊接成为现代工业中用来制造或修理各种金属结构和机械零部件的主要方法之一。

焊条电弧焊是利用电弧热局部熔化焊件和焊条以形成焊缝的一种熔焊方法，是目前生产中应用最多、最普遍的一种金属焊接方法。焊条电弧焊是指用手工操作焊条进行焊接的电弧焊方法，故也称手工电弧焊。

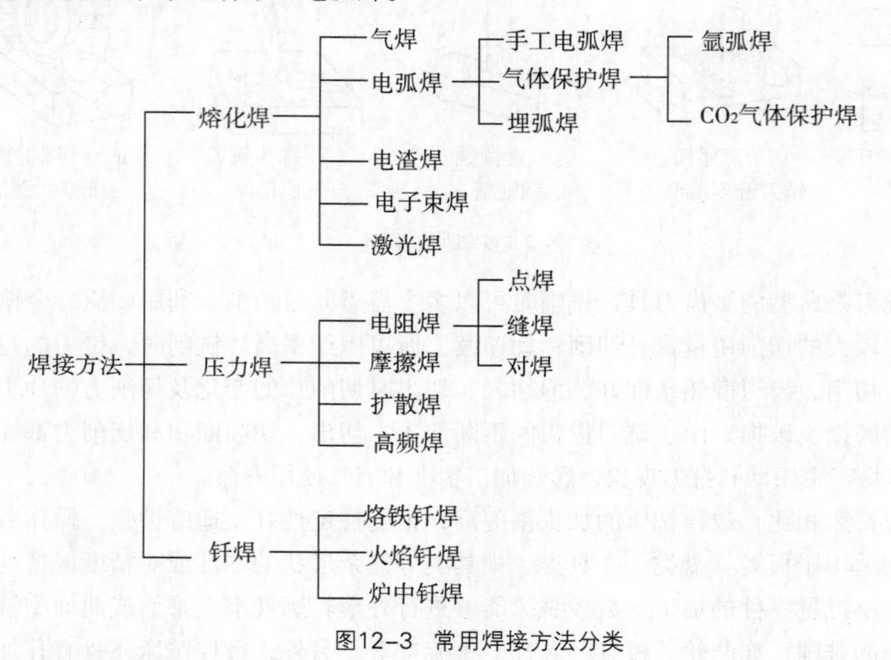

图12–3　常用焊接方法分类

焊条电弧焊的焊接过程如图 12–4 所示。焊条电弧焊时，焊接电源、焊接电缆、焊钳、焊条、工件形成一个闭合回路，焊条末端和工件之间燃烧的电弧所产生的高温使药皮、焊芯和工件熔化。熔化的焊芯端部迅速形成细小的金属熔滴，通过弧柱过渡到局部熔化的工件表面形成熔池，药皮熔化过程中产生的气体和熔渣不仅使熔池与电弧周围的空气隔绝，而且和熔化了的焊芯、母材金属发生一系列冶金反应，保证所形成焊缝的性能。随着电弧以适当的弧长和速度在工件上不断地前移，熔池液态金属逐步冷却结晶，形成焊缝。

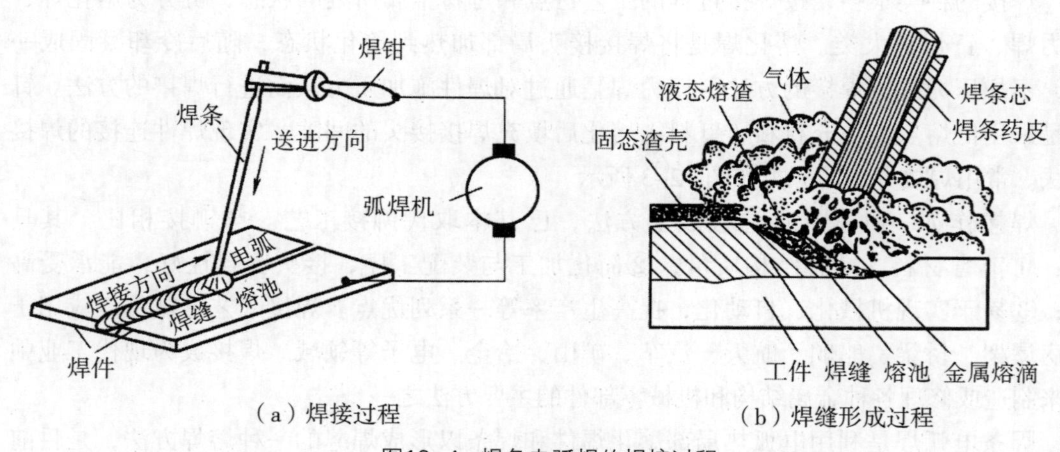

（a）焊接过程　　（b）焊缝形成过程

图12–4　焊条电弧焊的焊接过程

电弧焊具有机动、灵活、适应性强，设备简单耐用，维护费用低等特点。但工人劳动强度大，焊接质量受工人技术水平影响，焊接质量不稳定。电弧焊多用于焊接单件、小批量产品和难以实现自动化加工的焊缝，可焊接各种焊接结构件，并能灵活应用于空间位置不规则焊缝的焊接，适用于碳钢、低合金钢、不锈钢、铜及铜合金等金属材料的焊接。

12.4 电火花加工

电火花加工又称放电加工（Electrical Discharge Machining，EDM），是一种直接利用电能和热能进行加工的新工艺。电火花加工与金属切削加工的原理完全不同，在加工的过程中，工具电极和工件并不接触，而是靠工具电极和工件之间不断的脉冲性火花放电，产生局部、瞬时的高温把金属材料逐步蚀除掉。由于放电过程中可见到火花，所以称为电火花加工。

切削加工与电火花加工的主要区别见表 12–1。

表12–1　切削加工与电火花加工的比较

比较项目	切削加工	电火花加工
材料要求	要求工具比工件硬	工具电极的硬度可以低于工件
接触方式	刀具一定要与工件接触	工具与工件不接触
机械切削力	产生	不产生
加工能源	机械能	电能、热能等

其中，电火花成形加工及电火花线切割加工应用得最为广泛，约占电火花加工生产的90%左右。

12.4.1 电火花成形加工

电火花成形加工（Sinker EDM）是由成形电极进行仿形加工的方法。它可加工各种型孔的冲模、拉丝模和引伸模，加工各种锻模、压铸模、塑料模、挤压模，还可加工各种小孔、深孔、异形孔、曲线孔及特殊材料和复杂形状的零件等。图 12–5 为电火花成形加工的零件。

图12–5　电火花成形加工的零件

电火花成形加工具有以下特点：

（1）成形电极放电加工，无宏观切削力，能用于难切削材料的加工。

（2）电极相对工件作简单或复杂的运动，能加工特殊及复杂形状的零件。

（3）易于实现加工过程自动化。

（4）可以改进结构设计，改善结构的工艺性。

（5）加工一般浸在电火花加工液中进行。

（6）一般只能用于加工金属等导电材料，只有在特定条件下才能加工半导体和非导电体材料。

（7）加工速度一般较慢，效率较低，且对最小角度和半径有限制。

（8）存在电极损耗。

12.4.2　电火花线切割加工

电火花线切割加工（Wire-Cut EDM 或 Traveling-Wire EDM），是指在工具电极（连续移动的电极丝，一般为钼丝或黄铜丝）和工件间施加脉冲电压，使电压击穿间隙产生火花放电的一种加工方式。

线切割机床按电极丝移动速度的快慢，分为快速走丝（快走丝，WEDM–HS）和慢速走丝（慢走丝，WEDM–LS）两大类。国内普遍采用快速走丝方式，通常丝速为 5 ~ 12 m/s。工具电极丝采用钼丝，作高速往返式运动。高速运动的电极丝有利于不断往放电间隙中带入新的工作液，同时也有利于把电蚀产物从间隙中带出去，但精度不如慢走丝方式。慢速走丝的丝速为 0.01 ~ 0.25 m/s，国外以这种方式居多。工具电极丝选用黄铜丝，一次性使用。

电火花线切割机床加工是在电火花成形加工的基础上发展起来的，是一种不用事先制备专用工具电极而采用通用电极的电火花加工方法，以其特有的生命力迅速在全世界得到应用和普及，成为全世界拥有量最多的电加工机床。线切割加工时，利用工作台带动工件相对电极丝沿 X、Y 方向移动，使工件按预定的轨迹运动而“切割”出所需的复杂零件。

数控电火花线切割加工的用途很广泛，已经逐渐从单一的冲裁模具加工向各类模具及复杂精密模具甚至零件加工方向发展，图 12–6 为电火花线切割加工的零件。

图12–6　电火花线切割加工的零件

电火花线切割加工是在电火花成形加工的基础上发展起来的，与电火花成形加工相比，既有共性，又有特性。

（1）电极丝材料不必比工件材料硬，可以加工难切削的材料，例如淬火钢、硬质合金，但无法加工非导电材料。

（2）由于加工中电极丝不直接接触工件，故工件几乎不受切削力，适宜加工低刚度工件和细小零件。当零件无法从周边切入时，工件需要钻穿丝孔。

（3）没有特定形状的工具电极，采用直径不等的金属丝作为工具电极，不需要制造成形电极，因此切割所用刀具简单，减少了生产准备工时。

（4）由于电极丝很细，能够方便地加工复杂形状、微细异形孔、窄缝等零件。又由于切缝很窄，零件切除量少，材料损耗少，近似于无损加工，可节省贵重材料，成本低。

（5）直接利用电热能加工，可以方便地对影响加工精度的参数（脉冲宽度、间隔、电流等）进行调整，有利于加工精度的提高。且操作方便，便于实现加工过程中的自动化。

（6）由于采用移动的长电极丝进行加工，单位长度电极丝损耗较少，对加工精度影响小。其中，慢速走丝电火花线切割采用单向运丝，即新的电极丝只一次性通过加工区域，因而电极丝的损耗对加工精度几乎没有影响。

（7）工作液多采用水基乳化液，不会引燃起火，容易实现无人操作运行。

（8）利用计算机自动编程软件，能方便地加工出复杂形状的直纹表面。

（9）与一般切削加工相比，线切割加工的效率低，加工成本高，不适合形状简单的大批量零件的加工。

12.5 激光加工

激光加工技术是利用激光束与物质相互作用的特性对材料进行切割、焊接、表面处理、打孔、增材及微加工等的一项加工技术。从本质而言，激光加工是激光束与材料相互作用而引起材料在形状或组织性能方面的改变过程。

12.5.1 激光焊接

激光焊接是一种利用经聚焦后具有高能量密度（$10^6 \sim 10^{12}$ W/cm^2）的激光束作为热源来加热熔化工件的特种熔化焊方法。它是基于光热效应的熔化焊接，其前提是激光被材料吸收并转化为焊接所需的热能。通常，不同强度的激光作用于材料表面所导致的物理现象不同，如图 12–7 所示，包括表面温度升高、熔化、汽化、形成小孔以及产生光致等离子体等，这些物理现象决定了焊接过程的热作用机制，使得激光焊接存在热导焊和深熔焊两种焊接模式。两种模式的转变主要取决于作用在材料上的激光斑点功率密度。这两种模式最基本的区别在于：前者熔池表面保持封闭，而后者熔池则被激光束穿透成小孔。

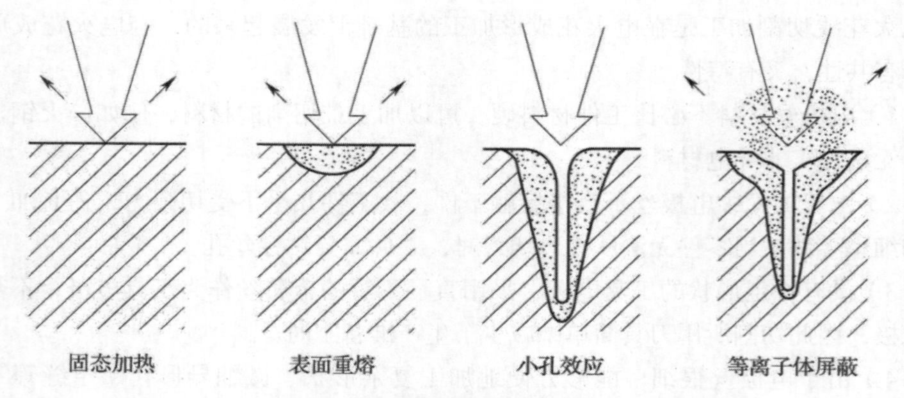

图12-7 不同强度的激光作用于金属产生的物理过程

激光焊接技术的发展速度很快，从自熔性激光焊接、激光填丝焊接到激光电弧复合焊接以及双光束激光焊等，如图 12-8 所示。近年来，超窄间隙激光焊接技术研究与应用也在快速发展中。激光焊接在航空航天、机械制造及电子和微电子工业方面得到了广泛应用，应用实例如图 12-9 所示。

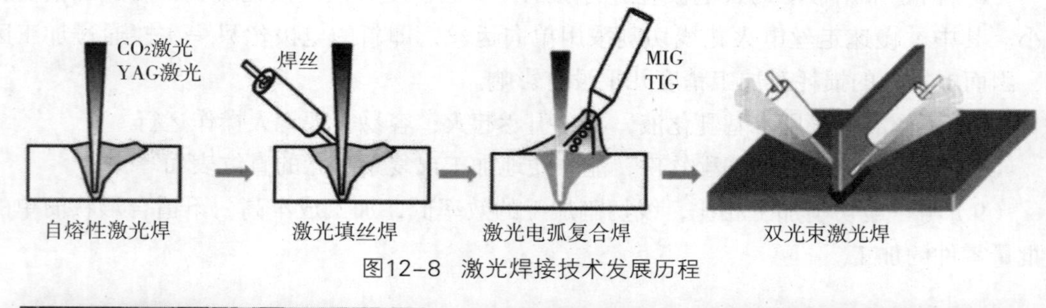

图12-8 激光焊接技术发展历程

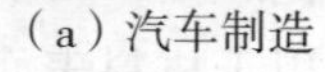

（a）汽车制造

（b）机械制造

图12-9 激光焊接应用实例

12.5.2 激光切割

激光切割是利用经聚焦的高功率密度激光束照射工件，使被照射处的材料迅速熔化、汽化、烧蚀或达到燃点，同时借助与光束同轴的高速气流吹除熔融物质，从而实现割开工件的一种热切割方法。激光切割所需的功率密度与激光焊接大致相同，其切割过程如图 12–10 所示。切割过程发生在切口的终端处一个垂直的表面，称为烧蚀前沿。激光和气流在该处进入切口，激光能量一部分为烧蚀前沿所吸收，另一部分通过切口或经烧蚀前沿向切口空间反射。

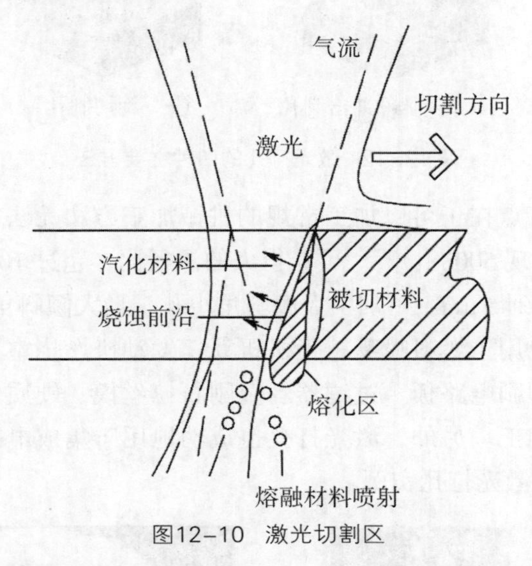

图12–10　激光切割区

激光可以切割金属材料，如铜板、铁板；也可以切割非金属材料，如半导体硅片、石英、陶瓷、塑料以及木材等；还能透过玻璃真空管切割其内的钨丝，这是任何常规切削方法都不能做到的。从切割各类材料不同的物理形式来看，激光切割大致分为汽化切割、熔化切割、反应熔化切割和控制断裂切割四类。激光切割实例如图 12–11 所示。

（a）板材切割

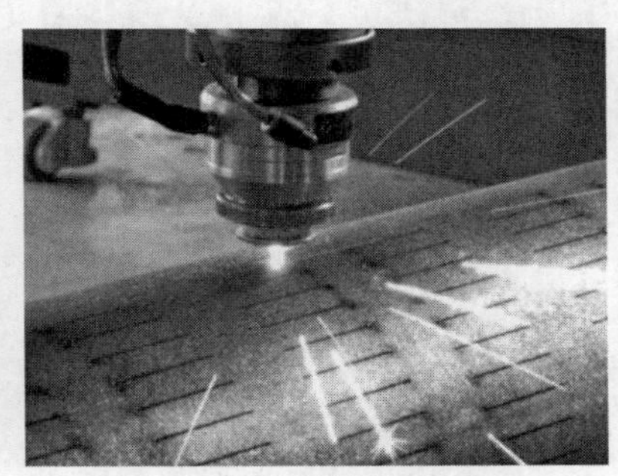

（b）环形切割

图12–11 激光切割实例

12.5.3　激光打孔

激光打孔一般采用脉冲激光，工作时的功率密度一般为 $10^7 \sim 10^8$ W/cm²，加工方式主要包括单脉冲冲击制孔、多脉冲冲击制孔、旋切制孔和螺旋线切割制孔四种，如图 12–12 所示。一般而言，冲击制孔速度快、效率高，而旋转切割制孔效率相对较低，但加工精度更高、质量更好。

（a）单脉冲冲击制孔

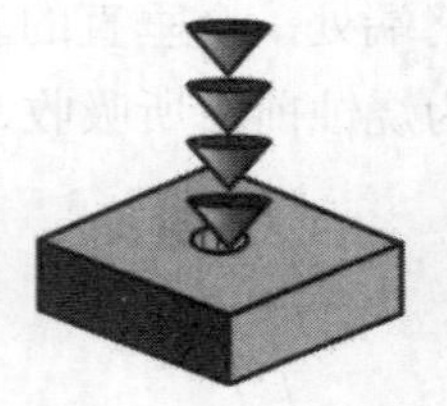

（b）多脉冲冲击制孔

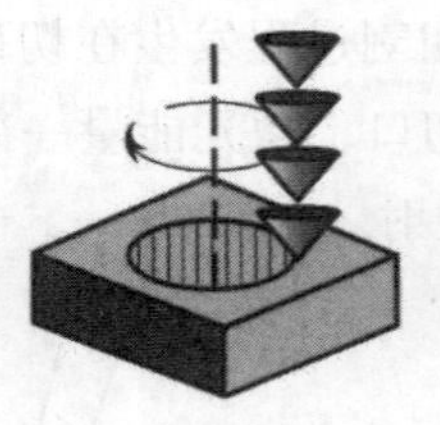

（c）旋切制孔

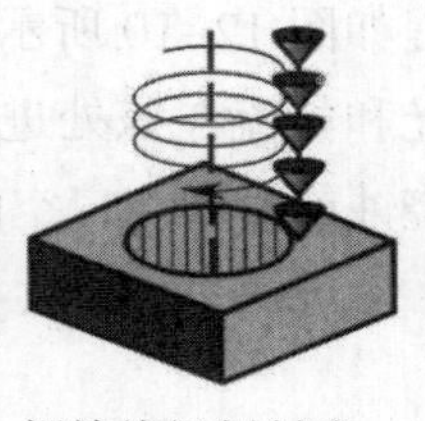

（d）螺旋线切割制孔

图12-12　激光打孔的四种主要方法

激光打孔最大的特点在于可以加工常规的机械加工方法无法完成的小孔加工。速度快，效率高，最快能实现500　孔/　s。可获得大的深径比，超过100：1；最大加工深度超过40 mm，最小孔径达到5 μm。可加工大倾斜角小孔，最大倾斜角可以达到85°。

目前激光打孔已应用于燃料喷嘴、飞机机翼、发动机燃烧室、涡轮叶片、化学纤维喷丝板、宝石轴承、印刷电路板、过滤器、金刚石拉丝模、硬质合金等金属和非金属材料小孔、窄缝的微细加工。另外，激光打孔也成功地用于集成电路陶瓷衬套和手术针的小孔加工。图12-13为激光打孔实例。

（a）方管打孔

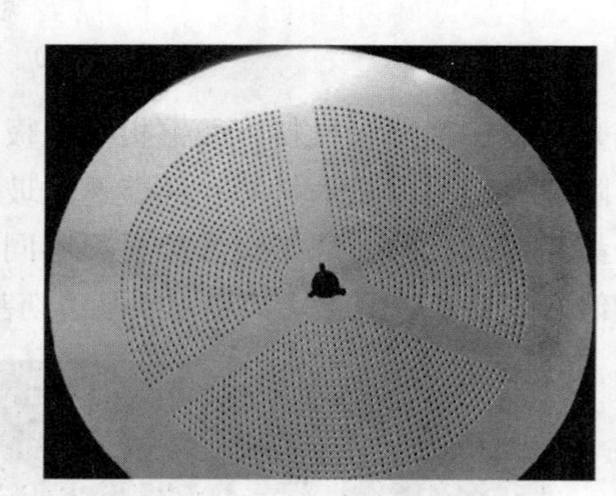

（b）喷丝孔

图12-13　激光打孔实例

12.5.4　激光打标、雕刻

（1）激光打标

激光打标的基本原理是利用高能量的激光束照射在工件表面上，光能瞬间转变成热能，使工件表面迅速产生蒸发、露出深层物质，或由光能导致表层物质的化学物理变化而刻出痕迹，或通过光能烧掉部分物质，从而在工件表面留下永久性标记的一种打标方法。

激光打标可在任何异形表面标刻，工件不会变形也不会产生应力，适用于金属、塑料、玻璃、陶瓷、木材、皮革等各种材料，能标记条形码、数字、字符、图案等；标记清晰、永久、美观，可以作为永久防伪标志。激光打标的标记线宽可小于12 μm，线的深度可小于10 μm，可以对毫米级的小型零件进行表面标记。激光打标能方便地利用计算机进行图形和轨迹自动控制，具有标刻速度快、运行成本低、无污染等特点，可显著提高被标刻产品的档次。激光打标加工实例如图 12-14 所示。

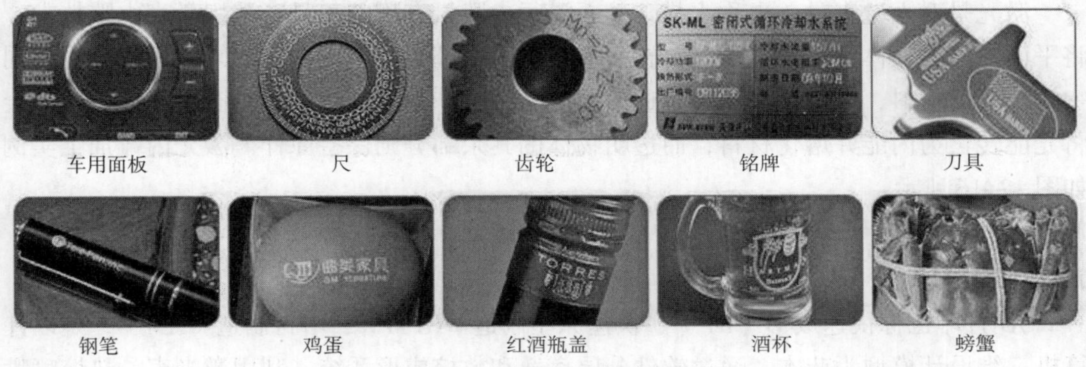

图12-14　激光打标实例

（2）激光雕刻

激光雕刻与激光打标的原理大体相同。激光雕刻技术是利用工件材料在激光照射下瞬间熔化和汽化的物理特性，从工件表面切除部分材料，雕刻所需要的图像、文字的技术。激光雕刻时，设备与材料表面没有接触，材料不受机械运动影响，表面不会变形，不受材料的弹性、韧性影响。激光雕刻适用于软质材料。

点阵雕刻酷似高清晰度的点阵打印。激光头左右摆动，每次雕刻出一条由一系列点组成的线，然后激光头同时上下移动雕刻出多条线，最后构成完整的图像或文字。扫描的图形、文字及矢量化图文都可使用点阵雕刻。激光雕刻技术多应用于木材、亚克力、石材等材料。激光雕刻加工实例如图 12-15 所示。

图12-15　激光雕刻实例

图12-16　激光内雕实例

（3）激光内雕

激光内雕是指通过计算机制作三维模型，经过计算机运算处理后，生成三维图像；再利用激光技术，通过振镜控制激光偏转，将两束激光从不同的角度射入透明物体（如玻璃、水晶等）内，准确地交汇在一个点上；由于两束激光在交点上发生干涉和抵消，其能量由光能转换为内能，放出大量热量，将该点熔化形成微小的空洞。由设备准确地控制两束激光在不同位置交汇，制造出大量微小的空洞，最后这些空洞就形成所需要的图案。激光内雕技术可分为白色激光内雕、单色着色激光内雕、多色着色激光内雕等。

激光是对人造水晶（也称水晶玻璃）进行内雕最有用的工具。采用激光内雕技术，将平面或三维立体的图案“雕刻”在水晶玻璃的内部时，不用担心射入的激光会熔掉同一直线上的材料，因为激光在穿过透明物体时不会产生多余热量，只有在干涉点处才会将光能转化为内能并熔化材料，而透明物体的其余部分则保持原样。激光内雕加工实例如图 12–16 所示。

12.6 3D打印

3D 打印也称快速成形（RP）、快速原型制造（RPM）、增材制造（AM），是以计算机三维设计模型为蓝本，通过软件分层离散和数控成形系统，利用激光束、热熔喷嘴等方式将离散的金属、陶瓷、塑料等材料进行逐层堆积，最终叠加成形，制造出实体产品的成形方法。

3D 打印是一次成形，直接从计算机数据生成任何形状的零件，不像铸造、锻压那样要求先制作模具，也不像切削那样浪费材料，对小批量、多品种的生产具有非常大的优势。

3D 打印技术是材料成形和制造技术领域的重大突破，是基于数字化的新型成形技术，可以自动、直接、快速、精确地将设计思想转化为具有一定功能的原型或直接制造零件、模具、产品，从而有效地缩短了产品的研究开发周期。图 12–17 为 3D 打印的应用。

图12–17 3D 打印的航空发动机零件

3D 打印的工艺方法有很多种，这些工艺方法都是在材料累加成形原理的基础上，结合材料的物理及化学特性和先进的能量技术而形成的，与多学科的发展密切相关。

3D 打印所采用的成形材料的材质有金属、塑料、陶瓷、覆膜材料等，所采用的成形材料的形态有粉末、丝材、箔材和液态等，所采用的成形材料堆积结合方式有烧结、黏结、熔融凝固、熔融沉积、固化等，所采用的能量形式有激光、电子束、超声波等。

12.6.1 粉末材料选择性黏结成形

选择性黏结成形也称三维打印、三维印刷、三维喷印（Three Dimensional Printing，3DP），被誉为最具生命力的增材制造技术。由于它的工作原理与打印机相似而名。此技术基于微滴喷射原理，利用喷头选择性喷射液体黏结剂，将离散粉末材料逐层按路径打印（堆积）成形，从而获得所需实体。

这种技术和平面打印非常相似，可使用石膏粉末、陶瓷粉末、塑料粉末、金属粉末等作为原材料。如图 12-18 所示，其成形原理为：首先铺粉机构在工作平台上铺上所用材料的粉末，喷头在计算机的控制下，按照截面轮廓的信息，在铺好的一层粉末材料上选择性地喷射黏结剂，使部分粉末黏结，形成截面轮廓。一层成形完成后，成形缸下降层厚距离，供粉缸上升，推出若干粉末，铺平并被压实，喷头再次在计算机控制下，按截面轮廓的信息喷射黏结剂。如此周而复始地送粉、铺粉和喷射黏结剂，最终黏结完成一个三维实体。未喷射黏结剂的地方为干粉，在成形过程中起支撑作用，且成形结束后，比较容易去除。

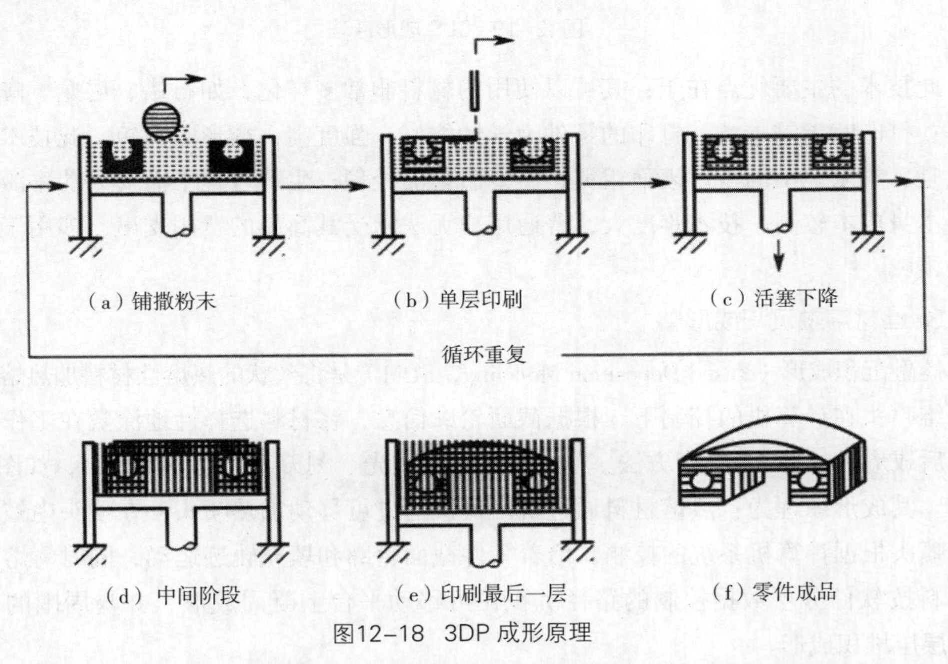

图12-18　3DP 成形原理

此技术的优点在于成形速度快，打印过程无需支撑结构，这是其他技术难以实现的一大优势。三维印刷的缺点是：原型的强度较低，表面光洁度较差，精细度也处于劣势。

12.6.2　粉末材料选择性激光烧结

选择性激光烧结（Selective Laser Sintering，SLS）是采用高功率的激光，把粉末加热烧结在一起形成零件，是一种由离散点一层层地堆积成三维实体的工艺方法，如图 12-19 所示。其成形原理为：应用此技术进行打印时，首先铺一层粉末材料，用激光在该层截面上扫描，使粉末温度升至熔点，然后烧结在一起，接着不断重复铺粉、烧结的过程，直至整个三维实体完全成形。

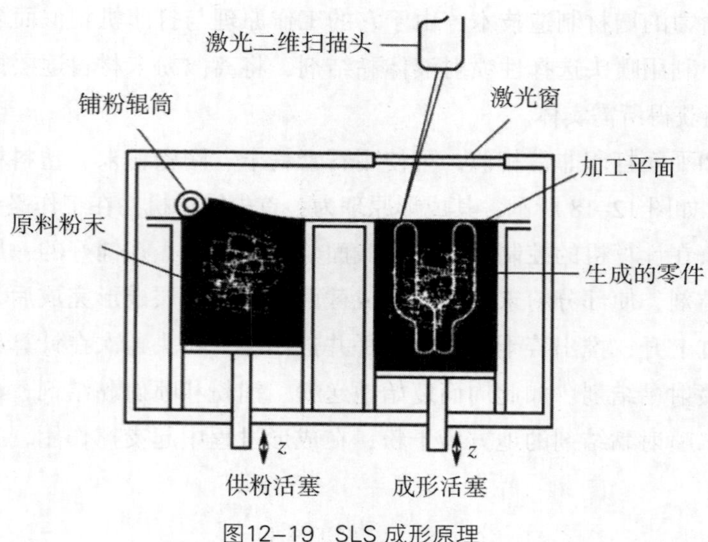

图12-19 SLS 成形原理

此技术的主要优点在于：其可以使用的材料非常多样化，如石蜡、尼龙、陶瓷、金属等；打印时无需支撑，打印的零件力学性能好、强度高，成形时间短。此技术的主要缺点是：粉末烧结的零件表面粗糙，需要后期的处理；生产过程中需要大功率激光器，机器本身成本较高，技术难度大，普通用户无法承受其高昂的费用支出，多用于高端的制造领域。

12.6.3 丝材熔融沉积成形

熔融沉积成形（Fused Deposition Modeling，FDM）是将丝状的热熔性材料加热熔化，同时三维喷头在计算机的控制下，根据截面轮廓信息，将材料选择性地涂敷在工作台上，冷却后成形的一种 3D 打印方法。这种工艺不用激光、刻刀，而是使用喷头，如图 12-20 所示。其成形原理为：热熔材料通过挤出机被送进可移动加热喷头，在喷头内被加热熔化，喷头根据计算机系统的控制，沿着零件截面轮廓和填充轨迹运动，同时将熔融状态的材料按软件分层数据控制的路径沉积在可移动平台上凝固成形，并与周围的材料黏结，层层堆积成形。

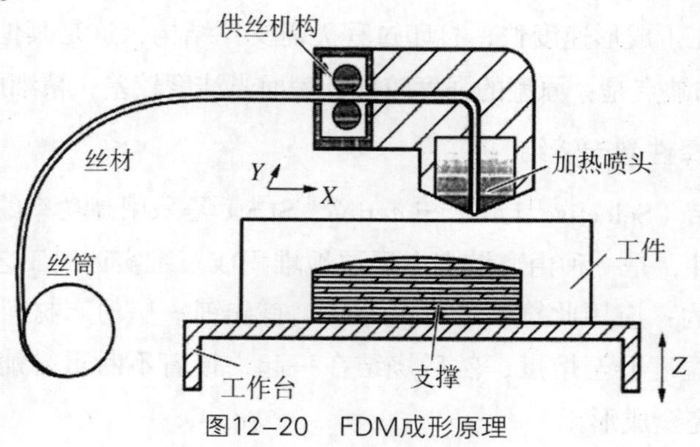

图12-20 FDM成形原理

此技术的优点在于：可使用绿色无毒材料作为原料，如聚乳酸（PLA）等；成形速度快，可进行复杂内腔的制造；PLA等材料热变化不明显，零件翘曲现象少；成本较低。但其主要缺点也较明显，如成形件表面会出现阶梯效应，需要后处理，复杂零件更需要打印支撑。

12.6.4　分层实体成形

分层实体成形（Laminated Object Manufacturing，LOM）又称叠层实体制造、薄型材料选择性切割，它是一种薄片材料叠加工艺。其工艺原理是根据零件分层几何信息切割箔材或纸等，将所获得的层片黏结成三维实体，如图 12–21 所示。其成形原理为：首先铺上一层箔材，然后用切割工具（如二氧化碳激光器）在计算机控制下切出本层轮廓，非零件部分全部切碎以便于去除；当本层完成后，再铺上一层箔材，用辊子碾压并加热，以固化黏结剂，使新铺上的一层牢固地黏结在已成形体上，再切割该层的轮廓，如此反复直到加工完毕，最后去除切碎部分以得到完整的零件。

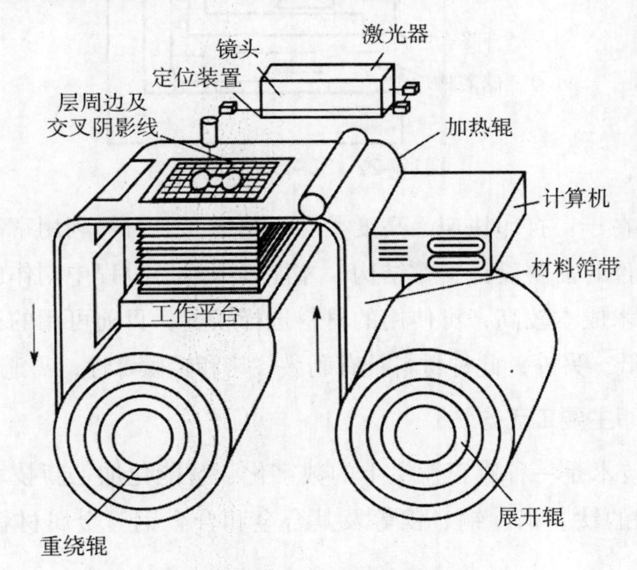

图12–21　LOM成形原理

此技术的优点在于：成形速度较快，由于只需要使用激光束沿物体的轮廓进行切割，无需扫描整个断面，所以成形速度很快，因而常用于加工内部结构简单的大型零件；原型黏度高，翘曲变形小；原型能承受高达 200 ℃ 的温度，具有较高的硬度和较好的力学性能等。其主要缺点在于：不能直接制作塑料原型；原型易吸湿膨胀，因此成形后应尽快进行表面防潮处理；原型表面有台阶纹理，难以构建形状精细、多曲面的零件，因此一般成形后需进行表面打磨。

12.6.5　液态光敏树脂选择性固化

液态光敏树脂选择性固化（Stereo Lithography Apparatus，SLA）也称光固化成形，是采用激光或紫外线在液态光敏树脂表面进行扫描，每次生成一定厚度的薄层，从底部逐层生成物体，如图 12-22 所示。其成形原理为：激光器通过扫描系统照射光敏树脂，当一层树脂固化完毕后，可移动平台下移一层的距离，刮板将树脂液面刮平，然后再进行下一层的激光扫描固化，循环往复，最终得到成形的产品。

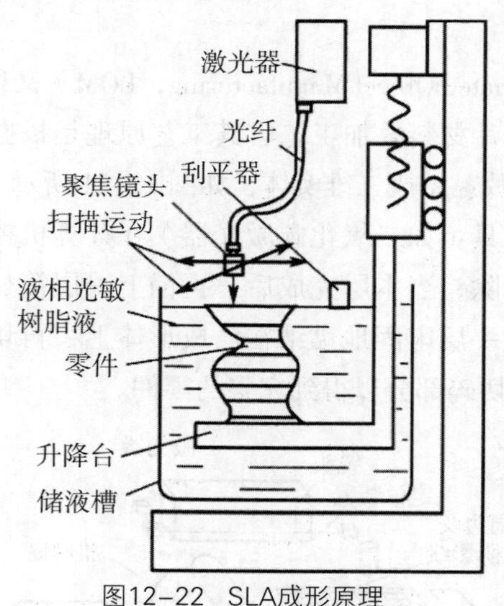

图12-22 SLA成形原理

此技术的优点在于：打印快速，高度柔性，精度高，材料利用率高，耗能少。主要缺点是：在设计零件时需要设计支撑结构，才能确保成形过程中制作的每一个部位都坚固可靠；同时，技术成本较高，可使用的材料选择较少，目前可用的材料主要是光敏液态树脂，强度也较低。另外，此种材料具有刺激气味和轻微毒性，需避光保存。

12.6.6 金属 3D 打印主要工艺方法

金属 3D 打印技术是一种真正意义上的数字化、智能化加工新技术。航空航天、汽车等行业广泛应用的钛、铝、铜、镍等及其合金和合金钢等金属材料都可以用于金属 3D 打印。

（1）金属粉末电子束熔融成形

电子束熔融（Electron Beam Melting，EBM）又称电子束选区熔化制造技术，是在真空环境下以电子束为热源，将零件的三维实体模型数据导入 EBM 设备，然后在 EBM 设备的工作舱内平铺一层微细金属粉末薄层，利用高能电子束经偏转聚焦后在焦点所产生的高密度能量，使被扫描到的金属粉末层在局部微小区域产生高温，导致金属微粒熔融，电子束连续扫描将使一个个微小的金属熔池相互融合并凝固，连接形成线状和面状金属层。EBM 成形原理如图 12-23 所示。

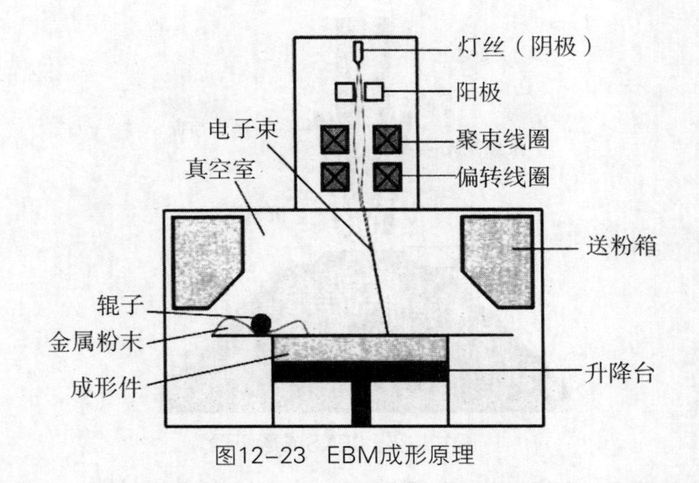

图12-23 EBM成形原理

EBM 技术具有如下特点：金属粉末粒子大小、形状和杂质都会影响零件成形后的密度、微结构、纯度、力学性能和热学特性；后续加工处理过程简单，设计不受限，适用于高熔点、高活性材料。此技术制造速度较慢，成本高，目前只适用于钛合金、铝合金、不锈钢、金属间化合物以及高熔点合金等金属材料。

（2）金属粉末选择性激光熔融

选择性激光熔融（Selective Laser Melting，SLM）技术的成形原理与 EBM 技术相同，是使用激光照射预先铺展好的金属粉末，金属零件成形后完全被金属粉末覆盖。SLM 成形原理如图 12-24 所示。两者的主要区别是热源不同。

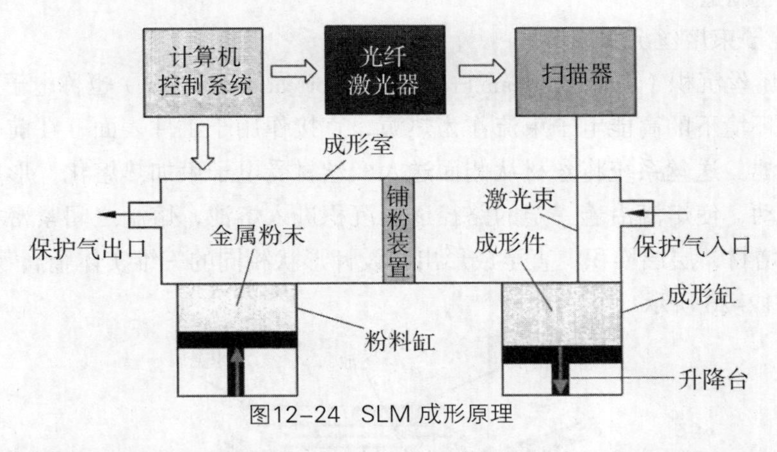

图12-24 SLM 成形原理

SLM 技术成形的零件不受零件形状和尺寸限制，每层金属的结合性好，成品力学性能优于同等材料的铸造件，应用越来越广泛，是一项非常有发展潜力的成形技术。

（3）金属粉末激光工程净成形

激光工程净成形（Laser Engineered Net Shaping，LENS）是以激光束与金属基体发生交互作用形成熔池，金属粉末进入小熔池中，熔化、凝固结晶、逐层堆积成形零件。LENS 成形原理如图 12-25 所示。

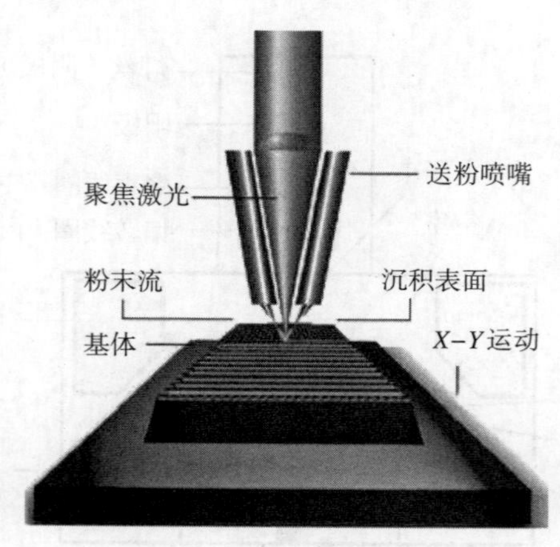

图12-25 LENS成形原理

此技术实际上综合应用了激光熔覆制造与选择性激光烧结（SLS）技术。与SLM技术相似，成形零件不受形状和尺寸限制，每层金属的结合性好，力学性能优良。SLM技术与LENS技术的主要区别在于送粉方式不同。LENS技术的沉积系统使用高功率激光的能量，在瞬间直接将金属粉末变成结构层。成形后的零件微观组织中无夹杂、无气孔、无凹陷、无裂纹，致密度达到100%，力学性能优于相应的铸件及锻件。

激光工程净成形的最大特点是：成形与定位准确，且成形后激光加热区及熔池能快速得以冷却；加工的成形件表面致密，具有良好的强度与韧性；成形用熔覆材料广泛且利用率高；加工成本低。激光工程净成形已成功应用于航空航天领域大型高强且难熔合金零件的快速制造。

（4）电子束熔丝沉积成形

电子束熔丝沉积（Electron Beam Free Form Fabrication，EBF3）也称电子束无模成形，是利用真空环境下的高能电子束流作为热源，直接作用于工件表面，在前一层增材或基材上形成熔池。送丝系统将丝材从侧面送入，丝材受电子束加热熔化，形成熔滴。随着工作台的移动，使熔滴沿着一定的路径逐滴沉积进入熔池，熔滴之间紧密相连，从而形成新一层的增材，层层堆积，直至成形出与设计形状相同的三维实体金属零件。EBF3成形原理如图12-26所示。

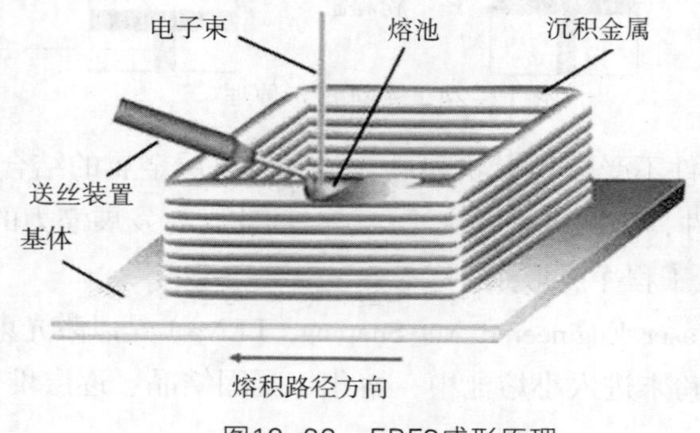

图12-26 EBF3成形原理

此技术具有成形速度快、保护效果好、材料利用率高、能量转化率高等特点，适合大中型铁合金、铝合金等活性金属零件的成形制造与结构修复。但此技术精度较差，需要后续表面加工，在航空航天、医疗等领域具有很大的潜在应用价值。

（5）超声波增材制造

超声波增材制造（Ultrasonic Additive Manufacturing，UAM）属于焊接打印，其原理是利用超声波技术促使金属箔与基材之间产生高频振动摩擦，同时在超声波能量辐射的作用下促使金属箔片与基材之间的分子互相渗透，从而获得较高的焊接质量，确保制件的力学性能。然后再利用铣床对焊接成形件进行去除材料加工，得到最终零件。

具体操作是使用 CAD 三维模型，通过一系列机械操作来构建 3D 对象。首先，在机器砧座上固定一块底板；然后将箔带拉到焊接变幅杆下面，该变幅杆施加与其重量和来自一组超声换能器的特殊超声波振动的组合压力。利用这种物理和超声作用力，金属箔粘合到板上。重复此过程，直到整个区域被箔层覆盖，然后使用 CNC 铣床去除多余的箔并获得所需的层形状。重复这个焊接和铣削程序，首先将单独的带并排放置，然后以垂直顺序堆叠它们直到3D物体完成。层必须以交错的格子形式交错排列，以便接缝不重叠。这消除了结构中的任何潜在弱点。

超声波焊接打印技术具有可以实现低温金属 3D 打印（小于金属基体熔融温度 50%）的特点，同时利用超声波焊接打印可以对具有裂缝、裂纹等损伤的表面进行修复，实现零件的重复利用。

金属 3D 打印的兴起对社会生产和生活产生了巨大影响，促使包括制造工艺、制造理念、制造模式在内的传统制造业发生了深刻变革。如今的金属 3D 打印制造出的金属零件实用程度可与传统铸造、锻压方法制件相媲美，很多采用传统加工方法难以制出的零件可以采用金属 3D 打印技术制造出来。

参考文献

[1] 陈铮,姚大同,施耀祖,等.金属针布耐磨性实验系统研制 [J]. 实验室研究与探索,2008,27(8):44-46,66.
[2] 陈铮.工程训练教程 [M].上海:东华大学出版社,2019.
[3] 蒋耀兴.纺织概论 [M].北京:中国纺织出版社,2005.
[4] 郁崇文.纺纱学 [M].2版.北京:中国纺织出版社,2014.
[5] 费青.梳理针布的工艺特性、制造和使用 [M]. 北京: 中国纺织出版社,2007.
[6] 周堃敏.机械系统设计[M].北京:高等教育出版社,2009.
[7] 段铁群.机械系统设计[M].北京:科学出版社,2010.
[8] 戴曙.金属切削机床 [M].北京:机械工业出版社,2010.
[9] 诺顿.机械设计:第5版[M].黄平,译.北京:机械工业出版社,2015.
[10] 穆斯D,维特H,贝克M,等.机械设计:第16版.[M]孔建益,译.北京: 机械工业出版社,2011.
[11] 濮良贵,纪名刚.机械设计[M].8版.北京:高等教育出版社,2010.
[12] 关慧贞.机械制造装备设计 [M].北京:机械工业出版社,2014.
[13] 燕山大学,洛阳工学院,长春汽车工业高等专科学校.机床夹具设计手册[M].3版.上海:上海科学技术出版社,2000.
[14] 华东纺织工学院,哈尔滨工业大学,天津大学.机床设计图册 [M].上海:上海科学技术出版社,1979.
[15] 张贵仁.材料试验机 [M].北京:中国计量出版社,2010.
[16] 廖希亮,张莹,姚俊红,等.画法几何及机械制图 [M].北京:机械工业出版社,2018.
[17] 宋小春.钳工（基础知识）[M].北京:中国劳动社会保障出版社,2016.
[18] 李娅.机械图样识读与绘制 [M].北京:电子工业出版社,2017.
[19] 侯洪生,闫冠.机械工程图学 [M].北京:科学出版社,2016.
[20] 巩翠芝.机械工程制图基础 [M].北京:科学出版社,2018.
[21] 迪林格. 机械制造技术基础 [M].杨祖群,译.长沙:湖南科技出版社,2007.
[22] 堵永国.工程材料学[M].北京:高等教育出版社,2015.
[23] 金嘉琦,张幼军.几何量精度设计与测量 [M].北京:机械工业出版社,2018.
[24] 孙开元,张丽杰.机械设计及应用图例[M].3版.北京:化学工业出版社,2017.
[25] 吴拓.现代机床夹具组装与使用设计 [M].北京:化学工业出版社,2009.
[26] 张丽杰,徐来春.机械设计实用机构图册 [M].北京:化学工业出版社,2019.
[27] 邓文英,宋力宏. 金属工艺学:下册 [M].北京:高等教育出版社,2016.
[28] 陈国华. 机械机构及应用[M].2版.北京:机械工业出版社,2013.
[29] SCLATER N. 机械设计实用机构与装置图册:第五版[M]. 邹平,译.北京:机械工业出版社,2014.
[30] PARMLEY R O.机械设计零件与实用装置图册[M]. 邹平,译.北京:机械工业出版社,2013.
[31] 三浦宏文.机电一体化实用手册[M].2版.杨晓辉,译.北京:科学出版社,2007.
[32] 桂井诚.电工实用手册[M].2版.吕砚山,马杰,译.北京:科学出版社,2007.
[33] 荻原芳彦.机械实用手册[M].2版.赵文珍,杨晓辉,等,译.北京:科学出版社,2007.
[34] 刘银水,许福玲.液压与气压传动[M].4版.北京:机械工业出版社,2016.
[35] 郭洪鑫,韩桂华,李永海.液压传动系统设计实用教程 [M].北京:化学工业出版社,2016.
[36] 杨健,勾明.气动液压传动技术 [M].北京:中国劳动社会保障出版社,2013.

[37] 吴晓明.现代气动元件与系统 [M].北京:化学工业出版社,2014.

[38] 单景德.真空吸取器设计及应用技术[M].北京:国防工业出版社,2000.

[39] 成大先. 机械设计手册第5卷[M].6版.北京:化学工业出版社,2016.

[40] 乌曼.电机学[M].刘新正,苏少平,高琳,译.7版.北京:电子工业出版社,2014

[41] 查普曼.电机原理及驱动–电机学基础[M].满永奎,译.4版.北京:清华大学出版社,2008

[42] 汤蕴璆. 电机学 [M]. 北京:机械工业出版社,2015

[43] 叶云岳. 直线电机原理与应用 [M].北京:机械工业出版社,2000.

[44] 叶云岳. 直线电机技术手册 [M].北京:机械工业出版社,2003.

[45] 井出万盛. 图解电机基础知识入门[M].尹基华,余洋,余长江,译.北京:机械工业出版社,2017

[46] 李恩光.机电伺服控制技术 [M].上海:东华大学出版社,2003.

[47] PLATT C. 电子元器件百宝箱(第1卷) [M].赵正,译.北京:人民邮电出版社,2013.

[48] MAHALIK N P.机电一体化: 原理・概念・应用 [M].双凯,张婉姝,姜珊,译.北京:科学出版社,2008.

[49] 谢蒂,科尔克.机电一体化系统设计:第2版[M].薛建彬,朱如鹏,译.北京:机械工业出版社,2016.

[50] SCARPINO M.创客指南:玩转电动机 [M].符鹏飞,匡昊,译.北京:人民邮电出版社,2017.

[51] MAKER D R.机械电子创意实现与项目制作 [M].郭洪红,译.北京:科学出版社,2012.

[52] 吴建平.传感器原理及应用[M].3版.北京:机械工业出版社,2016

[53] 朱晓青,凌云,袁川来.传感器与检测技术[M].2版.北京:清华大学出版社,2020

[54] 弗雷登.现代传感器手册:原理、设计及应用:第5版[M].宋萍,隋丽,潘志强,译.北京:机械工业出版社,2019.

[55] 松井邦彦.传感器应用技巧141例 [M].梁瑞林,译.北京:科学出版社,2006.

[56] PLATT C,JANSSON F.电子元器件实用手册 [M].赵正,译.北京:人民邮电出版社,2017.

[57] 蒋炜. 钳工技能图解 [M].北京:中国劳动社会保障出版社,2012.

[58] 李伟. 装配钳工技术 [M].北京:中国劳动社会保障出版社,2013.

[59] 中国就业培训技术指导中心.钳工 [M]. 北京: 中国劳动社会保障出版社,2016.

[60] 中国就业培训技术指导中心.冷作钣金工（初级）[M].北京:中国劳动社会保障出版社,2012.

[61] 人力资源和社会保障部教材办公室.焊工技能训练[M].北京:中国劳动社会保障出版社,2014.

[62] 人力资源和社会保障部教材办公室.焊工工艺学[M].北京:中国劳动社会保障出版社,2014.

[63] 人力资源和社会保障部教材办公室.车工工艺与技能训练 [M].北京:中国劳动社会保障出版社,2015.

[64] 人力资源和社会保障部教材办公室.铣工工艺与技能训练 [M].北京:中国劳动社会保障出版社,2014.

[65] 人力资源和社会保障部教材办公室.数控车工 [M]. 北京:中国劳动社会保障出版社,2011.

[66] 人力资源和社会保障部教材办公室. 数控车工（FANUC系统）编程与操作实训 [M].北京:中国劳动社会保障出版社,2014.

[67] 人力资源和社会保障部教材办公室,中国就业培训技术指导中心上海分中心,上海市职业培训研究发展中心.数控铣工（中级）[M].北京:中国劳动社会保障出版社,2011.

[68] 伍瑞阳,梁庆.数控电火花线切割加工实用教程 [M].北京:化学工业出版社,2015.

[69] 林涛,谭成智.电加工编程与操作 [M].北京:机械工业出版社,2013.

[70] 曹凤国. 激光加工 [M].北京:化学工业出版社,2015.

[71] 李亚楠. 激光培训讲义 [M].北京:正天激光,2018.

[72] 魏青松. 增材制造技术原理及应用 [M].北京:科学出版社,2017.